Dr. Horst W i l d e m a n n

Investitionsentscheidungsprozeß für numerisch gesteuerte Fertigungssysteme (NC-Maschinen)

Betriebswirtschaftlich-technologische Beiträge zur Theorie und Praxis des Industriebetriebes

Hrsg.: Prof. Dr. Dr. Th. Ellinger
Band 5

Aufgabe betrieblicher Investitionsentscheidungsprozesse ist die Ermittlung von geeigneten Handlungsalternativen zur Erreichung spezifischer Unternehmensziele. Die Ermittlung und Auswahl geeigneter Handlungsalternativen ergibt sich aus umfangreichen Informationsverarbeitungsprozessen, deren Phasen für den Unternehmensgegenstand numerischgesteuerter Fertigungssysteme in diesem Buch einer umfassenden Einzeluntersuchung unterzogen werden.

Der wirtschaftliche Erfolg des Einsatzes von NC-Maschinen läßt sich nur durch die globale Einbeziehung aller Auswirkungen des Investitionsvorhabens auf die Gesamtproduktion quantifizieren. Die entscheidenden Determinanten einer umfassenden Wirtschaftlichkeitsanalyse sind:

— die Fertigungsaufgaben,

— die Ausgestaltung der technischen und organisatorischen Subsysteme der Arbeitsvorbereitung und Konstruktion,

— die Fertigungsstruktur und

— das spezifische Einsatzverhältnis der Produktionsfaktoren.

Zur systematischen Erfassung und theoretischen Durchdringung aller wesentlichen Datenfelder wurde vorgeschlagen,

— die technologische Eignung mit den Merkmalen Zweckeignung, Einsetzbarkeit und Kompatibilität,

— die soziale Eignung und

— die ökonomische Eignung

festzustellen. Für die endgültige Auswahl der Alternativen werden Modelle der Investitionstheorie, der linearen Programmierung und der Nutzwertanalysen, insbesondere der Cost-Effectiveness-Analyse, herangezogen.

Wildemann

Investitionsentscheidungsprozeß

Betriebswirtschaftlich-technologische Beiträge zur Theorie und Praxis des Industriebetriebes

- Band 5 -

Herausgeber:
Prof. Dr.-Ing. Dr. rer. pol.
Theodor Ellinger
Universität zu Köln

Dr. Horst Wildemann

Investitionsentscheidungsprozeß für numerisch gesteuerte Fertigungssysteme (NC-Maschinen)

Dr. Th. Gabler-Verlag · Wiesbaden

ISBN 978-3-409-34371-8   ISBN 978-3-322-87922-6 (eBook)
DOI 10.1007/978-3-322-87922-6

Geleitwort des Herausgebers

In der vorliegenden Arbeit wird das Ziel verfolgt, betriebswirtschaftliche und technologische Aspekte bei der Durchführung des Prozesses der Investitionsentscheidung in konstruktiver Weise zu verbinden. Am konkreten Fall numerisch gesteuerter Fertigungssysteme werden mit Sorgfalt die technologischen und ökonomischen Elemente durchleuchtet, welche bei der Analyse der Entscheidungssituation zu berücksichtigen sind. Der Verfasser weist durch seine Doppelausbildung auf technischem und wirtschaftswissenschaftlichem Gebiet sowie durch seine Erfahrung in der industriellen Praxis die Voraussetzungen für die Bearbeitung einer solchen vielschichtigen Problematik auf.

Zur Schaffung eines soliden Fundaments setzt sich der Verfasser intensiv mit den besonderen betriebswirtschaftlich-technologischen Aspekten des Fertigungssystems auseinander. Nur so ist der Aufbau einer befriedigenden Bewertungssystematik denkbar.

Im Hauptkapitel der Arbeit, in dem insbesondere der kreative Aspekt des Entscheidungsprozesses herausgearbeitet werden soll, stehen die einzelnen Phasen der Investitionsentscheidung im Mittelpunkt. Die Problematik der Festlegung von Entscheidungszielen, speziell numerisch gesteuerter Fertigungssysteme, wird sorgfältig untersucht. Bei der Darlegung der Daten werden die spezifischen und technischen Probleme, welche bei der Entwicklung von Fertigungssystemen auftreten, unter dem Aspekt des komplexen Entscheidungsprozesses herausgearbeitet. Die Bereiche der Analysen werden danach ausgewählt, inwieweit sie der Ermittlung von Zielen, Daten und Nebenbedingungen dienen. Gerade mit dieser Selektion hat sich der Verfasser eine schwierige Aufgabe gestellt, zumal das Beobachtungsfeld sehr weit gesteckt ist. Nicht nur technologische Aspekte werden hier sorgfältig analysiert, auch Fragen des sozialen Bereiches werden neben der Feststellung der ökonomischen Eignung behandelt.

Die Weite des Beobachtungsfeldes zeigt sich auch in der Auswahl der herangezogenen Quellen. Hierbei wurde nicht nur die auf die Investitionsrechnung ausgerichtete Spezialliteratur beachtet, auch die betriebswirtschaftliche Grundlagenliteratur wurde verarbeitet.

Bei den Ausführungen zur Frage der technologischen Eignung tritt besonders deutlich hervor, wie wichtig die Berücksichtigung der technologischen Grundtatbestände für die Weiterentwicklung einer dem neuesten theoretischen Stand entsprechenden „praxisnahen" Betriebswirtschaftslehre ist.

Die vorliegende Untersuchung wird bei der Lösung der vielschichtigen Entscheidungsprobleme, die im Rahmen der industriellen Investitionen zu lösen sind, wertvolle Anregungen geben können.

THEODOR ELLINGER

Inhaltsverzeichnis

Seite

Verzeichnis der Abbildungen

Verzeichnis der Abkürzungen

a.a.O.	am angegebenen Ort
AWF	Ausschuß für Wirtschaftliche Fertigung
BFuP	Betriebswirtschaftliche Forschung und Praxis
DB	Der Betrieb
EDV	Elektronische Datenverarbeitung
HBR	Harvard Business Review
HdB	Handwörterbuch der Betriebswirtschaft
HWO	Handwörterbuch der Organisation
HWR	Handwörterbuch des Rechnungswesens
IA	Industrie-Anzeiger
IO	Industrielle Organisation
JoB	The Journal of Business
NB	Neue Betriebswirtschaft
NF	Neue Folge
No	Number
o.J.	ohne Jahr
TZfpM	Technische Zeitschrift für praktische Metallbearbeitung
VDI	Verein Deutscher Ingenieure e.V.
VDI-Z	VDI-Zeitschrift
VDW	Verein Deutscher Werkzeugmaschinenfabriken e.V.
Vol.	Volume
WuB	Werkstatt und Betrieb
ZfB	Zeitschrift für Betriebswirtschaft
ZfbF	Zeitschrift für betriebswirtschaftliche Forschung (ab 1964)
ZfhF	Zeitschrift für handelswissenschaftliche Forschung (bis 1963)
ZfO	Zeitschrift für Organisation
ZwF	Zeitschrift für wirtschaftliche Fertigung

Vorwort

In der vorliegenden Untersuchung werden Fragen nach der zweckgerechten Gestaltung, dem wirtschaftlichen Einsatz und nach einer ökonomisch-technisch begründeten Auswahlentscheidung von numerisch gesteuerten Fertigungssystemen vertiefend behandelt. Unter Beachtung theoretischer Erfordernisse und praktischer Notwendigkeiten wird versucht, die Zielvorstellungen, Umweltbedingen, Handlungsalternativen und deren zukünftige Konsequenzen zu klären, um den Prozeß der Investitionsentscheidung rational zu gestalten. Die Untersuchung wendet sich gleichermaßen an Leser, die an theoretischen Fragen der Investitions- und Entscheidungstheorie interessiert sind, wie an den Praktiker, der die bisher angewendeten Verfahren und Modelle zur Vorbereitung von Investitionsentscheidungen für verbesserungsbedürftig hält.

Die systematische Durchdringung aller entscheidungsrelevanten Merkmale erfolgt in einem sukzessiv ablaufenden Investitionsentscheidungsprozeß, dessen Phasen einer Einzeluntersuchung unterzogen werden, welche jeweils die Stufen Problembeschreibung, Kennzeichnung der Einflußgrößen und Aktionsparameter sowie Lösungsmöglichkeiten mit ihren Beurteilungen beinhaltet. Um die unterschiedlichen Auffassungen über die erforderlichen Datenfelder für rationale Investitionsentscheidungen widerspruchsfrei zu ordnen, wird vorgeschlagen, die technologische Eignung mit den Merkmalen Zweckeignung, Einsetzbarkeit und Kompatibilität, die soziale Eignung und die ökonomische Eignung festzustellen. Zu diesen Datenfeldern wurde in 22 Unternehmungen, die numerisch gesteuerte Fertigungssysteme einsetzen, eine Befragung durchgeführt.

Die Bestimmung der Eignungskomponenten stellt eine detailliertere und realitätsbezogenere Untersuchung der Kosten- und Leistungsbeziehungen dar, als die Annahme von Zahlungsströmen bei den bisher zur Anwendung empfohlenen Investitionsrechenmodellen. Auf diese Weise können die technologischen, organisatorischen, ökonomischen und sozialen Aspekte der Investitionsentscheidung in ihrer Verbundenheit hinreichend beachtet werden. Auch das Verhalten der Entscheidungsträger in den mit Unsicherheit behafteten Situationen findet Berücksichtigung. Für die endgültige Auswahl der geeignetsten unter den für zulässig ermittelten Alternativen wurden Modelle der Investitionstheorie, der linearen Programmierung und der Nutzwertanalysen, insbesondere der Cost-Effectiveness-Analyse, herangezogen.

Der Schrift liegt eine Dissertation zugrunde, die bei der Wirtschafts- und Sozialwissenschaftlichen Fakultät der Universität zu Köln 1974 eingereicht wurde.

Meinem verehrten Lehrer, Herrn Prof. Dr.-Ing. Dr. Theodor Ellinger, gilt mein besonderer Dank für die Anregung dieser Untersuchung und das Interesse an meiner Arbeit. Durch seine jederzeitige Bereitschaft zum kritischen Gespräch konnten die wichtigsten betriebswirtschaftlich-technologischen Probleme vertiefend diskutiert und die Arbeit in vielfacher Weise gefördert werden.

HORST WILDEMANN

1. Einleitung

1.1 Problembeschreibung

Unternehmungen sind offene, zielgerichtete soziotechnische Systeme, deren Erfolg von dem ertragreichen Leistungsaustausch mit der Umwelt abhängt. Auf den Absatz von Gütern und Dienstleistungen am Markt lassen sich letztlich alle Handlungen einer Unternehmung zurückführen. Effizienz in den verschiedenen Unternehmensbereichen und Flexibilität in der unternehmerischen Tätigkeit müssen sich ergänzen, um der Dynamik der Märkte und des technischen Fortschritts zu begegnen. Die Ungewißheit der zu erwartenden Datenkonstellation bildet den zentralen Orientierungspunkt und zwingt die Unternehmungen zum flexiblen Verhalten. Die Möglichkeiten einer Unternehmung sich unsicheren Datenkonstellationen betriebswirtschaftlich anzupassen, finden ihren Ausdruck in den absatzpolitischen, organisatorischen und produktionstechnischen Instrumentarien[1]. Im Mittelpunkt dieser Untersuchung steht der wirtschaftliche Einsatz numerisch gesteuerter Fertigungssysteme[2] (Manufacturing System), die eine produktionstechnische Anpassung[3] an wechselnde Marktlagen ermöglichen. Der Einsatz der Fertigungssysteme erfordert aber auch Änderungsprozesse in der Unternehmung.

Derartige mehrstufige Änderungsprozesse sind Innovationen[4]. Diese Innovationen werden durch die Entwicklung der Informationstechnologie[5] hervorgerufen, die eine Automatisierung bei Aufrechterhaltung einer fertigungstechnischen Elastizität[6] ermöglicht. Als wesentliche Merkmale dieser Automatisierung lassen sich hervorheben:

---

[1] Daraus wird die Forderung nach einer umfassenden Flexibilitätstheorie für alle betrieblichen Bereiche abgeleitet. Vgl. MEFFERT, H.: Zum Problem der betriebswirtschaftlichen Flexibilität, in ZfB, 39. Jg. (1969), S. 779—800.

[2] Vgl. zur Begriffsabgrenzung S. 29 ff. dieser Arbeit.

[3] Der hier gebrauchte Anpassungsbegriff deckt sich nicht mit dem Gutenbergs, der zu Anpassungsvorgängen nur jene Maßnahmen zählt, durch die sich der Betrieb den Änderungen im Beschäftigungsgrad anpassen kann. (Vgl. GUTENBERG, E.: Grundlagen der Betriebswirtschaftslehre, Bd.I: Die Produktion, 18. Aufl., Berlin-Heidelberg-New York 1971, S. 342 ff., im folgenden zitiert als: Die Produktion.) Unter produktionstechnischer Anpassung wird hier die zielentsprechende Umstellung von Fertigungssystemen infolge neuer Datenkonstellationen verstanden. Vgl. zu dieser Begriffsabgrenzung auch Swoboda, P.: Die betriebliche Anpassung als Problem des betrieblichen Rechnungswesens, Wiesbaden 1964, S. 16 ff.

[4] Vgl. zum Begriff KIESER, A. : Innovationen, in: HWO, hrsg. v. E. GROCHLA, Stuttgart 1969, Sp. 741f. und KNIGHT, (K.E.: A descriptive Model of the Intra-Firm Innovation Process, in: Job, (1967), S. 478f.), der Innovationen als Sonderfall der Anpassung ansieht, die Unternehmen zum erstenmal durchführen.

[5] Vgl. zum Begriff LEAVITT, H.J., WHISLER, T.L. : Management in the 1980's, in : HBR, Vol. 36 (1958), Nr. 6, S. 41—48.

[6] Vgl. zu diesem Problemkreis GUTENBERG,E.: Die Produktion, a.a.O., S. 81ff.; BESTE,T.: Grössere Elastizität durch unternehmerische Planung vom Standpunkt der Wissenschaft, in: ZfhF (NF), 10.

— die Substitution des Faktors Arbeit durch den Faktor Betriebsmittel, der selbsttätig und zwangsläufig Funktionen ausführt, für die er programmiert ist[7],

— die Integration automatisierter Einzelaggregate zu fertigungstechnischen Einheiten im Fertigungsbereich,

— eine hochgradige Mechanisierung des Transports der Werkstücke (Anwendung des Fließprinzips) sowie eine

— Automatisierung des lenkenden Informationssystems, das aus zusammenhanglos aufgestellten Einzelaggregaten ein sinnvoll abgestimmtes und integriertes „Mensch-Maschine-System"[8] macht.

Die Konkurrenzsituation zwingt die Unternehmung, durch Adaption dieser neuen Technologie den Produktionsvorgang effizienter zu gestalten. Da auch diese Automatisierung einen erhöhten Kapitaleinsatz erfordert, stellt sich die Frage nach der Zweckmäßigkeit des Einsatzes quantitativ, qualitativ und zeitlich anpassungsfähiger Fertigungssysteme um so dringender. Die Vorteilhaftigkeit der Kapitalverwendung kann nur dann beurteilt werden, wenn das technische Leistungsvermögen in ökonomische Größen umgesetzt wird. Aussagen über die Höhe der zu installierenden Anpassungsfähigkeit von Fertigungssystemen und die durch deren Einsatz hervorgerufenen Anpassungshandlungen in der Unternehmung müssen an den durch sie verursachten Wertströmen gemessen werden[9].

Gegenwärtig stehen die im Unternehmen ablaufenden Entscheidungsprozesse — insbesondere Investitionsentscheidungen als ein wesentlicher Teil dieser Prozesse — im Mittelpunkt der Betrachtung. Investitionsentscheidungen bedingen einmal die Fixierung von Handlungsalternativen und zum anderen deren optimale, zielgerichtete Auswahl. In der investitionstheoretischen Literatur wird bei der Begründung einer Entscheidung über ein geeignetes Fertigungssystem davon ausgegegangen, daß das System in seiner technischen Konzeption vorhanden und seine Zusammensetzung durch technische Überlegungen determiniert ist. Für den Anwender von Fertigungssystemen stellt sich aber das Problem, zunächst durch eine technische Planung ein geeignetes System zu ermitteln. Die Vielfalt der realisierten Fertigungssysteme, ihre Kombinationsmöglichkeiten sowie ihre Ausgestaltung durch die Integration von

---

Jg. (1958) S. 75ff.; HEINEN, E.: Betriebswirtschaftliche Kostenlehre, 3. Aufl. Wiesbaden 1970, S. 447f.; OPITZ, H.: Fertigungsverfahren als Elastizitätsfaktor, in: Dynamische Betriebswirtschaft, hrsg. v. Deutsche Gesellschaft für Betriebswirtschaft, Berlin 1959, S. 48ff.; RIEBEL, P.: Die Elastizität des Betriebes, Köln-Opladen 1954, S. 20 ff.; SWOBODA, P.: Die betriebliche Anpassung als Problem des betrieblichen Rechnungswesens, a. a. O., S. 44ff.; VORBAUM, H.: Wechselbeziehungen zwischen den fixen Kosten und dem betrieblichen Elastizitätsstreben, in: ZfB, 29. Jg. (1959), S. 193ff.

[7] Vgl. STEINBUCH, K.: Automat und Mensch, Berlin-Heidelberg 1965, S. 39ff.

[8] KOSIOL, E.: Die Unternehmung als wirtschaftliches Aktionszentrum, Reinbek b. Hamburg 1966, S. 155; GROCHLA, E.: Automation und Organisation, Wiesbaden 1966, S. 76.

[9] Die Geschwindigkeit, mit der Innovationsprozesse in der Unternehmung durchgeführt werden, hängt auch von der ökonomischen Beurteilung der technischen Neuerungen ab. Daraus leitet sich die Forderung nach problemadäquaten Bewertungsverfahren für diese langfristigen Änderungsprozesse ab.

Subsystemen, erlauben eine begrenzte technische Gestaltungsfreiheit mit sehr unterschiedlichen ökonomischen Konsequenzen.

Die vorliegende Untersuchung setzt sich zum Ziel, durch die sukzessive Berücksichtigung der für die ökonomische Entscheidung relevanten technischen Zusammenhänge in einem Investitionsentscheidungsprozeß eine praktisch und theoretisch hinreichende Systematik für die technisch-ökonomische Beurteilung von Fertigungssystemen zu erarbeiten. Hierzu ist es notwendig, sich ein gedankliches Bild von den durch Fertigungssysteme ausgelösten Anpassungsprozessen zu machen.

Die Erarbeitung von Modellvorstellungen wird durch die Vielgestaltigkeit der Wirkungen erschwert. Die Einführung der neuen, außerhalb des Unternehmens entwickelten Technologie bedingt nicht nur eine Veränderung des Produktionsvollzuges, sondern setzt zugleich auch die Anpassung technisch-organisatorischer Teilsysteme des Unternehmens voraus. Mit dem Herausarbeiten der Bedingungen für rationale Investitionsentscheidungen über Fertigungssysteme wird ein zweifaches Ziel verfolgt. Zunächst wird versucht, Verhaltensweisen bei Investitionsentscheidungen im Modell des Entscheidungsprozesses zu erklären und gleichzeitig deutlich zu machen, welche Informationen in den einzelnen Phasen des Entscheidungsprozesses notwendig sind und wie daraus rationale Schlüsse für die Zielverwirklichung gezogen werden können.

Grundsätzlich bemüht sich die Untersuchung auch in den stärker theoretisch orientierten Teilen, den Bezug zu den praktischen Problemen der Unternehmung nicht zu verlieren. Einerseits wird das durch den technischen Fortschritt hervorgerufene Problem der Anpassung der Unternehmung an numerisch gesteuerte Fertigungssysteme erfaßt, andererseits berücksichtigt die Untersuchung die zunehmende Unsicherheit bei der Entscheidungsvorbereitung über eine rationale Kapitalverwendung [10]). Es soll ein Beitrag zur effizienteren Gestaltung der Produktionsprozesse beim Anwender von numerisch gesteuerten Fertigungssystemen geliefert werden [11]).

---

[10]) Schon aus diesem Punkt kann mit Albach gefolgert werden, daß die eigentliche Wirtschaftlichkeitsrechnung hier geringere Bedeutung hat. „Die Bedeutung der Rechnung tritt notwendigerweise hinter die Entscheidung zurück. Das Entscheidungsproblem enthält zwei Fragen. Der Unternehmer hat einmal die Faktoren zu bestimmen, an welchen er die Entscheidung orientieren will. Zum anderen muß er auch die relevanten Möglichkeiten der Aktionen und Reaktionen der Umwelt beurteilen und je nach Lage dieser Möglichkeiten seine Entscheidung modifizieren". ALBACH, H.: Wirtschaftlichkeitsrechnung bei unsicheren Erwartungen, Köln-Opladen 1959, S. 130.
[11]) Die Gestaltungsaufgabe der Betriebswirtschaftslehre wird besonders im Wissenschaftsprogramm der entscheidungsorientierten Betriebswirtschaftslehre hervorgehoben. Vgl. HEINEN, E.: Zum Wissenschaftsprogramm der entscheidungsorientierten Betriebswirtschaftslehre, in: ZfB, 39. Jg. (1969), S. 207—220.

1.2 Die Behandlung der Problemstellung in der Literatur

Der originäre Faktor Betriebsmittel[12] (hier speziell numerisch gesteuerte Fertigungssysteme) und seine Verknüpfung mit anderen originären Faktoren (menschliche Arbeitsleistung und Werkstoffe) zu einem realen Fertigungssystem, mit dem Zweck, eine Fertigungsaufgabe zu bewältigen, bilden den Untersuchungsgegenstand. Die aus diesem Untersuchungsgegenstand resultierenden neuen Fragestellungen zur Gestaltung und Bewertung der Systeme erfordern eine Analyse technischer, ökonomischer und sozialer Aspekte[13]. Zusammenhängende Antworten hierauf wurden in der Literatur nicht gegeben. Wohl gibt es Ansätze, die Teilprobleme aufgreifen und einer Lösung zuführen. Vereinfachend lassen sich drei Ansätze unterscheiden:

— die technisch gestaltungsorientierten Ansätze

— die sozialwissenschaftlichen Ansätze und

— die betriebswirtschaftlichen Ansätze.

In der technischen Literatur[14] werden die Probleme und Realisationsmöglichkeiten technischer Systeme zum Vollzug des Fertigungsprozesses diskutiert. Hier geht es zunächst um die Lösung eines technischen Problems. Erst wenn dieses technische System eine vorgegebene Aufgabe löst, werden eine schrittweise Verbesserung der technischen Leistung und eine Übertragung des Lösungsprinzips auf andere Aufgaben angestrebt.

Dem Bau numerisch gesteuerter Fertigungssysteme lag folgende Überlegung zugrunde: Sämtliche Werkstückabmessungen in der Fertigungstechnik werden durch Maßzahlen angegeben, wobei der Mensch unter Zuhilfenahme einer Zeichnung das Werkstück maschinell fertigt. Es ist daher eine Vereinfachung des Ablaufs sowie eine Entlastung des Menschen, wenn Werkzeugmaschinen gebaut werden, welche die Zahlensprache direkt verstehen und verarbeiten.

[12] Vgl. zum Begriff GUTENBERG, E.: Die Produktion, a.a.O., S. 3 und S. 70f.
[13] Unter Gestaltung soll hier die zielgerichtete Zusammenfügung verschiedener Elemente zu einem funktionierenden System verstanden werden. Im Gegensatz zur betriebswirtschaftlichen Literatur (Vgl. z.B. ENGELS, W.: Betriebswirtschaftliche Bewertungslehre im Licht der Entscheidungstheorie, Köln-Opladen 1962, S. 23), die das Kernstück der Bewertung in der Zurechnung von Geldeinheiten zu einem Träger sieht, soll hier in Anlehnung an Gäfgen Bewertung als Handlungsanweisung definiert werden, deren Einhaltung es erlaubt, eine Vielzahl von Handlungsalternativen hinsichtlich ihrer Zielerreichung zu ordnen. (Vgl. GÄFGEN: G.: Theorie der wirtschaftlichen Entscheidung, 2. Aufl., Tübingen 1968, S. 103ff.)
[14] Vgl. hierzu z.B. SIMON, W.: Die numerische Steuerung von Werkzeugmaschinen, 2. Aufl., München 1971; OPITZ, H.: Moderne Produktionstechnik, 2. Aufl., Essen 1970; HEROLD, H.H., MASSBERG, W., STUTE, G.: Die numerische Steuerung in der Fertigungstechnik, Düsseldorf 1971; ROPOHL, G.: Flexible Fertigungssysteme, Mainz 1971; SPUR, G.: Optimierung des Fertigungssystems Werkzeugmaschine, München 1972; MITTHOF, F.: Numerisch gesteuerte Fertigung, 2. Aufl., Mainz 1973; WARSEWA, H.R.: Datengesteuerte Produktion, Köln 1967; SIMON, W. (Hrsg.) : Produktivitätsverbesserungen mit NC-Maschinen und Computern, München 1969; WILSON, F.W. (Hrsg.) : Numerical Control in Manufacturing, New York 1963.

Die Verarbeitung der werkstückbestimmenden Maßzahlen wurde durch die Entwicklung der elektronischen Datenverarbeitung möglich. Anlaß zur Entwicklung numerisch gesteuerter Systeme waren technische Schwierigkeiten bei der Fertigung komplizierter und großer Werkstücke für die Flugzeugindustrie. Die produktionstechnischen Vorteile und die Möglichkeit, den Engpaßfaktor Mensch im Fertigungsprozeß zu entlasten, führten seit Anfang der sechziger Jahre zu einer raschen Ausbreitung dieser Systeme [15].

Die Entwicklung der Informationsverarbeitung in der Fertigungstechnik verlangte vom Hersteller dieser Maschinen neuartige Kenntnisse. Geeignete Programmierverfahren zur Erstellung von Steuerungsprogrammen und ihre Verarbeitung in geeigneten Steuerungssystemen nehmen deshalb in der technischen Literatur einen breiten Raum ein [16]. Durch die fortschreitende Vervollkommnung der Systeme wurden bei den potentiellen Anwendern Erwartungen über die ökonomische Effizienz und die Unabhängigkeit von Facharbeitern erweckt, die sich nicht verwirklichen ließen. Ähnlich wie bei der Entwicklung von Datenverarbeitungsanlagen war diese Phase durch eine Faszination der neuen Technologie gekennzeichnet, zumal nur vereinzelt von Technikern [17] der Versuch unternommen wurde, Erkenntnisse der betriebswirtschaftlichen Theorie auf diesen Untersuchungsgegenstand zu übertragen, um z. B. die Zuordnung von Fertigungsaufgabe und Fertigungssystem kostengünstig vornehmen zu können. Umfassende Wirtschaftlichkeitsanalysen für numerisch gesteuerte Fertigungssysteme wurden wegen mangelnder Klassifizierungssysteme zur Abgrenzung geeigneter Fertigungsaufgaben und der mangelnden Kenntnisse über organisatorische und soziale Wirkungen dieser Systeme erschwert. Die Probleme der Klassifizierung von Fertigungsaufgaben [18] und einer entsprechenden Klassifizierung von Fertigungssystemen [19] konnten für bestimmte Klassen von Fertigungsaufgaben (z.B. für Rotationsteile) und Fertigungssystemen zwar einer technisch optimalen Lösung zugeführt werden [20]. Die Ermittlung technischer Gestaltungs-

[15] Vgl. MANSFIELD, E.: Research and Innovation in the Modern Corporation. The Diffusion of a Manufacturing Innovation, New York 1971; GEBHARDT, A.: Numerisch gesteuerte Werkzeugmaschinen-Probleme ihres Einsatzes in der BRD: IFO-Institut für Wirtschaftsforschung, München 1970.

[16] Vgl. z.B. STUTE, G. (Hrsg.): EXAPT. Möglichkeiten und Anwendung der automatisierten Programmierung für NC-Maschinen, München 1969; BEHRENDT, W.K.: Leitfaden für die Programmierung numerisch gesteuerter Fertigungen, Stuttgart-Vaihingen 1970.

[17] Vgl. z.B. KIRCHNER, E.: Technische und betriebswirtschaftliche Grundlagen der Teilefamilienfertigung, in: JA, 85. Jg. (1963), H. 37, S. 714—720; STEHLE, P.: Eine Methode zur Wirtschaftlichkeitsrechnung unter Berücksichtigung des Einsatzes numerisch gesteuerter Werkzeugmaschinen, Diss. Aachen 1966; EVERSHEIM, W., STEHLE, P.: Planungsmethoden für den wirtschaftlichen Einsatz von Numerikmaschinen, Berlin-Köln-Frankfurt 1968.

[18] Vgl. OPITZ, H.: Werkstückbeschreibendes Klassifizierungssystem, Essen 1965; MASSBERG, W.: Der Einfluss der Vielgestaltigkeit eines Werkstückes auf den wirtschaftlichen Einsatz numerisch gesteuerter Werkzeugmaschinen und maschineller Programmierverfahren, Diss. Aachen 1965.

[19] Vgl. z.B. LUEG, H., MOLL, W.-P.: Maschinenbelegung über EDV. Systematische Zuordnung von Bearbeitungsaufgaben und Bearbeitungsmöglichkeiten, in: Werkzeugmaschine international, 3. Jg. (1973), Nr. 4, S. 55—67 und den Vorschlag von SIMON, W.: NC-Maschinen und Betriebsorganisation, in: Produktivitätsverbesserungen ..., a.a.O., S. 21—42.

[20] Vgl. WOJDA: F.: Zeitwirtschaft und wirtschaftliche Teileauswahl für numerisch gesteuerte Werkzeugmaschinen, Berlin-Köln-Frankfurt 1970.

prinzipien für Fertigungssysteme bei Vorgabe einer Fertigungsaufgabe[21]) sowie eine statische Zuordnung von Fertigungsaufgaben und Fertigungssystemen nach technisch-organisatorischen Gesichtspunkten unter Vernachlässigung ökonomischer Aspekte und dynamischer Anpassungsprozesse führen aber zu keiner betriebswirtschaftlich-optimalen Gestaltung und Zuordnung von Fertigungssystemen[22]). Die Eingliederung numerisch gesteuerter Fertigungssysteme in bestehende Organisationsstrukturen bereitet wegen der zunehmenden Verknüpfung von Aufgaben aus der Konstruktion, der Arbeitsvorbereitung und der Fertigung große Schwierigkeiten[23]). Dieser Tatbestand bedingt eine Neugestaltung der Informationswege und eine Veränderung und Verlagerung von Aufgaben, was wiederum zu gravierenden Auswirkungen auf die Personalauswahl, die Ausbildung und den Personalbedarf führt. Diese Problemkreise waren Gegenstand gesonderter, sozialwissenschaftlich-orientierter Ansätze[24]).

In der betriebswirtschaftlichen Literatur werden die Probleme von Fertigungssystemen nur unter besonderen Gesichtspunkten behandelt[25]), während Betriebsmittel im allgemeinen in den verschiedenen betriebswirtschaftlichen Partialtheorien Gegenstand spezieller Analysen sind. Für die Produktionstheorie sind Betriebsmittel produktive Faktoren[26]), genauer Potentialfaktoren[27]) — deren Wirkungen auf das Leistungsergebnis des betrieblichen Kombinationsprozesses zu analysieren und zu nutzen sind. Vorausgesetzt wird in der Produktionstheorie die Entscheidung über die optimale Potentialfaktormenge, ihre Analyse wird der Investitionstheorie überlassen[28]). Die dabei vom Potentialfaktor Betriebsmittel verursachten

[21]) Vgl. ROHPOHL, G.: Flexible Fertigungssysteme , a.a.O.

[22]) Vgl. z.B. WEBER, H.J.: Fertigungsverfahren aus betriebswirtschaftlicher Sicht, Diss. Köln 1972.

[23]) Vgl. z.B. KREIKEBAUM, H.: Die Auswirkungen der Einführung numerisch gesteuerter Werkzeugmaschinen auf die Unternehmensorganisation, in: ZfB, 38. Jg. (1968), Ergänzungsheft I, S. 33—44; WOJDA, F.: Untersuchung der organisatorischen und wirtschaftlichen Voraussetzungen für den Einsatz von numerisch gesteuerten Werkzeugmaschinen in den USA, Forschungsbericht des Arbeitswissenschaftlichen Institutes der TH-Wien; Fachverband der Maschinen- und Stahl- und Eisenindustrie Österreichs, Wien 1970; FREUDHOFER, F.: Der Einfluß organisatorischer und wirtschaftlicher Kenngrößen auf die optimale Nutzung von numerisch gesteuerten Maschinen, Diss. Graz 1973.

[24]) Vgl. SHAW, A.F.: A Study on the Effect of the Introduction of Numerical Controlled Machine Tools on Plant Level Issues in Great Britain, Tavistock Institute of Human Relations, 1967; CHRISTENSEN, E.: Automation and the Workers, London 1968; SCHULTZ-WILD, R., WELTZ, F.: Technischer Wandel und Industriebetrieb, Frankfurt/Main. 1973; BRÖDNER, P., HAMKE, F.: Auomatisierung und Arbeitsplatzstrukturen, in: Mitteilungen des Institutes für Arbeitsmarkt- und Berufsforschung (1969), Nr. 8, S. 604—618 und (1970), Nr. 2, S. 137—172.

[25]) Vgl. hierzu die Untersuchung von Ellinger, die sich mit dem Rationalisierungspotential numerisch gesteuerter Betriebsmittel befaßt. ELLINGER, T.: Industrielle Wechselproduktion, in: Produktivität und Rationalisierung, hrsg. v. Rationalisierungs-Kuratorium der deutschen Wirtschaft e.V., Frankfurt/M. 1971, S. 197—205.

[26]) Vgl. GUTENBERG, E.: Die Produktion, a.a.O., S. 303ff. und z.B. CARELL, E.: Produktionsfaktoren, in: Handwörterbuch der Sozialwissenschaften, hrsg. v.: E. v. BECKERATH, H. BESTE u.a., Bd. 8, Stuttgart-Tübingen-Göttingen 1964, S. 571 und 573 sowie: SCHNEIDER, E.: Produktionstheorie, ebenda, S. 596f.

[27]) Vgl. hierzu HEINEN: E.: Betriebswirtschaftliche Kostenlehre, a.a.O., S. 191.

[28]) Vgl. ALBACH, H.: Zur Verbindung von Produktionstheorie und Investitionstheorie, in: Zur Theorie der Unternehmung, Festschrift zum 65. Geburtstag von E. GUTENBERG, (Hrsg. H. Koch), Wiesbaden 1962, S. 142f.

Kosten- und Leistungsströme werden hier zum Zwecke der Entscheidungsfindung für ein bestgeeignetes Betriebsmittel einer näheren Betrachtung unterzogen[29]. In der Finanzierungstheorie[30] werden unter anderem die durch die Beschaffung und den Einsatz von Betriebsmitteln ausgelösten Kapitalströme betrachtet. Wegen des Mittelcharakters der Betriebsmittel werden diese in der Organisationstheorie als gleichberechtigte Aufgabenträger eigener Art[31] gesehen. Bei der organisatorischen Gestaltung betrieblicher Strukturen und Prozesse wird ihnen große Bedeutung beigemessen.

Festzuhalten ist, daß betriebswirtschaftliche Partialtheorien von technischen Tatbeständen abstrahieren. Die ökonomischen Konsequenzen von Fertigungssystemen werden aber von ihren technischen Tatbeständen determiniert. Eine umfassende Betrachtung der aus Fertigungssystemen resultierenden technischen und ökonomischen Zielwirkungen (Zielerreichung und Mittelverbrauch) scheint zur Bewertung dieser Systeme unbedingt erforderlich.

Die Diskussion der in der Literatur vorzufindenden Ansätze sollte einen Überblick über den vorhandenen Wissensstand und die Grundlage zur Ableitung geeigneter Fragestellungen für diese Untersuchung liefern. Zentrales Anliegen dieser Untersuchung ist es, ein technisch neuartiges numerisch gesteuertes Fertigungssystem mit allen damit verbundenen technischen, ökonomischen, sozialen und organisatorischen Implikationen zu erfassen und mit Hilfe der verfügbaren betriebswirtschaftlichen Instrumente zu bewerten, um rationale Investitionsentscheidungen zu ermöglichen. Zu diesem Zweck ist die Aufstellung einer Ziel-Mittel-Beziehung zwischen den Unternehmenszielen und dem Fertigungssystem erforderlich. Die Herausarbeitung der Eingriffsmöglichkeiten des Entscheidungsträgers zur Ermittlung einer unter betriebswirtschaftlich-technischen Gesichtspunkten optimalen Gestaltung von Fertigungssystemen und ihr Zusammenhang in einer Bewertungssystematik stehen dabei im Mittelpunkt der Betrachtungen. Als methodisches Konzept scheint die Analyse des Entscheidungsprozesses dazu geeignet, die unterschiedlichen Dimensionen der Einflußfaktoren zu erfassen und in einen Zusammenhang zu bringen.

1.3 Charakterisierung des gewählten Lösungsansatzes und Gang der Untersuchung

Für diese Untersuchung wird als Lösungsansatz ein Vorgehen analog der formalen Struktur des Entscheidungsprozesses[32] als heuristischer Problemlösungsprozeß[33] vorgeschlagen. Im Problemlösungsprozeß steht das Kombinieren von Handlungsalternativen und Umweltbedin-

---

[29] Vgl. z.B. SCHNEIDER, E.: Wirtschaftlichkeitsrechnung, Theorie der Investition, 8. Aufl., Tübingen-Zürich 1973, S. 4.

[30] Vgl. z.B. GUTENBERG, E.: Grundlagen der Betriebswirtschaftslehre, Bd. III: Die Finanzen, 3. Aufl., Berlin-Heidelberg-New York 1970, S. 31ff.

[31] Zur Begründung dieses Ansatzes durch die technische Entwicklung vgl. GROCHLA, E.: Automation und Organisation, a.a.O., S. 73.

[32] Vgl. zur ausführlichen Beschreibung Kap. 3. 122.

[33] Vgl. zum Begriff KLEIN, H.K.: Heuristische Entscheidungsmodelle, Wiesbaden 1971, S. 35ff.

gungen zu zielgerichteten Lösungen im Vordergrund. Das Problemlösungsverhalten wird dabei entscheidend von der Beschaffenheit der inner- und außerbetrieblichen Situationen und von den Erfahrungen, dem Einfallsreichtum sowie den angewendeten Denkstrategien des Entscheidungsträgers abhängen[34]). Hier soll nun unter Beachtung theoretischer Erfordernisse und praktischer Notwendigkeiten versucht werden, ein gedankliches Äquivalent[35]) der Zielvorstellungen, Umweltbedingungen, Handlungsalternativen und deren zukünftige Konsequenzen für ein spezielles Betriebsmittel zu entwerfen[36]), um den Prozeß der Auswahlentscheidung rational zu gestalten. Eine Erfassung dieser Elemente im Rahmen des Entscheidungsprozesses erfordert eine Systematisierung des Entscheidungsproblems, wodurch der Weg zum Erarbeiten einer Lösung transparent wird und eine Trennung objektiver und subjektiver Entscheidungsfaktoren möglich erscheint.

Im Verlauf des Problemlösungsprozesses werden die Handlungsalternativen erst ermittelt bzw. weiterentwickelt und im Hinblick auf mögliche Wirkungen analysiert. Zu diesem Zweck

[34]) Der hier vorgeschlagene Ansatz orientiert sich an dem auf Arbeiten von Lewin zurückgehenden Ansatz der „Anspruchsanpassungstheorie". Dieser Ansatz wurde im deutschsprachigen Raum von Sauermann und Selten und ihnen folgend von Strasser zu einem Lösungsmodell für unternehmerische Entscheidungen ausgebaut; (vgl. SAUERMANN, H., SELTEN, R.: Anspruchsanpassungstheorie der Unternehmung, in: Zeitschrift für die gesamte Staatswissenschaft, Bd. 118 (1962), S. 577ff.; STRASSER, H.: Zielbildung und Steuerung der Unternehmung, Wiesbaden 1966). Diese Vorgehensweise teilt den Entscheidungsprozeß in Phasen ein und bemüht sich um eine umfassende Klärung der Entscheidungstatbestände, wobei praktische Erfordernisse (die Entscheidung muß einfach sein, innerhalb eines zeitlich begrenzten Zeitraumes fallen, sie darf nicht zu teuer sein und muß die unterschiedlichen Zielvorstellungen adäquat berücksichtigen) zu erfüllen sind. Die Lösung der Teilprobleme in den einzelnen Phasen beginnt mit der Formulierung einer auf deduktivem Weg gewonnenen Arbeitshypothese und endet mit dem Versuch, diese Behauptung durch induktive, d.h. analytische Untersuchungen zu beweisen oder zu widerlegen. Dieses heuristische Vorgehen stimmt mit den Methoden des Forschens überein, die Popper empfiehlt. (Vgl. POPPER, K.: Die Logik der Forschung, 4. Auflage., Tübingen 1971).

[35]) Damit bemühen wir uns um eine gedankliche Klärung („Explikation") realer Erscheinungen der Unternehmespraxis. Diese Klärung ist für ein späteres normatives Vorgehen um so wichtiger, je mehr empirischen Gehalt diese Aussagen haben sollen. Zur Gewinnung empirischer Daten wurden vom Verfasser Befragungen bei Anwendern und Herstellern von numerisch gesteuerten Fertigungssystemen durchgeführt. Je nach Stellung des Gesprächspartners in der Unternehmenshierarchie wurde eine Liste von Erhebungspunkten in Analogie zur Gliederung dieser Untersuchung verwendet. Repräsentativität im statistischen Sinne kann bei dieser Erhebung wegen der geringen Stichprobe nicht beansprucht werden, wohl aber zeigten sich Schwerpunkte, so daß aus der Literatur gewonnene Hypothesen zumindest auf Plausibilität geprüft werden konnten. Durch Auswertung anderer empirischer Erhebungen (Vgl. FREUDHOFER, F.: Der Einfluß organisatorischer und wirtschaftlicher Kenngrößen..., a.a.O.; SCHULTZ-WILD, R., WELTZ, F.: Technischer Wandel und Industriebetrieb, a.a.O.; N.N.: Datenerfassung an NC-Maschinen. Eine Betriebsanalyse im Auftrag der Refa, Lübeck 1971; SCHÖNHERR, S.: Fertigungsprobleme beliebig gekrümmter Flächen, Investitionsplanung integrierter Automatisierungsvorhaben, Diss. Berlin 1973; WOJDA, F.: Die Organisation der NC-Fertigung in europäischen Unternehmen, in: TZfpM, 64. Jg. (1970), H. 8, S. 396—401; derselbe: Die Organisation der Einzel- und Serienfertigung im Maschinenbau, in: TZfpM, 65. Jg. (1971), H. 6. S. 305—309; STEFFY, W., SMITH, D.N., SOUTER, D.: Economic Guidelines for Justifying Capital Purchases with numerical control emphasis, Ann Arbor 1973) konnten die Aussagen verglichen und z.T. belegt werden.

[36]) Wie noch gezeigt wird, übt die umfassende Berücksichtigung dieser Faktoren einen großen Einfluß auf die Geschwindigkeit der Innovationsprozesse aus.

muß der Entscheidungsträger die komplexe Fragestellung in Teilprobleme zerlegen[37]). Dieser Weg führt in seiner Gesamtheit zu keiner optimalen Entscheidungsempfehlung im Sinne des herkömmlichen Optimalitätsbegriffes[38]), erlaubt es aber, investitionstheoretische Planungsmodelle- und Verfahren zu integrieren, die für Teilprobleme optimale Ergebnisse liefern.

Die Modelle der Investitionstheorie setzen voraus, daß die Entscheidungssituation bereits vollständig formuliert ist. Wir bemühen uns aber gerade um die Transparenz und Abgrenzung der Entscheidungssituation für Fertigungssysteme. Ist dies geschehen, wird es unser Anliegen sein, hierfür Kalkülmodelle zu finden, die durch Auflösung eines mathematischen Kalkülsystems zu einer optimalen Lösung führen. Diese sequentielle Betrachtungsweise erlaubt eine stufenweise Reduktion der zulässigen Alternativmenge und trägt so zur Minimierung des Planungsaufwandes bei. Durch dieses Vorgehen kann gleichzeitig der Stellenwert und die Aussagekraft in der Literatur konzipierter Investitionskalküle für einen wichtigen Bereich der Realinvestitionen ermittelt werden. Die gedankliche Gegenüberstellung einer realen komplexen Entscheidungssituation, die für die Praxis eine große Bedeutung besitzt, mit theoretischen Aussagen erlaubt darüberhinaus eine Prüfung des empirischen Gehalts dieser Theorie und deren begrenzte Modifikation.

Der hier vorgeschlagene Lösungsweg läßt sich auch mit Plausibilitätsüberlegungen rechtfertigen: Unter der Voraussetzung, daß den oben angeführten Bedingungen entsprochen wird, können bei der Betrachtung des Entscheidungsprozesses Erkenntnisse über die Wirkungen numerisch gesteuerter Fertigungssysteme ökonomischer gewonnen werden als durch die Modifikation von Partialmodellen. Diese Annahme gründet sich auch auf den heuristischen Wert eines begrifflichen Bezugsschemas[39]) und die Notwendigkeit, dem Praktiker Anhalts-

[37]) Generell wird es sich dabei um ein sukzessives Herantasten an eine technisch-wirtschaftliche Bestlösung handeln. Als ein heuristisches Prinzip für die Lösung eines derartigen schlechtdefinierten und schlechtstrukturierten Entscheidungsproblems wird dem Prinzip der Mittel-Zweck-Analyse besondere Bedeutung zukommen.

[38]) Der herkömmliche Optimalitätsbegriff (vgl. LÜDER, K.: Das Optimum in der Betriebswirtschaftslehre — Kritische Analyse des Optimumbegriffes und der Bestimmungsmöglichkeiten betriebswirtschaftlicher Optima, Diss. Karlsruhe 1964), wie er z.B. bei Operations Research Problemen Verwendung findet, wird hier durch die Einbeziehung der subjektiven Präferenzstruktur des Entscheidungsträgers und dessen jeweiligem Informationsstand relativiert. „Die Entscheidungstheorie stellt sich entschlossen auf die Seite einer beteiligten Person und versucht, die für sie günstigste Verhaltensweise zu bestimmem...". (KRELLE, W.: Präferenz- und Entscheidungstheorie, Tübingen 1968, Vorwort VIII.) Ist die zugrunde gelegte Wertnorm für eine bestimmte Entscheidungssituation allgemein anerkannt, und erfolgt die Entscheidungsfindung rational, so kann auch hier eine objektiv beste Lösung ermittelt werden.

[39]) Kirsch weist auf diesen Aspekt ausdrücklich hin, wenn er schreibt: „In der Betriebswirtschaftslehre kann man immer wieder beobachten, daß die Praxis exakte Modelle mit begrenztem Anwendungsbereich ablehnt und allgemeine, nicht unmittelbar anwendbare Bezugsrahmen willig aufgreift, weil diese offenbar Ordnung in eine komplexe Umwelt des Praktikers bringen und dessen Phantasie anregen. Bezugsrahmen erleichtern es dem Praktiker, akzeptable Problemdefinitionen zu formulieren, komplexe Probleme in einfache Teilprobleme zu zerlegen und hierfür Lösungshypothesen zu generieren...Bezugsrahmen können aber helfen, äußerst schlecht strukturierte Entscheidungsprobleme der Praxis etwas besser zu strukturieren, ohne sie gleich zu wohldefinierten Entscheidungen zu machen". KIRSCH, W.: Entscheidungsprozesse, Bd. 3: Entscheidungen in Organisationen, Wiesbaden 1971, S. 242 f.

punkte für eine effiziente, alle wesentlichen Einflußgrößen berücksichtigende Planung des Produktionspotentials zu geben.

Neben den zur Anwendung kommenden analytischen Lösungsmethoden ist mit besonderem Nachdruck auf den kreativen Aspekt innerhalb des Entscheidungsprozesses hinzuweisen, der zwangsläufig die Einbeziehung menschlicher Problemlösungsfähigkeiten erfordert.

Im Gegensatz zu den in der Literatur diskutierten Partialmodellen werden die für die Lösung des Investitionsentscheidungsproblems relevanten Ziele und Bewertungskriterien nicht als gegeben betrachtet, sondern selbst als Problem[40]. Es muß deshalb untersucht werden, welche Daten für unser Kalkül erforderlich sind, wie sie wenigstens hinreichend exakt erlangt und wie sie für eine rationale Auswahlentscheidung aufbereitet werden müssen[41]. Darüberhinaus soll durch die Beschreibung des Informationsgewinnungs- und Verarbeitungsprozesses gezeigt werden, wie das Entscheidungsproblem entsteht und durch welche Überlegungen der Entscheidungsträger zu den Prämissen seiner Entscheidung gelangt[42]. Auf diese Weise soll erreicht werden, daß der Entscheidungsträger wesentlich mehr empirisch relevante Tatbestände berücksichtigt, als dies bei einer Entscheidungsvorbereitung mit Hilfe eines Modells für Teilaspekte, das in der Hauptsache nur quantifizierbare Sachverhalte beinhaltet, möglich ist. Auch soll die Betrachtung auf die Wertvorstellung und Risikoneigungen des Entscheidungsträgers ausgedehnt werden, um neben den entscheidungsfeldbedingten auch die entscheidungsträgerbedingten Einflußbereiche auf die Gestaltung und Auswahlentscheidung zu erfassen[43]. Diesem Umstand soll durch die Einführung eines Zielsystems, dessen Komponenten für eine bestimmte Entscheidungssituation frei wählbar sind, Rechnung getragen werden.

Als Entscheidungskriterium ist jedes subjektiv als relevant erachtete Ziel möglich. Der sich hieraus ergebende Nachteil einer mangelnden Allgemeingültigkeit läßt sich im praktischen Fall damit rechtfertigen, daß es letztlich jedem Anwender von numerisch gesteuerten Fertigungssystemen darauf ankommt, das für ihn günstigste System auszuwählen.

Der entscheidungsorientierte Ansatz im hier gebrauchten Sinne ist präskriptiver und normati-

---

[40]) Vgl. hierzu auch DRUKARCZYK, G.: Zum Stand der Investitionstheorie bei Sicherheit, in: ZfB, 42. Jg. (1972), S. 803—820.

[41]) Diese Aufgaben werden z.B. auch in der Verhaltenstheorie der Unternehmung als ungelöste Probleme angesehen. Vgl. z.B.: ALEXIS, M., WILSON, C.Z.: Organizational Decision Making, Englewood Cliffs (N.J.) 1967, S. 66.

[42]) Alexis und Wilson fordern für derartige schlecht-strukturierte Entscheidungsprobleme „offene Modelle" zugrundezulegen, die dadurch charakterisiert werden, daß die Kriterienmenge und die Handlungsalternativen erst im Verlauf des Prozesses ermittelt und nicht a priori vorgegeben sind. (Vgl. ALEXIS, M., WILSON, C.Z.: ebenda, S. 158ff.). Da ihre Ausführungen hierzu weitgehend pragmatischen Inhalts sind, kann bei dem hier zu behandelnden Problemen nur punktuell auf ihre Empfehlungen zurückgegriffen werden.

[43]) Eine wichtiges Beurteilungskriterium des gesamten Entscheidungsprozesses besteht somit darin, inwieweit in ihm das persönliche Moment des Entscheidungsträgers zum Ausdruck kommt. Vgl. EILON, S.: What is a Decision?, in: Management Science, Vol. 16 (1969), Nr. 4, S. B—189.

ver [44]) Natur. Er liefert Instrumente, mit denen ein rational handelnder Entscheidungsträger in die Lage versetzt wird, aus einer Menge von Handlungsalternativen diejenigen herauszusuchen, die für ihn am geeignetesten sind.

Anhaltspunkte für die Tragfähigkeit dieses Ansatzes finden sich in den Ingenieur- [45]) und Wirtschaftswissenschaften [46]). Eine Modifizierung dieses Gedankengutes zum Zweck der technisch-ökonomischen Bewertung von Fertigungssystemen soll hier versucht werden.

Die Ausrichtung dieser betriebswirtschaftlich-technischen Untersuchung [47]) auf eine praktikable und theoretisch befriedigende Bewertungssystematik bedingt eine hinreichende Kennzeichnung des Fertigungssystems in seinen technischen, organisatorischen und sozialen Dimensionen. Diese Kennzeichnung ist Gegenstand des zweiten Kapitels.

[44]) Normative Überlegungen sagen aus, wie die Entscheidungsträger zu entscheiden haben, wenn sie ein bestimmtes Ziel anstreben. Vgl. zum Anspruch der „praktisch-normativen Wissenschaft" HEINEN, E.: Zum Wissenschaftsprogramm der entscheidungsorientierten Betriebswirtschaftslehre, a.a.O., S. 209. Mit dieser Begrenzung auf die normative investitionstheoretische Behandlung der Auswahlentscheidung bei numerisch gesteuerten Fertigungssystemen werden die entscheidungsträgerbedingten Einflüsse nicht ausgeklammert, d.h. es wird bei der Problembehandlung offen gelassen, daß die Lösung bei gleichen objektiven Gelegenheiten stets noch vom jeweiligen Entscheidungsträger abhängt. Außerdem wird der von Koch vorgetragenen Kritik an der normativen betriebswirtschaftlichen Entscheidungstheorie im Verlauf der Untersuchung Rechnung getragen. Vgl. KOCH, H.: Die betriebswirtschaftliche Theorie als spezielle Handlungstheorie. Die Probleme der normativen Entscheidungstheorie, in : ZfbF (NF), 26. Jg. (1974), S. 76ff.

[45]) Insbesondere wurden im Rahmen des „System Engineering" Ablaufbeschreibungen typischer Systementwicklungsprozesse erarbeitet, die alle auf die Entwicklung und Einführung aufgabenorientierter Systeme gerichteten Aktivitäten umfassen. Für diese auch hier angestrebte Betrachtung können die vorgeschlagenen Schemata wertvolle Anregungen geben. Vgl. FEIGENBAUM, D.S.: The Engineering and Management of an Effective System, in: Management Science, Vol. 14 (1968), Nr. 12, S. 727f.; HALL, A.D.: A Methodology for Systems Engineering, Princeton, N.J. 1962, S. 85ff.; WILSON, J.G., WILSON, M.E.: Information, Computers and Systems Design, New York 1965, S. 186; SHINNERS, S.M.: Techniques of Systems Engineering, New York 1967, S. 15; ELMAGHRABY S.E.: The Design of Production Systems, New York 1966, S. 6ff.; CHESTNUT, H.: Methoden der System-Entwicklung, München 1973, S. 11ff.; NADLER, G.: An Investigation of Design Methodology, in: Management Science, Vol. 13 (1967), Nr. 10, S. 647f.; derselbe: Arbeitsgestaltung — zukunftsbewußtes Entwerfen und Entwickeln von Wirksystemen, München 1969.

[46]) Vgl. z.B. HEINEN, E.: Grundlagen betriebswirtschaftlicher Entscheidungen. Das Zielsystem der Unternehmung, 2. Aufl., München 1971.

[47]) Die Aufgabe einer betriebswirtschaftlich-technischen Forschung beschreibt z.B. Stählin wie folgt: „Ihre Aufgabe besteht darin, das benötigte Fachwissen für betriebswirtschaftliche Entscheidungsprobleme so auszuwählen und final in einem technologischen Modell zu organisieren, daß es dem Aktor unter Einengung auf den speziell vorliegenden Fall und unter Angabe seiner (widerspruchsfreien!) Bewertungsregeln für die erkannten Handlungsalternativen sowie seiner Entscheidungsmaxime möglich ist, Teilentscheidungen über die Alternativen zu fällen und schließlich zu einem „richtigen" Entschluß zu gelangen. Die Betriebswirtschaftstechnologie dient somit grundsätzlich der Entscheidungsvorbereitung; sie erfüllt ihre Aufgaben im betriebswirtschaftlichen Entscheidungsprozeß". (STÄHLIN, W.: Theoretische und technologische Forschung in der Betriebswirtschaftslehre, Stuttgart 1973, S. 85).

Im Anschluß daran wird dieser entscheidungsorientierte Ansatz, der die Komplexität des Entscheidungsfeldes berücksichtigt, eingehend diskutiert. Das Aussagensystem und die Argumente zur Bewertung von Fertigungssystemen sind betriebswirtschaftlichen Theorien entnommen. Sie werden auf die spezielle betriebswirtschaftlich-technische Problemstellung in modifizierter Form angewandt. Durch die Herausarbeitung informationsverarbeitender Kernphasen sollen die für die Bewertung von numerisch gesteuerten Fertigungssystemen relevanten Ziele, Daten und Nebenbedingungen analysiert und entsprechend ihrer Bedeutung eingeordnet werden.

Die spezifischen technischen Probleme, insbesondere bei der Entwicklung von Fertigungssystemen, die Techniken der Optimierung von Subsystemen und die Fragen bei der Ermittlung der Fertigungsaufgabe werden insoweit behandelt, als sie der Ermittlung von Zielen, Daten und Nebenbedingungen für den Entscheidungsprozeß dienen. Durch diese Einschränkungen liegt der Schwerpunkt der Analyse auf einem investitionstheoretischen Problem besonderer Art.

In den nachfolgenden Kapiteln ist die Problematik einzelner Teilprobleme zu durchleuchten und einer Lösung zuzuführen. Die Untersuchung richtet sich nach dem entscheidungslogischen Ablauf der Informationsverarbeitung im Entscheidungsprozeß [48]; der Forderung nach Simultanität wird insoweit Rechnung getragen, als Verweise im Text und der Rahmen des Entscheidungsprozesses die Verbindungen aufzeigen. In einem weiteren Kapitel sind die Bewertungsansätze auf ihre Anwendbarkeit zu prüfen bzw. so zu modifizieren, daß sie einsetzbar sind. Die Problematik der Durchsetzung und Kontrolle eines numerisch gesteuerten Fertigungssystems wird im Abschlußkapitel der Untersuchung behandelt.

---

[48] „Der Entscheidungsprozeß kann als ein Prozeß der Gewinnung und Verarbeitung von Informationen zum Zwecke der Zielverwirklichung angesehen werden". HEINEN: E.: Einführung in die Betriebswirtschaftslehre, 3. Aufl., Wiesbaden 1970, S. 48.

2. Kennzeichnung des Entscheidungsfeldes numerisch gesteuerter Fertigungssysteme

„Um Regeln für die optimale Lösung wirtschaftlicher Entscheidungsprobleme aufstellen zu können, muß zunächst die Beschaffenheit des Problems erkannt werden. Es muß erkannt werden, welche Ziele, realisierbaren Maßnahmen und verfügbaren Mitteln in einer solchen Situation gegeben sind [1]."

Verfahren zur betriebswirtschaftlich-technischen Bewertung bestimmter Betriebsmittel oder Klassen von Fertigungssystemen können nur dann sinnvoll diskutiert werden, wenn vorher Wesen, Erscheinungsformen und Auswirkungen dieser Systeme klargelegt worden sind. Betriebsmittel allgemein und Fertigungssysteme im besonderen besitzen Doppelcharakter: Analytisch betrachtet sind sie das Ergebnis bewußter menschlicher Gestaltung, die auf rational vorgegebene Ziele gerichtet ist, synthetisch gesehen bilden sie selbst ein komplexes Gebilde, dessen Gesetzmäßigkeiten und Wirkungen zu erfassen sind.

Für die hier gestellte Aufgabe der Investitionsentscheidung ist, angelehnt an Engels [2], das Entscheidungsfeld zu analysieren, d.h. die Gesamtheit aller Personen, Gegenstände und Verhältnisse, die durch die Entscheidung direkt oder indirekt beeinflußt werden können oder deren Ausgang und Erfolg beeinflussen [3]. Durch Kennzeichnung eines derartigen technologischen Situationsmodells [4] wird der erste Schritt zur Bewertung von numerisch gesteuerten Fertigungssystemen getan.

2.1 Der Systemansatz als Bezugsrahmen zur Beschreibung von Fertigungssystemen

Für die allgemeine Systemtheorie [5] ist das Finden und Beschreiben von Strukturen und Prozessen in unterschiedlichen Systemen kennzeichnend. Wegen der interdisziplinären Anwend-

[1] KOSIOL, E.: Betriebswirtschaftslehre und Unternehmensforschung, in: ZfB, 34. Jg. (1964), S. 750.

[2] Vgl. ENGELS, W.: Betriebswirtschaftliche Bewertungslehre im Licht der Entscheidungstheorie, Köln-Opladen 1962, S. 94.

[3] Heinen bemerkt hierzu: „Es ist ein Hauptanliegen der angewandten Betriebswirtschaftslehre, das Entscheidungsfeld auf die Freiheitsgrade der Entscheidungsträger hin zu untersuchen. Die klare Abgrenzung und Einteilung der Entscheidungstatbestände stehen im Vordergrund des wissenschaftlichen Bemühens". HEINEN, E.: Einführung in die Betriebswirtschaftslehre, a.a.O., S. 123.

[4] Vgl. zum Begriff GÄFGEN, G.: Theorie der wirtschaftlichen Entscheidung, a.a.O., S. 106.

[5] Vgl. hier z.B.: BERTALANFFY, L.v.: Zu einer allgemeinen Systemlehre, in: Biologia Generalis, Bd. XIX (1949), S. 114ff.; BOULDING, K.E.: General Systems, Yearbook of the Society for the Advancement of General Systems Theory, Bd. I, Ann Arbor 1956, S. 11ff.; BEER, S.: Kybernetik und Manage-

barkeit und wegen des terminologischen Potentials[6]) der Systemtheorie, der Möglichkeit Einzelprobleme und deren Lösungen im Rahmen des Gesamtsystems zu sehen und daraus resultierende praxisbezogene Ergebnisse abzuleiten, sind die verschiedenen Wissenschaften, so z.B. die Biologie, Soziologie, Ingenieurwissenschaften und auch die Betriebswirtschaftslehre[7]) diesem Ansatz gefolgt.

Über den Systembegriff herrscht in der Literatur — bei großer Variabilität im Detail — prinzipielle Einigkeit darüber, daß das System untereinander in Beziehung stehende Elemente zu einem geordneten Ganzen verknüpft[8]). Zur Abgrenzung der Vielzahl damit erfaßter Tatbestände wurden meist dichotomische Klassifikationen entwickelt[9]).

Folgt man funktionalen Systemdifferenzierungen, lassen sich im Unternehmen ein Produktionssystem, ein Versorgungssystem, ein Erhaltungssystem, ein Informationssystem und ein Innovationssystem voneinander abgrenzen[10]). Ausgehend von dieser Charakterisierung der Systeme wird unter Beachtung der erforderlichen Mindestmerkmale — Systemziel, System-Input und -Output, Systemprozeß und Systemstruktur — eine ganzheitliche Betrachtung der Fertigungssysteme angestrebt.

Für die Fertigungssysteme sind im Zuge dieser Bestrebungen in der betriebswirtschaftlichen und technischen Literatur eine Reihe von Merkmalen isoliert worden[11]), mittels derer die Ganzheit dieser Systeme näher gekennzeichnet werden kann[12]).

---

ment, Hamburg 1962; CHURCHMAN, C.W.: The Systems Approach, New York 1968; MESAROVIC, M.D. (Hrsg.): Views on General Systems Theory: Proceedings of the Second Systems Symposium at Case Institute of Technology. New York-London-Sydney 1964; Derselbe: Systems Theory and Biology. Proceedings of the III. Systems Symposiumat Case Institute of Technology. Berlin-Heidelberg-New York 1968;JOHNSON, R.A., KAST, F.E., ROSENZWEIG, J.E.: The Theory and Management of Systems, Second Edition, New York-San Fransisco-Toronto-London-Sydney 1967.

[6]) Vgl. hierzu im einzelnen: GROCHLA, E.: Systemtheorie und Organisationstheorie, in: ZfB, 40. Jg. (1970), S. 11ff.

[7]) Vgl. z.B. BEER, S.: Kybernetik und Management, a.a.O.; ULRICH, W.: Die Unternehmung als produktives soziales System, 2. Aufl., Bern und Stuttgart 1970; BAETGE, J.: Betriebswirtschaftliche Systemtheorie, Opladen 1974. Zur Kritik des systemtheoretischen Ansatzes vgl. SCHNEIDER, D.J.G.: Systemtheoretisch orientierte Betriebswirtschaftslehre? Ein Diskussionsbeitrag, in: ZfB, 44. Jg. (1974), S. 53—57.

[8]) Vgl. z.B. BERTALANFFY, L.v.: Zu einer allgemeinen Systemlehre, a.a.O., S. 115 zur Ganzheit S. 119; HALL, A.D.: A Methodology for Systems Engineering, a.a.O., S. 60.

[9]) Ein vollständiger Katalog von Einteilungskriterien für Systeme kann nicht gegeben werden. Eine umfassende Merkmalssammlung wird z.B. von Kosiol et al. vorgenommen. Vgl. KOSIOL, E., SZYPERSKI, N., CHMIELEWICZ, K.: Zum Standort der Systemforschung im Rahmen der Wissenschaften, in: ZfbF (NF), 17 Jg. (1965), S. 337—378 insbesondere S. 350ff.

[10]) Vgl. JOHNSON, R.A., KAST, F.E., ROSENZWEIG, J.: The Theory and Management of Systems, a.a.O.; KRATZ, D., KAHN, R.L.: The Social Psychology of Organizations, New York usw. 1967, S. 84ff.

[11]) Vgl. z.B. WEBER, H.J.: Fertigungsverfahren..., a.a.O.; SPUR, G.: Optimierung des Fertigungssystems Werkzeugmaschine, a.a.O.; ROPOHL, G.: Flexible Fertigungssysteme..., a.a.O.

[12]) Eine erschöpfende Beschreibung der Fertigungssysteme bietet nicht mehr als eine Auswahl von Merk-

Die Inhalte des Begriffs Fertigungssysteme hängen von der zweckmäßigen Wahl der Systemgrenzen ab. Ähnlich dem System der Elemente in der Chemie ist eine Hierarchie von Fertigungssystemen mit steigender Komplexität denkbar, dessen Systemgrenzen [13]

— eine einzige Werkzeugmaschine einschließlich Bedienungsmann,

— eine Menge zusammenhängend aufgestellter und gesteuerter Maschinen, Transporteinrichtungen und Bedienungsleute oder

— das gesamte Produktionssystem als Fertigungssystem umfassen können.

Für diese Untersuchung scheint es zweckmäßig, die Systemgrenzen so zu wählen, daß damit alle Funktionen und Elememte zur Lösung einer Fertigungsaufgabe innerhalb des Produktionssystems umfaßt werden [14].

Die Fertigungsaufgabe leitet sich aus dem Produktionsprogramm ab [15]. Je nach Wahl der Fertigungsaufgabe kann der Output des Transformationsprozesses [16] im Fertigungssystem z.B. ein marktfähiges Produkt oder die Durchführung eines Arbeitsganges an einem Werkstück sein. Die Kennzeichnung der Fertigungsaufgabe hinsichtlich art- und mengenmäßiger Struktur, bezogen auf eine Planperiode zum Zwecke der Gestaltung geeigneter numerisch gesteuerter Fertigungssysteme [17], wird an späterer Stelle durchzuführen sein. Festzuhalten ist: die Bewältigung der vorgegebenen Fertigungsaufgabe bedingt materielle und informelle Transformationsprozesse [18], die von Menschen und technischen Einrichtungen durchgeführt werden; man kann deshalb bei einem Fertigungssystem von einem sozio-technischen System sprechen, das einen vorgegebenen Zweck erfüllt [19].

---

malen, die stets nur für den Entscheidungsträger relevant sind, d.h. die Einbeziehung wertgetönter Aspekte kann nicht vermieden werden.

[13] Vgl. SCHARF, P., SCHULZ, E.: Integrierte flexible Fertigungssysteme, in: Werkstatttechnik, 63. Jg. (1973), S. 130ff. und S. 199ff.

[14] Die Erfüllung der Fertigungsaufgabe kann als Zwecksetzung des Fertigungssystems angesehen werden (Vgl. Kap. 4.321). Zur Anwendung des Prinzips der Zwecksetzung bei der Abgrenzung von Systemen vgl. LUHMANN, N.: Zweckbegriff und Systemrationalität, Tübingen 1968, S. 123ff.

[15] Vgl. ELLINGER, T.: Ablaufplanung, Stuttgart 1959, S. 12; GUTENBERG, E.: Die Produktion, a.a.O., S. 148ff. Für unseren Untersuchungszweck kann davon abstrahiert werden, ob die Fertigungsaufgabe vom Markt an das Unternehmen herangetragen wird oder vom Unternehmen durch Marketingmaßnahmen dem Nachfrager bewußt gemacht wird. Diese Frage gewinnt erst wieder an Bedeutung, wenn die Risikoaspekte von Fertigungssystemen zur Sprache kommen (vgl. Kap. 4. 346).

[16] Prozesse, die den Input eines Systems in den Output überführen, werden systemtheoretisch generell als Transformationsprozesse bezeichnet.

[17] Vgl. Kap. 4.3.

[18] Der hier zu vollziehende Transformationsprozeß von Materie und Informationen ist nur in seiner materiellen Komponente identisch mit dem Fertigungprozeß, der z.B. von Schäfer als „Bündel von elementaren Einwirkungen auf das Werkstück" definiert wird. Vgl. SCHÄFER, E.: Der Industriebetrieb — Betriebswirtschaftslehre der Industrie auf typologischer Grundlage, Bd. 1, Opladen 1971, S. 172.

[19] In diesem Sinne definiert auch FORRESTER: „System means a grouping of parts that operate together for a common purpose". FORRESTER, J.W.: Principles of Systems, 2nd ed., Cambridge/Mass. 1969, S. 1.

Um eine bessere Anschauung über die Zusammenhänge des Fertigungssystems mit dem Produktionssystem sowie die Struktur des Fertigungssystems zu erhalten, sind von Simon[20] Modelle entwickelt worden, die sich z.B. nach ihrer Komplexität ordnen lassen und den Wirkzusammenhang der Elemente in Form von Datenflußplänen darstellen. Die Basismodelle umfassen alle wichtigen menschlichen (z.B. Bedienungsmann, Einrichter, Konstrukteur, Programmierer) und gerätetechnischen Übertragungsglieder (z.B. Werkzeugmaschinen, Steuerung, Datenverarbeitungsanlage), die zur Durchführung eines Transformationsprozesses notwendig sind. Basismodelle gestatten eine Bestimmung des Automatisierungsgrades und geben Anhaltspunkte für eine kostenmäßige Bewertung der Fertigungssysteme. Nach Art und Weise der Aktionsverteilung auf die Systemelemente (entsprechend der technischen Entwicklung) lassen sich dann handwerkliche, mechanisierte, automatisierte und optimierende Fertigungssysteme unterscheiden. Diesen Sachverhalt soll die Abbildung 1[21] verdeutlichen.

	Handwerkliche Stufe	Mechanisierte Stufe	Automatisierte Stufe	Optimierende Stufe
Zuführung der Energie	Mensch	Maschine	Maschine	Maschine
Eingabe der Steuerungsdaten	Mensch	Mensch	Speicher, Steuerung	Speicher, Steuerung
Anpassung d. Steuerungsdaten während des Prozesses	Mensch	Mensch	Mensch	Rechner

Abbildung 1
Entwicklungsstufen des Fertigungssystems Werkzeugmaschine

Von den automatisierten und optimierenden Fertigungssystemen werden in dieser Untersuchung nur diejenigen betrachtet, die nicht durch mechanische Datenträger (z.B. Kurvenscheiben), sondern durch digital gespeicherte Daten gesteuert werden (numerisch gesteuerte Fertigungssysteme[22]). Unter Verwendung der systemtheoretischen Terminologie läßt sich ein

[20] Vgl. SIMON, W.: Beitrag zu einer Systemtheorie der industriellen Produktion, in: Produktivitätsverbesserungen mit NC-Maschinen und Computern, hrsg. v. W. Simon, München 1969, S. 67ff.

[21] In Anlehnung an SPUR, G.: Optimierung des Fertigungssystems Werkzeugmaschine, a.a.O., S. 29.

[22] Die Art der gespeicherten Daten — nämlich numerische Daten — hat im technischen Sprachgebrauch dazu geführt, daß diese Systeme als „numerisch gesteuerte Maschinen" (NC-Maschinen; Abkürzung aus dem englischen: numercial control machine) bezeichnet werden.
Die Begriffsbestimmung soll hier so weit wie möglich vom jeweiligen Zweck des Fertigungssystems abstrahieren. Durch Hinzufügen eines Zweckes (z.B. Drehen, Fräsen, Bohren) kann ein besonderes Fertigungssystem gekennzeichnet werden. Die Betrachtung wird dann auf dieses Problem eingeschränkt, die Begriffsbestimmung numerisch gesteuert bleibt aber für die verschiedenen Zwecke gleich. Den Anforderungen auf Widerspruchsfreiheit und Eindeutigkeit bei der Begriffsbildung wird damit genügt.
Eine Begriffsbildung, die sich an den Systemmerkmalen „Integration und Flexibilität" ausrichtet (Vgl. z.B. ROPOHL, G.: Flexible Fertigungssysteme, a.a.O., S. 183 und S. 194ff.), scheint nicht zweckmäßig, da diese Merkmale Systemeigenschaften umschreiben, deren Bezugsgrundlagen äußerst schwierig zu bestimmen sind.
„Die Integration kennzeichnet den Vorgang bzw. das Ergebnis eines Vorganges, durch den aus sich gegenseitig ergänzenden Teilen eine neue umfassende Einheit geschaffen wird" (LEHMANN, H.: Integra-

numerisch gesteuertes Fertigungssystem als ein Gesamtssystem[23]) auffassen, das in Teilsysteme[24]) zerlegbar ist, deren Elemente als Strukturbestandteile wiederum Sub- oder Untersysteme bilden können. Jedes dieser Subsysteme hat als Output eine Teilleistung zur Erfüllung der Fertigungsaufgabe zu erbringen. Die Herstellung der Funktionsfähigkeit des Gesamtsystems setzt dann voraus, daß ein integrierter Wirkzusammenhang[25]) zwischen daten- und materialverarbeitenden Subsystemen besteht und die Fertigungsaufgabe vom Fertigungssystem mit Hilfe der Steuerungsdaten selbsttätig gelöst werden kann[26]). Eine Einschränkung auf bestimmte, im Fertigungssystem realisierte Bearbeitungsprinzipien soll nicht erfolgen. Erst bei der Ermittlung der technologischen und ökonomischen Eignung eines Fertigungssystems erfolgt eine Begrenzung des Betrachtungsfeldes[27]).

Zusammenfassend ergeben sich aus der systemtheoretischen Betrachtungsweise von Fertigungssystemen als offene Systeme folgende Merkmale, die bei Investitionsentscheidungen besonderer Beachtung bedürfen.

1. Die Transformation von Inputs zu Outputs des offenen Fertigungssystems geht mit einer zeitlichen Veränderung von Daten einher und weist auf die Zeitbezogenheit der Informations-, Material- und Wertströme hin[28]). Diese Input-Output-Transformation kann nur im Zusammenhang mit den anderen am Leistungserstellungsprozeß beteiligten Betriebsmitteln der Unternehmung gesehen werden; es erfolgt ein **Austausch von Teilaufgaben zur Lösung der Gesamtaufgabe**. Eine isolierte Betrachtung der Systeme, die diesen Transformationsprozeß ausführen, ist nicht möglich.

2. Aus der Kennzeichnung als künstliches System ergeben sich Merkmale des Zusammenwirkens mehrerer Elemente oder Subsysteme zum Zwecke der Zielerreichung und damit auch die **Zielgerichtetheit** dieser Systeme.

3. Um ein Ziel zu erreichen, benötigen Fertigungssysteme zum Betrieb, zur Steuerung und Instandhaltung personelle, energetische und materielle Hilfsquellen. Hinzu kommen Auf-

---

tion, in: HWO, a.a.O. Sp. 768) und die Flexibilität die die Anpassungsfähigkeit an Änderungen des Datenkranzes charakterisiert, ist bekanntlich bei einer Vielzahl unterschiedlicher realer Systeme anzutreffen.

[23]) Vgl. zum Begriff KLAUS, G. (Hrsg.): Wörterbuch der Kybernetik, Bd. 1, Frankfurt/M.-Hamburg 1970, S. 227; KOSIOL, E., SZYPERSKI, N., CHMIELEWICZ, K.: Zum Standort der Systemforschung..., a.a.O., S. 340.

[24]) Vgl. hierzu KLAUS, G.: ebenda, Bd. 2. S. 644; GROCHLA, E.: Systemtheorie und Organisationstheorie, a.a.O., S. 15ff.

[25]) Dieser Begriff umschreibt die Verknüpfung von Subsystemen (Elementen) numerisch gesteuerter Fertigungssysteme und umfaßt gleichzeitig die Zusammenziehung vorher getrennt vollzogener Aufgaben. Damit wird die vorher gegebene Auslegung des Begriffes Integration als Abstimmung verschiedener Teilaufgaben zur zielkonformen Erfüllung einer Fertigungsaufgabe besonders deutlich.

[26]) Der Begriff der Selbsttätigkeit von Maschinen ist in den verschiedenen Definitionen des Begriffs „Automation" bzw. „Automatisierung" enthalten. (Vgl. z.B. GROCHLA, E.: Automation und Organisation, a.a.O., S. 31, der den Wesenskern der Automation in der Selbsttätigkeit sieht).

[27]) Vgl. Kap. 4.3 dieser Arbeit.

[28]) Spur spricht hier von einem dynamischen System. Vgl. SPUR, G.: Optimierung des Fertigungssystems Werkzeugmaschine, a.a.O., S. 20.

wendungen für die Entwicklung, Herstellung und Einführung dieser Systeme. Alle diese Sachverhalte lassen sich unter dem Merkmal **Kapitalbedarf** bzw. Kosten subsummieren.

4. Mit der Kennzeichnung als sozio-technisches System soll gezeigt werden, daß nicht nur die technischen Input-Output und Umweltbeziehungen in die Betrachtung einbezogen werden, sondern auch die **sozialen und soziologischen Aspekte des Menschen** Berücksichtigung finden.

5. Die Gesamtheit der Subsysteme (Hard- und Software) von Fertigungssystemen ist der Realsphäre der Unternehmung zuzurechnen. Sie stellt eine **Realinvestition** dar.

6. Numerisch gesteuerte Fertigungssysteme sind technisch neue Systeme, deren Entwicklung noch nicht abgeschlossen ist. Ihre Anwendung setzt eine Anpassung der gesamten Unternehmung voraus. Diese Aspekte bewirken **neue Chancen** und **Risiken**.

2.2 Systemanalyse numerisch gesteuerter Fertigungssysteme

Die Bemühungen, die sich auf die effiziente Gestaltung und Bewertung von numerisch gesteuerten Fertigungssystemen richten, setzen einen vollständigen und systematischen Überblick über die Arten und Eigenschaften dieser Systeme voraus. Zur Modellkonzipierung (system design) von Fertigungssystemen bedienen wir uns der Systemanalyse[29]). Sie läuft in der Regel in vier Teilananlysen ab, innerhalb derer man durch permanente Stufenrückkopplungen zu einem entsprechenden Modell gelangt[30]):

— eine Zielanalyse,

— eine Elementanalyse,

— eine Beziehungsanalyse und

— eine Systemverhaltensanalyse.

In der Zielanalyse[31]) sind die Leistungsanforderungen (das Sachziel) des Fertigungssystems zu definieren und die logischen Verknüpfungen der Leistungen mit den Formalzielen abzuleiten[32]). Die Elementenanalyse umfaßt die Ermittlung der Parameter und ihre Eigenschaften,

---

[29]) Damit ist der Problemkreis angesprochen, wie sich bereits bestehende oder neu zu schaffende Systeme hinsichtlich bestimmter Ziele optimal strukturieren lassen. Vgl. STEINBUCH, K.: Systemanalyse-Versuch einer Abgrenzung, Methoden und Beispiele, in: IBM-Nachrichten, Nr. 182, 1967, S. 446—456.

[30]) Vgl. WEGNER, G.: Systemanalyse und Sachmitteleinsatz in der Betriebsorganisation, Wiesbaden 1969, S. 70ff., insbesondere S. 73. Zum systemanalytischen Vorgehen vgl. auch KORTZFLEISCH, G.v.: Heuristische dynamische Verfahren für geschäftspolitische Entscheidungen und veränderlichen Zielsetzungen, in: Entscheidungen bei unsicheren Erwartungen hrsg. v. H. HAX, Köln-Opladen 1970, S. 208ff.

[31]) Vgl. Kap. 4.2.

[32]) Vgl. zu den Begriffen Sach- und Formalziel KOSIOL, E.: Die Unternehmung als wirtschaftliches Ak-

die den Leistungsanforderungen des Systems genügen sollen. Der Beziehungszusammenhang von Elementen, der sich in einem Austausch bestimmter Objekte in Form von Input- und Outputbeziehungen äußert, ist im Hinblick auf die Wirkungen von Elementen bzw. Elementkombinationen zu analysieren.

Auf der Grundlage des durch Ziel-, Element- und Beziehungsanalyse bereits synthetisch ermittelten Modells untersucht die Systemverhaltensanalyse die dynamischen Aspekte numerisch gesteuerter Fertigungssysteme z.B. im Hinblick auf die Anpassungsfähigkeit bei Datenveränderungen. Da die Element-, Beziehungs- und Systemverhaltensweise numerisch gesteuerter Fertigungssysteme weitgehend durch technische Relationen festgelegt und beeinflußt werden, konzentriert sich diese Untersuchung auf eine daten- und materialflußorientierte Analyse der Variablen, Prozesse und Strukturen sowie auf eine technisch-ökonomische Wirkungsanalyse numerisch gesteuerter Fertigungssysteme[33]). Zweck dieser Analyse ist die Sichtbarmachung der Mengenkomponente der Wertströme[34]) eines numerisch gesteuerten Fertigungssystems.

2.21 Analyse der Variablen

Alle Elemente und Beziehungen von Elementen, die in einem System unterschiedliche Ausprägungen annehmen können, werden als Variable betrachtet[35]). Da sich diese Untersuchung speziell auf die Auswahl von Fertigungssystemen richtet, steht die Generierung von effizienten Fertigungssystemen zur Bewältigung bestimmter Fertigungsaufgaben im Vordergrund. Aus diesem Grunde müssen die Variablen von Fertigungssystemen und deren Verhalten beim informellen und materiellen Transformationsprozeß bekannt sein. Schematisch sind diese Beziehungen in Abbildung 2[36]) dargestellt.

Als Inputvariablen gehen Informationen, Energie, Werkstücke, Hilfsstoffe und Wirkmittel[37]) sowie Führungsgrößen in das Fertigungssystem ein. Die Führungsgrößen von Fertigungssystemen müssen als operationale Zielvorhaben aus den anderen funktionalen Subsy-

---

tionszentrum, a.a.O., S. 212; HEINEN, E.: Betriebswirtschaftliche Kostenlehre, a.a.O., S. 24f.; siehe auch Kapitel 4.2.

[33]) Die getrennte Behandlung der Variablen, Prozesse und Strukturen erweist sich insbesondere dann als problematisch, wenn Aussagen über „optimale" Strukturen versucht werden. (Vgl. Kap. 4.3). Die Effizienz bestimmter Strukturen wird entscheidend durch die darin vollziehbaren Prozesse bestimmt, und diese wiederum bestimmen die Variablen. Die Interdependenz zwischen diesen Größen muß bei der hier vorzunehmenden Betrachtung immer gegenwärtig sein.

[34]) Der Begriff Wertströme umfaßt die Begriffspaare Einnahmen-Ausgaben, Kosten-Erträge oder Kosten-Nutzen. Die inhaltliche Abgrenzung der Begriffspaare und ihre zweckgerechte Anwendung erfolgt in Kapitel 4.3 dieser Untersuchung.

[35]) Vgl. MILLER, J.G.: Living Systems: Basic Concepts, in: Behavioral Science, Vol 10 (1965), Nr. 3, S. 193—237, hier S. 203.

[36]) Die Darstellung erfolgt in Anlehnung an SCHMITT-GROHE, J.: Produktinnovation, Wiesbaden 1972, S. 33. Zu den Variablen vgl. SPUR, G.: Optimierung des Fertigungssystems Werkzeugmaschine, a.a.O., S. 34.

[37]) Vgl. DIN 8586.

stemen der Unternehmung vorgegeben werden. Für den Vollzug der Transformationsprozesse lassen sich ökonomische (z.B. Kosten), zeitliche (z.B. minimale Bearbeitungszeit) oder technische (z.B. Erreichung einer bestimmten Qualität) Größen als Führungsgrößen für die Bewältigung der gestellten Fertigungsaufgabe nennen. Im Fertigungssystem wird als Haupttransformation die Überführung eines Werkstückes in ein Fertigteil oder Halbzeug angesehen, alle anderen Transformationen sind Hilfstransformationen zur Erreichung dieses Zweckes[38]. Die Wertströme (Kosten bzw. Erträge oder Nutzen) für die Haupt- und Hilfstransformationen — vor allem der Informationsverarbeitungsprozesse — werden entscheidend von den jeweiligen Ausprägungen der Struktur- und Prozeßvariablen bestimmt.

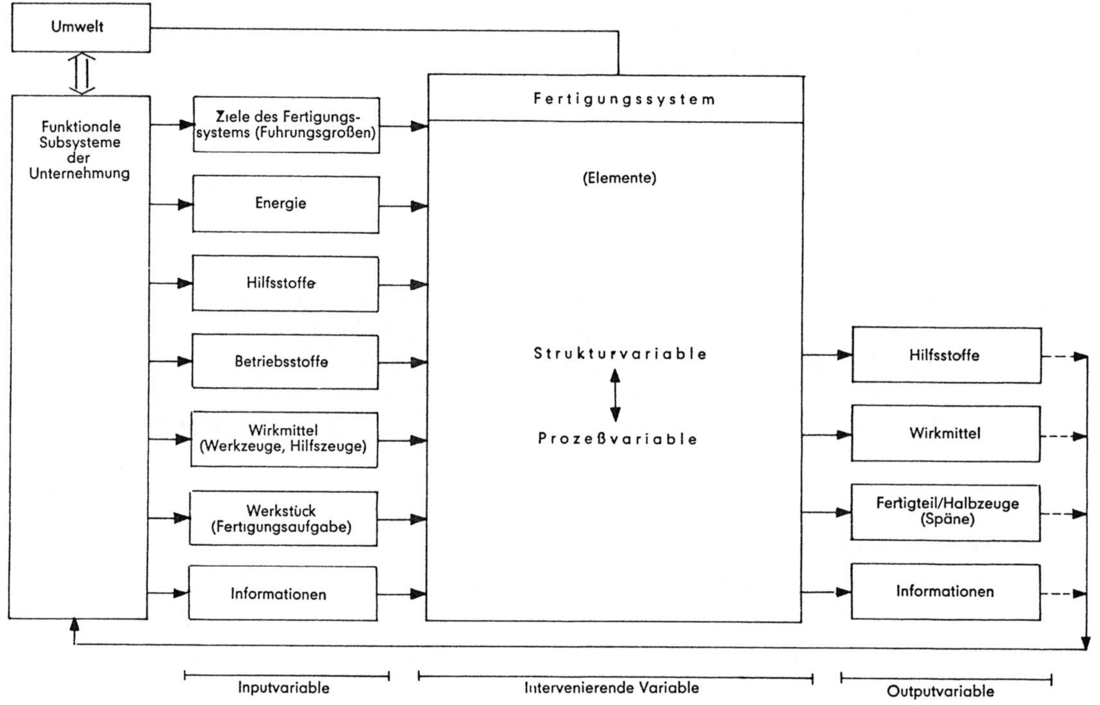

Abbildung 2
Systemanalyse im Fertigungssystem

Die Struktur- und Prozeßvariablen werden als intervenierende Variable bezeichnet. Sie kommen in Form des Systemverhaltens zum Ausdruck, das durch die Art der Subsysteme und deren Verknüpfung[39] entscheidend bestimmt wird.

---

[38]) Vgl. SPUR, G.: ebenda, S. 35
[39]) Die zweckgerechte Verknüpfung von Subsystemen zur Erfüllung einer Aufgabe wird vielfach mit dem Begriff „realtechnische Integration" gekennzeichnet. Wie Grochla gezeigt hat, ist die realtechnische Inte-

Zur Analyse dieser Variablen und zur Wahrnehmung der Gestaltungsaufgabe innerhalb des Investitionsentscheidungsprozesses eignet sich die Unterteilung des Fertigungssystems in Subsysteme, die baukastenartig, entsprechend der vorgegebenen Fertigungsaufgabe, zu bestimmten Fertigungssystemen zusammenfügbar sind. Systemtheoretisch wird bei dieser Betrachtung nur eine andere, am Zweck der Analyse ausgerichtete Systemgrenze gewählt [40].

Für die Bildung von Subsystemen lassen sich zahlreiche Kriterien heranziehen, so z.B. Input-Output-Dimensionen (informations- und materialverarbeitende Subsysteme), funktionale Spezialisierung (Werkstückwechsel- oder Werkzeugwechselsysteme) und Prozeßphasen (Planungssysteme, Ausführungssysteme, Transportsysteme). Eine Grenze für die Subsystembildung ergibt sich aus der sinnvollen Zerlegbarkeit der Zwecksetzung. Die Art, Funktion und Stellung der Subsysteme im Gesamtsystem bestimmen ihrerseits die Form der Beziehungen und Verknüpfungen untereinander. Um eine Wirkungsanalyse und aufgabengerechte Gestaltung numerisch gesteuerter Fertigungssysteme vornehmen zu können, sind zunächst die Subsysteme für die Strukturierung [41] des Informations- und Materialtransformationsprozesses grundsätzlich zu kennzeichnen.

In der konventionellen Fertigung überträgt der Bedienungsmann bei jedem Werkstück einer Serie die Informationen der Zeichnung und (falls vorhanden) des Arbeitsplanes auf das Fertigungssystem, indem er bestimmte Maße und Bearbeitungskennwerte wie Vorschub und Drehzahl an der Maschine einstellt. Dagegen ist ein numerisch gesteuertes Betriebsmittel ein Fertigungssystem, das Material in einzelnen, zeitlich aufeinanderfolgenden Arbeitsgängen ohne Eingriff des Menschen bearbeitet. Für jede dabei auszuführende Tätigkeit benötigt das Fertigungssystem eine Anweisung, die auf einem geeigneten Datenträger gespeichert ist. Eine folgerichtige Summe von Anweisungen zur Durchführung einer Fertigungsaufgabe stellt ein Programm dar [42]. Ziel aller Überlegungen zum effizienten Vollzug dieses Informationsverarbeitungsprozesses ist es, die bei der Konstruktion und dem technischen Ablauf erforderlichen Informationen so zu formulieren und zu speichern, daß sie von einer Datenverarbeitungsanlage in ein Steuerprogramm umgeformt werden können. Die Erstellung und Verarbeitung dieser Informationen wird in gesonderten Subsystemen mit unterschiedlichen Automatisierungsgraden durchgeführt [43].

---

gration neben der selbsttätigen Aufgabenerfüllung auch Merkmal der Automatisierung. Schreitet diese im Zuge der technischen Entwicklung fort, werden im Produktionssystem der Unternehmung immer mehr Aufgaben von komplexen Fertigungssystemen (Sachmittelsystemen) statt von einzelnen Betriebsmitteln (Sachmitteleinheiten) wahrgenommen. (Vgl. GROCHLA, E.: Automation und Organisation, a.a.O., S. 29f.).

[40] Die Abgrenzung eines Systems von der Umwelt ist letzlich ein „kognitives Problem", das zumeist nur pragmatisch gelöst werden kann. Vgl. STEINBUCH, K.: Systemanalyse — ein Versuch einer Abgrenzung, a.a.O., S. 448.

[41] Die formale Abbildung der Ordnung der Subsysteme in einem Fertigungssystem als Ganzem läßt sich mit „Struktur" bezeichnen. Vgl. KLAUS, G. (Hrsg.): Wörterbuch der Kybernetik, Bd. 2, a.a.O., S 625ff.

[42] Vgl. auch DIN 44300 und DIN 66025.

[43] Vgl. zur Programmerstellung z.B. SIMON, W.: Die numerische Steuerung von Werkzeugmaschinen, a.a.O., S. 336ff.; SPUR, G.: Optimierung des Fertigungssystems Werkzeugmaschine, a.a.O., S. 219ff.

Je nach Ausmaß der Beteiligung des Menschen an der Programmerstellung und der zusammenhängenden Aufgabenerfüllung unterscheidet man zwischen

— manueller Programmierung,

— maschineller Programmierung und

— on-line Programmierung.

Letztere kann nur im Zusammenhang mit einem Prozeßrechner vorgenommen werden [44].

Ausgangspunkt der manuellen Programmierung sind die in der Zeichnung gespeicherten Informationen. Unter Beachtung fertigungstechnischer Möglichkeiten werden vom Programmierer dann die einzelnen Anweisungen zur Erstellung des Werkstückes fixiert. Das gesamte daraus entstandene Programm wird auf einen maschinell lesbaren Datenträger (z.B. Lochstreifen) übertragen. Sämtliche Anweisungen müssen hierzu durch eine Anzahl von Zwischenrechnungen (z.B. Umrechnungen vom werkstück- auf das maschinenbezogene Koordinatensystem) und unter Zuhilfenahme verschiedener Kataloge und Tabellen vom Programmierer erstellt werden. Die technischen Hilfsmittel für diese Art der Programmierung beschränken sich auf die Gestaltung eines Büroarbeitsplatzes und die Erstellung von Daten in Tabellen- oder Katalogform.

Grundgedanke des maschinellen Programmierens ist es, alle routinemäßigen Arbeiten, die zur Erstellung des Programmes benötigt werden, von Datenverarbeitungsanlagen ausführen zu lassen. Der Konstrukteur von Werkstücken oder der Programmierer formuliert in einer aufgabenorientierten (problemorientierten) Programmiersprache [45] (vgl. Abb. 19) ein Quellenprogramm. Dieses (handgeschriebene) Quellenprogramm wird nun auf Datenträger übertragen (Lochkarten) und in eine DV eingegeben. Durch hinzufügen von Daten, die in der DV gespeichert sind, wird das Quellenprogramm innerhalb der DV in ein Steuerprogramm für ein Fertigungssystem transformiert. Als Alternativen zur Durchführung dieser Aufgaben kommen Kleinrechner [46] und Großrechneranlagen mit verschiedenen Verarbeitungsformen

[44] Man spricht hier von DNC-Systemen (DNC-direct numerically controlled). Vgl. STUTE, G.: Die direkte Steuerung von Werkzeugmaschinen durch Digitalrechner, in: IA, 92. Jg. (1970), S. 941; SPUR, G., WENTZ, W.: Computergesteuerte NC-Werkzeugmaschinen, in: IO, 41. Jg. (1972), H. 3, S. 136ff.; LÜCKE, P.: Möglichkeiten beim Einsatz von Prozeßrechnern zur direkten numerischen Steuerung von Werkzeugmaschinen, Diss. Aachen 1970.

[45] Für jedes Bearbeitungsprinzip (z.B. Drehen, Fräsen, Bohren) und je nach Kompliziertheit der Werkstücke werden besondere Programmiersprachen entwickelt. Diese werden in der Regel aus der Programmiersprache APT (Automatic Positioning Tools) entwickelt und besonderen Problemstellungen angepaßt bzw. erweitert. Im europäischen Raum nimmt dies z.B. der EXAPT-Verein wahr. Dort wurde die Programmiersprache EXAPT 1 für das Bohren, EXAPT 2 für das Drehen und EXAPT 3 für das Fräsen entwickelt. Vgl. z.B. OPITZ, H., SIMON, W., SPUR, G., STUTE, G.: Das Programmiersystem EXAPT zur maschinellen Programmierung numerisch gesteuerter Werkzeugmaschinen, in: IA, 89. Jg. (1967), Nr. 15, S. 281—287.

[46] Vgl. zu den Alternativen beim Kleinrechnersystem CLAUSSNITZER, R. u a.: Investitionsalternativen bei fortschreitender Automatisierung, in: ZwF, 67. Jg. (1972), H. 11, S. 579ff.; BRÜMMER, J.: Teilau-

(z.B. Stapelverarbeitung, Time Sharing oder Dialogbetrieb) in Betracht[47]). Bei Kleinrechnersystemen ist zu beachten, daß diese speziell auf ihre Bedürfnisse zugeschnittene Software benutzen und deshalb nur zusammen mit dieser bewertet werden können.

Eine weitere automatisierte Form der maschinellen Programmierung ist durch einen Mensch-Maschine-Dialog on-line mittels Bildschirm möglich[48]). Durch diese bisher erst im Versuchsstadium befindliche Programmierung wird ein weiterer Schritt in Richtung auf eine vollständige Integration der Informationsverarbeitung getan. Die einzelnen Schritte dazu sind das rechnergestützte Konstruieren[49]), das automatische Bestimmen des Arbeitsablaufes[50]), der Aufspannung, der Reihenfolge und das Steuern und Kontrollieren des materiellen Transformationsprozesses.

Der geschilderte Informationsverarbeitungsprozeß zur Erstellung eines Informationsträgers für die Steuerung des Arbeitsvollzuges eines Fertigungssystems muß nun durch organisatorische Informationen (z.B. Termine, Stückzahl, Material- oder Werkzeugbereitstellung) ergänzt werden. Diese kommen in der Regel aus dem Bereich der Produktionsplanung und -steuerung und bestimmen den Zeitpunkt, Umfang und die Reihenfolge der Fertigungsaufgaben.

Die Steuerung des materiellen Transformationsprozesses erfolgt durch das Subsystem „Maschinensteuerung". Dieses hat die Aufgabe, die einzelnen Bewegungsabläufe von Werkstück und Werkzeug zu steuern und entsprechend den Anweisungen im Programm zu koordinieren. Als wesentliches Unterscheidungskriterium für die Maschinensteuerung wird der bestehende Funktionszusammenhang in den Relativbewegungen zwischen Werkzeug und Werkstück herangezogen[51]).

---

tomatisches Programmieren von numerisch gesteuerten Werkzeugmaschinen, in: Werkstattstechnik, 60. Jg. (1970), H.3, S. 151—155.

[47]) Vgl. SIMON, W.: Die numerische Steuerung..., a.a.O., S. 336ff.

[48]) Vgl. BAUM, M., ROTHENBERG, R.: Programmierung von NC-Maschinen im Dialog am Bildschirm, in: IA, 95. Jg. (1973), H.5, S. 57—61.

[49]) Vgl. z.B. SIMON, R.: Rechnerunterstütztes Konstruieren, Diss. Aachen 1968; KURTH, J.: Rechnerorientierte Werkstückbeschreibung — ein Beitrag zur Rationalisierung produktionsbezogener Planungsprozesse, Diss. Berlin 1971.

[50]) Ein System, das den Fertigungsprozeß der Dreh-Bearbeitung auf einer EDV simuliert und die einzelnen Arbeitsoperationen hinsichtlich ihres Kosten- oder Zeitminimums bestimmt, wurde von Tannenberg entwickelt. Vgl. TANNENBERG, F.: Automatische Ermittlung des Arbeitsablaufes bei der maschinellen Programmierung numerisch gesteuerter Drehmaschinen, Diss. Berlin 1970.

[51]) Vgl. hierzu N.N.: Proceedings of the EIA-Symposium on numerical control Systems for machine tools 1957, New York 1958; STOCKER, W.M.: The productions man's guide to numerical control, in: American Machinist, 101. Jg. (1957), Nr. 14, S. 153—154; SIMON, W.: Die numerische Steuerung..., a.a.O., S. 26. In der Literatur wurde in diesem Zusammenhang auch eine Klassifizierung der Fertigungssysteme nach der Bewegungsrichtung der gesteuerten Achsen vorgeschlagen. So wurde z.B. ein in zwei Koordinaten gesteuertes System als X-Z-System bezeichnet. Vgl. HUCKS, H.: NC-Bearbeitungszentren und ihre betriebswirtschaftliche Aspekte, in: IA, 91. Jg. (1969), Nr. 4, S. 692.

Maschinen ohne Funktionszusammenhang kann man weiter unterteilen in solche mit a) Punkt- und b) Streckensteuerung. Im Gegensatz dazu steht die Bahnsteuerung als Repräsentant des Steuerungssystems mit Funktionszusammenhang, hier kann das Werkzeug auf einer beliebig geformten Bahn geführt werden.

Neben dem Subsystem „Werkzeugmaschinensystem", das nach der Art des verwirklichten Bearbeitungsprinzips (z.B. Drehen, Bohren) oder nach der Anzahl der unterschiedlichen Fertigungsaufgaben (z.B. Einzweck- oder Mehrzwecksystem) unterschieden werden kann, sind noch Subsysteme für materielle Hilfstransformationen zu berücksichtigen [52]). Im wesentlichen handelt es sich hier um Handhabungseinrichtungen [53]) für den Werkzeug [54])- und Werkstückwechsel [55]) sowie um Transport- und Lagersysteme [56]). Um Fertigungssysteme optimal zu nutzen [57]), können darüber hinaus „Adaptive Control Systems" [58]) eingesetzt werden.

[52]) Energieflüsse, die Voraussetzung für den Transformationsprozeß von Material und Informationen sind, werden hier vernachlässigt, da ihr Vorhandensein für jede Alternative unterstellt werden kann und sie einen geringen Einfluß auf die Struktur der Fertigungssysteme ausüben. Erst innerhalb der betriebswirtschaftlichen Datenerhebung finden sie Berücksichtigung.

[53]) Vgl. zu den Voraussetzungen ihres Einsatzes WARNECKE, H.J. KIRMSE, W., HERRMANN, G.: Voraussetzungen für die Anwendung von Industrie-Robotern, in: Werkstattstechnik, 63. Jg. (1973), S. 148—152.

[54]) Werkzeugwechselsysteme bestehen aus einem Werkzeugspeicher und einer Handhabungsvorrichtung. Als Werkzeugspeicher kommen Revolver-, Trommel-, Flachtisch- und Kettenmagazine sowie beliebige Kombinationen dieser Grundformen zur Anwendung. Welches System zur Anwendung kommt, hängt von der Konstruktionsart des Maschinensystems, der Steuerungsart, der Fertigungsaufgabe und den betrieblichen Gegebenheiten ab. Vgl. hierzu WARNECKE, H.J.: Werkzeug- und Werkstückshandhabung bei der spanenden und umformenden Fertigung, in: Tagungsbroschüre, Internationaler Congress für Metallbearbeitung 1973, hrsg. v. VDW , Frankfurt und Hannover 1973, S. 51—60; GOEBEL, H.: Automatisierter Werkzeugwechsel, Grundsätzliches und Beispiele, VDI-Bericht Nr. 89, S. 47—54.

[55]) Die vorhandenen Werkstückwechselsysteme lassen sich in Rundtisch-Wechselsysteme, in Relativ-Verschiebesysteme und in Paletten-Wechselsysteme unterteilen. Vgl. z.B. TULLY, H.: Anpassung der Werkzeugmaschine an die automatische Fertigung, in: Werkstattstechnik, 60. Jg. (1970), Nr. 8. S. 421ff.

[56]) Vgl. JUNGHANNS, W.: Planung neuer Fertigungssysteme für die Einzel- und Serienfertigung, Diss. Aachen 1971, S. 24. Zur Beschreibung von Konzeptionen für solche Systeme vgl. WILLIAMSON, D.T.N.: Ein neues Fertigungsverfahren, in: TzfpM, 61. Jg. (1967), H.9., S. 428—439 und 62. Jg. (1968), H. 1, S. 39—43; N.N.: Developments in connection with Molins System 24, in: Sonderdruck: Machinery and production engineering, Juni 11th, 1969; N.N.: Fertigungssystem für rotationssymmetrische Futterteile, in: WuB, 105. Jg. (1972), H. 4, S. 305—307.

[57]) Vgl. hierzu Kap. 4.32131.

[58]) Unter einem „Adaptive Control System" versteht man ein System, das nach einem mathematischen Modell arbeitet, das hinsichtlich einer Zielfunktion (z.B. Fertigungskosten, Zerspanungsleistung oder Arbeitsgenauigkeit) optimiert wird. Beim Einsatz solcher Adaptive Control Systeme ergeben sich folgende Vorteile:

1. Es muß lediglich die Fertigungskontur programmiert werden ohne Rücksicht auf die Form des Rohteils; das bedeutet minimalen Programmieraufwand.

2. Das Maschinensystem kann optimal ausgelastet werden.

3. Leerwege des Werkzeugs werden auf ein Minimum reduziert und im Schnellvorschub zurückgelegt.

Haupteinsatzgebiet adaptiver Subsysteme sind zunächst solche Fertigungssysteme, die eine hohe Fixkostenbelastung haben und hochwertige Werkstoffe mit langen Hauptzeitanteilen bearbeiten. Vgl. SPUR,

Die beschriebenen Subsysteme für den Informations- und Materialverarbeitungsprozeß lassen sich zu einer Vielzahl von alternativen Fertigungssystemen verbinden. Die Gestaltung von Fertigungssystemen kann sinnvoll nur vorgenommen werden, wenn die Fertigungsaufgabe und die technologischen Verknüpfungsbedingungen bekannt sind [59]. Die Strukturierung von Fertigungssystemen in Abhängigkeit von diesen Größen wird in Kap. 4.3 durchgeführt.

Als Ergebnis der gekennzeichneten Transformationsprozesse fallen als Output Halbzeuge oder Fertigteile, Späne sowie mehrfach zu benutzende Informationen, Wirkmittel und Hilfsstoffe an. Letztere können bei wiederholter Produktion nach einer Aufbereitung wieder zu Inputvariablen werden.

Um Aussagen über die Vorteilhaftigkeit und das Rationalisierungspotential von Fertigungssystemen ableiten zu können, sind die spezifischen Systemeigenschaften sowie deren technische, organisatorische und personelle Voraussetzungen transparent zu machen.

2.22 Analyse der Systemeigenschaften

Fertigungssysteme besitzen bestimmte Eigenschaften, die es ihnen erlauben, ein Spektrum von Fertigungsaufgaben wirtschaftlich zu bearbeiten. Eine Charakterisierung dieser Eigenschaften und ihre begriffliche Fassung soll Gegenstand der folgenden Ausführungen sein, mit dem Ziel, die generellen Einsatzbereiche dieser Systeme zu kennzeichnen.

Die Systemeigenschaften numerisch gesteuerter Fertigungssysteme resultieren hauptsächlich aus der Gestaltung des Informations- und Materialflusses und aus der vertikalen und horizontalen Integration der Aufgaben. Daneben sind die Art der technologischen Bearbeitung, die Arbeitsweise und Anordnung der funktionalen Subsysteme der Unternehmung sowie der Organisationstyp der Fertigung zu berücksichtigen. Diese Faktoren determinieren weitgehend die Effizienz [60] der Transformationsprozesse.

G.: Optimierung des Fertigungssystems Werkzeugmaschine, a.a.O., S.278—335, zu den Alternativen insbesondere S. 329.

[59] Vgl. zu den möglichen Systemstrukturen BRÖDNER, P.: Betrachtungen zur Erfassung eines Automatisierungsgrades von Fertigungssystemen, in: Produktivitätsverbesserungen..., a.a.O., S. 43—64; CLAUSSNITZER, R. u.a.: Investitionsalternativen bei fortschreitender Automatisierung, a.a.O., S. 577—582; SIMON, W.: Beitrag zur Codierung von Produktionsmitteln und Werkstücken, in: TZfpM, 66. Jg. (1972), H. 8, S. 351—356.

[60] Nach Curchman, der Effizienz mit Wirkungsgrad umschreibt, können Effizienzsteigerungen als Wirkungsgradverbesserungen erklärt werden. (Vgl. CHURCHMAN, G.W.: Einführung in die Systemanalyse, München 1970, S. 24). Wir wollen den Begriff im Hinblick auf die mehrfache Zielsetzung bei numerisch gesteuerten Fertigungssystemen weiter fassen und jede Alternative mit einer höheren Zielerreichung bei einem Ziel und keiner Verschlechterung eines anderen als effizienter bezeichnen. Vgl. zu dieser Begriffsbildung DINKELBACH, W.: Sensitivitätsanalysen und parametrische Programmierung, Berlin-Heidelberg-New York 1969, S. 22ff. und S. 152f.; MARKOWITZ, H.M.: Portfolio Selection, New York—London 1959, S. 22, S. 140 und S. 310.

Während bei konventionellen Systemen ein Teil der Informationsverarbeitung, die Informationseingabe zur Steuerung des Transformationsprozesses und die Kontrolle der Fertigung vom Bedienungsmann durchgeführt werden, erfolgt bei numerisch gesteuerten Fertigungssystemen eine weitere Teilung der Aufgaben. Die Informationsverarbeitung wird dem Programmierer übertragen, die Tätigkeit des Bedienungsmannes reduziert sich auf die Eingabe des Datenträgers, die Steuerung und zum Teil auch die Kontrolle des Fertigungsprozesses übernimmt ein Computer. Generell resultiert daraus der Vorteil eines effizienten Vollzuges der einzelnen Aufgaben, da jede Aufgabe mit geeigneten Mitteln und Methoden gestaltet und durchgeführt werden kann. Als Nachteil ist ein höherer Aufwand zur Steuerung und Kontrolle der Aktivitäten zu erwarten.

Ebenso wie bei konventionell gestalteten Systemen wird eine Automatisierung und horizontale Integration der Aufgaben des materialverarbeitenden Transformationsprozesses durchgeführt mit dem Unterschied, daß die Steuerung und Überwachung des Aufgabenvollzuges dem Computer übertragen wird. Eine Automation und vertikale Integration von Teilaufgaben oder der Gesamtaufgabe der technischen Informationsverarbeitung ist bei numerisch gesteuerten Fertigungssystemen grundsätzlich möglich [61]).

Der Umfang der Automation und Integration hängt wesentlich von den verfolgten Gestaltungsstrategien der Entscheidungsträger beim Einsatz dieser Systeme ab. In Anbetracht der grundsätzlichen Gruppen von Handlungsalternativen [62]) lassen sich für die technologische Systemstrukturierung zwei Gestaltungsstrategien formulieren [63]):

(1) Es wird keine radikale Änderung des bestehenden Produktionspotentials angestrebt. Durch Realisierung von Teillösungen, die geringer Umstellungen bedürfen, wird ein stufenweiser Aufbau und eine allmähliche Umstrukturierung des Vorhandenen angestrebt. Ein nach dieser Strategie handelndes Unternehmen wird z.B. mit dem Einsatz einfacher NC-Maschinen und manueller Programmierung der Datenträger beginnen und parallel zum Aufbau eines Lernpotentials bei den Mitarbeitern die Integration und Automation

[61]) Ein Zusammenhang zwischen Merkmalen, Automation und Integration ist insoweit gegeben, als die Automatisierung bei technischen Systemen in bestimmten Fällen eine Vorbedingung für die Integration von Teilaufgaben darstellt. Generell besteht dieser Zusammenhang nicht, so daß eine Integration von unterschiedlich automatisierten Teilsystemen möglich ist und unter ökonomischen Gesichtspunkten in Abhängigkeit von der Fertigungsaufgabe vorteilhaft sein kann (Vgl. S. 158ff. dieser Arbeit).
[62]) In der Literatur unterscheidet man in der Regel zwei Gruppen von Handlungsalternativen: (1) den Einsatz einzelner numerisch gesteuerter Fertigungssysteme (z.B. NC-Maschinen oder Bearbeitungszentren) in die konventionelle Fertigung und (2) den Einsatz von integrierten Fertigungssystemen, bzw. die Verbindung einzelner Systeme mit einem Prozeßrechner. Vgl. z.B. OPITZ, H.: Anwendungsbereiche numerisch gesteuerter Werkzeugmaschinen, Wirtschaftlichkeitskriterien, in: VDI-Berichte, Reihe 2, Nr. 14, (1966), S. 10. Eine ähnliche Einteilung wählt auch KELLNER, P.: Numerisch gesteuerte Werkzeugmaschinen und ihre derzeitigen Anwendungsgebiete im Hinblick auf ihre technischen Eigenarten und Wirtschaftlichkeitsbetrachtungen, Diss. Berlin 1971, S. 8.
[63]) Gestaltungsstrategien legen ein System von Handlungsregeln fest, mit denen unterschiedliche Entscheidungssituationen wirksam gelöst werden. In unserem Fall handelt es sich um die Gesamtplanung des Produktionspotentials mit Hilfe von Teilzielen für einzelne Bereiche. Vgl. zu diesem Vorgehen z.B. KORTZFLEISCH, G.v.: Heuristische dynamische Verfahren ..., a.a.O., S. 203ff.

der Teillösungen anstreben. Wichtig ist hierbei die Erarbeitung einer zukünftigen Soll-vorstellung, damit ein optimaler Anpassungspfad beschritten werden kann und den zeit-lich-horizontalen Interdependenzen Rechnung getragen wird [64].

(2) Es wird eine grundsätzliche Änderung des bestehenden Produktionspotentials für eine Gruppe von Produkten oder Werkstücken angestrebt. Im Vordergrund dieser Strategie steht der Gedanke, das technisch optimale Produktionspotential für bestimmte Ferti-gungsaufgaben einzusetzen. Eine Vielzahl neuartiger integrierter Fertigungssysteme, die diesem Gedanken folgen, ist bereits entwickelt [65]. Wesentliches Kennzeichen dieser Ferti-gungssysteme ist die Integration und systembezogene Betrachtung aller am Produktions-prozeß beteiligten Unternehmensbereiche. „Das Hauptziel liegt darin, die Fertigung einer großen Vielfalt zu bearbeitender Teile (Werkstücke) verschiedenster Art mit einem Minimum menschlichen Eingriffs unter Bewahrung größter Flexibilität zu ermögli-chen" [66].

Dieses Ziel wird durch die Verbindung sich ergänzender und ersetzender Subsysteme mit einem automatischen Werkstück- und Werkzeugwechselsystem sowie einem geeigneten La-ger- und Transportsystem erreicht. Die Steuerung des Gesamtsystems erfolgt über einen Pro-zeßrechner. Der bei der Konzeption dieses Systems beschrittene Weg zur Gestaltung von inte-grierten on-line gesteuerten Fertigungssystemen bestimmt die neuere Diskussion über den ge-eigneten technologischen Aufbau der Systeme [67]. Gemeinsam ist all diesen Systemgestaltun-gen die Berücksichtigung aller Interdependenzen und ihre jeweilige Orientierung am augen-blicklichen Stand des technischen Wissens.

Die Auswirkungen der Gestaltungsstrategien sind im allgemeinen nur an ihren gesamtbetrieb-lichen ökonomischen Wirkungen zu messen. Während die Güte der ersten Gestaltungsstrate-gie kurzfristig an ihrer Kostenwirkung zu ermitteln ist, wird dies bei der zweiten nicht mög-lich sein. Hier kann nur eine langfristig angelegte Analyse den Erfolg oder Mißerfolg anzei-gen. Da die zweite Vorgehensweise zunächst einen hohen Kapitalbedarf erfordert und ihre optimale Leistung erst dann erbringt, wenn auch die Voraussetzungen für den Betrieb dieses

---

[64] Die Strategie der sukzessiven Einführung numerisch gesteuerter Fertigungssysteme wurde insbeson-dere in der BRD angewandt. Sie resultiert im wesentlichen aus einer vorsichtigen Einschätzung der Wir-kungen der neuen Technologie, einer gewissen Informationslücke hinsichtlich der wirtschaftlichen Ein-satzbereiche und vor allem aus ökonomischen Restriktionen so z.B. der Möglichkeit, einen gewissen Ka-pitalbetrag für Experimentierzwecke einzusetzen. Vgl. zu den Einflußgrößen bei der Übernahme neuer Technologien KERN, W.: Zur Analyse des internationalen Transfers von Technologien — ein For-schungsbericht, in: ZfbF (NF), 25. Jg. (1973), S. 97.

[65] Vgl. WILLIAMSON, D.T.N.: Ein neues Fertigungsverfahren, a.a.O.; SCHARF, P., SCHULZ, E.: Integrierte, flexible Fertigungssysteme, a.a.O.

[66] WILLIAMSON, D.T.N.: ebenda, S. 428.

[67] Der Aufbau solcher Systeme wird z.B. von der deutschen Forschungsgemeinschaft gefördert. Teilpro-jekte wurden an der TU Berlin, der Universität Stuttgart und der TH Aachen bearbeitet. Vgl. zum augen-blicklichen Einsatz solcher Systeme SPUR, G., PÄTZOLD, A., ZASTOROW, F.: Einsatz und Ausbau-möglichkeiten eines DNC-Systems in der industriellen Fertigung, in: ZwF, 68. Jg. (1973), H. 4, S. 171—177.

Systems in den anderen Teilbereichen geschaffen wurden, ist eine langfristige Planung und Vorgabe der einzelnen Lösungsschritte besonders wichtig[68].

Die Automation und Integration des Informations- und Materialverarbeitungsprozesses mit Hilfe von Computern führt zu einer Reduzierung des Einflusses von Menschen auf den direkten Fertigungsvollzug, wodurch sich Effizienzsteigerungsmöglichkeiten abzeichnen. Im Gegensatz zu konventionell automatisierten Systemen nimmt aber die Anpassungsfähigkeit[69] des numerisch gesteuerten Fertigungssystems nicht ab, sondern zu. Dieser Zusammenhang ist tendenzmäßig in Abb. 3[70] dargestellt.

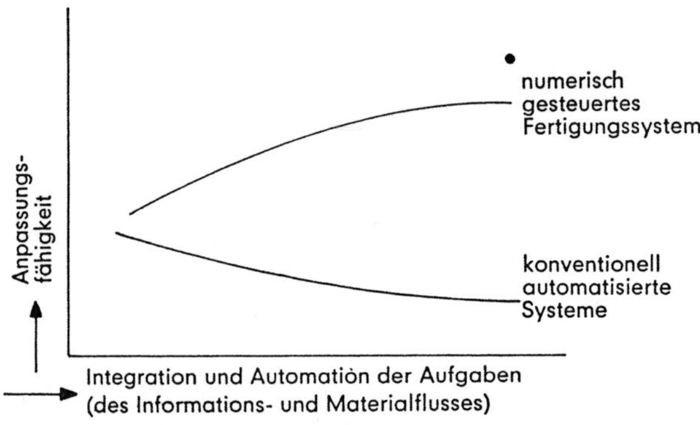

Abbildung 3
Tendenzmäßiger Zusammenhang zwischen Integration und Automation des Informations- und Materialflusses sowie der daraus resultierenden Anpassungsfähigkeit

Diese Aussage läßt sich folgendermaßen belegen: Die Ermittlung und Verarbeitung der Steuerungs- und Kontrollinformationen macht es möglich, verbunden mit einer bestimmten technischen Ausrüstung des Fertigungssystems, den Transformationsprozeß mit einem Minimum an Primärimpulsen[71] ablaufen zu lassen. Die bei numerisch gesteuerten Fertigungssy-

---

[68] Diese Vorgehensweise ist insbesondere in den USA in der Luftfahrt- und Automobilindustrie anzutreffen. Die besonders komplizierten Fertigungsaufgaben dieser Industriezweige, die Größe der Unternehmen und die besondere Situation des Arbeits- und Absatzmarktes in den USA haben diese Entwicklung begünstigt. Von einigen Experten wird die Meinung vertreten, daß nur die zweite Strategie das gesamte Rationalisierungspotential numerisch gesteuerter Fertigungssysteme freisetzt. (Vgl. SCHULTZ-WILD, R., WELTZ, F.: Technischer Wandel und Industriebetrieb, a.a.O., S. 105). Diese Aussage läßt sich durch theoretische Überlegungen begründen, ein praktischer Test dieser Strategie in der BRD ist aufgrund der unterschiedlichen Bedingungen nicht bekannt.
[69] Die Anpassungsfähigkeit umfaßt eine Vielzahl von Merkmalen, die alle auf einen schnellen und wirtschaftlichen Vollzug des Transformationsprozesses bei wechselnden Fertigungsaufgaben hinwirken. Vgl. hierzu auch Kap. 4.311.
[70] Siehe auch OPITZ, H.: Technische und wirtschaftliche Aspekte der Automatisierung, Sonderdruck Arbeitsgemeinschaft für Forschung des Landes NRW, H. 96, Köln-Opladen 1967, S. 7—26.
[71] Das Prinzip der Primärimpulsreduktion wird von Ellinger als ein grundlegendes Rationalisierungsprinzip bei einer durch dauernden Wechsel gekennzeichneten Produktion herausgestellt. Primärimpulse

stemen vorgenommene digitale Speicherung und Verarbeitung der Daten hat gegenüber der analogen Datenspeicherung weiter den Vorteil, daß ihr Datenträger ohne großen materiellen Anpassungswiderstand erstellt [72]) und dem Fertigungssystem als Steuerungsprogramm eingegeben werden kann.

Die schnelle und verzögerungsfreie Steuerung des Fertigungssystems durch die Datenverarbeitung erlaubt eine Verkürzung der Hauptzeiten (z.B. durch die Bearbeitung mit optimaler Schnittgeschwindigkeit) und Nebenzeiten (schnelles Positionieren des Werkstückes und Werkzeuges). Durch die Fähigkeit mehrere Werkzeuge gleichzeitig an einem Werkstück arbeiten zu lassen und diese einzeln zu steuern, kann die Zerspanungsleistung von numerisch gesteuerten Fertigungssystemen erhöht werden. Durch dieses zeitliche Zusammendrängen von Arbeitsvorgängen wird eine hohe „zeitliche Konzentration" [73]) erreicht, die zu einer Senkung der Hauptzeit und Nebenzeit führt. Gleichzeitig wird die „Bearbeitungsintensität" [74]) erheblich gesteigert. Durch die Möglichkeit zur getrennten Steuerung einzelner Werkzeuge tritt aber im Verhältnis zu konventionellen Systemen (z.B. einer Vielstahldrehbank) keine Verminderung der Anwendungsmöglichkeit des Systems oder des Werkzeugs ein. Es ist deshalb mit numerisch gesteuerten Fertigungssystemen möglich, auch bei kleinen Stückzahlen eine wirtschaftliche Intensitätssteigerung zu erreichen.

Die Summe der angeführten Merkmale führt bei einem Unternehmen, das numerisch gesteuerte Fertigungssysteme einsetzt, zum Aufbau eines materiellen und immateriellen „Vorbereitungsgrades" [75]).

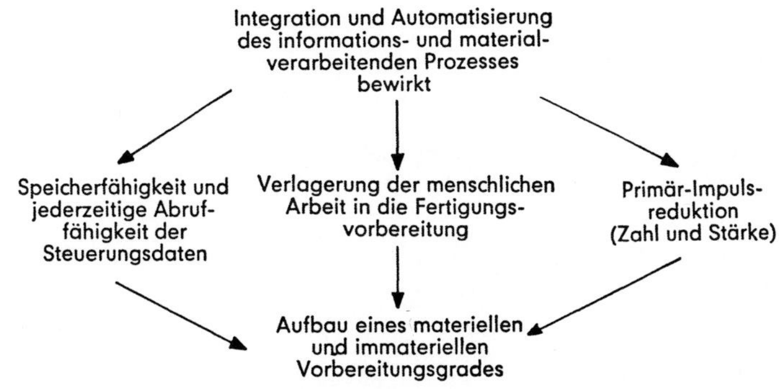

Abbildung 4
Zusammenhang zwischen Systemeigenschaften und Vorbereitungsgrad

---

stellen dabei — im Gegensatz zu Sekundärimpulsen, die vom Datenträger abgegeben werden — Eingriffe des Menschen in den Fertigungsvollzug dar. Vgl.: ELLINGER, T.: Industrielle Wechselproduktion, a.a.O., S. 188ff.

[72]) Die Stärke der vom Menschen abzugebenden Impulse wird hierbei reduziert, da nur noch ein Schreib- bzw. Rechengang durchzuführen ist, eine Materialverarbeitung wie z.B. bei der Kurvenherstellung ist nicht mehr erforderlich. Vgl. ELLINGER, T.: Industrielle Wechselproduktion, a.a.O., S. 203.

[73]) Vgl. zum Begriff ELLINGER, T.: Ablaufplanung, a.a.O., S. 32.

[74]) Vgl. zum Begriff ELLINGER, T.: ebenda, S. 58—59.

[75]) Vgl. zum Begriff ELLINGER, T.: ebenda, S. 68ff. sowie ELLINGER, T.: Industrielle Einzelfertigung und Vorbereitungsgrad, in: ZfhF (NF), 15. Jg. (1963), S. 481ff.

Die materielle Vorbereitung spiegelt sich in dem zur Verfügung stehenden Produktionspotential und bezweckt die „kurzfristig durchführbare Anpassung an einen geplanten Produktionsablauf" [76]. Die immaterielle Vorbereitung, die im wesentlichen die Erfahrungen der Mitarbeiter umfaßt [77], wird durch den beim Einsatz numerisch gesteuerter Fertigungssysteme ausgelösten Lernprozeß aufgebaut. Durch die Speicherung der den Fertigungsprozeß steuernden Informationen (Sekundärimpulse) auf einen Datenträger besteht die Möglichkeit, einen einmal aufgebauten „speziellen Vorbereitungsgrad", der „ausschließlich auf die Fertigung einer einzigen Produktart ausgerichtet" [78] ist, zu speichern und mehrmals ohne Kostensteigerung zu nutzen, was bei analog gesteuerten Fertigungssystemen nur unter Inkaufnahme einer langwierigen und aufwendigen Umstellungsarbeit möglich ist. Der im Datenträger gespeicherte spezielle Vorbereitungsgrad unterliegt dann nur der Abnutzung durch technologischen Wandel [79].

Mit der Entscheidung über die Investition eines numerisch gesteuerten Fertigungssystems ist somit ursächlich der Aufbau einer bestimmten Höhe des Vorbereitungsgrades verbunden. Die benötigte Höhe hängt in erster Linie von Wirtschaftlichkeitserwägungen ab, die zur Entscheidung über die Vorteilhaftigkeit eines Investitionsobjektes anzustellen sind. Der Vorbereitungsgrad ist somit in Grenzen vom Entscheidungsträger selbst festzulegen. Diese Dispositionsmöglichkeit ist von großer Bedeutung bei der Dimensionierung des „allgemeinen Vorbereitungsgrades", der „ohne besondere Umstellung für die Durchführung der verschiedensten Arbeiten geeignet" [80] ist. Die zum Aufbau eines allgemeinen Vorbereitungsgrades aufgezeigten Faktoren führen beim Einsatz numerisch gesteuerter Fertigungssysteme zu folgenden Vorteilen[81]:

1. Zeitreduzierungen:

Neben den speziellen Zeitreduzierungen von Haupt-, Rüst- und Nebenzeiten werden insbesondere:

— Einsparungen an Durchlaufzeiten ganzer Produkte durch den Betrieb (dadurch auch Verringerung des Umlaufvermögens) und

[76] ELLINGER, T.: Ablaufplanung, a.a.O., S. 34.
[77] Der immaterielle Vorbereitungsgrad kann sich auch in bestimmten Planungsmethoden oder bei Softwarepaketen niederschlagen.
[78] ELLINGER, T.: Industrielle Einzelfertigung..., a.a.O., S. 485.
[79] Dies gilt nur für den Teil der gespeicherten Informationen, die die Technologie beschreiben; da sich die Zerspanungsleistung laufend verändert, muß das Programm von Zeit zu Zeit überarbeitet werden.
[80] ELLINGER, T.: Industrielle Einzelfertigung..., a.a.O., S. 485.
[81] Vgl. OPITZ, H., BERGER, H., BUDDE, W.: Automatisierung der Einzel- und Kleinserienfertigung, in VDI-Z, 111. Jg. (1968), Nr. 8, S. 481; HUGGINS, E.W., HILLS, R.J.: Verbesserte Verfahren zur Bewertung der Wirtschaftlichkeit numerisch gesteuerter Werkzeugmaschinen, in: Ingenieur digest, 7. Jg. (1968), H.10, S. 53—57; JÜSTEL, H., RUTH, E.: Wirtschaftliche und organisatorische Gründe für den Einsatz numerischer Steuerungen in den USA, in: Werkstattstechnik, 54. Jg. (1964), H. 11, S. 556—561; CONWAY, J.O., BRINGMANN, D., DOANE, R.G.: Handbook for S10—SYN Numerical Control, Bristol 1969, S. 13. FREUDHOFER, F.: Der Einfluß organisatorischer und wirtschaftlicher Kenngrößen..., a.a.O., S. 89ff.

— Einsparungen bei der Anlaufzeit für neue Produkte (Prototypen) erzielt;

2. Effizienzsteigerungen:

— durch spanende Bearbeitung von komplexen Großwerkstücken, die mit den bisherigen Methoden nicht bearbeitet werden konnten, und **Erleichterung bei der Bearbeitung schwieriger Werkstücke** aus einem Rohteil ohne Zuhilfenahme von Fügetechniken (Schweißen, Kleben und dgl.);

— durch die **Verbesserung der Produktionsqualität**, eine hohe, gleichbleibende Genauigkeit bei allen gefertigten Teilen und damit geringere Ausschußquoten sowie eine Reduzierung der Kontrollzeiten für die Qualitätskontrolle;

— durch die **Verringerung der Werkzeugkosten** durch Zwang zur Reduzierung der Werkzeugvielfalt und Verminderung des Aufwandes für Vorrichtungen und Lehren [82]);

— durch die Übernahme von Steuerungsdaten von Fertigungssystemen in eine automatisierte Fertigungsplanung und -steuerung, dadurch Informationszentralisation, **Straffung der Betriebsorganisation** und **bessere Kontrollmöglichkeiten** durch das Management;

— durch **größere Gestaltungsfreiheit** des Konstrukteurs beim Entwerfen funktionsgerechter Werkstücke.

3. Steigerung der Anpassungsfähigkeit:

— durch schnellere Anpassung des Produktionspotentials an quantitative und qualitative Bedarfsänderungen[83]), die sich z.B. in höheren Preisen der Produkte, größeren Absatzmengen und im Konkurrenzverhalten niederschlagen[84]),

[82]) Diese Aussage gründet sich auf folgendes: Bei numerisch gesteuerten Fertigungssystemen ist eine beliebige und sehr präzise koordinierte Führung des Werkzeuges innerhalb des Bearbeitungsraumes möglich, so daß sich Formwerkzeuge erübrigen, eine günstige Einspannlage des Werkzeuges im Hinblick auf die optimale Schnittgeschwindigkeit gewählt werden kann und Abweichungen in den Abmessungen durch Eingabe von Korrekturdaten an den Fertigungssystemen sich ohne Änderung des Informationsträgers durchführen lassen.

[83]) Auf den Tatbestand, daß eine langsamere Anpassung in der Regel eine Kürzung des betrieblichen Ertrages zur Folge hat, weist insbesondere Riebel hin. Vgl. RIEBEL, P.: Die Elastizität des Betriebes, Köln-Opladen 1954, S. 96.

[84]) So kann zum Beispiel der Verkauf hinsichtlich Qualitätsanforderungen, Lieferterminen, Änderungswünschen und Neuentwicklungen von Produkten dem Kunden entgegenkommen. Auch sind die Anwender numerisch gesteuerter Fertigungssysteme kurzfristig in der Lage, eine effizientere Kapazitätsanpassung vorzunehmen. Dadurch werden bei Beschäftigungsanstieg plötzliche Engpässe beseitigt. Bei Beschäftigungsrückgang können durch die Möglichkeit, differenziertere Fertigungsaufgaben zu bearbeiten, Leerkapazitäten im gesamten Produktionspotential vermieden werden. Unterstellt wird hier, daß aufgrund der mangelnden Teilbarkeit der Systeme Engpässe im Produktionspotential auftreten und daß numerisch gesteuerte Fertigungssysteme über Leerkapazitäten verfügen oder nicht in der laufenden Produktion eingesetzt werden (z.B. in der Ersatzteilfertigung). Durch die Lagerfähigkeit der Informationsträger und die

— durch schnell auswechselbare Informationsträger und damit Erleichterungen bei der Ersatzteilfertigung, bei der Änderung von Werkstücken und bei der Übernahme von Produktionsspitzen und

— durch Erweiterung des „Spielraums der Planung des zeitlichen Ablaufs der Fertigung" [85]), der um so größer wird, je vielseitiger ein Fertigungssystem einsetzbar ist.

Ausgehend von diesen aus den Systemeigenschaften resultierenden Vorteilen ist nun zu prüfen, welche generellen Anwendungsbereiche für diese Systeme in Frage kommen. Hierzu ist es zunächst sinnvoll, den Vorbereitungsgrad in Abhängigkeit von Anpassungshandlungen im Unternehmen zu sehen, die bei bestimmten Fertigungsverhältnissen anfallen. Einerseits ist zu beachten, daß der allgemeine Vorbereitungsgrad um so höher sein muß, je häufiger und je komplexer eine Anpassungshandlung ist. Andererseits führt eine Überdimensionierung des Vorbereitungsgrades zu nicht optimal genutzten Kapazitäten.

Anpassungshandlungen werden durch Datenänderungen initiiert. Wechselnde Fertigungsaufgaben, können durch neue Produkte, durch die Fertigung ähnlicher Werkstücke (bzw. mehrmalige Fertigung gleicher Werkstücke zu verschiedenen Zeitpunkten) und Individualisierung des Bedarfs sowie Störgrößen aus dem laufenden Produktionsprozeß [86]) ausgelöst werden. Sie erfordern vielseitig einsetzbare und schnell anpaßbare Produktionsfaktoren. Diese Charakteristik, die durch die permanente Bewältigung von Wechselvorgängen gekennzeichnet werden kann, ist nicht eindeutig mit den Kriterien der Zahl der gleichartigen Produkte oder Werkstoff und Art der Produkte sowie auftrags- und marktorientierte Erzeugung zu umschreiben [87]). Charakterisiert man z.B. den wirtschaftlichen Anwendungsbereich numerisch gesteuerter Fertigungssysteme in Abhängigkeit von der „Struktur der Auflagengrößen" [88]), so läßt sich aufgrund der gezeigten Systemeigenschaften nachweisen, daß deren Anwendungsbereich — je nach Systemkonfiguration — von der einmaligen Einzelfertigung bis zur Serienfertigung komplizierter Werkstücksformen reicht [89]). Empirische Erhebungen [90]) zeigen, daß die durchschnittliche Losgröße für numerisch gesteuerte Fertigungssysteme bei 40 Stück/Los

---

schnelle Umbaufähigkeit numerisch gesteuerter Fertigungssysteme ist eine kurzfristige Lieferbereitschaft bei Wiederhol- oder Ersatzteilen ohne Lagerbestände möglich. Alle diese Faktoren deuten auf eine Erweiterung des Spielraums bei der Preisgestaltung hin. (Vgl. hierzu KELLNER, P.: Numerisch gesteuerte Werkzeugmaschinen..., a.a.O., S. 117ff.).

[85]) ELLINGER, T.: Ablaufplanung, a.a.O., S. 55.

[86]) Eine solche, durch laufend zu bewältigende Umstellungen geprägte Produktionen bezeichnet Ellinger als „industrielle Wechselproduktion". Vgl. ELLINGER, T.: Industrielle Wechselproduktionen, a.a.O., S. 198.

[87]) Vgl. zu diesen Typisierungskriterien KERN, W.: Industriebetriebslehre, Stuttgart 1970, S. 22ff.

[88]) Je nach Struktur der Auflagengrößen wird zwischen Betrieben mit Massen-, Serien- und Einzelfertigung unterschieden. Vgl. KERN, W.: Industriebetriebslehre, a.a.O., S. 25f.

[89]) Die speziellen und wirtschaftlichen Anwendungsbereiche einzelner numerisch gesteuerter Fertigungssysteme unter dem Aspekt der geeigneten Verfahrenswahl wurden eingehend von Kellner untersucht. Vgl. KELLNER, P.: Numerisch gesteuerte Werkzeugmaschinen..., a.a.O., S. 126—169. Vgl. hierzu auch Kap. 4.321 dieser Arbeit.

[90]) Vgl. SCHULTZ-WILD, R., WELTZ, F.: Technischer Wandel und Industriebetrieb, a.a.O., S. 55; FREUDHOFER, F.: Der Einfluß organisatorischer und wirtschaftlicher Kenngrößen..., a.a.O., S. 171.

liegt. Die Extremwerte schwanken zwischen 1 und 250 Stück/Los. Die Wiederholhäufigkeit der Fertigung gleicher Fertigungsaufgaben pro Jahr schwankt zwischen Null bis über 20mal. Die häufigsten Werte liegen zwischen drei- bis zehnmaliger Wiederholung[91].

Die Sammlung und Systematisierung der charakteristischen Systemeigenschaften numerisch gesteuerter Fertigungssysteme und die Hervorhebung des Wirtschaftlichkeitsaspektes bei der Nutzung dieses Vorbereitungsgrades sollen den Ausgangspunkt für die Ermittlung eines Wirkschemas bilden. Sie liefern später den Anknüpfungspunkt zur Ermittlung der technologischen Eignung numerisch gesteuerter Fertigungssysteme. Erst die zusammenhängende Betrachtung der Marktentwicklung und des Produktionskostengefüges erlaubt eine notwendige und hinreichende Eingrenzung der Einsatzgebiete numerisch gesteuerter Fertigungssysteme.

2.23 Wirkungsanalyse

Jeder Entwurf eines Wirkungsschemas muß sich an dem Ziel der beabsichtigten Analyse orientieren. Die Ziele, die durch den Einsatz numerisch gesteuerter Fertigungssysteme entweder direkt realisiert oder zumindest tangiert werden, sind unterschiedlich strukturiert und interdependent, so daß es dafür kein allgemein gültiges Wirkungsschema geben kann. Andererseits werden die interdependenten Beziehungen der angestrebten Ziele erst sichtbar, wenn für jedes Ziel ein adäquates Wirkungsschema entwickelt wurde. Das jedoch erfordert eine Analyse des Prozesses der Zielentscheidungen und ist unabhängig von einzelnen zielorientierten Wirkungsschemata.

Im Vorgriff auf spätere Ausführungen (vgl. Kap. 4.2) nehmen wir zur Analyse der Wirkungsmöglichkeiten deshalb an, daß für Investitionsentscheidungen bei numerisch gesteuerten Fertigungssystemen die effiziente Bewältigung der Fertigungsaufgabe im Vordergrund steht. Die Bewältigung der Fertigungsaufgabe durch numerisch gesteuerte Fertigungssysteme erfolgt im Verbund mit dem im Unternehmen vorhandenen Produktionspotential. Die Wirkungsanalyse faßt deshalb die Freiheitsgrade bei der Gestaltung numerisch gesteuerter Fertigungssysteme als Ursache für die Wirkung in den einzelnen Subsystemen der Unternehmung auf.

Die Freiheitsgrade für die Gestaltung von Fertigungssystemen liegen im Bereich des Inputs, der Strukturmuster und der Prozeßabläufe.

Zur Bewältigung der Fertigungsaufgabe sind einerseits gewisse Mindestanforderungen an Inputgrößen erforderlich, die für alle numerisch gesteuerten Fertigungssysteme bei ähnlichen Fertigungsaufgaben annähernd gleich sind. Andererseits sind numerisch gesteuerte Fertigungssysteme eher in der Lage, sich verändernden materiellen Inputgrößen[92] anzupassen. Dadurch verengt sich der wesentliche Bereich der Bestimmungsfaktoren auf Strukturen und Prozeßabläufe. Durch bestimmte Strukturmuster von Fertigungssystemen werden die Ausprägungen von Informations- und Materialtransformationsprozessen weitgehend determi-

---

[91] Vgl. SCHULTZ-WILD, R., WELTZ, F.: ebenda, S. 62f.
[92] So erfolgt z.B. durch Adaptive Control Systeme eine optimale Anpassung an veränderte Werkstoffqualitäten. Vgl. S. 40 dieser Arbeit, Fußnote 58.

niert. Es erscheint deshalb hinreichend, die Strukturen von Fertigungssystemen in ihren Elementen (Subsystemen) und in den Interaktionen der Elemente zu betrachten, um mögliche Wirkzusammenhänge aufzuzeigen und so Rückschlüsse auf die Effzienz des Vollzuges von Fertigungsprozessen zu erhalten. Dabei soll unterstellt werden, daß die technischen Voraussetzungen zur Gestaltung verschiedener Strukturen erfüllt werden können.

Das Netz der Wirkungen numerisch gesteuerter Fertigungssysteme ist schematisch in Abb. 5 dargestellt. Es soll die grundsätzlichen Zusammenhänge aufzeigen und deutlich machen, daß nur eine ganzheitliche, systemtheoretische Betrachtung die hinreichende Gewähr dafür bietet, die ökonomischen und technischen Interdependenzen zu erfassen. Die Erfassung dieser Interdependenzen ist eine unabdingbare Voraussetzung für eine rationale und gesicherte Investitionsentscheidung.

Die Unterscheidung in direkte und indirekte Wirkungen erfolgt nach dem Merkmal der Systembeeinflussung: treten die sozialen, ökonomischen und organisatorischen Wirkungen nur in den jeweiligen Subsystemen der Unternehmung auf, in denen das numerisch gesteuerte Fertigungssystem installiert ist, so sprechen wir von direkten Wirkungen andernfalls von indirekten Wirkungen.

Mit der gesonderten Ermittlung der direkten und indirekten Wirkungen soll eine hinreichend genaue Erfassung der Wertströme eines numerisch gesteuerten Fertigungssystems gesichert werden. Die Suche nach einer günstigen Gesamtlösung hat einerseits die zusätzlichen Kosten dieser Wirkungen in Rechnung zu stellen, andererseits soll sie ihre Effizienz an erwarteten Kosten- und Leistungsänderungen messen. Letztere werden in ihrer Höhe von konkreten fertigungstechnischen und organisatorischen Bedingungen im Unternehmen bestimmt. Insbesondere soll einem möglichen und in der Praxis häufig vorkommenden Fehler begegnet werden, der zur Entscheidung für ein Investitionsobjekt führt, das wohl im speziellen Subsystem, nicht aber im Gesamtsystem vorteilhaft ist.

Eine exakte Analyse der einzelnen Wirkungen wird besonders im indirekten Bereich schwierig bzw. nicht möglich sein. In diesem Falle erscheint es aber wichtig, daß durch die Analyse gezeigt wird, welche Annahmen bzw. Hypothesen gesetzt wurden.

In den folgenden Ausführungen soll vor allem eine qualitative Kennzeichnung der Wirkungen erfolgen. Dazu ist das Erkennen des Zusammenhanges zwischen Ursache und Wirkung sowie die Formulierung eines funktionalen Ansatzes erforderlich. Die notwendige Quantifizierung erfolgt in Kap. 4.

2.231 Direkte Wirkungen

Die numerisch gesteuerten Fertigungssysteme verlangen für ihren effizienten Einsatz — wie jede elektronische Datenverarbeitung — eine ihren Bedürfnissen angepasste Organisation[93]).

[93]) Vgl. hierzu KREIKEBAUM, H.: Die Auswirkungen der Einführung numerisch gesteuerter Werkzeugmaschinen..., a.a.O., S. 33ff.

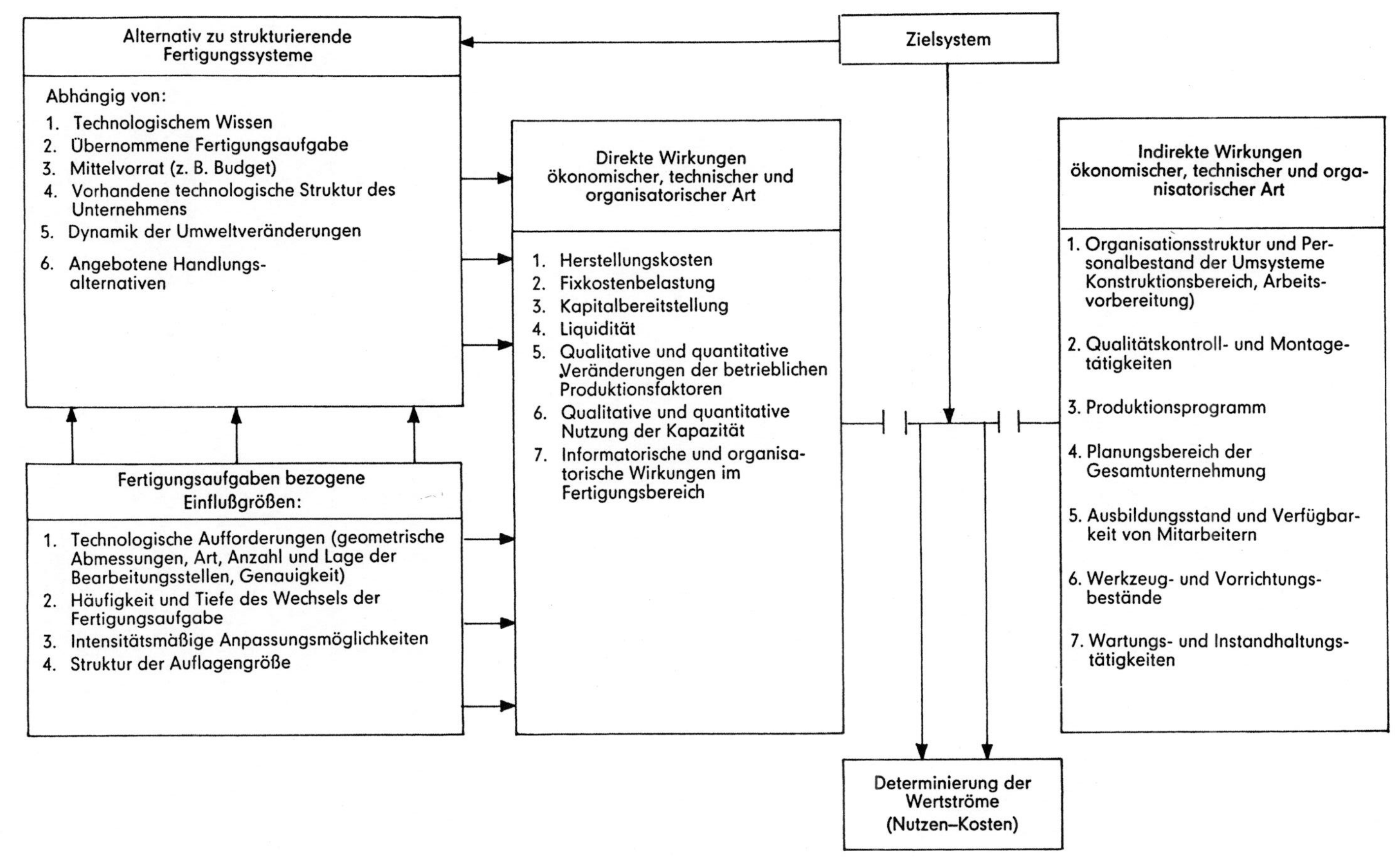

Abbildung 5

Grundsätzliche Wirkzusammenhänge bei numerisch gesteuerten Fertigungssystemen

Deren Merkmale sind zum einen die Schaffung von betrieblichen Strukturen mit der Möglichkeit, numerisch gesteuerte Fertigungssysteme und deren Subsysteme als Glied dieser Strukturen aufzufassen[94]), zum anderen die Anpassung der produktiven Faktoren (menschliche Arbeitsleistung, Betriebsmittel und Werkstoffe) in allen betrieblichen Funktionsbereichen. Hier sollen die Wirkungen im Fertigungsbereich näher betrachtet werden.

Die organisatorischen Wirkungen in den Subsystemen der Unternehmung resultieren aus der Forderung nach Integration des Informationsflusses und der optimalen Nutzung der kapitalintensiven numerisch gesteuerten Fertigungssysteme. Tendenziell erfordern beide Aspekte die Schaffung genereller Regelungen[95]), um den höheren organisatorischen Aufwand, der aus einer weitergehenden Arbeitsteilung resultiert, zu reduzieren.

Empirische Erhebungen[96]) und eigene Beobachtungen zeigen, daß numerisch gesteuerte Fertigungssysteme in ihrem Hauptanwendungsgebiet, der Einzel- und Kleinserienfertigung (vorwiegend im Maschinenbau), keine ihren Bedürfnissen angepasste Organisation gefunden haben. Dieser Tatbestand ist einerseits auf den hohen Anteil an Improvisation innerhalb des Fertigungsbereiches in diesen Anwendungsgebieten zurückzuführen, zum anderen aber auch Ausfluß der gewählten Einführungsstrategie. Es ist zu beobachten, daß diese Systeme eine ähnliche Behandlung wie teure konventionell automatisierte Betriebsmittel erfahren, die an exponierten Plätzen in die normale Fertigung integriert werden. Ziel dieser Strategie scheint es zu sein, die durch diese Systeme notwendigen Anpassungshandlungen als Vehikel für eine allgemeine Rationalisierung des Fertigungsprozesses zu benutzen. So erhält z.B. die Systematisierung des Produktionsprogrammes neues Gewicht durch das Ziel, die Zahl der Einzelteile zu verringern bzw. sie unter einheitlichen Gesichtspunkten (z.B. konstruktionsgleiche, -ähnliche oder fertigungsablaufgleiche) zusammenzufassen. Hierdurch wird sowohl der Informationsfluß vereinfacht als auch ein gesamtbetrieblicher Rationalisierungserfolg erzielt. Das Herausstellen von Teilespektren mit Hilfe der „Gruppentechnologie"[97]) oder der „Teilefami-

---

[94]) Die Organisationsstruktur läßt sich durch den Daten- und Materialfluß kennzeichnen. Von Simon wurde deshalb der Vorschlag gemacht, die numerisch gesteuerten Fertigungssysteme nach ihrem „Datenfluß-Verflechtungsgrad" zu gliedern. Er soll zum Ausdruck bringen, in welchem Maße der Einsatz der numerisch gesteuerten Fertigungssysteme der Betriebsorganisation adäquat ist oder sie zwangsläufig verändern muß. Ferner soll der Datenfluß-Verflechtungsgrad als eine Rechenkomponente für Wirtschaftlichkeitsrechnungen benutzt werden, was aber bisher nicht gelungen ist. Vgl. hierzu SIMON, W.: Datenfluß-Verflechtungsgrad — ein neues Ordnungsprinzip automatischer Werkzeugmaschinen, in: messen, steuern, regeln, 10. Jg. (1967), H. 5, S. 163—166; derselbe: NC-Maschinen und Betriebsorganisation, in: Produktivitätsverbesserungen..., a.a.O., S. 21—42.
[95]) Vgl. zum Begriff GUTENBERG, E.: Die Produktion, a.a.O., S. 235ff.
[96]) Vgl. SCHULTZ-WILD, R., WELTZT, F.: Technischer Wandel und Industriebetrieb, a.a.O., S. 80ff.; FREUDHOFER, F.:Der Einfluß organisatorischer und wirtschaftlicher Kenngrößen..., a.a.O., S. 39ff.; WOJDA, F.: Untersuchung der organisatorischen und wirtschaftlichen Voraussetzungen..., a.a.O., S. 10ff.
[97]) Vgl. MITROFANOW, S.P.: Wissenschaftliche Grundlagen der Gruppentechnologie, Berlin 1960 und THORNEY, R.H., MIDDLE, G.H., CONOLLY, R.: Gruppentechnologie — Ein Weg zur Lösung von Fertigungsproblemen bei der losgebundenen Fertigung, in: IA, 93. Jg. (1971), H. 42, S. 959ff. und H. 51, S. 1190ff.

lienfertigung"[98]) führt darüberhinaus zur Reduzierung des Programmierungsaufwandes. Erst wenn mehrere numerisch gesteuerte Fertigungssysteme in einer Unternehmung zum Einsatz kommen, werden folgende Faktoren berücksichtigt:

— erhöhter Koordinationsaufwand zwischen Programmierung, Werkzeugeinstellung, Wartung und Instandhaltung und Qualitätskontrolle sowie die damit verbundenen

— Veränderungen der Tätigkeitsbereiche der Mitarbeiter und

— Gesichtspunkte der Einwirkung von Subsystemen auf den Informations- und Materialfluß.

Eine erhöhte Koordination zwischen dem Fertigungsbereich und der Programmierabteilung wird immer dann notwendig, wenn die Programme nicht ausgetestet und die Unterlagen zur Information des Bedienungsmannes nicht ausreichend sind, oder der Bedienungsmann aufgrund seiner Ausbildung nicht in der Lage ist, kleine Anpassungsarbeiten durchzuführen. Insbesondere bei Störungen und der Lösung neuer Fertigungsaufgaben ist ein sehr enger Kontakt zwischen Programmierer und Bedienungsmann zur gemeinsamen Problembewältigung erforderlich. Kurze Informationswege durch geeignete Sprechverbindungen sowie geringe räumliche Abstände der Abteilungen sind hier von Vorteil.

Ähnlich der Handhabung bei kapitalintensiven Betriebsmitteln zeigt sich auch bei numerisch gesteuerten Fertigungssystemen eine verstärkte Tendenz zur Voreinstellung von Werkzeugen und zum Einsatz von qualifizierten Einrichtern zur Herstellung der Betriebsbereitschaft des Fertigungssystems[99]). Als Vorteile lassen sich eine Verringerung der Rüst-, Neben- und Verteilzeit sowie eine Minderung der Werkzeugvielfalt und damit auch eine Vereinfachung der Programmierung anführen. Nachteilig sind die Vermehrung des Fachpersonals und die zusätzlichen Investitionen für einen Werkzeugvoreinstellplatz[100]). Unter Berücksichtigung der Anzahl, der Komplexität und des Einsatzortes von Fertigungssystemen kann eine zentrale oder dezentrale Werkzeugvoreinstellung vorteilhaft sein. Eine Entscheidung für eine Lösungsvariante ist nur unter Beachtung organisatiorischer, personeller und wirtschaftlicher Komponenten in einem konkreten Fall möglich.

Da die eigentlichen Einrichtungsarbeiten am Fertigungssystem zum überwiegenden Teil räumlich und zeitlich an den Fertigungsprozeß gebunden sind, ist in jedem einzelnen Fall gesondert zu prüfen, ob diese Tätigkeit spezialisierten Maschineneinrichtern übertragen werden

[98]) Vgl. OPITZ, H.: Werkstückbeschreibendes Klassifizierungssystem, a.a.O.
[99]) Vgl. S. 54f. dieser Arbeit.
[100]) Mit voreingestellten Werkzeugen lassen sich die Stückzeiten z.B. beim Bohren bis zu 30% senken. Vgl. HÖLKEN, W.: Die Reduzierung von Rüst- und Nebenzeiten an numerisch gesteuerten Maschinen, in: WuB, 101. Jg. (1968), H. 6, S. 329—332. Vgl. zu den Möglichkeiten, voreingestellte Werkzeuge zu standardisieren und die in den Werkzeugen gebundenen Mittel zu reduzieren OPITZ, H.: Anwendungsbereich numerisch gesteuerter Werkzeugmaschinen und Wirtschaftlichkeitskriterien, a.a.O., S. 17ff.; DÄHNERT, H.: Aufbau und Anwendung von Karteien zur Berücksichtigung von anwenderspezifischen Erfahren, in: TZfpM, 64. Jg. (1970), S. 352ff.

sollte. Solange die Fertigungssysteme von Facharbeitern bedient werden, wird die Verlagerung der Einrichtungstätigkeiten nur selten erforderlich und wirtschaftlich sein. Eine Umkehrung dieser Tendenz ist bei angelernten Bedienungsleuten und dem Vorhandensein mehrerer ähnlicher Fertigungssysteme zu erwarten. Durchschnittlich werden 0,7 Einrichter pro numerisch gesteuertem Fertigungssystem eingesetzt, wobei der Streubereich von 1,7 Einrichter je System bis zu 0,4 — bei 10 und mehr eingesetzten Fertigungssystemen reicht [101]). Breits im Abschnitt 2.22 konnte gezeigt werden, daß sich die Aufgaben des Bedienungsmannes beim Einsatz numerisch gesteuerter Fertigungssysteme im Fertigungsbereich quantitativ und qualitativ verändern. Es erfolgt eine Reduzierung manueller Tätigkeiten und eine Ausweitung überwachender Tätigkeiten.

Die Anforderungen an die Fachkenntnisse des Bedienungsmannes am Fertigungssystem sind um so geringer, je höher der Automatisierungsgrad der Maschinen ist und je zuverlässiger die Programme arbeiten [102]).

Der Bedienungsmann, gegebenenfalls auch der Meister, der Kontroll- und Überwachungsfunktionen ausübt, ist verantwortlich für den Zustand des Systems, die rechtzeitige Beschaffung der Werkzeuge, die Einhaltung der vorgegebenen Spanbedingungen und für die Angabe von Störmeldungen. Beim heutigen Stand der Automatisierung wird je Fertigungssystem ein Bediener erforderlich sein, der in 20-30% seiner Zeit noch eine Nebenarbeit (z.B. Werkzeugvoreinstellung) durchführen kann.

Es stellt sich das Problem, welche Mitarbeiter sich für die Bedienung von numerisch gesteuerten Fertigungssystemen eignen. An relativ einfachen und billigen numerisch gesteuerten Fertigungssystemen, z.B. an Revolverbohrmaschinen, einfachen Fräsmaschinen und auch Drehmaschinen können angelernte Arbeiter eingesetzt werden, solange das Voreinstellen der Werkzeuge von anderen Abteilungen erledigt wird. Bei allen übrigen Fertigungssystemen sollten Fachkräfte eingesetzt werden, die in der Lage sind, auftretende Störungen zu erkennen und zu beheben, um so mit die Stillstandszeiten zu verringern [103]). Ihr Einsatz wird von dem Unternehmen meist mit dem besonderen Wert des Werkstücks und des Fertigungssystems begründet. Erwartet wird von diesen Mitarbeitern anstatt der Handgeschicklichkeit eher Verantwortungsbewußtsein für das kapitalintensive System, die Fähigkeiten zur aufmerksamen Überwachung, schnelle Reaktionsfähigkeit und Verständnis für die komplizierter gewordene Technik sowie deren Eingliederung in den Produktionsprozeß [104]). Wegen des sehr

[101]) Vgl. SCHULTZ-WILD, R., WELTZ, F.: Technischer Wandel und Industriebetrieb, a.a.O., S. 134. Frühere Untersuchungen (Vgl. BRÖDNER, P. und HAMKE, F.: Automatisierung und Arbeitsplatzstrukturen, a.a.O., S. 168ff.) zeigen einen geringeren Anteil der Zeit — im Mittel 10-20% — eines Einrichters pro Fertigungssystem.

[102]) Vgl. zu den Qualifikationsänderungen des Bedienungsmannes SCHULTZ-WILD, R., WELTZ, F.: ebenda, S. 116ff.

[103]) Vgl. TULLY, H., HERRMANN, J.: Gesichtspunkte für den wirtschaftlichen Einsatz von numerisch gesteuerten Werkzeugmaschinen, in: ZwF, 64. Jg. (1969), H. 6, S. 269ff.

[104]) Grundsätzlich läßt sich hier feststellen, daß mit zunehmender Automatisierung der Leistungsanteil der technischen Systeme an der Leistungserstellung zunimmt. Bedingt durch die wachsende Bedeutung der Überwachungs-, Steuerungs-, Wartungs- und Reparaturarbeiten vollzieht sich ein Wandel der Anfor-

kleinen Anteils von beeinflußbaren Zeiten [105]) bietet ein Prämienlohnsystem [106]), das auf der Grundlage der Maschinenauslastung aufgebaut ist, eine geeignete Entlohnungsform für den Bedienungsmann.

Besondere Aufmerksamkeit ist der Wartung und Instandhaltung numerisch gesteuerter Fertigungssysteme zu widmen, da die Auswirkungen mit der Höhe des Automatisierungsgrades und den damit verbundenen Anlagekosten zunehmen. Vorbeugende Wartungs- und Instandhaltungssysteme [107]) — die sich insbesondere auch auf die Lebensdauer des Projektes auswirken — erscheinen am geeignetsten. Voraussetzung für die Einführung eines derartigen Systems ist die detaillierte Erfassung der Störungsursachen [108]) und entsprechend ausgebildetes Personal. Dieses läßt sich zum Teil aus Facharbeitern rekrutieren, die konventionelle Systeme bedienten. Neu ist bei numerisch gesteuerten Fertigungssystemen die Wartung und Instandhaltung der elektronischen und hydraulischen Steuerungen. Der Aufwand für die Fehlerdiagnose wird hier hoch zu veranschlagen sein, zumal eine genügend lange Erfahrung beim Wartungspersonal zur Zeit nur in den seltensten Fällen vorhanden ist [109]). Aufgrund unterschiedlicher und sich widersprechender Angaben [110]) über die Störanfälligkeit lassen sich über den Instandhaltungs- und Wartungsaufwand sachlich und personell keine verallgemeinernden Aussagen machen. Daneben ist noch eine erweiterte Ersatzteilhaltung als Aufwandposten zu berücksichtigen. Als Vorteile einer vorbeugenden Wartungs- und Instandhaltung mit gut ausgebildetem Personal ist eine Reduzierung der Wartungs- und Nutzungsunterbrechungszeit zu erwarten, was zu einer Erhöhung des quantitativen Nutzungsgrades führt [111]).

Eine Veränderung der betrieblichen Qualitätskontrolle beim Einsatz numerisch gesteuerter Fertigungssysteme ergibt sich aus dem reduzierten Einfluß des Bedienungsmannes auf die Qualität der Werkstücke und die Schnelligkeit des materiellen Transformationsprozesses.

---

derungsarten. Die geistigen Anforderungen, die Beanspruchung der Sinne und der Nerven sowie die seelischen Belastungen nehmen sowohl an Häufigkeit und Dauer als auch an Intensität zunächst zu und bei fortschreitender Integration und Automation wieder ab, während sich die muskelmäßigen Anforderungen und Umgebungseinflüsse verringern.

[105]) Die unbeeinflußbaren Zeiten können entweder Tätigkeitszeiten oder arbeitsablaufbedingte Wartezeiten sein. Sie sind dadurch gekennzeichnet, daß der Mitarbeiter ihre Dauer nicht beeinflussen kann und folglich in diesem Zeitabschnitt keinen Einfluß mehr auf das quantitative Sachergebnis hat.

[106]) Vgl. SCHULTZ-WILD, R., WELTZ, F.: Technischer Wandel und Industriebetrieb, a.a.O., S. 162ff.; MAYER, R.: Die Problematik des Einsatzes numerisch gesteuerter Werkzeugmaschinen — eine betriebliche Untersuchung, Berlin—Köln—Frankfurt 1970, S. 80ff.

[107]) Vgl. VDI-Richtlinie 3005: Organisation der planmäßigen Instandhaltung von Fertigungseinrichtungen, Berlin und Köln.

[108]) Eine umfassende Erfassung der Störungsursachen kann anhand von Formblättern vorgenommen werden. Vgl. VDI-Richtlinie 3423: Auslastungsnachweis und Ausfallstatistik numerisch gesteuerter Fertigungsanlagen, Berlin und Köln 1968.

[109]) Vgl. zu den Anforderungen an das Wartungspersonal FREUDHOFER, F.: Der Einfluß organisatorischer und wirtschaftlicher Kenngrößen..., a.a.O., S. 64f.

[110]) Vgl. FREUDHOFER, F.: ebenda, S. 57; HEROLD, H.H., MASSBERG, W., STUTE, G.: Die numerische Steuerung..., a.a.O., S. 268; MAYER, R.: Die Problematik des Einsatzes numerisch gesteuerter Werkzeugmaschinen..., a.a.O., S. 28f.

[111]) Vgl. Kap. 4.32131.

Der Qualitätskontrollaufwand wird sich gegenüber konventionellen System tendenziell verringern, da aufgrund der Wiederholgenauigkeit numerisch gesteuerter Fertigungssysteme nur das erste Werkstück einer Serie eingehend geprüft werden muß. Für weitere Werkstücke sind Stichprobenkontrollen ausreichend.

Mit der Einführung numerisch gesteuerter Fertigungssysteme verändert sich auch der Tätigkeitsbereich des Meisters[112]). Einheitliche Tendenzen hierüber zeichnen sich nicht ab, da als Einflußgröße die jeweilige betriebsspezifische Situation dominiert. Es kann sowohl zu einer Verminderung als auch zu einer Erhöhung der Sachkompetenz der Meister kommen. Diese wird z.B. vom Ausbildungsstand des Meisters, dem Einsatz von Hilfskräften als Bedienungspersonal und der innerbetrieblichen Kommunikation zwischen Programmierabteilung und Fertigung bestimmt. Kontrollaufgaben des Meisters werden tendenziell zurückgehen, da z.B. eine intensitätsmäßige Veränderung des Transformationsprozesses durch den Bedienungsmann weitgehend ausgeschlossen ist.

Neben den bisher aufgezeigten organisatorischen und personellen Wirkungen müssen die aus den unterschiedlichen Kombinationsmöglichkeiten von verschiedenen automatisierten Subsystemen resultierenden Einflüsse auf den Informations- und Materialfluß berücksichtigt werden. Zu den direkten Wirkungen der Subsysteme läßt sich generell sagen, daß die Subsysteme, die primär auf die Automatisierung des Informationsflusses gerichtet sind, die Elastizität[113]) des Fertigungssystems beeinflussen, während die Subsysteme, die den Materialtransformationsprozeß bestimmen, die Produktivität[114]) entscheidend beeinflussen. Um einen Überblick über die Richtung und die Intensität der direkten Wirkungen von organisatorischen Maßnahmen und Subsystemen zu bekommen, eignet sich in einer ersten Näherung ihre Erfassung über Zeitgrößen[115]) (vgl. Abb. 6). Der Analyse liegt eine Zeitgliederung[116]) zugrunde, die alle Zeitanteile umfaßt, die Informationen und Material benötigen, um alle Subsysteme des Fertigungssystems zu durchlaufen[117]).

[112]) Vgl. SCHULTZ-WILD, R., WELTZ, F.: Technischer Wandel und Industriebetrieb, a.a.O., S. 128ff.

[113]) Vgl. S. 148ff. dieser Arbeit.

[114]) Unter Produktivität versteht man analog zum Wirkungsgrad das Verhältnis vom Produktionsergebnis zum Faktoreinsatz, also eine Output/Input-Relation. Im Gegensatz zur Wirtschaftlichkeit ist Produktivität ein Mengen- und Qualitätsbegriff. Vgl. zum Begriff der Produktivität, z.B. BÖHRS, H.: Produktivitätsermittlung industrieller Betriebe, München 1970, S. 9 und S 21ff.

[115]) Der Einfluß des technischen Fortschritts auf die beeinflußten Zeiten wird, insoweit er sich nicht im Fertigungssystem selbst manifestiert, außer acht gelassen. Als Beispiel für den Einfluß technischen Fortschritts außerhalb des Fertigungssystems lassen sich neue Werkstoffe insbesondere als Werkzeugschneiden, nennen.

[116]) Vgl. Abb. 23, S. 169.

[117]) Diese Durchlaufzeit umfaßt „Zeiten, während denen eine Einwirkung auf das Werkstück oder den Werkstoff erfolgt, die...zur Fertigung des Produktes notwendig ist". In unserem Fall auch die Zeiten zur Informationsträgererstellung und „Zeiten, während deren kein Fortschritt im Sinne der Fertigstellung des Produktes erfolgt", also insbesondere Zwischenlagerungszeiten des Datenträgers und des Materials für die Durchführung einer Fertigungsaufgabe. Vgl. ELLINGER, T.: Ablaufplanung, a.a.O., S. 109; ELLINGER, T.: Durchlaufzeit, in: HWO, a.a.O., S. 459—466.

Zeitgrößen ➝ · Organisatorische Maßnahmen und Subsysteme von numerisch gesteuerten Fertigungssystemen

	Informationsdurchlaufzeit zur Lösung einer Fertigungsaufg.			Materialdurchlaufzeit							
Organisatorische Maßnahmen und Subsysteme von numerisch gesteuerten Fertigungssystemen	Detail-Zeichnungserstellung	Arbeitsplanerstellung	Datenträgererstellung	Zeit für die Vorbereitung d.Werkzeuge u.Werkstücke	Hauptnutzungszeit	Nebennutzungszeit	Verteilzeit	Rüstzeit	Nutzungsunterbrechungszeit	Zwischenlagerzeit	Transportzeit
Werkzeugvoreinstellung				+		−	−	−			
Einsatz von Einrichtern				+		−	−	−	(−)		
Vorbeugende Wartung und Instandhaltung									−		
Qualitätskontrolle						−				−	
Manuelle Programmierung	+	+	−	+	(−)						
Maschinelle Programmierung	+	+	−	+	(−)						
Integrierte Informationsverarbeitung (DNC)	−	−		+	(−)	−	−	−	+	−	−
Subsysteme der Fertigungssteuerung				(−)					−	−	−
Maschinensteuerungssysteme				+	(−)	(−)		(−)			
Werkstückwechselsystem			(+)	+		−		−			
Werkzeugwechselsystem			(+)	+		−		−			
Adaptive-Control-Systeme [nur bei Prozeßsteuerung]	−		−			−	−		(+)		
Transportsysteme [nur bei Prozeßsteuerung]							−		(+)		−
Lagersysteme [nur bei Prozeßsteuerung]							−	−	(+)	−	

Zeichenerklärung: − Abnahme erwartet, + Zunahme erwartet, ( ) Zu- oder Abnahme hängt vom Einzelfall ab, keine Eintragung bedeutet: Es liegen keine Informationen vor, oder es besteht kein Wirkungszusammenhang.

Abbildung 6

Direkte Wirkungen organisatorischer Maßnahmen und Subsysteme von numerisch gesteuerten Fertigungssystemen auf Zeitgrößen

Die angeführten Zusammenhänge sollen Anhaltspunkte dafür liefern, welche Bedeutung einzelnen Subsystemen bzw. Kombinationen von Subsystemen für die Bewertung und damit auch für die Investitionsentscheidung von Fertigungssystemen beizumessen ist. Erst eine aus den zeitlichen Zusammenhängen resultierende wertmässige Erfassung der Wirkungen leitet zu ökonomischer Bewertung über.

Integrierte und hoch automatisierte Systeme verursachen in der Regel eine hohe Kapitalbindung [118]) und durch ihre spezifischen Voraussetzungen Folgeinvestitionen bzw. organisatorische Aufwendungen [119]) in den anderen funktionalen Subsystemen der Unternehmung, was generell zu hohen fixen Kosten [120]) führt [121]). Dieser Umstand wiederum beeinflußt die Liquidität der Unternehmung.

Alle Wirkungen numerisch gesteuerter Fertigungssysteme zur Verkürzung der Material-Durchlaufzeiten, verringern die variablen Kosten. Im Gegensatz zu konventionellen Mehrzweckfertigungssystemen wird der Anteil der Fixkosten gegenüber den variablen Kosten bei numerisch gesteuerten Fertigungssystemen immer höher sein. Folglich kann man von einer Substitution variabler durch fixe Kosten sprechen [122]). Diese erhöhten Fixkosten können dann als Preis für eine Erleichterung zukünftiger Anpassungsmaßnahmen bei numerisch gesteuerten Fertigungssystemen interpretiert werden [123]). Damit wird auch gleichzeitig ein Zielkonflikt zwischen Elastizitätsstreben und dem Streben nach Rentabilität deutlich [124]).

Die Freiheitsgrade der betrieblichen Entscheidungsträger sind so groß, daß nur generelle Aspekte direkter Wirkungen bestimmter Strukturen von numerisch gesteuerten Fertigungssystemen aufgezeigt werden können. Aus diesen Überlegungen läßt sich aber trotzdem eindeutig ablesen, daß ihre Nichtberücksichtigung im Investitionsentscheidungsprozeß zu Fehlentscheidungen führen kann.

2.232 Indirekte Wirkungen

Es konnte bereits gezeigt werden, daß die Verantwortung für eine konstengünstige Bearbeitung eines Werkstückes sich stärker in die der Fertigung vorgelagerten Bereiche verlagert, in die Konstruktion, Arbeitsvorbereitung [125]), in die Programmierabteilung oder in den Werk-

---

[118]) Diese Tendenz ist bei allen höher automatisierten Betriebsmitteln festzustellen.

[119]) Vgl. HEROLD, H.H., MASSBERG, W., STUTE, G.: Die numerische Steuerung..., a.a.O., S. 262 und S. 286.

[120]) Vgl. zur Unterscheidung der fixen und variablen Kosten mit Hilfe der Produktmengenänderung GUTENBERG, E.: Die Produktion, a.a.O., S. 326.

[121]) Vgl. VORMBAUM, H.: Wechselbeziehungen zwischen den fixen Kosten und dem betrieblichen Elastizitätsstreben, in: ZfB, 29. Jg. (1959), S. 199.

[122]) Diese Feststellung wurde für hoch automatisierte Fertigungssysteme bereits von Bücher getroffen und im „Gesetz der Massenproduktion" eingefangen. Vgl. BÜCHER, K.: Das Gesetz der Massenproduktion, in: Zeitschrift für die gesamte Staatswissenschaft, 66. Jg. (1910), H. 3, S. 429—444.

[123]) Swoboda spricht von „Elastizitätskosten"; vgl. SWOBODA, P.: Die betriebliche Anpassung..., a.a.O., S. 59. Die Interpretation der Differenz des Kapitaleinsatzes für Mehrzwecksysteme gegenüber Spezialsystemen ist sehr vereinfacht. Für den Unterschiedsbetrag sind noch andere Gründe maßgebend, so z.B. technische Sondervorrichtungen und Ausstattungen oder etwa die Wahl verschieden teurer Lieferanten.

[124]) Vgl. SWOBODA, P.: ebenda, S. 66 und SÜVERKRÜP, F.: Die Abbaufähigkeit fixer Kosten, Diss. Berlin 1968, S. 260.

[125]) Die nachstehende Untersuchung spezifischer Anpassungsprozesse in der Arbeitsvorbereitung orientiert sich zu einem gewichtigen Teil an den Erkenntnissen der Praxis. Dementsprechend ergibt sich die

zeug- und Vorrichtungsbau. Diese Entwicklung führt zu einem erhöhten Informationsbedürfnis und Koordinationsaufwand. In jedem Fall erfordert dies einerseits die Istaufnahme aller benötigten Daten und deren Sammlung in Datenbanken (z.B. Werkzeugbestand und -vielfalt, Werkstoffqualitäten und -abmessungen, Zerspanungswerte), andererseits erlaubt diese Datensammlung eine Vereinfachung und Systematisierung, die zu großen Kosteneinsparungen führen können. So können z.B. effiziente Anpassungshandlungen im Hinblick auf die Bearbeitung neuer Werkstoffe, auf die Fertigung neuartiger, komplizierter Produkte und auf die Bewältigung bzw. kurzfristige Verlagerung betrieblicher Engpässe vollzogen werden.

Die veränderten Inputanforderungen numerisch gesteuerter Fertigungssysteme führen insbesondere im Konstruktionsbereich zu großen Veränderungen. Der Konstruktionsprozeß besteht in einer zielgerichteten Verarbeitung und Aufbereitung von Informationen. Der Konstrukteur wird aufgrund von Entwicklungs-, Kunden- und Betriebsaufträgen tätig, er entwirft Produkte, bestimmt ihre geometrische Form, fertigt davon eine Zeichnung an und nimmt die Teile in eine Stückliste auf. Durch das vom Konstrukteur gewählte Lösungsprinzip werden teilweise die Bearbeitungsmöglichkeiten bestimmt, d.h. die Kosten für ein Produkt werden hier weitgehend determiniert.

Kostenreduzierungen lassen sich durch eine systemgerechte Formgebung [126] sowie durch eine Vereinheitlichung des zu fertigenden Teilespektrums z.B. durch

— Anwendung des Baukastenprinzips,

— Herausstellen von Werkstücksystemen und durch

— Beschränkung auf wenige Materialien erzielen.

Die Beschränkung auf wenige Materialien wirkt sich besonders bei der manuellen Programmierung aus. Hier müssen z.B. die Zerspanungswerte jedes Werkstoffes für die Ermittlung der Schnitt- und Vorschubgeschwindigkeit bekannt sein [127]. Auch für die Erstellung einer

---

Notwendigkeit, zum einen mit den im praktischen Sprachgebrauch verwurzelten Begriffen zu arbeiten, zum anderen die getroffene Funktionsteilung von Konstruktionsbereich, Arbeitsvorbereitung und Fertigungsbereich entsprechend ihrer allgemein anerkannnten wissenschaftlichen Interpretation beizubehalten. Das Ergebnis ist eine Darlegung von indirekten Wirkungen analog zu Informationsverarbeitung von der Konstruktion bis zur Erstellung des Datenträgers.

[126] Um Fertigungssysteme optimal einzusetzen, sind für die Werkstückformen Kombinationen von einfachen, geometrischen Formen und Oberflächen zu wählen (Ersparnisse bei der Programmierung). Die Bearbeitungsstellen sind so zu gestalten, daß die Fertigung ohne Umspannen erfolgen kann. Es sollten ferner nur Standard-Spannvorrichtungen notwendig sein. Die Kosten der Werkzeugvorratshaltung und die Rüstkosten können gesenkt werden, wenn sich der Konstrukteur auf die Verwendung von Werkstücksformen beschränkt, bei denen nur Standardwerkzeuge eingesetzt werden müssen.

[127] Vgl. SPUR, G., TANNENBERG, F., WUTZO, R.: System „Rechner-Werkzeug-Maschinen", Teil 2, in: NC-Maschinen-Datenverarbeitungsanlagen — Maschinelle Programmierung, Stuttgart-Vaihingen 1968, S. 21—28.

Datenbank für Zerspanwerte[128]), die eine problemorientierte Programmierung erfordert, wird eine Vereinheitlichung der eingesetzten Werkstoffe angestrebt.

Die vom Konstrukteur erstellten Datenträger (Zeichnung, Stückliste) müssen vor allem die Eingabeinformationen für die Maschinensteuerung in geeigneter Form beinhalten[129]). Eine programmiergerechte Bemaßung der Zeichnung ist daher besonders wichtig[130]). Um ein fertigungs- und programmiergerechtes Bemaßen der Werkstücke zu gewährleisten, sind vom Konstrukteur Kenntnisse der Programmiersprachen (z.B. EXAPT) zu verlangen. Ferner muß der Konstrukteur in verstärktem Maße über Kenntnisse der Bearbeitungsmöglichkeiten eines numerisch gesteuerten Fertigungssystems unterrichtet sein[131]).

Alle genannten Maßnahmen, die eine Erleichterung der Programmierung bringen, führen dazu, daß von der Ausdrucksweise des Konstrukteurs bis zur numerischen Eingabeform des Fertigungssystems ein immer geringerer Übersetzungsaufwand notwendig wird. In dem Maße, wie das rechnergestützte Konstruieren eingeführt wird und bei der Programmierung der Rechner immer mehr Funktionen übernimmt, wird eine Angleichung beider Sprachen zur Erstellung des Eingabemediums für die numerisch gesteuerten Fertigungssysteme im Rahmen der Fertigungskonstruktion erfolgen[132]). Die systemgerechte Werkstückdarstellung auf einem digital gezeichneten Datenträger, kann in Zukunft als die verbindliche Fertigungsunterlage angesehen werden[133]).

Die kapitalintensiven und hochautomatisierten numerisch gesteuerten Fertigungssysteme stellen erhöhte und andersartige Anforderungen an die Fertigungsplanung und -steuerung. Die planenden Tätigkeiten werden in ihrem Umfang zunehmen, während die Überwachungs-

[128]) Vgl. hierzu HIRSCH, B.: Ein System zur Ermittlung von Zerspanungsvorgabewerten insbesondere bei rechnergestützter Programmierung von numerisch gesteuerten Drehmaschinen, Diss. Aachen 1969.
[129]) Vgl. EISINGER, J.: Die NC-Fertigung und ihre Auswirkungen auf die Konstruktion, in: Werkstattstechnik, 63. Jg. (1973), S. 137—142.
[130]) Bei einer Steuerung mit Absolutmaßsystem muß die Bemaßung von zwei achsparallelen Außenkanten aus erfolgen, während beim inkrementalen Maßsystem eine Kettenvermaßung vorteilhaft ist; (vgl. zu den Maßsystemen und ihren Anforderungen BÖHNISCH, W.: Numerische Steuerung, Stuttgart 1966, S. 26—34). Um die Vorteile der maschinellen Programmierung voll auszunutzen, sollten Bohrbilder Teilkreise aufweisen. Auch unregelmäßige Bohrbilder lassen sich noch vorteilhaft maschinell programmieren, wenn sie in verschobener gedrehter oder gespiegelter Weise mehrfach auftreten. Das gilt auch für Folgeoperationen beim Bohren, wenn sich der Konstrukteur auf die im Rechner gespeicherten Unterprogramme beschränkt. (Vgl. AUTORENKOLLEKTIV: Voraussetzungen für die Programmierung numerisch gesteuerter Fertigungsanlagen, in: Berichtheft zum 12. Aachener-Werkzeugmaschinen-Kolloquium, 1965; AUTORENKOLLEKTIV: Lösung von Rationalisierungsaufgaben im Konstruktionsbereich, in: IA, 90. Jg. (1968), Nr. 67, S. 1488—1501.)
[131]) Über die weiteren personellen Auswirkungen läßt sich zum gegenwärtigen Zeitpunkt nur wenig sagen, da die technischen Neuerungen sich noch in der Entwicklungsphase befinden.
[132]) In Großbritannien ist von den Firmen Ferranti und ICL ein System entwickelt worden, das die Hard- und Software für eine integrierte Automatisierung des Konstruktions- und Fertigungsplanungsbereiches umfaßt. Vgl. SOHLENIUS, G.: Integrierte Informationsverarbeitung in der industriellen Produktion, in: Tagungsbroschüre, Internationaler Congress für Metallbearbeitung, hrsg. v. VDW, 1970, S. 136f.
[133]) Vgl. MITTHOFF, F.: Numerisch gesteuerte Fertigung, a.a.O., S. 137.

aufgaben sich auf die Kontrolle der Laufzeiten reduzieren. Beispielsweise werden Operations Research-Methoden zur Reihefolgeplanung beim Einsatz mehrerer DNC gesteuerter Fertigungssysteme eine erhöhte Bedeutung erhalten. Die exakte und einfache Datenerfassung ermöglicht auch eine genauere Kostenerfassung, so daß z.B. eine Platzkostenrechnung ohne zusätzlichen Planungsaufwand möglich wird. Die Anwendung exakter Methoden und eine umfassende Datenerfassung bedingen eine Veränderung der organisatorischen und maschinellen Hilfsmittel sowie eine Veränderung der Qualifikationen von Mitarbeitern im Fertigungsplanungs- und Fertigungsteuerungsbereich.

Allgemein führten die durch numerisch gesteuerte Fertigungssysteme ausgelösten indirekten Wirkungen im Bereich der Konstruktion und Arbeitsvorbereitung zum Aufbau eines hohen, vielseitig nutzbaren „allgemeinen Vorbereitungssgrades," [134]). Dieses Potential stellt selbst eine Investition dar, die hier durch den Einsatz von numerisch gesteuerten Fertigungssystemen sukzessiv getätigt wird. Die Errichtung und Aufrechterhaltung dieses Potentials ist mit fixen Kosten verbunden, die im Investitionsentscheidungskalkül zu berücksichtigen sind.

In der bisherigen Betrachung standen technische und organisatorische Gesichtspunkte im Vordergrund. Um das betriebliche Geschehen aber umfassend erklären zu können, ist es erforderlich, die Rolle der Mitarbeiter bei der Einführung und dem Betrieb numerisch gesteuerter Fertigungssysteme zu betrachten. Wichtig erscheint dabei, daß die Mitarbeiter nicht nur betriebliche Ziele anstreben, sondern auch durch ihre Arbeit in der Unternehmung gewisse persönliche Ziele erreichen wollen. Um eine Kooperationsbereitschaft zu erreichen, muß die Unternehmensleitung Motivationen an die Mitarbeiter weiterleiten, die eine Unterordnung persönlicher Ziele unter das Gesamtziel der Unternehmung ermöglichen. Dies gilt insbesondere bei numerisch gesteuerten Fertigungssystemen, die qualitative und quantitative personelle Veränderungen auslösen. Die personellen Wirkungen zielen auf eine Erhöhung des Ausbildungsstandes bei den der Fertigung vorgelagerten Bereichen und auf eine Tätigkeitsverschiebung bzw. -reduzierung (z.B. auf Kontrolltätigkeit) der Bedienungsleute am Fertigungssystem ab. Die Mitarbeiter müssen sich deshalb einer gesonderten Ausbildung [135]) unterziehen, denn sie werden vor Aufgaben gestellt, bei denen praktische Lösungen noch nicht in genügendem Umfang vorliegen [136]). Die Ausbildungsaufwendungen sind teilweise als gesonderte Investitionen zu betrachten [137]).

[134]) Vgl. zum Begriff ELLINGER, T.: Industrielle Einzelfertigung und Vorbereitungsgrad, a.a.O., S. 484f., siehe auch S. 45f. dieser Arbeit.

[135]) Vgl. zu den Ausbildungsproblemen beim Einsatz von NC-Maschinen N.N: Numerische Steuerungen — Ausbildungsprobleme, in: IA, 90. Jg. (1968), Nr. 85, S. 1900; TULLY, H., HERRMANN, J.: Möglichkeiten der Automatisierung im Bereich der Einzel- und Kleinserienfertigung, in: WuB, 100. Jg. (1967), H. 8, S. 620f.; BRÖDNER, P., HAMKE, F.: Automatisierung und Arbeitsplatzstrukturen, a.a.O., S. 166ff.; SCHULTZ-WILD, R., WELTZ, F.: Technischer Handel und Industriebetrieb, a.a.O., S. 150—162.

[136]) Generell läßt sich feststellen, daß mit steigendem Innovationsgehalt betrieblicher Entscheidungen — also im besonderen Maße bei der Vorbereitung der numerisch gesteuerten Fertigung — die Möglichkeit eines Rückgriffs auf frühere Lernerfolge abnimmt. Vgl. KIESER, A.: Innovationen, in: HWO, a.a.O., Sp. 741—750.

[137]) Vgl. WITTE, E.: Forschung, Werbung und Ausbildung als Investitionen, in: Hamburger Jahrbuch für Wirtschafts- und Gesellschaftspolitik, 7. Jahr, hrsg. v. ORTLIEB, H.D., Tübingen 1962, S.

Der Anpassungswiderstand der Facharbeiter entspringt meist der Angst um den Arbeitsplatz [138]). Dieser Anpassungswiderstand kann zumindest kurzfristig bei entsprechender Qualifikation, z.B. durch die Ausbildung zum Programmierer überwunden werden. Da zunächst beim Einsatz einfacher Fertigungssysteme die manuelle Datenträgererstellung überwiegt, muß der Teileprogrammierer das von ihm zu programmierende Fertigungsverfahren beherrschen um sich in die Fertigungsmöglichkeiten der von ihm zu betreuenden Fertigungssysteme hineindenken und somit den Arbeitsprozeß gedanklich vorwegnehmen zu können. Neben einer Ausbildung als Dreher, Fräser usw. sollte er eine Refa-Ausbildung und praktische Erfahrungen im Betrieb haben [139]).

Die Fallstudien der Industrie und die Modelluntersuchungen zur Bestimmung der kürzesten Durchlaufzeit durch ein Fertigungssystem lassen erkennen, daß die Zuordnung von einem Programmierer pro Fertigungssystem bei manueller Programmierung besonders günstig ist [140]). Neuere Ergebnisse zeigen, daß heute durchschnittlich 0,7 Programmierer pro numerisch gesteuertem Fertigungssystem eingesetzt werden [141]). Diese Zahl wird aber als nicht typisch angesehen, da die Einflußgrößen (z.B. Laufzeit der Systeme, Organisation der Programmieraufgaben, Länge der Programme, Komplexität der Maschinensteuerungen) zu vielschichtig sind, um allgemeine Aussagen zu begründen.

Ein weiterer Effekt, der zu Anpassungswiderständen, insbesondere des Bedienungspersonals, führen kann, ist die Angst, in eine niedrigere Lohngruppe eingestuft zu werden, weil die Anforderungen an die Tätigkeiten infolge der zunehmenden Automatisierung eine Verschiebung erfahren [142]). Durch die Schaffung geeigneter Entlohnungssysteme [143]), die den Verlagerungen der Belastung Rechnung tragen, ist dieser Anpassungswiderstand zu überwinden.

210—226; GAS, B.: Wirtschaftlichkeitsrechnung bei immateriellen Investitionen, Frankfurt/M. - Zürich 1972, S. 21ff.

[138]) Generell führt der Einsatz numerisch gesteuerter Fertigungssysteme zu einer Einsparung an Personal. Diese Wirkung machte sich bisher aber auf die Gesamtbeschäftigung in der Unternehmung nicht bemerkbar, da in der Einführungsphase die neue Technologie eher noch mehr Arbeitskräfte benötigte und die Unternehmen eine wesentliche Produktionssteigerung zu verzeichnen hatten. Langfristig wird sich aber der Freisetzungseffekt verstärken, zumal auch die induzierten Rationalisierungsprozesse in den anderen Funktionsbereichen der Unternehmung in die gleiche Richtung wirken. Vgl. hierzu SCHULTZ-WILD, R., WELTZ, F.: ebenda S. 146ff.

[139]) Aus einer Umfrage in den USA geht hervor, daß 43% der Programmierer eine Techniker- oder Ingenieurausbildung hatten und 83% mindestens Mittelschulabschluß aufwiesen. Vgl. hierzu SMITH, D.N., McCAROLL, J.: Gegenwärtige Trends bei der numerischen Steuerung, in: Technika (1969), Nr. 12, Sonderdruck; FALK, S.: Voraussetzungen für den Einsatz von numerisch gesteuerten Werkzeugmaschinen — Betriebserfahrung und Wirtschaftlichkeitsbetrachtung, in: JA, 86. Jg. (1964), Nr. 31, S. 549; SCHULTZ-WILD, R., WELTZ, F.: Technischer Wandel und Industriebetrieb, a.a.O., S. 125ff.

[140]) Vgl. BRÖDNER, P., HAMKE, F.: Automatisierung und Arbeitsplatzstrukturen, a.a.O., S. 171.

[141]) Vgl. SCHULTZ-WILD, R., WELTZ, F.: ebenda S. 139.

[142]) Die Veränderung der Anforderungsarten ist schon 1959 von Bright nachgewiesen worden. Seine Analyse scheint auch heute verstärkt Gültigkeit zu haben. Vgl. BRIGHT, J.: Erhöht die Automatisierung die Anforderungen an das Können?, in: Zeitschrift für fortschrittliche Betriebsführung, (1959), H. 1, S. 13—24.

[143]) Vgl. hierzu S. 54f. dieser Arbeit.

Verbunden mit den Sozialprestigefaktoren, die durch die Mitarbeit an einer neuen Technologie erworben werden, können die neuen Arbeitsbedingungen einen positiven Effekt auf die Fluktuation der Mitarbeiter ausüben und so zur optimalen Nutzung der Ausbildungsinvestitionen beitragen.

Eine der wichtigsten zukünftigen Aufgaben der Betriebe und der Verbände wird es sein, die Mitarbeiter aus- und weiterzubilden, um sie so auf die kommenden Umstellungen vorzubereiten[144]. Dabei wird sich der Einsatz der hochautomatisierten Fertigungssysteme leichter vollziehen, wenn man durch frühzeitige Verwendung einfacher Fertigungssysteme den Lernprozeß einleitet.

Auch wird der Anpassungswiderstand der Mitarbeiter um so geringer sein, je besser sie auf die neue Fertigungstechnologie vorbereitet sind. Eine Beteiligung der Mitarbeiter, zumindest aber des Betriebsrates[145], im Rahmen des Investitionsentscheidungsprozesses ist angebracht, um Unsicherheiten über die Auswirkungen der neuen Systeme zu begegnen und ein ausgeglichenes „Kosten-Nutzen-Verhältnis" der Mitglieder der Organisation sicherzustellen[146]. Die Kenntnis des Investitionsentscheidungsprozesses kann so zur Verringerung der indirekten Kosten der Organisationen und ihrer Mitglieder führen, ohne den Zeitraum der Einführung zu verlängern und wesentlich höhere Aufwendungen für die zusätzliche Kommunikation zu verursachen.

Jede Veränderung der Produktionskapazität führt zu Wirkungen im Beschaffungs- und Absatzbereich der Unternehmung. Tendziell zeichnet sich eine Erhöhung der Bereitstellungs- und Lagerhaltungskosten für die Inputfaktoren und die Ersatzteile bei numerisch gesteuerten Fertigungssystemen ab. Die erhöhte Produktivität und Kapitalintensität des Systems macht eine größere Lieferbereitschaft des Beschaffungsbereiches zur maximalen quantitativen Nutzung erforderlich. Um die Vorteile numerisch gesteuerter Fertigungssysteme im Absatzbereich zu nutzen, kann ein verstärkter oder andersgearteter Einsatz absatzpolitischer Instrumente (z.B. Produktgestaltung und Werbung) zu Aufwendungen in diesem Bereich führen. Absatzfördernde Maßnahmen wirken über die Veränderung der Stückkosten — z.B. durch Erhöhung der herauszustellenden Mengen — oder über zusätzliche Ausgaben auf das Investitionsobjekt zurück.

---

[144] Bisher wurden die notwendigen technischen und organisatorischen Spezialkenntnisse von Werkzeugmaschinen- und Steuerungsherstellern in Schulungskursen von technischen Vereinigungen (z.B. Exapt-Verein, VDI, RKW) vermittelt. „Diese Tendenzen weisen darauf hin, daß die Betriebe einen nicht unerheblichen Teil der „sozialen Kosten", die mit der Einführung der neuen Technologie und insbesondere mit den Problemen der notwendigen Weiterqualifizierung verbunden waren, auf die Arbeitskräfte abwälzten"; (SCHULTZ-WILD, R., WELTZ, F.: Technischer Wandel und Industriebetrieb, a.a.O., S. 162).

[145] Eine Pflicht zur Information des Betriebsrates ergibt sich aus den Bestimmungen des Betriebsverfassungsgesetzes (§§ 90f.).

[146] Auf den letzten Aspekt weisen zum Beispiel March und Simon im Zusammenhang mit der Einführung technischer Neuerungen ausdrücklich hin. Vgl. MARCH, J.G., SIMON, H.A.: Organizations, New York usw. 1967, S. 84f.

Die aus dem Einsatz von numerisch gesteuerten Fertigungssystemen resultierenden indirekten Wirkungen auf technische, organisatorische und personelle Bereiche der Unternehmung lassen sich nur schwer dem einzelnen Investitionsobjekt zuordnen. Dies ist insbesondere darauf zurückzuführen, daß organisatorische Strukturen „Systeme zur Erfüllung von Daueraufgaben"[147] sind und die Aufgabenwiederholung als eine Voraussetzung für ihre Schaffung anzusehen ist. Die anläßlich einer Investition vorgenommenen organisatorischen Maßnahmen stellen demnach nicht ausschließlich diesem Objekt, sondern vielmehr auch späteren bzw. bereits vorhandenen Objekten ihre Leistungen zur Verfügung[148]. Eine Messung des Wertes einer organisatorischen Regelung läßt sich bestenfalls durch eine Grenzbetrachtung dergestalt durchführen, daß die Veränderung der Wertströme einmal ohne und einmal nach Durchführung der organisatorischen Maßnahmen bestimmt wird[149].

2.233 Wirkungsinterdependenzen

Bei der Behandlung der Wirkung numerisch gesteuerter Fertigungssysteme wurde transparent, daß durch die Einbeziehung des Informationsverarbeitungsprozesses in das Fertigungssystem verstärkte wechselseitige Beziehungen der Subsysteme und auch der Fertigungssysteme zur Systemumwelt bestehen. Diese Beziehungen werden im folgenden als Interdependenzen bezeichnet[150]. Für diese Untersuchung soll zwischen technischen und wirtschaftlichen Interdependenzen unterschieden werden[151]. Je nachdem, ob der Einfluß in der technischen Sphäre der Leistungserstellung oder in ökonomischen Tatbeständen begründet liegt, sind andere Ergebnisse der Wirkungsinterdependenzen zu beachten.

Mit technischer Interdependenz werden solche Beziehungen bezeichnet, die die freie Kombinierbarkeit von Fertigungssystemen bzw. Subsystemen einschränken oder aufheben. Von wirtschaftlicher Interdependenz wird gesprochen, wenn die Ertrags- bzw. Nutzenbeiträge kombinierbarer Alternativen miteinander korrelieren[152]. Der nutzbringende Einsatz von Subsystemen sowie von integrierten numerisch gesteuerten Fertigungssystemen setzt stets die Realisierung von weiteren Investitionen (materieller und immaterieller Art) voraus. Dabei wird von einseitiger technischer Abhängigkeit gesprochen, wenn sich die Produktivität des Fertigungssystems durch Kombination mit einem Subsystem (z.B. Werkzeugwechsel- oder Werkstückwechselsystem) steigern läßt[153]. Dieser Fall trifft in der Regel nur auf unselbstän-

---

[147] Vgl. GROCHLA, E.: Automation und Organisation, a.a.O., S. 73.

[148] Vgl. zu den daraus resultierenden Folgen für die Abgrenzung des Kapitaleinsatzes S. 194ff. dieser Arbeit.

[149] Vgl. hierzu die Überlegungen zur optimalen Gestaltung eines Kostenerfassungsmodelles S. 209 ff.

[150] Vgl. KERN, W.: Investitionsrechnung, a.a.O., S. 68.

[151] Vgl. zu den möglichen Einteilungskriterien KERN, W.: ebenda, S. 69ff., insbesondere S. 72f.

[152] Vgl. zur Abgrenzung des Begriffes der Unabhängigkeit von Investitionsalternativen z.B. HAX, H.: Investitions- und Finanzplanung mit Hilfe der linearen Programmierung, in: ZfbF (NF), 16. Jg. (1964), S. 437; HEINEN, E.: Einführung in die Betriebswirtschaftslehre, a.a.O., S. 242; FRISCHMUTH, G.: Daten als Grundlagen für Investitionsentscheidungen, Berlin 1969, S. 112.

[153] „Die Zusammenführung von Gegenständen geschieht vielmehr gerade in der Absicht, den Wert des Aggregates über die Summe der Einzelwerte zu heben, d.h. um der produktiven Effekte willen". ENGELS, W.: Betriebswirtschaftliche Bewertungslehre, a.a.O., S. 106.

dig arbeitende Subsysteme zu. Aus der Mehrstufigkeit des materiellen und informationsverarbeitenden Transformationsprozesses resultiert eine wechselseitige technische Abhängigkeit der Fertigungssysteme. Diese Beziehungen lassen sich wegen der unterschiedlichen Kapazität der Subsysteme nicht getrennt für ein Fertigungssystem herleiten[154]. Wechselseitige Beziehungen zwischen den gegenwärtig durchzuführenden und bereits installierten Investitionsvorhaben werden in Anlehnung an Jacob[155] als zeitlich-horizontale Interdependenz, wechselseitige Beziehungen zwischen gegenwärtigen und zukünftigen Vorhaben als zeitlich-vertikale Interdependenz bezeichnet.

Das besondere Gewicht der zeitlich-horizontalen und zeitlich-vertikalen Interdependenz bei Investitionsentscheidungen für numerisch gesteuerte Fertigungssysteme rührt einmal aus der Notwendigkeit, die Organisationsstruktur der Informationsverarbeitung (und damit Lernvorgänge) ins Kalkül zu ziehen, zum anderen aus dem raschen technischen Wandel insbesondere bei der Datenverarbeitung, der eine weitere Integration von Aufgaben erlaubt[156].

Die technischen Interdependenzen weisen gleichzeitig auf die wirtschaftlichen Zusammenhänge hin, wobei diese aus der Absatzsphäre oder der innerbetrieblichen Sphäre der Unternehmung resultieren können[157]. Es wurde bereits ausgeführt, daß die hohe Anpassungsfähigkeit numerisch gesteuerter Systeme eine kurzfristige Marktanpassung (z.B. Aufnahme neuer Produkte, Übernahme des Spitzenbedarfs oder Ersatzteilfertigung) und eine Anpassung an innerbetriebliche Störungen (z.B. Ausfall eines Einzweck-Engpassaggregates oder Erstellung von komplizierten Informationsträgern (z.B. Kurvenscheiben)) ohne hohe Umstellkosten erlaubt. Diese Gründe können zur positiven Nutzenkorrelation führen. Negative Nutzenkorrelationen können auftreten, wenn zwischen den herzustellenden Produkten substitutive Beziehungen bestehen oder wenn Disproportionalitäten in den Faktoreneinsatzmengenverhältnissen, insbesondere im Kapazitätsgefüge der Unternehmung, geschaffen werden[158]. Um daraus resultierende negative Effekte zu vermeiden, sind die Fertigungsaufgaben[159] in ihrer Vielgestaltigkeit zu erfassen und bei der Kapazitätsplanung und Alternativensuche zu berücksichtigen.

Aus den technischen und ökonomischen Interdependenzen resultiert die grundsätzliche Problematik der verursachungsgerechten Zurechnung der wertbestimmenden Faktoren, die zur

[154] Zu denken ist hier an den Einsatz der maschinellen Programmierung.
[155] Vgl. JACOB, H.: Investitionsplanung und Investitionsentscheidung mit Hilfe der Linearprogrammierung, 2. Aufl., Wiesbaden 1971, S. 24ff.
[156] Vgl. hierzu HAMKE, F.: Über die Anwendbarkeit neuzeitlicher Investitions-Rechenverfahren bei der Beschaffung von numerisch gesteuerten Werkzeugmaschinen, in: Produktivitätsverbesserungen mit NC-Maschinen und Computern, hrsg. v. W. Simon, München 1969, S. 103—124.
[157] Vgl. ALBACH, H.: Investitionsentscheidungen im Mehrproduktunternehmen, in: Betriebsführung und Operations Research, hrsg. v. A. Angermann, Frankfurt/M. 1963, S. 28.
[158] Dieser Tatbestand läßt sich auch als „integrative Interdependenz" bezeichnen. (Vgl. KOCH, H.: Grundlagen der Wirtschaftlichkeitsrechnung, Wiesbaden 1970, S. 26.) „Mit der integrativen Interdependenz wird der Tatbestand gemeint, daß der Umfang der Gewinnänderung, der sich aus der ausschließlichen Änderung der konkreten Beschaffenheit einer Unternehmensvariablen ergibt, von der jeweiligen konkreten Beschaffenheit aller übrigen Variablen abhängt".
[159] Vgl. Kap. 4.311 dieser Arbeit.

Auswahlentscheidung bei Investitionsobjekten erforderlich sind. Eine verursachungsgerechte Zurechnung erscheint jedoch unmöglich, wenn das Unternehmungsergebnis Resultat des Zusammenwirkens einer komplexen Anordnung von betrieblichen Produktionsfaktoren ist, von denen nur ein Teil, nämlich die der letzten Produktionsstufe, seine Produkte an den Markt liefert[160]). Es stellt sich die Frage, nach welchen Ersatzkriterien Fertigungssysteme ausgewählt werden können, wenn der Ertrag bzw. Nutzen je Fertigungssystem mangels Operationalisierbarkeit als Entscheidungskriterium unbrauchbar ist. Als Ausweg bieten sich nun zwei grundsätzliche Lösungswege an:

1. Man versucht, bestehende Ertrags- bzw. Nutzenkorrelationen im Modell entsprechend abzubilden oder verzichtet auf eine Einzelbewertung der Objekte und bewertet sie im Rahmen von Investitionsprogrammen.

2. Auf die Ermittlung des Gesamtbeitrages eines Fertigungssystems zur Zielerreichung aus der Addition der Ertrags- bzw. Nutzenbeiträge seiner Bestandteile wird verzichtet. Man definiert andere Bezugsgrößen (Variable und entsprechende Verknüpfungsregeln z. B. aus dem Produktionsbereich[161])), die den Zielbeitrag bestimmen.

Der erste Weg setzt bei Anwendung isolierter Modelle die Lösung des Zuordnungsproblems voraus. Eine grundsätzliche Methode der Lösung des Zuordnungsproblems ist eine auf dem Opportunitätsgedanken[162]) basierende Grenzüberlegung: „Wie verändern sich die Zahlungsströme bei Durchführung der Investition und bei Verzicht auf sie?"[163]). Auf diesem Wege gewonnene Hilfskriterien[164]) können nur im Einzelfall hinreichend operational definiert werden[165]). Vor allem bei dynamischer Betrachtung (zeitlich-vertikale Interdependenz) zeigt sich, daß Investitionsmaßnahmen zu verschiedenen Zeitpunkten nur als Problem simultaner Bewertung und Kombination von Investitionsobjekten gelöst werden können. Der Wertstrom eines Investitionsobjektes ist die Summe aus einzelnen betrieblichen Aktivitäten: Betriebsmittel mit bestimmten Kapazitäten werden beschafft, damit bestimmte Produkte erzeugt und verkauft werden können. Erst die Kombination dieser Aktivitäten ergibt den Wertstrom, wo-

---

[160]) Vgl. KLINGER, K.: Das Schwächebild der Investitionsrechnung, in: DB, (1964), S. 1823: „Die Annahme eines Nettoertrages einer Maschine verkennt die betriebswirtschaftliche Problematik, die in solch einer Annahme liegt. Eine solche Annahme beruht daher auf Willkür".

[161]) Vgl. hierzu PACK, L.: Die Elastizität der Kosten, Wiesbaden 1966, S. 64f., der in diesem Zusammenhang in „immanente" und „kombinationsbestimmte" Faktoreigenschaften unterteilt. Beide Merkmale wurden bereits bei der Kennzeichnung der Subsysteme angesprochen. Vgl. S. 37ff. dieser Arbeit.

[162]) Vgl. zum Opportunitätsgedanken KERN, W.: Kalkulation mit Opportunitätskosten, in: ZfB, 35. Jg. (1965), S. 133ff.; MÜNSTERMANN, H.: Bedeutung von Opportunitätskosten für unternehmerische Entscheidungen, in: ZfB, 36. Jg. (1966), 1. Ergänzungsheft, S. 18ff.; ZIESCHANG, H.O.: Das Opportunitätskostenprinzip — Inhalt, Anwendung und Bedeutung für Entscheidungen über die unternehmerische Handlungsweise, Diss. Münster 1969, S. 59ff.

[163]) SCHNEIDER, D.: Investition und Finanzierung, 3. Aufl., Opladen 1974, S. 267.

[164]) Vgl. z.B. die Typisierung der Investition nach dem Zahlungszurechnungskriterium bei BLUMENTRATH, U.: Investitions- und Finanzplanung mit dem Ziel der Endwertmaximierung, Wiesbaden 1969, S. 322ff. Fertigungssysteme wären demnach Investitionsobjekte mit indirekter Zahlungszurechnung. Vgl. ebenda S. 325f.

[165]) Vgl. Kap. 4.3 dieser Arbeit.

bei von vornherein nicht bekannt ist, welche Kombination von Produktionsfaktoren optimal ist.

Um nun zu zeigen, welche Interdependenzen im realitätsnahen Entscheidungsmodell zu erfassen sind, wurden diese in der folgenden Abbildung 7 schematisch zusammengestellt. Analog zu den im vorhergehenden Abschnitt behandelten Wirkungen numerisch gesteuerter Fertigungssysteme wird hier von direkten und indirekten Kosten- bzw. Nutzengrößen gesprochen.

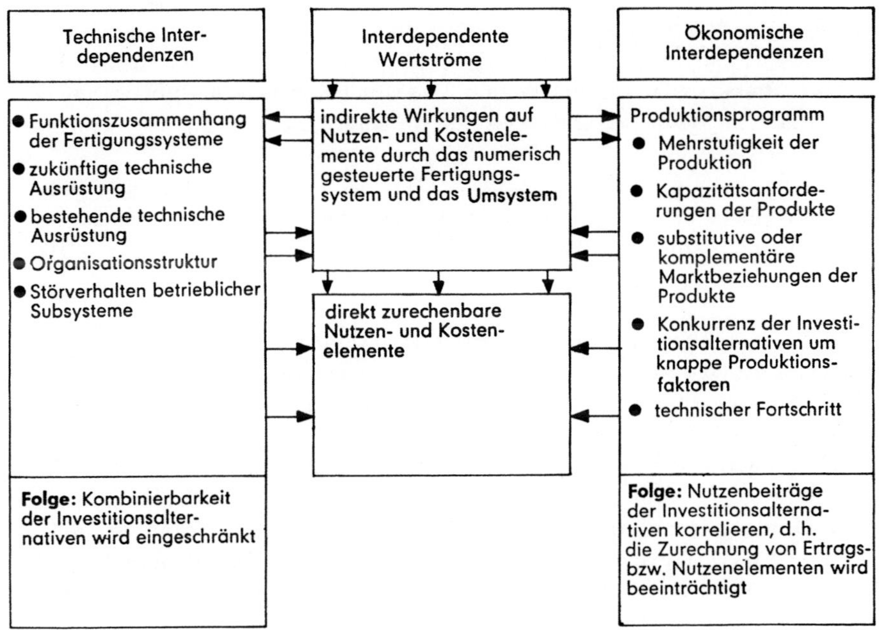

Abbildung 7
Systematisierung der Interdependenzbeziehungen und ihr Einfluß auf die
Wertströme bei numerisch gesteuerten Fertigungssystemen

2.3 Zusammenfassung der Anforderungen des Entscheidungsfeldes an den Lösungsweg

In den vorangegangenen Abschnitten haben wir uns eingehend mit den technischen, organisatorischen, sozialen und betriebswirtschaftlichen Merkmalen numerisch gesteuerter Fertigungssysteme befaßt. Erschwert wurde diese Merkmalsanalyse durch

— das Problem der Ermittlung und Operationalisierung entscheidungsrelevanter Daten in Abhängigkeit von alternativen Systemen und der mangelnden Quantifizierbarkeit ihrer Wirkungsbereiche,

— den großen Umfang notwendiger Voruntersuchungen zur Ermittlung der alternativen Systeme und

— die Notwendigkeit der Berücksichtigung von Interdependenzen zwischen den Fertigungssystemen untereinander sowie zu den bestehenden und in der Zukunft zu erwartenden Investitionen.

Ziel der Überlegungen war es, numerisch gesteuerte Fertigungssysteme als Mittel zur Zielerreichung herauszustellen, im grundsätzlichen aufzuzeigen, welche Voraussetzungen zum Einsatz der Systeme zu erfüllen sind, und herauszufinden, welche Aktionsparameter dem Entscheidungsträger zur Gestaltung von Fertigungssystemen zur Verfügung stehen. Die gewonnenen Erkenntnisse sind in eine umfassende Ziel-Mittel-Beziehung einzufügen, um eine ökonomisch-technische Gestaltung und Bewertung vornehmen zu können.

Aus der Komplexität des Entscheidungsfeldes [166]) und der Absicht, Aussagen über praktisches Handeln der Entscheidungsträger zu machen, ergeben sich Forderungen an den Lösungsweg, die gleichzeitig als Kriterien für die Beurteilung zu integrierender Modelle dienen können.

Als erstes ist die Forderung nach **Strukturgleichheit** [167]) des Lösungsweges und der zur Anwendung kommenden Modelle mit dem realen Problem zu berücksichtigen. Andererseits weiß man, daß vollständige Isomorphie, wenn überhaupt sinnvoll, kaum zu erreichen ist. Die Entscheidung über eine partielle Isomorphie (Homomorphie) und die Wahl eines angemessenen Abstraktionsgrades [168]) kann deshalb nur am konkreten Objekt und unter Beachtung des Planungsaufwandes entschieden werden. Aus der Forderung nach Problemisomorphie folgt, daß jedes Bemühen, ein reales System zu bewerten, selbst Ganzheitsschau sein muß, d.h. es müssen alle als relevant erachteten Merkmale des Entscheidungsfeldes in ihrer sachlichen und zeitlichen Ausdehnung sowie in ihrer zeitlich-vertikalen und zeitlich-horizontalen Verflechtung erfaßt werden.

Aus den Interdependenzen und den Folgeinvestitionen in den immateriellen und organisatorischen Bereichen resultiert das Problem, daß dem einzelnen numerisch gesteuerten Fertigungssystem zwar Ausgaben bzw. Kosten, aber nicht alle Einnahmen bzw. Erträge zurechenbar

---

[166]) Das gekennzeichnete Entscheidungsfeld numerisch gesteuerter Fertigungssysteme ist wegen der Schwierigkeiten des Erkennens und der Beeinflussung von Eigenschaften und Verhaltensweisen durch den Entscheidungsträger als komplex zu bezeichnen. (Vgl. BEER, S.: Kybernetik und Management, a.a.O., S. 24—34.) Die Schwierigkeiten ergeben sich aus der Anzahl und Art der Elemente des Fertigungssystems sowie aus dem Umfang der Beziehungen untereinander und zur Umwelt.
[167]) Vgl. KOSIOL, E.: Modellanalyse als Grundlage unternehmerischer Entscheidungen, in: ZfhF (NF), 13. Jg. (1961), S. 321.
[168]) Abstrahiert wird von dem als unwesentlich angesehenen Tatbeständen der Wirklichkeit. Diese Abstraktionen gehen in die Annahmen und Voraussetzungen ein. Vgl. KERN, W.: Gestaltungsmöglichkeiten und Anwendungsbereich betriebswirtschaftlicher Planungsmodelle, in: ZfhF (NF), 14. Jg. (1962), S. 177ff.; GÄFGEN, G.: Theorie der wirtschaftlichen Entscheidung, a.a.O., S. 205ff.; TEICHMANN, H.: Die optimale Komplexion des Entscheidungskalkuls, in: ZfbF (NF), 24. Jg. (1972), S. 519—539.

sind. Es müssen also Mittel gefunden werden, diese Faktoren zu erfassen, zu isolieren und zu quantifizieren, damit die Investition ökonomisch sinnvoll zu begründen ist[169]).

Erst wenn sichergestellt ist, daß die Multidimensionalität des Entscheidungsfeldes in seinen wesentlichen Aspekten im Modell erfaßt wird, ist zu prüfen, ob das System der Zielvorschrift unter Berücksichtigung der Unsicherheit es erlaubt, eine Ordnung in die Fertigungssysteme zu bringen, die die Auswahlentscheidung ermöglicht. Dies ist nur durch eine Transformation der Merkmale des Entscheidungsfeldes im Hinblick auf die Formalzielerreichung möglich. Dazu ist es erforderlich, die ökonomischen Ziele, die durch die Handlungsalternativen berührt werden, zu ermitteln und in eine widerspruchsfreie Ordnung zu bringen. Die Merkmalsausprägungen des Fertigungssystems und des Sachziels sind hierzu quantitativ und realitätsnah zu erfassen. Daraus ergibt sich die Forderung nach **Operationalität und Praktikabilität** bei der Kennzeichnung der Merkmale des Entscheidungsfeldes.

Operational ist ein betriebswirtschaftlicher Sachverhalt dann, wenn für die Zusammenhänge eine Meßvorschrift existiert, wonach sie kontrolliert werden können[170]). Operationalität ist nicht vollkommen mit Quantifizierbarkeit gleichzusetzen. Denn „Messung liegt nicht nur vor, wenn jedem zu messenden Element eindeutig eine reelle Zahl zugeordnet wird, sondern immer dann, wenn durch die Meßoperation die Menge der Elemente irgendwie geordnet wird"[171]). Praktikabilität ist gegeben, wenn angenommen werden kann, daß sich der Sachverhalt empirisch nachweisen bzw. falsifizieren läßt[172]). Ein operationaler Sachverhalt ist demnach auch praktikabel, wenn er kontrollierbar und durch Messung oder Schätzung in der Realität bestimmt werden kann.

Da nur Teile der beschriebenen Einflußfaktoren quantifizierbar bzw. eindeutig kontrollierbar und in ihren Interdependenzen erfaßbar sind, kann die Transformation der Merkmale des Entscheidungsfeldes in Zielwirkungen nicht in einem Totalmodell erfolgen. Hinzu kommt, daß Totalmodelle aufgrund mathematischer Schwierigkeiten bei ihrer rechnerischen Lösung und den organisatorischen Prämissen, die an den Lösungsweg gestellt werden, für Probleme der Praxis kaum Anwendung finden. Notgedrungen muß für die Mehrzahl der Zielerreichungsentscheidungen auf eine Gesamtschau verzichtet werden, es muß durch einen geeignet strukturierten Lösungsweg sichergestellt sein, daß Teilentscheidungen über die Handlungsalternativen zu einem „richtigen" Entschluß führen.

Als Forderung an den Lösungsweg ergibt sich daraus der Anspruch auf **Flexibilität in der Struktur**, d.h. insbesondere im Abstraktionsgrad und im dynamischen Ablauf. Der Lösungs-

---

[169]) So ist es denkbar, daß die einseitige Beurteilung von Fertigungssystemen mit Hilfe der Kostenvorteile die Verbreitung dieser Systeme hemmt. Die erforderliche Berücksichtigung der Ertrags- bzw. Nutzenaspekte kann aber nur durch eine umfassendere Betrachtung des Entscheidungsfeldes und der Umweltbedingungen erfolgen. Die Einbeziehung beider Aspekte im Entscheidungskalkül stellt wiederum neue Anforderungen an die Instrumente der Investitionstheorie.

[170]) Vgl. HEINEN, E.: Grundlagen betriebswirtschaftlicher Entscheidungen, a.a.O., S. 115ff.

[171]) GÄFGEN, G.: Theorie der wirtschaftlichen Entscheidung, a.a.O., S. 142.

[172]) „Ein empirisch-wissenschaftliches System muß an der Erfahrung scheitern können". Vgl. POPPER, K.R.: Logik der Forschung, a.a.O., S. 15.

weg muß einerseits erweiterungsfähig sein und sich konkreten Problemen anpassen können, ohne daß sich sein formaler Ablauf ändert, zum anderen muß er auch eine verkürzte, auf wesentliche Merkmale beschränkte Auswahlentscheidung zulassen.

Angesichts dieser Probleme soll im nächsten Kapitel ein logisch strukturierter Lösungsweg skizziert werden, der die Besonderheiten des Entscheidungsfeldes berücksichtigt.

3. Das Investitions-Entscheidungssystem

Aufgabe betrieblicher Investitionsentscheidungsprozesse ist die Ermittlung von geeigneten Handlungsalternativen zur Erreichung spezifischer Unternehmensziele. Die Ermittlung und Auswahl geeigneter Handlungsalternativen ergibt sich aus umfangreichen Informationsverarbeitungsprozessen. Eine zielgerechte Auswertung von unternehmensinternen und umweltspezifischen Informationen zum Treffen von Investitionsentscheidungen setzt Erkenntnisse über den logischen Zusammenhang des Entscheidungsablaufs und die relevanten Einflußgrößen voraus. Zur systematischen Analyse der dabei zu berücksichtigenden vielfältigen Größen und Beziehungen im Hinblick auf das Entscheidungsfeld numerisch gesteuerter Fertigungssysteme eignet sich eine systemtheoretische Betrachtungsweise [1].

Um Investitionsentscheidungen in industriellen Unternehmen durchleuchten zu können, sind z.B. Fragen folgender Art zu beantworten:

— Was ist das Wesen der Investitionsentscheidung?

— Welche Arten von Investitionsentscheidungen gibt es?

— Welche Faktoren beeinflussen die Entscheidungen?

— Welche Informationen sind zu berücksichtigen, und wie sollen sie ausgewertet werden?

— Wie läuft ein modellhafter Entscheidungsprozeß ab?

— Nach welchen Kriterien ist ein zielgerichteter und situationsgerechter Entscheidungsprozeß zu gestalten, damit optimale Entscheidungen getroffen und realisiert werden können?

— Welchen Entscheidungsträgern wird die Investitionsentscheidung zugeordnet?

Zur Beantwortung dieser Fragen benötigt man einerseits Wissen über technologische, organisatorische und ökonomische Zusammenhänge, andererseits Kenntnisse über psychologische

---

[1] Der Systembegriff kann sowohl zur Kennzeichnung realer Systeme wie dem Fertigungssystem als auch für rein logisch-formale Systeme (z.B. mathematische Gleichungssysteme) herangezogen werden (vgl. MILLER, J.G.: Living Systems: Basic Concepts, a.a.O., S. 201ff.). Im letztgenannten Sinne wollen wir die Beschreibung und Erklärung struktur- und ablaufbestimmter Elemente der Investitionsentscheidung vornehmen.
In einem ähnlichen Sinne charakterisiert Rühli die betriebswirtschaftliche Entscheidungslehre als System. (Vgl. RÜHLI, E.: Grundzüge einer betriebswirtschaftlichen Entscheidungslehre, in: Beiträge zur Lehre der Unternehmung, Festschrift für K. Käfer, (hrsg. v.O. ANGEHRN und H.P. KÜNZI), Stuttgart 1968, S. 278ff.).

und soziologische Faktoren, die das Verhalten der Entscheidungsträger beeinflussen. Als methodisches Konzept, das die Einbeziehung dieser mehrdimensionalen Faktoren erlaubt und den im Kapitel 2.3 angeführten Kriterien Rechnung trägt, scheint ein entscheidungslogisch begründeter Ansatz geeignet[2]. Für diesen Ansatz soll nun eine inhaltliche Analyse unternommen werden. Eine Präzisierung der Aktivitäten im Hinblick auf das spezielle Entscheidungsfeld numerisch gesteuerter Fertigungssysteme erfolgt im nächsten Kapitel.

3.1 Begriffliche Grundlagen

3.11 Der gewählte Investitionsbegriff

Um bei der Analyse des Investitionsentscheidungsprozesses Wiederholungen zu vermeiden und den Blick sofort auf den hier interessierenden Ausschnitt der Gesamtheit des unternehmerischen Handelns zu richten, erscheint es sinnvoll, einen am Zweck der Untersuchung orientierten Investitionsbegriff einzuführen. Ohne in eine eingehende Analyse des betriebswirtschaftlichen Investitionsbegriffes[3] einzutreten, soll der Begriffsumfang zeitlich und sachlich präzisiert werden.

Eine Investition kann grundsätzlich als Vorgang oder als Zustand einer Kapitalanlage oder Kapitalverwendung in Vermögensgegenstände angesehen werden[4].

Der erste Aspekt stellt die Überführung finanzieller Mittel in konkrete Werte[5] in den Vordergrund, der zweite Aspekt geht vom Ergebnis dieses Prozesses aus[6]. Die Investition soll in dieser Untersuchung als Vorgang betrachtet werden, wobei mit Kern definiert werden kann: „Eine Investition ist eine für längere Frist beabsichtigte Bindung finanzieller Mittel in materiellen oder immateriellen Objekten mit der Absicht, diese Objekte in Verfolgung einer individuellen Zielsetzung zu nutzen"[7].

Bei unseren Überlegungen sind nur diejenigen materiellen und immateriellen Produktionsfaktoren von Interesse, die der Durchführung mehrerer Produktionsprozesse im Industriebe-

---

[2] Der gewählte Ansatz ist insofern entscheidungsorientiert, als hier der Versuch gemacht wird, Entscheidungen betrieblicher Stellen zu beschreiben und zu verbessern. So auch KOCH, H.: Über eine allgemeine Theorie des Handelns, in: Die Theorie der Unternehmung, Festschrift zum 65. Geburtstag von E. Gutenberg, (Hrsg. H. KOCH), Wiesbaden 1962, S. 371.

[3] Vgl. zur Analyse des Investitionsbegriffes in der betriebswirtschaftlichen Literatur HEINEN, E.: Zum Begriff und Wesen der betriebswirtschaftlichen Investition, in: BFuP, 9. Jg. (1957), S. 16—31 und S. 85—98; PACK, L.: Betriebliche Investition, Wiesbaden 1959, S. 13—84; ALBACH, H.: Wirtschaftlichkeitsrechnung ..., a.a.O., S. 10ff.; BALLMANN, W.: Beitrag zur Klärung des betriebswirtschaftlichen Investitionsbegriffes und zur Entwicklung einer Investitionspolitik der Unternehmung, Diss. Mannheim 1954; SCHWARZ, H.: Investition (Begriff und Formen), in: HdB, hrsg. v. GROCHLA, E. und WITTMANN, W., 4. Aufl., Bd. 2, Stuttgart 1975, Sp. 1974 — 1978.

[4] Vgl. PACK, L.: Betriebliche Investition, a.a.O., S. 56.

[5] Diesen Tatbestand faßt Pack unter Investition. PACK, L.: ebenda, S. 45.

[6] Vgl. PACK, L.: ebenda, S. 56.

[7] KERN, W.: Investitionsrechnung, a.a.O., S. 8.

trieb dienen und über längere Zeit in Unternehmen gebunden sind[8]). Finanzanlageninvestitionen werden nicht betrachtet.

Durch die vorgenommene Abgrenzung des Investitionsbegriffes lassen sich alle im Entscheidungsfeld numerisch gesteuerter Fertigungssysteme angesprochenen Faktoren und organisatorischen Maßnahmen subsummieren. Auch der sukzessive Aufbau eines materiellen und immateriellen Vorbereitungsgrades ist so, unabhängig vom Merkmal der Zahlungsorientierung, als Investition[9]) zu verstehen. Anders als beim Zielsystem der Kapitaltheorie[10]), der ein monetärer zahlungsorientierter Investitionsbegriff zugrunde liegt, und die das Handeln der Entscheidungsträger im gesamtunternehmerischen Sinne voraussetzt, können in Übereinstimmung mit dem oben gewählten Investitionsbegriff auch Investitionskriterien definiert werden, die den Prozeß der Kapitalbindung und -freisetzung an nichtmonetären spezifischen (nur für Teilbereiche oder kurzfristig geltenden) Unternehmenszielen orientieren.

3.12 Der Investitionsentscheidungsprozeß

3.121 Abgrenzung der Investitionsentscheidung

Die Investitionstätigkeit einer industriellen Unternehmung besteht in einem fortwährenden Umschichten zwischen den verschiedenen Arten des betrieblichen Vermögens. In diesem „Rotationsprozeß von Investition, Desinvestition und Reinvestition", also von „Geldeinsatz, Wiedergeldwerdung und abermaligem Geldeinsatz"[11]), sind eine Vielzahl von Einzelentscheidungen auf verschiedenen Entscheidungsebenen zu fällen, die ihren Ausfluß in der Festlegung bzw. Verfolgung einer Investitionspolitik[12]) finden[13]). „Investitionsentscheidungen sind (in diesem Rahmen ganz allgemein) Entscheidungen über Umfang oder Struktur des Vermögens der Unternehmung"[14]). Sie sind damit Teil und gleichzeitig auch Ergebnis dieses simultan-sukzessiven Rotationsprozesses. Innerhalb dieses Prozesses sind eine Vielzahl von Teilfragen zu beantworten, so z.B. nach dem Zeitpunkt der Investition, nach der Quantität und Qualität des Investitionsobjektes, zu welchem Preis und von welchem Hersteller das Investitionsobjekt beschafft werden soll. Dazu müssen im Zeitablauf viele ineinandergreifende Entscheidungen gefällt werden.

---

[8]) Das hier zu behandelnde betriebliche Investitionsproblem erfährt eine zweifache Abgrenzung: einerseits auf den Industriebetrieb, und andererseits werden aus dem Investitionsprogramm des Industriebetriebes die mit der Investition spezieller Anlagen verbundenen Probleme herausgegriffen. Es ist hervorzuheben, daß aber gerade diese Probleme zu den schwierigsten der Investitionstheorie gehören.

[9]) Vgl. zum zahlungsorientierten Investitionsbegriff SCHNEIDER, E.: Wirtschaftlichkeitsrechnung, Theorie der Investition, 8. Aufl., Tübingen-Zürich 1973, S. 1.

[10]) Schneider unterscheidet hier als gesamtunternehmerische Ziele Einkommen, Vermögen und Wohlstandsstreben eines Unternehmers. Vgl. SCHNEIDER, D.: Investition und Finanzierung, a.a.O., S. 55ff.

[11]) HEINEN, E.: Zum Begriff und Wesen der betriebswirtschaftlichen Investition, a.a.O., S. 97.

[12]) Vgl. zum Begriff FRANKE, G.: Investitionspolitik, betriebliche, in: HdB, 4. Aufl., a.a.O., Sp. 1996 — 2004.

[13]) „Die Investitionsentscheidung ist letztlich eine Entscheidung über einen ganzen Komplex von Investitionsvorhaben". ALBACH, H.: Investition und Liquidität, Wiesbaden 1962, S. 57.

[14]) SWOBODA, P.: Investition und Finanzierung, Göttingen 1971, S. 13.

Für diese Investitionsentscheidung sind 5 Merkmale konstitutiv [15]):

1. die Zielgerichtetheit,

2. die Alternativen,

3. der Wahlakt,

4. die Unsicherheit, die Langfristigkeit der Wirkung und

5. die bewußte Auswahl von Alternativen.

Weitere Merkmale wie z.B. Rationalität [16]) und Konfliktgeladenheit [17]) sollen in dieser Untersuchung nicht gefordert werden, da jede Investitionsentscheidung subjekt- und zielbezogen ist und deshalb nur mit einer relativen Rationalität [18]) oder Zweckrationalität [19]) zu rechnen ist [20]).

Bei einer derartigen Abgrenzung der Investitionsentscheidung lassen sich optimale oder bei mehreren Zielen effiziente Lösungen [21]) nur für Teilprobleme formulieren. Unvollkommenheiten der Information und der Zielvorstellungen führen bei der Gesamtentscheidung nur zu „guten" [22]) oder „befriedigenden" [23]) Lösungen [24]).

[15]) Vgl. GRÜN, O., Entscheidung, in: HWO, a.a.O., Sp. 476. Zur umfassenden Merkmalanalyse des Begriffsfeldes Entscheidung in der Betriebswirtschaftslehre vgl. KAHLE, E.: Betriebswirtschaftliches Problemlösungsverhalten, Wiesbaden 1973, S. 15—28.

[16]) Die Entscheidungstheorie wird oft auf ein „rational handelndes Subjekt" beschränkt. Vgl. z.B. SCHNEEWEIß, H.: Entscheidungskriterien bei Risiko, Berlin-Heidelberg-New York 1967, S. 7.

[17]) Vgl. THOME, H.: Der Mensch in der Entscheidung, München 1960. S. 57.

[18]) Vgl. dazu SIMON, H.A.: Das Verwaltungshandeln, Stuttgart 1955, S. 153; HEINEN, E.: Einführung in die Betriebswirtschaftslehre, a.a.O., S. 43; Gäfgen spricht von einer „formalen Rationalität". Vgl. GÄFGEN, G.: Theorie der wirtschaftlichen Entscheidung, a.a.O., S. 26ff.

[19]) Vgl. WEBER, M.: Grundriß der Sozialökonomie, III. Hbt.: Wirtschaft und Gesellschaft, 4. Aufl., Tübingen 1956, S. 12f.

[20]) Die hier geforderte subjektive Rationalität bei Investitionsentscheidungen liegt im Gegensatz zur objektiven Rationalität, bei der die Entscheidungssituation und die Alternativen objektiv richtig beurteilt werden, dann vor, wenn eine Entscheidung in Übereinstimmung mit den Zielen der Unternehmung aufgrund des augenblicklichen subjektiven Wissensstandes des Entscheidungsträgers gefällt wird. Diese Entscheidung kann sich beim Vorhandensein verbesserter Informationen im Zeitablauf auch als falsch herausstellen. Vgl. GÄFGEN, G.: ebenda S. 32ff.

[21]) Vgl. zum Begriff effiziente Lösungen S. 41ff. dieser Arbeit.

[22]) Vgl. DINKELBACH, W.: Unternehmerische Entscheidungen bei mehrfacher Zielsetzung, in: ZfB, 32. Jg., (1962), S. 742.

[23]) Vgl. GÄFGEN, G.: Theorie der wirtschaftlichen Entscheidung, a.a.O., S. 240.

[24]) Die Unvollkommenheit der Informationen und Zielvorstellungen, psychologische und intellektuelle Faktoren des Entscheidungsträgers sowie seine beschränkte Fähigkeit zukünftiges Geschehen abzuschätzen, wird in der mehr sozial- und verhaltenswissenschaftlich orientierten Entscheidungstheorie zur Begründung der relativen Rationalität des Entscheidungsträgers herangezogen. Vgl. HEINEN, E.: Zum Wissenschaftsprogramm der entscheidungsorientierten Betriebswirtschaftslehre, a.a.O., S. 215.

In der wirtschaftswissenschaftlichen Literatur herrscht nun keine Einigkeit über den Inhalt des Begriffes „Investitionsentscheidung"[25]). Zur gegenstands- und zweckgerechten Bildung des Begriffes[26]) „Investitionsentscheidung" bedarf es deshalb einer Präzisierung der Begriffsmerkmale.

In ihrer formalen Struktur stellen Investitionsentscheidungen Ziel-Mittel-Relationen dar[27]). Durch eine rationale Wahl zwischen Alternativen wird versucht, ein vorgegebenes Ziel zu erreichen. Mittelentscheidungen kennzeichnen die Wege und Strategien zur Realisierung der unternehmerischen Zielsetzungen. Mittelentscheidungen werden folglich nur im Anschluß an bereits gefällte Zielentscheidungen[28]) getroffen, die für die Mittelentscheidungen Datencharakter besitzen.

Es kann mit Albach festgestellt werden: „Ziel jeder Investitionsentscheidung im Unternehmen ist es, einen möglichst hohen Gewinn zu erzielen und dabei die Sicherheit des Unternehmens nicht zu gefährden"[29]). Diese Zielsetzung zeigt einmal die interdependenten Zusammenhänge zu den planerischen Teilbereichen des Absatz-, Produktions- und Finanzsektors, zum anderen stellt das Streben nach Sicherheit einerseits und nach Gewinn andererseits ein Wahlproblem dar[30]), dessen Lösung angesichts der Unsicherheit der Erwartungen objektiv nicht zu bestimmen ist[31]). Man wird sich schon aus diesem Grunde bei Investitionsentscheidungen mit einem subjektiven Optimum begnügen müssen, das aber durchaus rational zu er-

[25]) An dieser Stelle geht es uns nicht um die Kennzeichnung spezieller Fragestellungen des Investitionsproblems (vgl. hierzu JACOB, H.: Investitionsplanung und Investitionsentscheidung ..., a.a.O., S. 9ff.; HAX, H.: Investitionstheorie, 2. Aufl. Würzburg-Wien 1972, S. 6), sondern um eine inhaltliche Klärung des Begriffes Investitionsentscheidung.

[26]) Zum „Primat der gegenstands- und zweckgerechten Präzision einer wissenschaftlichen Terminologie" vgl. SZYPERSKI, N.: Zur Problematik der quantitativen Terminologie in der Betriebswirtschaftslehre, Berlin 1962, S. 37.

[27]) Vgl. GUTENBERG, E.: Die Unternehmung als Gegenstand betriebswirtschaftlicher Theorie, Berlin-Wien 1929, S. 30; KOSIOL, E.: Die Unternehmung als wirtschaftliches Aktionszentrum, a.a.O., S. 201ff. Zu den Mittelentscheidungen (Zielerreichungsentscheidungen) und deren Abgrenzung von sogenannten Zielentscheidungen vgl. HEINEN, E.: Grundlagen betriebswirtschaftlicher Entscheidungen, a.a.O., S. 18f.; BIDLINGMAIER, J.: Unternehmerziele und Unternehmerstrategien, Wiesbaden 1964, S. 17f.

[28]) Vgl. zu den Begriffen HAMMANN, P.: Gewinnmaximierung-Dominantes Ziel oder Zieldominante, in: ZfB, 38. Jg., (1968), S. 258. Marwede spricht von „strukturbestimmende Mittelentscheidungen" (vgl. MARWEDE, E.: Zum Unternehmerverhalten bei Investitionsentscheidungen. Ziele und Verhaltensweisen als Bestimmungsgründe unternehmerischer Investitionsentscheidungen. Diss. München 1967, S. 44).

[29]) ALBACH, H.: Investition und Liquidität, a.a.O., S. 68.

[30]) Die Prinzipien des Gewinnstrebens und des Strebens nach Sicherheit werden schon von Sandig als die dominierenden polaren Prinzipien jeder Betriebswirtschaftspolitik herausgestellt. (Vgl. SANDIG, G.: Die Führung des Betriebes — Betriebswirtschaftspolitik, Stuttgart 1953, S. 79). Wirtschaftliches Überleben ist langfristig nur mittels Gewinnerzielung möglich. Kurzfristig kann sich ergeben, daß aus strategischen Gründen das langfristig dominante Ziel Gewinnstreben überdeckt wird. Wie Hammann feststellt, ist jedes kurzfristige Ziel eine Art Ersatzziel, so daß Gewinnstreben als Zieldominante anzusprechen ist. (Vgl. HAMMANN, P.: Gewinnmaximierung ..., a.a.O., S. 262. Zur Kritik dieses Ansatzes vgl. SCHMIDT-SUDHOFF, U.: Unternehmerische Zielmodelle und die Struktur des Zielsystems — eine Untersuchung zur Theorie des Unternehmerverhaltens, Diss. Köln 1966, S. 62f.).

[31]) In der Literatur wird häufig eine Nutzenfunktion zur Lösung des Unsicherheitsproblems unterstellt, in

fassen und zu organisieren ist. Investitionsentscheidungen sind somit Zielerreichungsentscheidungen[32]) und setzen Daten für die zukünftigen Dispositionen der Entscheidungsträger in der Unternehmung. Sie müssen grundsätzlich aus langfristig zukunftsorientierten Erwartungen abgeleitet werden und sind deshalb Entscheidungen unter Unsicherheit.

Bei den Investitionsentscheidungen handelt es sich um administrative, nicht-programmierbare und schlecht-strukturierte Entscheidungen. Schlecht-strukturiert sind die Investitionsentscheidungen, weil teilweise die Daten zur Entscheidungsfindung nicht quantifizierbar und die Entscheidungskriterien nicht vollständig definierbar sind. Des weiteren fehlen Algorithmen, die eine Auffindung optimaler Lösungen garantieren. Während bei den unternehmenspolitischen Entscheidungen der Rahmen für die Investitionstätigkeit abgesteckt wird, müssen die Träger der administrativen Investitionsentscheidung diese Rahmenbedingungen (Ziele, Strategien, Budget und ähnliches) beachten[33]) und durch eine bewußte Auswahl und Bewertung von Informationen weiter vervollständigen[34]).

Investitionsentscheidungen können sowohl echte, als auch routinemäßige Entscheidungen umfassen[35]). Die Systematisierung der Entscheidung in echte und routinemäßige geht auf Gutenbergs Katalog von Maßnahmen für echte Führungsentscheidungen zurück. Diese Maßnahmen sind:

„ 1.Festlegung der Unternehmenspolitik auf weite Sicht

2. Koordinierung der großen betrieblichen Teilbereiche

3. Beseitigung von Störungen im laufenden Betriebsprozeß

4. Geschäftliche Maßnahmen von außergewöhnlicher betrieblicher Bedeutsamkeit und

5. Besetzung der Führungsstellen im Unternehmen"[36]).

---

der der Erwartungswert des Gewinnes einem Risikomaß (Streumaß) entgegen gestellt wird. (Vgl. SCHNEEWEIß, H.: Entscheidungskriterien bei Risiko, a.a.O., S. 52ff.).

[32]) Vgl. dazu SCHMIDT, R.B., BERTHEL, J.: Unternehmungsinvestitionen, Reinbek bei Hamburg 1970, S. 8 und S. 36—43.

[33]) Vgl. zu den Begriffen politische, administrative und operative Entscheidungen KIRSCH, W.: Entscheidungsprozesse, Bd. 2, Wiesbaden 1971, S. 141ff.

[34]) Die Erreichung des jeweiligen Unternehmenszieles wird durch eine Vielzahl von Vorentscheidungen auf den verschiedenen Hierarchiestufen der Unternehmung determiniert, die Formulierung dieser Unterziele soll deshalb mit Gegenstand des Investitionsentscheidungsprozesses sein. (Vgl. Kap. 4.2).

[35]) Ähnlich auch BROSCHBERG, E.: Investitionsentscheidungen industrieller Unternehmen, in: Die Unternehmung, 19. Jg. (1965), H. 4, S. 174. Die Differenzierung in echte und routinemäßige Entscheidungen deckt sich auch teilweise mit der Einteilung in taktische und strategische Investitionsentscheidungen, zu deren Unterscheidung z.B. die Höhe des Kapitaleinsatzes, Einmaligkeit, Komplexität und ähnliche Merkmale herangezogen werden. Vgl. BIERMAN, H. und SMIDT, S.: The Capital Budgeting Decision, Economic Analysis and Financing of Investment Projects, 2. Aufl., New York 1966, S. 3f.; HÄUSLER, J.: Planung als Zukunftsgestaltung, Wiesbaden 1969, S. 72ff.

[36]) GUTENBERG, E.: Unternehmensführung, Organisation und Entscheidung, Wiesbaden 1962, S. 61.

Echte Entscheidungen beruhen somit immer auf dem Kombinieren von Vorstellungen über Alternativen, Konsequenzen und Ziele.

Die allseitige Abhängigkeit der Investition und rückwirkende Unbeeinflußbarkeit läßt es gerechtfertigt erscheinen, die Investitionsentscheidung in den gedanklichen Mittelpunkt der betrieblichen Entscheidung zu rücken und sie als koordinierendes Bindeglied zu betrachten [37]. Die Eigenart und Abhängigkeit der Investitionsentscheidung, insbesondere bei Realinvestitionen [38], läßt sich durch Langfristigkeit und z.T. irreversible Bindung des eingesetzten Kapitals und durch eine Erhöhung der Kapitalintensität der Anlage (größer werdende Fixkostenbelastung) begründen [39]. Daraus resultiert die Notwendigkeit, die Investitionsentscheidung in einen Gesamtzusammenhang der unternehmerischen Entscheidungen zu stellen und eine simultane Optimierung der zu fällenden Teilentscheidungen anzustreben [40]. Dies geschieht durch eine umfassende Planung. „Die Investitionsplanung besteht in einer gedanklichen Vorwegnahme der dispositiven Maßnahme, die bei der Schaffung, Ergänzung und Erhaltung der Produktionsausrüstung ergriffen werden sollen" [41]. Die Investitionsplanung macht damit sowohl eine technische wie eine kaufmännisch-wirtschaftliche Planung notwendig [42]. Diese beiden Aspekte der Investitionsplanung und ihre Einbettung in einen umfassenden Entscheidungsprozeß bilden die Spannungspole dieser Untersuchung.

[37] Diese Stellung der Investitionsentscheidung kommt z.B. bei Investitionsmodellen zum Ausdruck, bei denen Investitions- und Produktionsprogramme der verschiedenen Perioden simultan ermittelt werden. Vgl. ALBACH, H.: Lineare Programmierung als Hilfsmittel betrieblicher Investitionsplanung, in: ZfhF (NF), 12. Jg. (1960), S. 531; derselbe: Investitionsentscheidung in Mehrproduktunternehmen, a.a.O.; JACOB, H.: Investitionsplanung und Investitionsentscheidung ..., a.a.O.; SWOBODA, P.: Die simultane Planung von Rationalisierungs- und Erweiterungsinvestitionen und von Produktionsprogrammen, in: ZfB, 35. Jg. (1965), S. 148—163.

[38] Vgl. zum Unterschied zwischen Real- und Finanzinvestitionen, SCHNEIDER, E.: Wirtschaftlichkeitsberechnung, a.a.O., S. 7; HEISTER, M.: Rentabilitätsanalyse von Investitionen, Köln und Opladen 1962, S. 3.

[39] Aus diesen Aspekten und den Wirkungen des technischen Fortschritts folgert Borschberg, daß dem Investitionsprozeß Wachstumstendenzen immanent sind, Investitionsentscheidungen demnach als Wachstumsentscheide angesehen werden können. (Vgl. BORSCHBERG, E.: Investitionsentscheidungen industrieller Unternehmen, a.a.O., S. 174.).

[40] Die Forderung nach simultaner Optimierung der Investitionsentscheidung wird eingehend von ALBACH, H.: Investition und Liquidität, a.a.O., S. 73 ff. begründet. Heinen führt sehr treffend hierzu aus: „Logisch kann nur eine simultane, eine umfassende Gesamtplanung zu optimalen Ergebnissen führen. Eine solche gleichzeitige Festlegung aller Plangrößen bedingt eine weitgehende Zentralisation der Teilentscheidungen. Faktisch müssen aber diese Entscheidungen — bei auch nur einigermaßen komplexen Gebilden — weitgehend dezentralisiert und sukzessive getroffen werden". (HEINEN, E.: Betriebswirtschaftslehre heute — Die Bedeutung der Entscheidungstheorie für Forschung und Praxis, Wiesbaden o.J., S. 13.)

[41] HEINEN, E.: Industrielle Investitionsplanung, in: HdB, 3. Aufl., Stuttgart 1957/58 Bd. II, Sp. 2877.

[42] Vgl. hierzu SCHRÖTER, E.: Der betriebswirtschaftliche Anteil an der Investitionsplanung, -entscheidung, -durchführung und Überwachung, Diss. Mannheim 1962. Die Investitionsplanung bildet zusammen mit der Beschaffung von Werkstoffen die Bereitstellungsplanung und ist besonders eng verknüpft mit dem Bereich der Produktionsplanung. Vgl. ELLINGER, T.: Ablaufplanung, a.a.O., S. 14ff.

Wird Planung als ein geistiger Prozeß der Informationsverarbeitung[43]) begriffen, so ist evident, daß Investitionsentscheidungen durch die zwischen den verschiedenen Planungsbereichen fließenden Informationen beeinflußt bzw. determiniert werden. In dieser Untersuchung tritt vorwiegend der Fall auf, daß durch Planung verschiedene Handlungsalternativen und deren Konsequenzen systematisch aufgezeigt werden, zwischen denen dann der Entscheidungsträger zu wählen hat. Die Aufgabe der Planung liegt dann darin, für den raumzeitlichen Ablauf der Aktivitäten, die zur Investitionsentscheidung führen, ein Ordnungsschema zu entwerfen[44]).

Folglich wären die Investitionsentscheidungen ein Bestandteil der Investitionsplanung[45]).

Für diese Untersuchung soll der logisch-formale Rahmen des Entscheidungsprozesses[46]) als Problemlösungsprozeß[47])[48]) für die mit Investitionsentscheidungen zusammenhängenden Aktivitäten als Analyseninstrument gewählt werden, um „die weitgehende Interdependenz des Investitionsphänomens"[49]) theoretisch und praktisch zu erfassen.

3.122 Der Entscheidungsprozeß als Rahmen

Betrachtet man die Investitionsentscheidung nicht als punktuelles Ereignis, so ist zu prüfen, ob es zweckmäßig ist, diesen Prozeß in unterscheidbare Phasen zu gliedern[50]). In der betriebswirtschaftlichen Literatur hat man wiederholt versucht, allgemeingültige Phasen herauszuarbeiten. Vorwiegend orientierten sich diese Bemühungen an sachlogischen Merkma-

---

[43]) Vgl. z.B. ELLINGER, T.: Aufbauplanung, a.a.O., S. 13 f.; KOSIOL, E.: Zur Problematik der Planung in der Unternehmung, in: ZfB, 37. Jg. (1967), S. 77; WEBER, H.: Die Spannweite des betriebswirtschaftlichen Planungsbegriffes, in: ZfbF (NF), 16. Jg. (1964), S. 716ff.

[44]) Bei dieser Interpretation der Planung lehnen wir uns an Gutenberg an, der schreibt: „Sieht man so das charakteristische Merkmal der Planung im Entwerfen einer Ordnung, in der ein bestimmter Prozeß als sich vollziehend gedacht wird, dann ist Planung ein produktiver Akt, der die Betriebsleitung von der Aufgabe entlastet, erst später, in der bedrängenden Fülle und Unübersehbarkeit des technischen, betriebswirtschaftlichen und organisatorischen Geschehens nach einem Weg zu suchen, der dem Betriebsprozeß zu einem reibungslosen Ablauf verhilft". (GUTENBERG, E.: Die Produktion, a.a.O., S. 148).

[45]) So auch KERN, W.: Investitionsrechnung, a.a.O., S. 22 und JACOB, H.: Investitionsplanung, in: HdB, 4. Aufl., a.a.O., Sp. 1978ff.

[46]) Vgl. zur Formalstruktur der Entscheidung, CHMIELEWICZ, K.: Die Formalstruktur der Entscheidung, in: ZfB, 40. Jg. (1970), S. 239—268.

[47]) Im Gegensatz zur Betrachtung der Entscheidung als individual-psychologisches Phänomen. Vgl. THOME, H.: Der Mensch in der Entscheidung, a.a.O.; WITTE, E.: Phasen-Theorien und Organisation komplexer Entscheidungsverläufe, in: ZfbF (NF), 20. Jg., (1968), S. 625—647.

[48]) Der Prozeßcharakter der Investitionsvorgänge wird z.B. von Schneider und Heinen ausdrücklich betont, Vgl. SCHNEIDER, E.: Wirtschaftlichkeitsrechnung, a.a.O., S. 1; HEINEN, E.: Zum Begriff und Wesen der betriebswirtschaftlichen Investitionen, a.a.O., S. 97.

[49]) HEINEN, E.: ebenda, S. 98.

[50]) Vgl. hierzu die Untersuchungen von KIRSCH, W.: Entscheidungsprozesse, Bd. I: Verhaltenswissenschaftliche Ansätze der Entscheidungstheorie, Wiesbaden 1970, S. 72ff.; BIASIO, S.: Entscheidung als Prozeß, Bern-Stuttgart-Wien 1969.

len, da der zeitliche Ablauf — bedingt durch Parallel- und Rückkoppelungsprozesse — stets mehr oder weniger alle sachlichen Aktivitäten berührt [51]).

Die Untergliederung des Entscheidungsprozesses hängt dabei von der Art des Wahlsystems, den Möglichkeiten der Wiederholbarkeit und der organisatorischen Verselbständigung der Teilaufgaben [52]) sowie von der Möglichkeit ab, bestimmte Teilprozesse [53]) in einem Modell zu analysieren, zu selektieren, um sie auf ihre Zielwirksamkeit zu prüfen [54]). Die Untergliederung kann nur gedanklich-formaler Natur sein und dient lediglich analytischen Zwecken [55]).

Der Gesamtprozeß [56]) der Entscheidung läßt sich in einen willensbildenden und willensdurchsetzenden Teil unterscheiden. Der willensbildende Teil umfaßt die Planungs-, der willensdurchsetzende Teil die Realisations- und Kontrollaspekte. Innerhalb dieses Rahmens (vgl. Abb. 8, S. 80a) laufen folgende Phasen als Prozeß ab:

1. Problemstellungsphase (= Investitionsanregungsphase)

2. Suchphase (= technische Eignungsanalyse)

3. Beurteilungsphase (= wirtschaftliche Investitionsprüfung)

4. Entscheidungsphase (= Investitionsentscheidung)

5. Realisationsphase (= Investitionsdurchsetzung)

6. Kontrollphase (= Investitionskontrolle).

[51]) Vgl. dazu im einzelnen ULRICH, H.: Betrachtungen zur Willensbildung in der Unternehmensorganisation, in: Willensbildung in der Unternehmung, Betriebswirtschaftliche Mitteilungen, Heft 1, 2. Aufl., Bern o.J., S. 4ff.; ROSENSTOCK, H.: Die Entscheidung im Unternehmensgeschehen, Bern 1963, S. 76ff.; SCHWITTER, J.P.: Entscheidungsvorgang und Arbeitsgestaltung, in: Die Unternehmung, 18. Jg. (1966), S. 179.
[52]) Vgl. BLEICHER, K.: Zur Organisation von Entscheidungsprozessen, in: Schriften zur Unternehmensführung, Bd. 11, hrsg. v. H. Jacob, Wiesbaden 1970, S. 55—80.
[53]) Implizit wird hier die Prämisse gesetzt, daß zwischen den Teilprozessen keine technischen oder ökonomischen Beziehungen bestehen. Diese Prämisse erleichtert Entscheidungen über Teilbereiche sehr stark, „da von der Bewertung her Teilentscheidungen getroffen werden können, ohne Rückwirkungen auf andere Teilentscheidungen befürchten zu müssen". GÄFGEN, G.: Theorie der wirtschaftlichen Entscheidung, a.a.O., S. 161.
[54]) Da die Fähigkeit des Menschen, simultan Informationen zu verarbeiten, sehr begrenzt ist, stellt die Auflösung komplexer Sachverhalte in Teile, den einzig gangbaren Weg für rationale Entscheidungen dar.
[55]) Die These, ein „Entscheidungsprozeß bestehe aus einer bestimmten Zahl voneinander abgrenzbarer Phasen unterschiedlichen Denk- und Tätigkeitsinhalts" wurde bereits von Witte widerlegt. Vgl. WITTE, E.: Phasen-Theorien und Organisation komplexer Entscheidungsverläufe, a.a.O., S. 625—647.
[56]) Das vorliegende Phasenschema orientiert sich an HEINEN, E.: Grundlagen betriebswirtschaftlicher Entscheidungen, a.a.O., S. 19ff.; ULRICH, H.: Die Unternehmung ..., a.a.O., S. 204ff.; GRIEM, H.: Der Prozeß der Unternehmensentscheidung bei unvollkommener Information, Berlin 1968; SCHMIDT, R.B., BERTHEL, J.: Unternehmungsinvestitionen, a.a.O., S. 70ff.; HAHN, D.: Führung des Systems

Dieses Phasenschema des Entscheidungsprozesses liegt den folgenden Überlegungen zugrunde[57]).

Da der Entscheidungsprozeß in seiner elementaren Struktur eine gewisse Konstanz für alle Entscheidungen[58]) aufweist und einen umfassenden Rahmen gewährleistet, erscheint er unter formal-systematischen und auch sachlichen Gesichtspunkten als Erklärungsmodell[59]) geeignet. Insbesondere durch die Formalisierung des Entscheidungsprozesses lassen sich Fehler in der Argumentation und den Annahmen über bestimmte Abläufe deutlich machen sowie vorhandene Interdependenzen über den gesamten Ablauf verfolgen[60]). Die formalisierte Behandlung des Investitionsproblems erleichtert auch ihre kalkülisierte mathematische Fassung[61]). Sachlich spricht für den Entscheidungsprozeß als Erklärungsmodell sein höherer Grad an Plausibilität bei komplexen praktischen Investitionsentscheidungen, der sich vor allem auf die Integrationsfähigkeit von Teilaufgaben aus dem technischen Bereich zurückführen läßt und die Tendenz, den Entscheidungsaufwand gering zu halten[62]).

Unternehmung, in: ZfO, 40. Jg. (1971), H. 4, S. 161; KAPPLER, E., REHKUGLER, H.: Kapitalwirtschaft, in: Industriebetriebslehre, hrsg. von E. Heinen, Wiesbaden 1972, S. 579—676, hier besonders S. 588ff.; SCHMIDT, R.B.: Wirtschaftslehre der Unternehmung, Bd. 2: Zielerreichung, Stuttgart 1973, S. 77ff.; NAUMANN, R.: System einer unternehmerischen Entscheidungstheorie, Diss. Hamburg 1969, S. 119ff. und S. 271; FRISCHMUTH, G.: Daten als Grundlage ..., a.a.O., S. 30ff.; HONKO, J.: Investitionsentscheidungen und ihre Verbindung mit dem Planungs- und Kontrollprozeß, in: ZfB, 37. Jg. (1967), S. 423—436, insbesondere S. 425f.; KERN. W.: Investitionsrechnung, a.a.O., S. 21 ff.

[57]) In der investitionstheoretischen Literatur wurden eine Vielzahl von Investitionsplanungsschemata erarbeitet. Diese Schemata stellen einige Aspekte der Investitionsplanung in den Vordergrund. So hebt z.B. Schneider die klassischen Investitionsrechenverfahren zur Einzelanalyse und Albach die Simultanentscheidungen über Investition und Finanzierung hervor. Das hier verwendete Schema des Entscheidungsprozesses als zirkularer Suchprozeß umfaßt alle diese Ansätze und kann sowohl für eine sukzessive wie auch simultane Investitionsentscheidung als Erklärungsschema herangezogen werden. Vgl. zu den Investitionsplanungsschemata ALBACH, H.: Investition und Liquidität, a.a.O., S. 75ff.; SCHNEIDER, E.: Wirtschaftlichkeitsrechnung, a.a.O., S. 143; GUTENBERG, E.: Der Stand der wissenschaftlichen Forschung auf dem Gebiet der betrieblichen Investitionsplanung, in: ZfhF (NF), 6. Jg. (1954), S. 559—566; BRANDT, A.: Investitionspolitik des Industriebetriebes, Wiesbaden 1959, S. 136; BLOHM, H., LÜDER: K.: Investition, 2. Aufl., München 1972, S. 10; SCHWARZ, H.: Optimale Investitionsentscheidungen, München 1967, S. 108; KOSIOL: E. und Mitarbeiter: Die Organisation von Investitionsentscheidungen, in: Organisation des Entscheidungsprozesses, hrsg. von E. Kosiol, Berlin 1959, S. 27ff.; JACOB, H.: Investitionsplanung, in: HdB, 4. Aufl., a.a.O., Sp. 1978ff.; HAX, K.: Planung und Organisation als Instrumente der Unternehmensführung, in: ZfhF (NF), 11. Jg. (1959), S. 605—615, insbesondere S. 608.

[58]) Vgl. ALBACH, H.: Zur Theorie der Unternehmensorganisation, in: ZfhF (NF), 11. Jg. (1959), S. 254.

[59]) Vgl. zum Begriff Erklärungsmodell KOSIOL, E.: Modellanalyse ..., a.a.O., S. 321f.

[60]) Im Interesse einer objektiven Überprüfbarkeit muß sichergestellt sein, daß der Entscheidungsprozeß von jedem Dritten, der über die notwendigen Fachkenntnisse verfügt, nachvollzogen werden kann.

[61]) Vgl. hierzu den Versuch von HAX, H.: Die Koordination von Entscheidungen, Köln-Berlin-BonnMünchen 1965, S. 21ff.

[62]) Auf den Zusammenhang zwischen formalisierten Entscheidungsprozessen und einem verringerten Entscheidungsaufwand weist z.B. Witte hin. Vgl. WITTE, E.: Entscheidungsprozesse, in: HWO, a.a.O., Sp. 501.

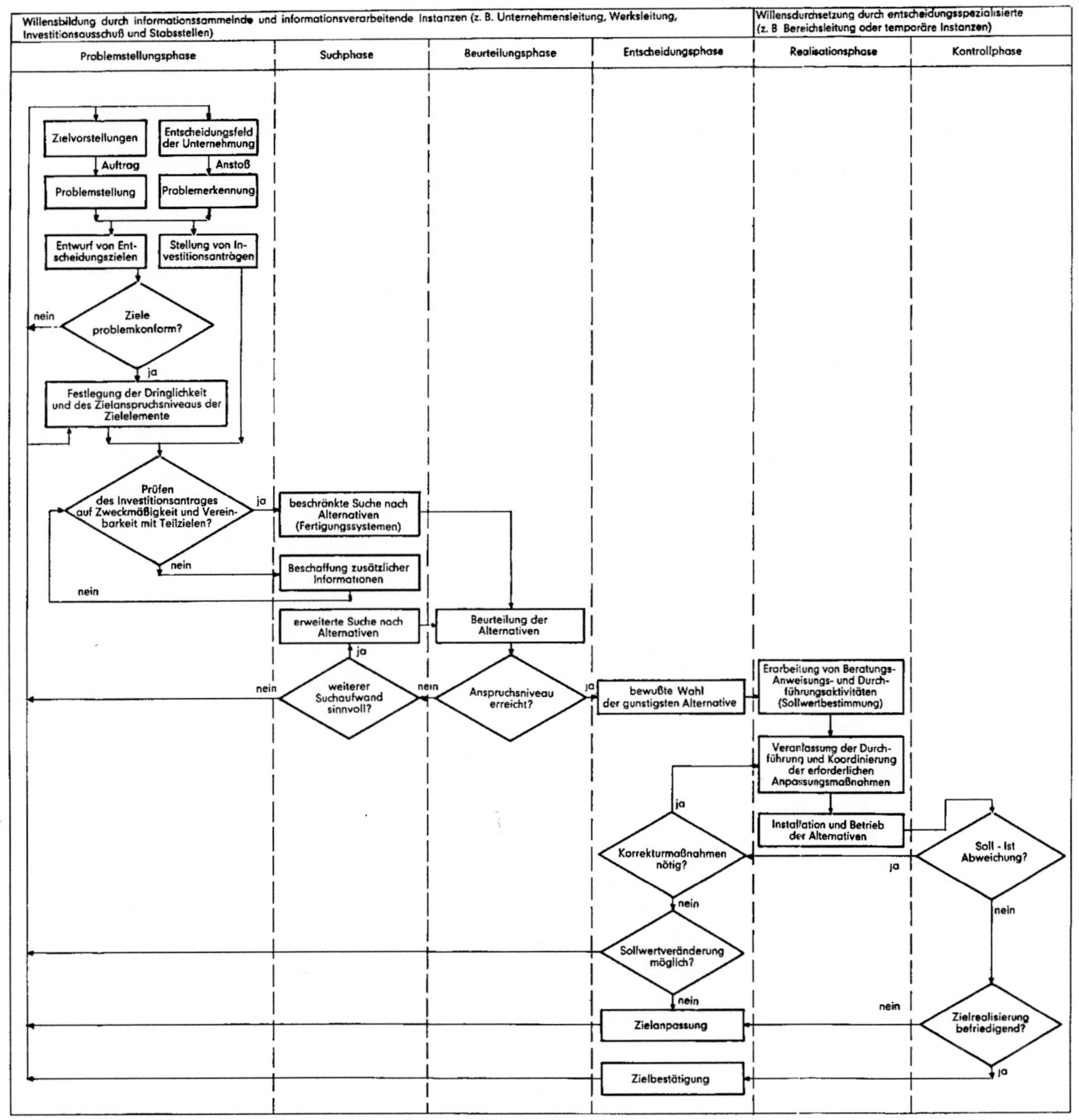

Abbildung 8   Phasen der Willensbildung und Willensdurchsetzung bei Investitionsentscheidungen

Der als Rahmen gewählte Investitionsentscheidungsprozeß ist bei numerisch gesteuerten Fertigungssystemen unter einschränkenden Aspekten zu behandeln. Innerhalb der Entscheidungsprozesse als Problemlösungsprozesse zur Bewertung und Auswahl numerisch gesteuerter Fertigungssysteme sind eine Vielzahl von Teilentscheidungen zu fällen, die zu einer endgültigen Rangfolge der Investitionsobjekte führen. Da der Mittelvorrat der Unternehmung kurzfristig begrenzt ist, wird ein langfristiger Investitionsplan aufzustellen sein, der die Folgeinvestitionen in großen Zügen bis zum Planungshorizont erfaßt. Betrachtet man die Investitionen von Subsystemen numerisch gesteuerter Fertigungssysteme bis hin zu vollintegrierten Systemen als eine Einheit, so sind die in mehreren Perioden unter Beachtung der Datenänderungen anfallenden Entscheidungen Bestandteil der gesamten sukzessiv ablaufenden Investitionsentscheidung.

Die Wahl dieser Vorgehensweise beruht auf der Erkenntnis, daß es nicht möglich ist, alle Beschränkungen gleichzeitig zu beachten. Vielmehr ist eine Handlungsalternative zu erarbeiten, und diese ist auf ihre Verträglichkeit mit den gleichzeitig zu ermittelnden Beschränkungen zu testen. Ergeben sich Abweichungen, kann einmal die Handlungsalternative verworfen oder so abgeändert werden, daß sie der Problemformulierung genügt, zum anderen ist eine Veränderung der Anforderungen an die Alternative denkbar. Dieser sukzessive Vergleich ist solange durchzuführen, bis sich eine konvergente, zulässige Lösung abzeichnet[63]). Folglich liefert der sukzessive Entscheidungsprozeß zwar zulässige, aber keine optimalen Lösungen, auch ist eine Abschätzung der Höhe der Abweichungen zur optimalen Lösung nicht möglich[64]). Andererseits lassen sich für einzelne Phasen bzw. Teilentscheidungen Planungsmodelle[65]) einsetzen, deren Aufgabe darin besteht, „die Gesamtheit der komplexen betrieblichen Abläufe rechenhaft zu machen"[66]).

Die quantitativen Methoden stellen ein Hilfsmittel für die Entscheidungsvorbereitung dar, sie ersetzen jedoch nicht die Entscheidung[67]). Damit wird sichtbar, daß Investitionsrechnungen anhand von Investitionsmodellen als wichtige Grundlage für Investitionsentscheidungen anzusehen sind[68]), jedoch wegen der Nichtbeachtung nicht oder nur schwer quantifizierbarer Faktoren[69]) nur für den quantifizierbaren Bereich des Entscheidungsprozesses

[63]) Vgl. zum Vorgehen MACHOL, R.E.: Methodology of System Engineering, in: System Engineering Handbook, hrsg. von R.E. Machol, New York 1965, S. 1/3—1/13, hier S. 1/6; WILSON, C., ALEXIS, M: Basic Frameworks for Decisions, in: The Making of Decisions, hrsg. von GORE, W.J., DYSON, J.W., London 1964, S. 191ff.

[64]) Vgl. zu den Grenzen sukzessiver Abarbeitung einzelner Teilprobleme VISCHER, P.: Simultane Produktions- und Absatzplanung, Wiesbaden 1967, S. 22ff.

[65]) Zum Charakter von Planungsmodellen vgl. KERN, W.: Gestaltungsmöglichkeiten und Anwendungsbereich betriebswirtschaftlicher Planungsmodelle, a.a.O., S. 167ff.

[66]) ALBACH, H.: Das System der modernen betrieblichen Planung, in: Verteidigungsplanung und Operations Research im Bereich des Bundesministers der Verteidigung, Bonn 1965, S. 25.

[67]) Vgl. KERN, W.: Optimierungsverfahren in der Ablauforganisation — Gestaltungsmöglichkeiten mit Operationsresearch — Essen 1967, S. 13.

[68]) Vgl. SCHNEIDER, E.: Wirtschaftlichkeitsrechnung, a.a.O., S. 24.

[69]) Vgl. dazu SCHNEIDER:, E.: ebenda, S. 138—141; GUTENBERG, E.: Zur neueren Entwicklung ..., a.a.O., S. 637f.; SCHWARZ, H.: Optimale Investitionsentscheidungen, a.a.O., S. 91—105; derselbe:

optimale Ergebnisse liefern. Die problemadäquate Anwendbarkeit von Investitionsmodellen ist also vorwiegend ein Problem der Auswahl der richtigen Modelle im Einzelfall.

Um eine Investitionsrechnung mit den zur Verfügung stehenden Modellen[70] überhaupt vornehmen zu können, ist der gesamte Entscheidungskomplex mit Hilfe von Problemlösungsheuristiken[71] zu zerlegen. Für diese Zerlegung stehen grundsätzlich zwei Möglichkeiten zur Verfügung[72]:

    a) die Bildung von Entscheidungshierarchien,

    b) die Bildung von Entscheidungssequenzen.

Beide Vorgehensweisen sollen in dieser Art für bestimmte Typen von Entscheidungen zur Anwendung kommen. Generell hat diese Vorgehensweise zum Ziel, den Komplexitätsgrad[73] der Entscheidungskalküle zu senken und in Anlehnung an Koch durch eine „geteilte Optimierung"[74] oder durch Anwendung des Prinzips der Suboptimierung[75] eine näherungsweise Gesamtoptimierung zu erreichen.

Die Tiefe der Untergliederung und der Detaillierungsgrad der Planung werden des weiteren durch die Höhe der dadurch verursachten Aufwendungen begrenzt. Hier sind vor allem die zeitlichen und sachlichen Aufwendungen für die Zielbildung, die Erarbeitung und Analyse der Handlungsmöglichkeiten, der Planungsrechnungen und der Entscheidungsfindung zu berücksichtigen. Da die einzelnen Entscheidungsabläufe weitgehend vom technischen Objekt geprägt werden und dadurch ihre Individualität erhalten, lassen sich keine allgemeingültigen Aussagen über die Höhe der Aufwendungen machen.

Zur Bedeutung und Berücksichtigung nicht oder schwer quantifizierbarer Faktoren im Rahmen des investitionspolitischen Entscheidungsprozesses, in: BFuP, 12. Jg. (1960), H. 12, S. 692; BRANDT, H.: Investitionspolitik ..., a.a.O., S. 200ff.

[70] Vgl. S. 227ff. dieser Arbeit.

[71] Problemheuristiken sind dadurch zu kennzeichnen, daß sie Gesamtprobleme in Teillösungen zerlegen — für die dann Lösungen gesucht werden — und unter Berücksichtigung des Problemlösungsaufwandes eine Annäherung an die Zielvorgabe erfolgt. Vgl. HEINEN, E.: Industriebetriebslehre, hrsg. von E. Heinen, Wiesbaden 1972, S. 62; STEINBUCH, K.: Systemanalyse ..., a.a.O., S. 449. Die Heuristiken bauen dabei auf dem Konzept auf, die Lösungsvielfalt durch a-priori-Überlegungen zu reduzieren. Diese könnten entweder logischer oder empirischer Natur sein und beziehen sich auf speziell betrachtete Entscheidungsprobleme.

[72] Vgl. GÄFGEN, G.: Theorie der wirtschaftlichen Entscheidung, a.a.O., S. 212ff und S. 214ff.

[73] Vgl. zum Begriff KERN, W.: Gestaltungsmöglichkeit und Anwendungsbereich betriebswirtschaftlicher Planungsmodelle, a.a.O., S. 169; KOSIOL, E.: Modellanalyse ..., a.a.O., S. 321; TEICHMANN, H.: Die optimale Komplexion des Entscheidungskalküls, a.a.O., S. 519—539.

[74] Vgl. KOCH, H.: Grundlagen der Wirtschaftlichkeitsrechnung, a.a.O., S. 199ff., insbesondere S. 210ff.

[75] Zur Kennzeichnung der indirekten Optimierung von Oberzielen über die Optimierung abgeleiteter Unterziele als Suboptimierung vgl. VERHEYEN, H.: Das Prinzip der Suboptimierung. Ein Beitrag zur betriebswirtschaftlichen Organisationstheorie, Diss. München 1968, S. 17; KLEIN, H.: Heuristische Entscheidungsmodelle, a.a.O., S. 102ff.

3.2 Systemanalyse

3.21 Phasen des Investitionsentscheidungsprozesses

In Abbildung 8 [76]) wurde der Versuch unternommen, die Makrologik für den willensbildenden und willensdurchsetzenden Teil der Investitionsentscheidung aufzuzeigen. Der Ablauf wird durch die Pfeile dargestellt, die Felder verbinden, in denen charakteristische Tätigkeiten durchzuführen sind. Dabei ist nochmals zu betonen, daß innerhalb jeder Phase Teilentscheidungsprozesse ablaufen.

In der Problemstellungsphase führen externe oder interne Impulse, die gesammelt und auf ihre Relevanz geprüft werden müssen, zu Anpassungshandlungen der Entscheidungsträger. Impulse zur Investition numerisch gesteuerter Fertigungssysteme können technischer oder wirtschaftlicher Natur sein [77]).

Die Entscheidungsaufgabe ergibt sich aus der Spannung zwischen Zielsetzung und jeweiligem Ist-Zustand [78]). Art und Umfang der Investitionstätigkeit werden dadurch entscheidend geprägt. Als wichtige Einflußgrößen sind hier z.B. die Probleme der Kapazitätsauslastung, der Arbeitskräftemangel, die Betriebsstruktur, das Verhalten der Konkurrenzunternehmen, die Kapital- und Geldmarktverhältnisse sowie der technische Fortschritt zu beobachten. Die Entscheidungsaufgabe muß nun innerhalb der Bedingungen und Möglichkeiten der Unternehmung gelöst werden [79]). Eine adäquate Problemerfassung trägt damit bereits den Schlüssel zur Problemlösung in sich [80]).

Die Lösung der Entscheidungsaufgabe erfolgt in der Such- und Beurteilungsphase. Damit die Lösung im Sinne der Zielfunktionen erfolgen kann, sind Daten über das Entscheidungsfeld erforderlich. Rosenstock nennt drei Hauptfragen, die hier zu beantworten sind:

[76]) Die Darstellung erfolgt in Anlehnung an ULRICH, H.: Die Unternehmung..., a.a.O., S. 207;HAHN,D.: Entscheidungsprozeß und Fallmethode, in: Entscheidungsfälle aus der Unternehmungspraxis, hrsg. v. K. ALEWELL, K. BLEICHER, D. HAHN, Wiesbaden 1971, S. 24. Zu den Einzelaktivitäten in den Phasen vgl. auch BLOHM, H., LÜDER, K.: Investition, a.a.O., S. 185.

[77]) „Die Investitionsmöglichkeit einer Unternehmung ist langfristig von ihrem Ausrüstungszustand, dem technischen Fortschritt, ihrem Produktionsprogramm, den Wandlungen der Verbrauchergewohnheiten, ihrer Stellung im Markt und ähnlichen Faktoren bestimmt. Diese Bezogenheiten sind kurzfristig vielfach von anderen Momenten überlagert, von Finanzierungsmöglichkeiten, den Steuersätzen, der aktuellen Ertragslage, der Liquidität usw.". OUIRSIN, T.: Probleme industrieller Investitionsentscheidungen, Schriftreihe des Ifo-Instituts für Wirtschaftsforschung, Nr. 49, Berlin-München 1962, S. 50. Vgl. zu den Investitionsanregungen auch KOSIOL, E. und Mitarbeiter: Organisation des Entscheidungsprozesses, a.a.O., S. 31 und Kap. 4.11 dieser Arbeit.

[78]) Vgl. hierzu FRISCHMUTH, G.: Daten als Grundlage..., a.a.O., S. 190.

[79]) Auch Albach sieht den Sinn der Investitionstätigkeit in der „Überwindung bestehender Disproportionen zwischen den Anforderungen an das Unternehmen und seinen Möglichkeiten". (ALBACH, H.: Lineare Programmierung..., a.a.O., S. 527.)

[80]) Allein aus dieser Tatsache folgt, daß neben einer Analyse der Ziele und Zielbeziehungen eine systematische Erfassung des Entscheidungsfeldes einer Unternehmung für realitätsbezogene Investitionsuntersuchungen stehen muß.

„— welche Daten sind für die Lösung des Problems wichtig?

— wie kann man diese Daten beschaffen?

— wie sind diese Daten zu beurteilen?" [81]).

In der Problemstellungs-, Such- und Beurteilungsphase werden somit Daten über das Entscheidungsfeld und die zu erwartenden Zielwirkungen der Alternativen zu verarbeiten sein. Insbesondere für den Bereich der Informationsverarbeitung kommen mathematische Planungsmodelle zur Anwendung. Da in diesen Phasen die Hauptproblematik der Investitionsentscheidung liegt, werden sie als informationsverarbeitende Kernphasen einer weiteren Betrachtung unterzogen [82]).

Durch die Beurteilung und Bewertung verschieden „guter" Alternativen wird der Entscheidungsraum eingeengt. Der Entschluß, eine Alternative zu realisieren, schließt den Willensbildungsprozeß ab. Während alle bisher zu durchlaufenden Phasen als Hilfsmittel zur Entscheidungsvorbereitung gesehen werden, wird die Entscheidung selbst als ein durch personale Verantwortung begründeter Auswahlakt betrachtet. Diese Abgrenzung erlaubt es, die Entscheidungsvorbereitung mit verkürzten Kalkülen, d.h. weitgehend mit Hilfe von Partialmodellen zu betreiben und trotzdem die Totalinterdependenz des Entscheidungsfeldes durch den Entscheidungsträger zu beachten.

Die Einbeziehung der Realisationsphase in den Entscheidungsprozeß [83]) ist dadurch gerechtfertigt, daß hier nur solche Handlungsalternativen betrachtet werden sollen, die im Unternehmen auch tatsächlich realisiert werden. Darüberhinaus kann der Wert von Entscheidungen erst am Erfolg ihrer Verwirklichung gemessen werden. Da eine getroffene Entscheidung zur Durchsetzung an ausführende Stellen weitergeleitet werden muß, ist eine Konkretisierung der Maßnahmen zur Inbetriebnahme erforderlich. Dies geschieht in erster Linie in Form organisatorischer Verfahrenshinweise, die zum Teil stark von der Unternehmensgröße und der Komplexität des Investitionsobjektes abhängen. Für den Investitionsentscheidungsprozeß erscheint hier vor allem das Informationsproblem zur Erfassung der wertbestimmenden Faktoren in der Vorbereitungsphase der Investition von großer Wichtigkeit. Vor allem die Berücksichtigung der durch technische Neuerungen ausgelösten Anpassungswiderstände, von deren Beherrschung die Effizienz einer Investition entscheidend geprägt werden kann, bereitet große Schwierigkeiten.

Streng genommen gehört die Kontrollphase, die in diesem mehrstufigen Entscheidungsprozeß den Rückkoppelungsprozeß über die Wirkungen und Effizienz der Entscheidung sicher-

---

[81]) ROSENSTOCK, H.A.: Die Entscheidung im Unternehmensgeschehen, a.a.O., S. 92.
[82]) Schmidt und Berthel bezeichnen nur die Beurteilungsphase als informationsverarbeitende Kernphase. Vgl. SCHMIDT, R.-B., BERTHEL, J.: Unternehmungsinvestitionen, a.a.O., S. 71.
[83]) So auch GRIEM, H.: Der Prozeß der Unternehmungsentscheidung ..., a.a.O., S. 36f.; STAERKLE, R.: Der Entscheidungsprozeß in der Unternehmungsorganisation, in: Die Unternehmung 17. Jg. (1963), S. 14.

stellt [84]), nicht in den Entscheidungsprozeß, da sie erst nach dem Vollzug der Entscheidung einsetzt. Nun darf die Kontrollphase nicht nur als letzter Schritt im Gesamtverlauf betrachtet werden, sie wird vielmehr auf allen Stufen des Entscheidungsprozesses wirksam und erlaubt damit eine ständige Ausrichtung der Teilprozesse am Gesamtziel [85]). Ihre Einbeziehung erscheint daher aus formalen und praktischen Gründen angebracht.

Bei der Realisation eines Investitionsobjektes und der Kontrolle des Ist-Zustandes ergeben sich Informationen, die gegebenenfalls neue Entscheidungsaufgaben induzieren. Die Kontrollergebnisse bilden somit bereits die Vorstufe für neuanlaufende Entscheidungsprozesse [86]).

Mit der modellhaften Darstellung des Investitionsentscheidungsprozesses wurde ein Rahmen geschaffen, in dem jegliche Probleme, die mit der Investition numerisch gesteuerter Fertigungssysteme in Zusammenhang stehen, umfassend abgehandelt werden können. Auch die wechselseitigen Beziehungen zwischen den Problemen können sichtbar gemacht und in den Gesamtzusammenhang eingeordnet werden. Zur Diskussion der konkreten Sachverhalte sind nun die informationsverarbeitenden Kernphasen näher zu analysieren.

Aus der Literatur [87]) lassen sich drei wesentliche Aufgaben innerhalb der informationsverarbeitenden Kernphasen ermitteln, die nach dem Kriterium gleichgelagerter Strukturierungsproblematik zusammengefaßt werden:

— die betriebswirtschaftlich-technische Voruntersuchung zur Ermittlung geeigneter Handlungsalternativen,

— die technische und ökonomische Datenermittlung für alternative Lösungsmöglichkeiten und

— der eigentliche Bewertungsvorgang zur Wahl der geeignetesten Alternative.

---

[84]) Vgl. zu den möglichen Interpretationen des Kontrollbegriffes FRESE, E.: Kontrolle und Unternehmensführung, Wiesbaden 1968, S. 49—55.

[85]) Vgl. zu den Zwecken der Investitionskontrolle LÜDER, K.: Investitionskontrolle, Wiesbaden 1969, S. 54—58; SCHWARZ, H.: Optimale Investitionsentscheidungen, a.a.O., S. 117 ff.

[86]) Vgl. Seite 102ff. dieser Arbeit.

[87]) Die hier gewählte Einteilung resultiert aus dem Entscheidungsprozeß. In der Literatur wird diese Problematik häufig in betrieblichen Teilplänen erfaßt. Vgl. ALBACH, H.: Investition und Liquidität, a.a.O., S. 67ff.; BRANDT, H.: Investitionspolitik ..., a.a.O., S. 136; SCHWARZ, H.: Rationale Vorbereitung der Entscheidungen über größere Investitionsvorschläge, in: Wirtschaft und Wirtschaftsprüfung, Festschrift zum 60. Geburtstag von H. Rätsch, (hrsg, von K. Mellerowicz und J. Bankmann), Stuttgart 1966, S. 85ff.; FRISCHMUTH, G.: Daten als Grundlage..., a.a.O., S. 190ff.; SCHNEIDER, D.: Investition und Finanzierung, a.a.O., S. 262ff. (Schneider betont dabei besonders den Aspekt der Ermittlung repräsentativer Zahlungsströme für ein Investitionsobjekt.); ALBACH, H.: Entscheidungsprozeß und Informationsfluß in der Unternehmensorganisation, in: Organisation, TFB-Handbuchreihe, Bd. 1, hrsg. von E. Schnaufer und K. AGTHE: Berlin-Baden-Baden,-S. 362ff.; SIMON, H.A.: The New Science of Management Decision, New York 1960, S. 3. Eine gewisse empirische Bestätigung der Tätigkeiten für die

Von den verschiedenen Einflüssen ausgehend, muß zunächst die Frage nach dem logischen Ineinandergreifen der informationsverarbeitenden Kernphase des Entscheidungsprozesses inbezug auf eine spezielle Realinvestition untersucht werden. Die Arbeitsabläufe und Interdependenzen der einzelnen Entscheidungsschritte sollen im Verlauf der Arbeit (vgl. Kapitel 4) einzeln herausgearbeitet werden, weil nur dadurch die betriebswirtschaftlich-technische Komplexität der Teilentscheidungen transparent und nachvollziehbar gemacht werden kann. Als Ziel steht die Prüfung des Investitionsobjektes auf seine funktionale Eignung für die Aufgabenstellung der Unternehmung und für die Unterziele der verschiedenen Bereiche im Vordergrund.

Die informationsverarbeitenden Kernphasen der Investitionsentscheidung weisen danach die gleichen Bestandteile auf, die auch in anderen betrieblichen Entscheidungen zu finden sind: eine Ziel-, eine Feld- und eine Programmkomponente[88]). Die Zielkomponente umfaßt die Entscheidungsziele bzw. -kriterien, die Feldkomponente die jeweils relevanten Aspekte des Entscheidungsfeldes und die Programmkomponente legt die Struktur von Entscheidungsmethoden fest.

Formal fällt in den informationsverarbeitenden Kernphasen die Aufgabe an, den Prozeß der Investition von numerisch gesteuerten Fertigungssystemen in ein abstraktes System von Begriffen abzubilden und die Primärinformation zur Entscheidungsvorbereitung aufzuspüren und systematisch zu erfassen. In diesen Primärinformationen ist die Entscheidung implizit enthalten. Die Aufbereitung dieser Informationen in geeigneten Entscheidungsmodellen (vgl. Kapitel 4.4) liefert dann Sekundärinformationen, die operationale Handlungsanweisungen für die Entscheidung darstellen[89]).

Die Betrachtung der aufeinanderfolgenden Phasen ist zwar eine notwendige, jedoch nicht ausreichende Betrachtungsweise für eine rationale Investitionsentscheidung, da die Entscheidungsvorbereitung ohne bestimmte Regeln ineinandergreift[90]). Hinzu kommt, daß jede einzelne Investition und auch das gesamte Investitionsprogramm durch stufenweise Teilentscheidungen festgelegt werden. Daraus ergibt sich die zusätzliche Forderung, das komplexe Zusammenwirken aller Entscheidungsträger im Rahmen ihrer Beteiligung an der Investitionsentscheidung transparent zu machen und in einer zweckorientierten Organisation zu verankern.

EDV-Anlagenauswahl konnte von Witte erbracht werden. Vgl. WITTE, E.: Phasen-Theorien und Organisation komplexer Entscheidungsverläufe, a.a.O., S. 625ff.; derselbe: Die Organisation komplexer Entscheidungsverläufe — ein Forschungsbericht, in: ZfbF (NF), 20. Jg. (1968), S. 581ff.

[88]) Vgl. FRESE, E.: Die Gestaltung organisatorischer Systeme. Arbeitsbericht 69/1 des Betriebswirtschaftlichen Instituts für Organisation und Automation an der Universität zu Köln, Köln 1969, S. 3f.

[89]) Vgl. zu den Begriffen „Primärinformationen" (Primär-Alternativ-Informationen) und „Sekundärinformationen" (Sekundär-Alternativ-Informationen) LOITLSBERGER, E.: Zum Informationsbegriff und zur Frage der Auswahlkriterien von Informationsprozessen, in: Empirische Betriebswirtschaftslehre, Festschrift zum 60. Geburtstag von L. L. ILLETSCHKO (hrsg. v. E. Loitlsberger), Wiesbaden 1963, S. 118ff.

[90]) Vgl. WITTE, E.: Phasen-Theorien und Organisation ..., a.a.O., S. 644; WILD, B.: Zur Problematik betriebswirtschaftlicher Entscheidungskriterien, in: BF u P, 21. Jg. (1969), S. 65f.

3.22 Organisatorische Aspekte des Investitionsentscheidungs-
prozesses

In der Realität sind am Investitionsentscheidungsprozeß alle Bereiche eines Unternehmens beteiligt. Das Ergebnis dieses Zusammenwirkens, das zu verwirklichende Investitionsprogramm, bleibt deshalb immer die Leistung einer Organisation und damit von der Leistungsfähigkeit der einzelnen Instanzen bzw. Entscheidungsträgern innerhalb der Unternehmung abhängig[91]). Ein organisatorisches Problem bei Investitionsentscheidungsprozessen entsteht immer dann,

— wenn die Personalunion des Trägers von Zielsetzung und Zielerreichung[92]) durchbrochen ist, also mehrere Personen am Entscheidungsprozeß beteiligt sind[93]),

— wenn eine Ausrichtung auf unterschiedliche Ziele möglich ist[94]),

— wenn, bedingt durch die Unsicherheit der Daten über die Konsequenzen einer Investitionsalternative, eine subjektive Schätzung der Informationen durch die Entscheidungsträger im Laufe des Prozesses herbeigeführt werden muß[95]),

— wenn es den Entscheidungsträgern frei steht, auf welches Modell sie sich bei der Beurteilung der Investitionsalternativen stützen wollen[96]),

— wenn der Entscheidungsträger im Laufe des Prozesses Alternativen ausscheidet, die, wären sie noch beim Entschlußzeitpunkt im Lösungsraum, in die engere Wahl kämen und

— wenn die Investitionsentscheidung über numerisch gesteuerte Fertigungssysteme die begrenzte quantitative und qualitative Kapazität des Menschen übersteigt[97]).

Dann werden die organisatorische Struktur, Verteilung und Koordination der Aufgaben sowie eine Abgrenzung der Verantwortlichkeiten zu einem tragenden Element rationaler Investitionsentscheidungen[98]).

---

[91]) „Die Effizienz des Entschlusses hängt nicht nur von den inhaltlichen, problemrelevanten Parametern ab, sondern auch von der formalen Ordnung, in der sich der Problemlösungsprozeß vollzieht". WITTE, E.: Entscheidungsprozesse, a.a.O., Sp. 501.

[92]) Vgl. HAX, H.: Die Koordination von Entscheidungen, a.a.O., S. 102f.

[93]) Probleme, die sich aus intrapersonellen und interpersonellen Zielkonflikten ergeben, werden in dieser Arbeit nicht behandelt. (Vgl. GÄFGEN, G.: Theorie der wirtschaftlichen Entscheidung, a.a.O., S. 176ff. und S. 413ff.). Es wird davon ausgegangen, daß die individuellen Zielfunktionen der Mitarbeiter und Konflikte untereinander keinen Einfluß auf die Entscheidung haben.

[94]) Vgl. ULRICH, H.: Willensbildung und Willensdurchsetzung, in: HWO, a.a.O., Sp. 1785.

[95]) Vgl. SCHMIDT, R.B., BERTHEL, J.: Unternehmungsinvestitionen, a.a.O., S. 78f.

[96]) Zu den beiden letzten Punkten vgl. FRANKE, G.: Investitionspolitik, betriebliche, in: HdB, 4. Aufl., a.a.O., Sp. 1999ff.

[97]) Vgl. HEINEN, E.: Grundlagen betriebswirtschaftlicher Entscheidungen, a.a.O., S. 187.

[98]) Vgl. BLOHM, H., LÜDER, K.: Investition, a.a.O., S. 9ff.; SCHWARZ, H.: Optimale Investitionsentscheidungen, a.a.O., S. 106ff.

Um ein zielgerichtetes Handeln im Problemlösungsprozeß zu gewährleisten, sind aufeinander abgestimmte Verfahrensvorschriften aufzustellen[99]), die eine zweckmäßige Auswahl und Aufbereitung der Entscheidungsunterlagen erlauben. Dabei kann die Aufgabe dieser Untersuchung nur darin bestehen, dem Entscheidungsträger — durch Darstellung der Einflußgrößen und Methoden — die Entscheidungsfindung zu erleichtern und transparent zu machen. Zu diesem Zweck wollen wir die Teilaufgabenkomplexe des Investitionsentscheidungsprozesses in den folgenden Kapiteln getrennt behandeln. Dies vor allem auch, um eine Reduzierung der Komplexität der Aufgaben und Vorgänge zu erreichen und die Wiederholbarkeit und Kontrolle dieser Prozesse zu ermöglichen.

Als Ordnungskomponenten[100]) des in mehreren Dimensionen ablaufenden Entscheidungsprozesses lassen sich dann Raum und Zeit, sowie Inhalt und Zuordnung der Aufgabenerfüllung anführen. Während die Komponente Raum bei der Organisation von Investitionsentscheidungsprozessen von geringerer Bedeutung ist, muß der Komponente Zeit große Beachtung geschenkt werden, z.B. durch den Einfluß des technischen Fortschritts, der Festlegung der Aufgabeninhalte und ihrer Zuordnung zu Aufgabenträgern. Insbesondere ist dabei auf den grundsätzlichen Unterschied beim willensbildenden und willensdurchsetzenden Teil des Investitionsentscheidungsprozesses hinzuweisen. Im ersteren geht es um die Sammlung, Vorbereitung und Weiterleitung von Informationen, beim letzteren um die Ausführung der getroffenen Investitionsentscheidung.

Die grundsätzlichen Fragen nach der vorteilhaftesten Organisationsform für Investitionsentscheidungen wurden in der Literatur[101]) weitgehend diskutiert. Sie lassen sich im einzelnen nur bei Kenntnis der Unternehmung, der Aufgabenträger und der grundsätzlichen Strukturierungsmöglichkeiten hinreichend genau beantworten. Wir wollen hier die Aspekte in Bezug auf numerisch gesteuerte Fertigungssysteme behandeln, wobei aus den oben angeführten Gründen darauf verzichtet werden soll, die Ansätze einzeln darzustellen.

3.221 Die Verteilung der Aufgaben im willensbildenden und willensdurchsetzenden Teil des Entscheidungsprozesses

Die Investitionsentscheidung hat instrumentellen Charakter, da mit ihrer Hilfe die Realisierung des unternehmerischen Zielsystems angestrebt wird. Die im Verlauf des Investitionsentscheidungsprozesses zu treffenden Entscheidungen sind als logisch zusammenhängend zu betrachten, es bedarf daher geeigneter Verknüpfungsvorschriften und Koordinationsmechanismen, so daß der Finalentschluß (echte Entscheidung) sich aus den Teilentscheidungen (z.T. Routineentscheidungen) ableiten läßt. Konkret besteht die Aufgabe der Organisation in der Strukturierung eines Anweisungs- und Kontroll- sowie eines Informations- und Kommunika-

[99]) Vgl. ULRICH, H.: Die Unternehmung ..., a.a.O., S. 220.
[100]) „Ordnungskomponenten sind alle Tatbestände, deren Festlegung einen Zuwachs an Organisiertsein bewirkt". WITTE, E.: Ablauforganisation, in: HWO, a.a.O. Sp. 24.
[101]) Vgl. z.B. KOSIOL, E. und Mitarbeiter: Die Organisation von Investitionsentscheidungen, a.a.O., S. 27ff.; BLOHM, H., LÜDER, K.: Investitionen, a.a O., S. 9ff.; BRANDT, H.: Investitionspolitik ..., a.a.O., S. 132ff.; SCHWARZ, H.: Optimale Investitionsentscheidungen, a.a.O., S. 106—120.

tionssystems [102]). Diese Variablen stellen neben der Motivation der an der Investitionsentscheidung beteiligten Menschen die wesentlichsten Einflußfaktoren des Investitionsentscheidungsprozesses dar [103]).

Bei dem Bemühen, für den dargestellten Investitionsentscheidungsprozeß eine organisatorische Struktur zu finden, kann zunächst von einer Modellvorstellung ausgegangen werden, die den willensbildenden und willensdurchsetzenden Teil des Investitionsentscheidungsprozesses gesondert betrachtet [104]).

Entscheidungsaufgaben entstehen durch die Feststellung einer Diskrepanz zwischen Zielsystem und Realität. Die Ingangsetzung des Entscheidungsprozesses kann somit von allen Instanzen (Stellen) der Unternehmenshierarchie ausgelöst werden, die diese Diskrepanz feststellen. Vereinfachend wird nun angenommen, daß die Anregung zur Investition durch weitere Überlegungen und routinemäßige Entscheidungen verdichtet wird und zu einem Investitionsantrag für eine spezielle Handlungsalternative führt [105]). Erst am Ende dieses Prozesses wird eine echte Entscheidung eines Entscheidungsträgers der obersten Unternehmenshierarchie notwendig. Ob letztlich die Investitionsentscheidung vom Unternehmer oder von bestimmten Leitungsstellen [106]) getroffen werden, hängt von der Investitionsart [107]), von der Unternehmensgröße, von der Komplexität und der Wertigkeit [108]) der Entscheidung ab. Die Investitionsart bestimmt die Tragweite [109]) der Investitionsentscheidung. So gehören z.B. Erweiterungsinvestitionen zu den wichtigsten unternehmerischen Entscheidungen, während Ersatzinvestitionen im Sinne der Kapitalerhaltung weitgehend delegierbare Anpassungsentscheidungen erfordern [110]). Festzuhalten bleibt, daß es sich im willensbildenden Teil des Investitionsentscheidungsprozesses um Informationsprozesse handelt, die durch organisatorische Maß-

[102]) Vgl. GROCHLA, E.: Unternehmensorganisation, Reinbek bei Hamburg 1972, S. 13.

[103]) Vgl. STAERKLE, R.: Der Entscheidungsprozeß...,a.a.O., S. 14.

[104]) Vgl. KOSIOL, E. und Mitarbeiter: Die Organisation von Investitionsentscheidungen, a.a.O., S 53ff.; BRANDT, H.: Investitionsplanung, in: Unternehmensplanung, hrsg. von K. Agthe und E. Schnaufer, Baden-Baden 1963, S. 380f.; FRANKE, G.: Investitionspolitik, betriebliche, in: HdB, 4. Aufl., a.a.O., Sp. 1996ff.; NAUMANN, P.: System einer unternehmerischen Entscheidungstheorie, a.a.O., S. 255f.

[105]) Vgl. hierzu auch die empirischen Untersuchungen Wittes zum Entscheidungsprozeß. (WITTE, E.: Mikroskopie einer unternehmerischen Entscheidung, in: IBM-Nachrichten (1969), H. 193, S. 493ff.). Am Beispiel der Auswahl einer EDV-Anlage konnte Witte zeigen, daß in derartigen Entscheidungsprozessen das Gesamtproblem durch Vorentscheidungen sukzessive soweit eingeengt wird, daß der Einmalentschluß weitgehend eine ja-nein-Entscheidung darstellt.

[106]) Vgl. STRASSER, H.: Zielbildung und Steuerung der Unternehmung, a.a.O., S. 76.

[107]) Vgl. BLOHM, H., LÜDKER, K.: Investition, a.a.O., S. 24f.

[108]) Die Wertigkeit einer Entscheidung hängt z.B. vom Wert des Entscheidungsobjektes und dem Risiko, das mit einer Entscheidung verbunden ist, ab. Vgl. SCHMIDT, R.B.: Die Delegation der Unternehmerleistung, in: ZfhF (NF), 15. Jg. (1963), S. 69.

[109]) Vgl. SCHWARZ, H.: Optimale Investitionsentscheidungen, a.a.O., S. 147ff.

[110]) Vgl. zur Abgrenzung von Anpassungsentscheidungen und Initiativentscheidungen bei Erweiterungsinvestitionen Arbeitskreis HAX, K.: Wesen und Arten unternehmerischer Entscheidungen, in: ZfbF (NF), 16. Jg. (1964), S. 709.

nahmen so zu strukturieren sind, daß die konstitutive Entscheidung über die zur Auswahl stehenden Objekte von einer kompetenten Instanz getroffen werden kann [111]).

Dieser Umstand erfordert eine wirksame Koordination zur Erreichung des Unternehmenszieles. Eine klare Abgrenzung der Entscheidungsbefugnisse und Verantwortlichkeiten, eine Festlegung von Informationspflichten und Auskunftsrechten muß in jeder dem speziellen Unternehmen angepaßten Organisation gewährleistet sein, um Fehlentscheidungen [112]) zu vermeiden.

Da die Investitionsanregungen für technische Neuerungen sowie die technische Investitionsanalyse [113]) meistens von Technikern kommen bzw. durchgeführt werden, bei deren Überlegungen der Wunsch nach technischer Perfektion viel Gewicht hat, wodurch ökonomische Gesichtspunkte manchmal zu kurz kommen [114]), ergibt sich für die Organisation daraus die Forderung nach Transparentmachung des Prozesses und Einführung der nötigen Kontrollen an geeigneten Punkten im Entscheidungsablauf.

Im willensdurchsetzenden Teil der Investitionsentscheidung läuft dieser Prozeß in anderer Richtung ab. Hier kommt die Anweisung zur Realisation des Investitionsobjektes von der obersten Unternehmenshierarchie auf dem Befehlsweg. Die routinemäßigen Entscheidungen betreffen nun die optimale Eingliederung des Investitionsobjektes in das betriebliche Geschehen. Die organisatorische Strukturierung der dazu erforderlichen Beratungs-, Ausführungs- und Kontrolltätigkeiten steht dabei im Vordergrund. Der Kontrollvorgang bildet für diese Phase den Abschluß und möglicherweise den Ausgangspunkt für neue Investitionsanregungen.

Hier wird der oben geforderte Ableitungszusammenhang zwischen Routine-Entscheidungen und echten Entscheidungen im willensbildenden und willensdurchsetzenden Teil des Investitionsentscheidungsprozesses evident: „Alle Routine-Entscheidungen werden theoretisch im

[111]) Bedeutsam können hier widersprüchliche Informationen aufgrund unterschiedlicher Ziele und auch unterschiedlicher Schlüsse aus betrieblichen Situationsanalysen sein. Beide Probleme können in der Person des Entscheidungsträgers und seiner Stellung in der Organisation begründet liegen. Dies ist z.B. denkbar bei Investitionsvorschlägen von betrieblichen Vorgesetzten, denen es in der Regel um die Beseitigung augenblicklicher Schwachstellen geht, und bei Mitarbeitern in den Stabsstellen, denen das Ziel einer langfristigen Kapazitätsanpassung vorschwebt. Zum Teil beruhen die Informationsprobleme auch auf individuellen Wissensunterschieden.

[112]) Als Gründe für Fehlentscheidungen bei der Bewertung und Auswahl von Investitionsalternativen lassen sich die Zugrundelegung verschiedener Zielpläne oder Entscheidungsfelder sowie unrichtige oder die unvollständige Ermittlung der Konsequenzen untersuchter Alternativen anführen. Vgl. auch zu den grundsätzlichen Ursachen von Fehlentscheidungen GÄFGEN, G.: Theorie der wirschaftlichen Entscheidung, a.a.O., S. 101f.

[113]) Die technische Investitionseignungsanalyse, bei der es um eine Bestimmung der betrieblichen Anforderungen und der technischen Eignungsanalyse von Investitionsalternativen für eine bestimmte betriebliche Aufgabe geht, verlangt detaillierte Sachkenntnis des Betriebes und der angebotenen bzw. zu entwickelnden Alternativen. Sie wird deshalb im allgemeinen dezentral durchgeführt. (Vgl. KOSIOL, E. und Mitarbeiter: Die Organisation von Investitionsentscheidungen, a.a.O., S. 39.)

[114]) Vgl. OUIRSIN, T.: Probleme industrieller Investitionsentscheidungen, a.a.O., S. 41 und 45.

Laufe des Bildungs- bzw. Durchsetzungsprozesses der echten Entscheidung getroffen, sie dienen damit ausschließlich der Optimierung des Ablaufs des Entscheidungsprozesses, der optimalen Ermöglichung der Gesamtentscheidung"[115].

Die geschilderte Verteilung der Aufgaben im willensbildenden und willensdurchsetzenden Teil des Entscheidungsprozesses konnte allgemein für Investitionsgüter empirisch belegt werden[116]. Für Investitionsentscheidungen über numerisch gesteuerte Fertigungssysteme scheint — zunächst bei der Beschaffung des ersten Fertigungssystems — der aufgezeigte Entscheidungsablauf nicht typisch zu sein. Es kann z.B. nicht von vorhandenem Wissen über die Leistung der Handlungsalternativen und von gegebenen Informationen über deren Auswirkungen ausgegangen werden. Diese Prämisse erlaubt zwar theoretisch eindeutige Lösungen, entbehrt aber bei technischen Innovationen jeder Basis.

Da sich der Investitionsentscheidungsprozeß bei technischen Neuerungen nicht aus einer Folge von „Ja-Nein-Entscheidungen", sondern aus einer zielgerichteten „Wenn-dann-Folgerung"[117] ableitet, spielen die Such- und Verhaltensstrategien der am Entscheidungsprozeß beteiligten Mitarbeiter eine große Rolle[118]. Das Informationsverhalten, die tatkräftige Mitarbeit und die Übernahme von Risiken im willensbildenden Teil des Investitionsentscheidungsprozesses bestimmen somit entscheidend die Qualität und den Zeitpunkt der Entscheidung.

Eine Verbesserung der Entscheidung kann durch eine fortlaufende Informationssammlung nicht ad infinitum fortgesetzt werden, da Informationen Kosten verursachen und bei technischen Neuerungen kaum zu erhalten sind. Andererseits gibt es keine Kriterien, die optimale Informationsmenge zu bestimmen[119]. Als praktisch brauchbar erscheint hier der Weg, für bestimmte Teilaufgaben Unterziele mit Zielerreichungsgraden zu formulieren[120]. Zur Verwirklichung dieser Ziele kann der Aufgabenträger seine schöpferische Phantasie, Initiative, verbunden mit analytischem Denkvermögen und methodischem Vorgehen, einsetzen. Er hat so einen gewissen Freiraum zur Informationsgewinnung. Gleichzeitig lassen sich aber am Zielerreichungsgrad seine Leistungen messen. Dies setzt voraus, daß von Seiten der Unternehmensleitung die Notwendigkeit einer Innovation zur Zielerreichung anerkannt und das

[115] NAUMANN, P.: System einer unternehmerischen Entscheidungstheorie, a.a.O., S. 260f.

[116] Vgl. z.B. KLÜMPER, P.: Die Organisation von Entscheidungsprozessen zum Kauf von Industrieanlagen, Diss. Mannheim 1969; MEIER, R.: Planung, Kontrolle und Organisation des Investitionsentscheides, Diss. Zürich 1970.

[117] Vgl. ILLETSCHKO, L.L.: Führungsentscheidungen im Unternehmen, in: Wirtschaftlichkeit (1957), H. 9/10, S. 219.

[118] Bei der Befragung von Praktikern entstand der Eindruck, daß die Erstinvestition numerisch gesteuerter Fertigungssysteme der Initiative einzelner Persönlichkeiten zuzuschreiben ist.

[119] Vgl. NIGGEMANN, W.: Optimale Informationsprozesse in betriebswirtschaftlichen Entscheidungssituationen, Wiesbaden 1973, S. 30ff.

[120] Dieser Vorschlag geht auf heuristische Entscheidungsstrategien zur Unternehmensführung zurück. Vgl. hierzu FRESE, E.: Heuristische Entscheidungsstrategien der Unternehmensführung, in: ZfbF(NF), 21. Jg. (1971), S. 283 — 307, insbesondere S. 293ff.

verhältnismäßig hohe Risiko getragen wird. Die Entscheidung hierüber ist weitgehend undurchschaubar, deshalb schwer zu erfassen und nur sehr begrenzt rationaler Natur [121]).

Die Arbeitsteilung kann dann auf zweierlei Weise erfolgen:

(1) der Prozeß der Investitionsentscheidung wird einem Team zugewiesen, das selbständig jede Entscheidung in einem vorgegebenen Rahmen vorzubereiten und zu treffen hat;

(2) die Teilprozesse des gesamten Investitionsprozesses werden von spezialisierten Mitarbeitern wahrgenommen, die Gesamtentscheidung — als echte Entscheidung — wird dann aufgrund dieser Entscheidungsunterlagen von höherer Instanz getroffen.

Die Befragung zeigt, daß beide Richtungen in der Praxis anzutreffen sind.

3.222 Die Zusammenfassung der Aufgaben in geeignete Instanzen

Die Ausführungen zum Entscheidungsfeld haben bereits deutlich werden lassen, daß bei der Projektierung numerisch gesteuerter Fertigungssysteme eine Fülle von Detailentscheidungen zu fällen sind, die sukzessive die Investitionsentscheidungen einengen. Aus diesen Gründen und Gründen der Informationsgewinnung erscheint es ratsam, für die Investition numerisch gesteuerter Fertigungssysteme einen Planungsstab einzusetzen, der Projektierung, Realisation und Kontrolle des Fertigungssystems übernimmt [122]). Eine Möglichkeit, bei Investitionsuntersuchungen die Vorteile der dezentralen Informationsanalyse und zentralen Aufbereitung der Informationen [123]) über Alternativen zu vereinen, ist die Zusammenfassung qualifizierter Mitarbeiter der beteiligten Stellen zu einem zweckorientierten Investitionsausschuß [124]). Dieser Ausschuß kann darüberhinaus auch eine Reduzierung der zu erwartenden Anpassungswiderstände in der Organisation [125]) der Unternehmung durch numerisch gesteuerte Fertigungssysteme erreichen.

[121]) Die Gespräche mit den Fachleuten in der Industrie zeigten, daß die Motive zur Durchführung einer Innovation äußerst vielschichtig sind. Obwohl vorwiegend rationale Gründe angeführt wurden, läßt sich aus den Äußerungen indirekt entnehmen, daß die technische Faszination und der Besitz eines numerisch gesteuerten Fertigungssystems als eine Art Statussymbol auch eine Rolle spielten.

[122]) Vgl. zu diesem Vorschlag FALK, S.: Voraussetzungen für den Einsatz..., a.a.O., S. 547ff.; STEHLE. P.: Einführung und wirtschaftlicher Einsatz numerisch gesteuerter Werkzeugmaschinen, in: Klepzig Fachberichte, Jan. 1967, S. 30.

[123]) Als Vorteile einer dezentralen Informationssammlung lassen sich bessere Datenquellen und engere Kontakte der Aufgabenträger mit den speziellen Belangen der Bereiche nennen. Die Vorteile einer zentralen Investitionsuntersuchung ergeben sich aus der engen Verbindung dieser Stelle mit der Unternehmensführung und der neutraleren Betrachtung technischer, wirtschaftlicher und organisatorischer Aspekte. Vgl. KOSIOL, E. und Mitarbeiter: Die Organisation von Investitionsentscheidungen, a.a.O., S. 40f.

[124]) Vgl. zur Einrichtung eines Investitionsausschusses SCHWARZ, H.: Rationale Vorbereitung der Entscheidungen..., a.a.O., S. 103f. Die Befragung zeigte, daß in fast allen Unternehmen die numerisch gesteuerte Fertigungssysteme einsetzen, ein Investitionsausschuß eingerichtet wurde.

[125]) Vgl. hierzu DIENSTBACH, H.: Dynamik der Unternehmungsorganisation, Wiesbaden 1972, S. 109ff.

Da es keinen objektiv anerkannten Algorithmus zur Informationsanalyse und -aufbereitung gibt und der Planungsprozeß praktisch nicht kontrollierbar ist, wurden zur Beschränkung des damit verbundenen Risikos in der Literatur Erwägungen über die zweckmäßige Zusammensetzung des Investitionsausschusses [126]) angestellt. Besondere Aufmerksamkeit wird dabei der Abstimmung des Einflusses der Mitglieder, die über technologisches Sachwissen verfügen, und der Mitglieder, die mehr Wissen über betriebswirtschaftliche Ziele besitzen, geschenkt [127]). Wie empirische Erhebungen [128]) zeigen, bestimmt ihr Einfluß in entscheidendem Maße die Gesichtspunkte, die bei Investitionsentscheidungen berücksichtigt werden.

Mit der Frage nach der Organisation des Investitionsentscheidungsprozesses wird neben der Festlegung, wer die Teilentscheidungen trifft, auch das Verhalten der Unternehmung auf Datenänderungen und damit das Informationsverhalten festgelegt. Im Hinblick auf die lange Vorbereitungsphase [129]) beim Einsatz von numerisch gesteuerten Fertigungssystemen ist dieser Aspekt für die langfristige Zielerreichung der Unternehmung von großer Bedeutung. Die Einrichtung eines Investitionsausschusses für die Behandlung des willensbildenden Teils der Investitionsentscheidung erscheint unter diesen Gesichtspunkten vorteilhaft.

Eine Organisationsform, die in einigen Großunternehmen zur Beschaffung numerisch gesteuerter Fertigungssysteme eingerichtet [130]) wurde und die sich für komplexe Großprojekte zur Projektierung, Realisation und Kontrolle bereits bewährt hat, stellt das Projekt-Management [131]) dar. Von Projektmanagern wird behauptet, daß sie dank ihrer organisatorischen Eingliederung und der Wahrnehmung spezieller Funktionsbereiche u.a. auch für eine schnelle und kostengünstige Projektierung, Realisation und Kontrolle komplizierter Ferti-

---

[126]) In der Regel sollte die Gruppe zur Beurteilung von numerisch gesteuerten Fertigungssystemen den Leiter der Arbeitsvorbereitung, den Betriebsingenieuer sowie den Meister, in dessen Bereich das Fertigungssystem eingesetzt werden soll, den Leiter des Werkzeug- und Vorrichtungsbereiches, den Leiter der Anlageverwaltung und einen Mitarbeiter der zentralen Investitionsplanung umfassen. Aus diesem Kreis soll ein Koordinator für den Einsatz und die Überwachung von numerisch gesteuerten Fertigungssystemen bestimmt werden, während die Gruppe zur Vorbereitung grundsätzlicher Maßnahmen, wie z.B. bei Investitionsvorbereitungen, Personalauswahl und -ausbildung sowie organisatorischen Veränderungen zusammentritt. Die Diskussion in der Gruppe liefert die zur schnellen Abstimmung notwendigen kurzen Informationswege. Vgl. FERRIS, W.G.: Preyaring to use numerical control, in: Numerical control users handbook, hrsg. von W.H.P. LESLIE, London usw. 1970, S. 13ff.

[127]) Nach Scheer werden in der überwiegenden Mehrzahl (97%) die Investitionsbeschlüsse kollegial von kaufmännischen und technischen Führungskräften gefaßt. Vgl. SCHEER, A.W.: Die industrielle Investitionsentscheidung, Wiesbaden 1969, S. 149.

[128]) Vgl. z.B. SCHEER, A.W.: ebenda, S. 152; KOSIOL, E. und Mitarbeiter: Die Organisation von Investitionsentscheidungen, a.a.O., S. 46f.

[129]) Vgl. S. 104 dieser Arbeit.

[130]) Diese Organisationsform war vorwiegend bei Großbetrieben der Automobilindustrie anzutreffen.

[131]) Vgl. BAUMGARTNER, J.S.: Project Management, in: Handbook of Business Administration, hrsg. von H.B. Maynard, New York usw. 1967, S. 5-70; SCHRÖDER, H.G.: Projekt-Management. Eine Führungskonzeption für außergewöhnliche Vorhaben, Wiesbaden 1970; ZIMMERMANN, K.: Die Projektgruppe als Organisationsform zur Lösung komplexer Aufgaben, in: ZfO, 39. Jg. (1970), S. 45ff.; RÜSBERG, K.H.: Die Praxis des Project-Managements, München 1971, insbesondere S. 55ff.; GROCHLA, E.: Unternehmungsorganisation, a.a.O., S. 205ff.

gungssysteme besonders geeignet sind. Während der Investitionsausschuß in der Regel für alle Investitionsvorhaben in bestimmten Bereichen der Unternehmung zuständig ist, arbeiten die Mitglieder eines objektorientierten Projekt-Teams nur an einem Investitionsprojekt, das über alle Phasen des Entscheidungsprozesses, die nach der Problemformulierung und Grobauswahl der Investitionsobjekte anfallen, betreut wird [132]). Die Mitglieder des Projekt-Teams setzen sich aus Spezialisten der einzelnen Abteilungen — ähnlich dem Investitionsausschuß — zusammen und sind in der Praxis sehr häufig als Stabsstellen der Unternehmensleitung zugeordnet. Diese Stäbe verfügen nur über Anordnungsbefugnisse für das genau umrissene Projekt [133]). Dieser Umstand ist für die Ermittlung der erforderlichen Daten und bei der Realisierung von numerisch gesteuerten Fertigungssystemen von großer Bedeutung, da, wie bereits angeführt, das Projekt eine große Zahl von betrieblichen Subsystemen unmittelbar berührt und Anpassungshandlungen in ihnen hervorruft. Sollen die daraus und aus dem numerisch gesteuerten Fertigungssystem selbst resultierenden Teilaufgaben optimal ausgeführt werden und auch kontrollierbar sein, sind fest umrissene Zielsetzungen notwendig. Eine derartige, an operationalen Zielen ausgerichtete, projektorientierte Organisation kann die Motivation der Mitarbeiter fördern, um eine die In- und Umsysteme berücksichtigende Projektdurchführung sicherzustellen.

Innerhalb dieser Gruppe laufen mehrere Entscheidungen und Tätigkeiten parallel ab. Der Hauptfluß der Informations- und Arbeitsbeziehungen verläuft folglich nicht vertikal (hierarchisch), sondern horizontal. Ein solcher projektbezogener Informationsfluß kann zu erheblichen Kosten- und Zeitreduzierungen führen, insbesondere deshalb, weil ein kurzfristiges Erkennen von Fehlentwicklungen und ihre rechtzeitige Korrektur eher möglich wird. Charakteristische Begleiterscheinungen bei der Einführung einer technischen Neuerung, die aus der mangelnden Vorhersehbarkeit von Schwierigkeiten und Problemen resultieren und ein hohes Maß an Improvisationsvermögen verlangen, können so besser bewältigt werden [134]). Dies gilt auch für Veränderungen in den Umweltbedingungen, da der Projektleiter der alleinige Partner für die externen Stellen ist. Das Prinzip der aufgabenorientierten (ergebnisorientierten) Integration wird hier weitgehend verwirklicht.

Darüberhinaus darf nicht unterschätzt werden, daß die Mitarbeiter ihre Arbeitsleistung an einem abgrenzbaren Output identifizieren können. Ihr Beitrag wird nicht infolge einer fachlichen Arbeitsteilung (rein funktionale Gliederung) unerkennbar. Diese Möglichkeit der Selbstidentifikation mit dem Erfolg eines isolierbaren Objektes wird im allgemeinen die Leistungsmotivation positiv beeinflussen [135]).

[132]) Die Konzeption des Projektmanagements besteht darin, „daß die Unternehmensführung für die Gesamtdauer eines Projekts eine zentrale Projektverantwortlichkeit schafft. Diese wird an einer Stelle organisatorisch institutionalisiert, deren einzige Aufgabe die erfolgreiche Leitung des Projektes ist". SCHRÖDER, H.G.: Projekt-Management, in: Management-Enzyklopädie, Bd. 4, München 1971, S. 1315.
[133]) In der Regel wird Stäben keine Anordnungsbefugnis zugestanden. Vgl. KOSIOL, E.: Organisation der Unternehmung, Wiesbaden 1962, s. 134ff.
[134]) Vgl. KOSIOL, E. und Mitarbeiter: Die Organisation von Investitionsentscheidungen, a.a.O., S. 102f.
[135]) Vgl. SCHRÖDER, H.G.: Projekt-Management, Eine Führungskonzeption..., a.a.O., S. 107.

Die aufgezeigte Organisationsform trägt vor allem der engen Verbindung technischer, organisatorischer und wirtschaftlicher Belange Rechnung. Die im Investitionsentscheidungsprozeß aufgezeigten Aufgaben und der organisatorische Rahmen geben Anhaltspunkte für eine effiziente Projektabwicklung für numerisch gesteuerte Fertigungssysteme. In Analogie zur Projektabwicklung bei elektronischen Datenverarbeitungsanlagen [136] läßt sich folgendes Aufgabenverteilungs- und Ablaufschema (Abb. 9 [137])) erstellen. Die Einteilung in Verantwortungs- und Mitwirkungsbereiche ist als eine von vielen Möglichkeiten zu sehen, die im speziellen Fall modifiziert werden muß [138]. Die Spezifizierung der Aufgabeninhalte erfolgt bei der Behandlung der einzelnen Phasen des Investitionsentscheidungsprozesses. Zu betonen ist, daß die einzelnen Komponenten im Schaubild nicht unabhängig voneinander betrachtet werden können und jede Änderung in der Organisation eine andere Zuordnung der Aufgaben verlangt. Die Wirkungen der Organisationsform werden im folgenden nur insoweit betrachtet, als sich Einflüsse auf die Aufgabeninhalte zeigen, die Untersuchungsgegenstand der folgenden Ausführungen sind.

[136] Vgl. BRESKA, D.: Die Organisation der betrieblichen Datenverarbeitung, München 1967; HEIL-MANN, H., HEILMANN, W., REBLEIN, E.: Einsatzplanung für eine Datenverarbeitungsanlage, Stuttgart 1968.
[137] In Analogie zu BOTTLER, J., HORVATH, P., KARGL, H.: Methoden der Wirtschaftlichkeitsberechnung für die Datenverarbeitung, München 1972, S. 229.
[138] Die Darstellung erfolgt aufgrund der häufigsten Nennung unter Berücksichtigung des logischen Zusammenhanges der Aufgaben.

Aufgabeninhalte: \ Aufgabenträger:	Unternehmensleitung	Investitionsausschuß	Betriebsleitung	Stabsstelle Investitionsplanung / Systemanalyse	Arbeitsvorbereitung / Programmierung	Fachabteilungen	Projektmanagement	externe Beratung	Hersteller numerisch gesteuerter Fertigungssysteme
1. Investitionsanregungen	x	x	x	x	x	x	x	x	x
2. Ermittlung der Handlungsmöglichkeiten			o	o		x			
3. Klassifizierung der Handlungsmöglichkeiten			o	x					
4. Beratung und Entscheidungsvorbereitung		o							x
5. Zielformulierung		o	x	x		x			x
6. Grobauswahl	o	o		o					
7. Zieldetaillierung		x	x	o		x	o	o	
8. Bestimmung der technischen Anforderungen				o	x	x			
9. Technische Eignungsanalysen der Alternativen				o		x			x
10. Alternativenermittlung		x		o	x	x			x
11. Erfassung betriebswirtschaftlicher Daten	x	x	x	o	x	x			x
12. Beurteilung des Lösungsraumes		o	x			x			
13. Beratung und Entscheidungsvorbereitung	o								
14. Ökonomische Beurteilung der Alternativen		x	x	o		x	o	o	
15. Detailkonzeption einschl. Umstellungsplanung			x	o		x	o		x
16. Erfassung der imponderabilen Faktoren		x	x	o	x	x	o		
17. Entscheidung	o								
18. Einführung numerisch gesteuerter Fertigungssyst.			x	x	x	x	o		x
19. Datenträgererstellung					o			o	x
20. Testarbeiten					x	x	o		x
21. Betriebsübernahme						o			

o verantwortlich   x mitarbeitend

Abbildung 9
Projektabwicklung bei numerisch gesteuerten Fertigungssystemen

4. Die informationsverarbeitenden Kernphasen der Investitionsentscheidung für numerisch gesteuerte Fertigungssysteme

Der Prozeß der Entscheidungsfindung zur ökonomisch-technischen Beurteilung von Investitionsalternativen erfordert Wissen über Größen, die eine Bewertung der Auswirkungen der Alternativen in bezug auf eine Zielsetzung ermöglichen. Wittmann bezeichnet dieses „zweckorientierte Wissen" [1]) als Information [2]). Daten sind dann als Elemente des übergeordneten Informationsbegriffes anzusehen [3]). Um die Konkretisierung nach Umfang, Inhalt, Wertigkeit, zeitlichen Bezug und innerem Zusammenhang der zu Informationen zusammenzufügenden technischen, organisatorischen und ökonomischen Daten bemühen sich die folgenden Ausführungen.

Die Informationen sollen als Grundlage für die zu fällende Investitionsentscheidung dienen, wobei umstritten ist, welche Informationen für Investitionsentscheidungen notwendig sind [4]), und wie sich der Entscheidungsträger angesichts der vorhandenen Informationen entscheidet bzw. zu entscheiden hat. Grundsätzlich ergibt sich der Informationsbedarf nach Art und Umfang aus dem zu lösenden Entscheidungsproblem [5]). Für die praktische Durchführung der Investitionsentscheidung ist diese Angabe nicht operational genug. Auch der Vorschlag, das Ende der Informationsgewinnung durch eine Nutzengröße zu bestimmen, „die etwa als subjektives Empfinden ausreichender Informiertheit zu umschreiben wäre" [6]) ist unbefriedigend. In diesem Kapitel bemühen wir uns deshalb um eine systematische Zusammenstellung der Faktoren, die als Entscheidungsgrundlage herangezogen werden können [7]).

Einschränkend ist anzumerken, daß auch diese Auswahl entscheidungsrelevanter Daten und heuristischer Entscheidungsregeln durch eine subjektive Bewertung anhand von Literaturaussagen und praktischen Einsichten erfolgt.

---

[1]) WITTMANN, W.: Unternehmung und unvollkommene Information, a.a.O., S. 14.

[2]) MAYNTZ spricht von den Informationen als „Rohmaterial rationalen Entscheidens". Vgl. MAYNTZ, R.: Soziologie der Organisation, Reinbek bei Hamburg 1963, S. 96.

[3]) Vgl. z.B. FRISCHMUTH, G.: Daten als Grundlage ..., a.a.O., S. 14 ff.; PIETZSCH, J.: Die Information in der industriellen Unternehmung, Köln und Opladen 1962, S. 17.

[4]) Vgl. hierzu z.B. LOITLSBERGER, E.: Zum Informationsbegriff und zur Frage der Auswahlkriterien von Informationsprozessen, in: Empirische Betriebswirtschaftslehre, Festschrift zum 60. Geburtstag von L. Illetschko (hrsg. v. E. Loitlsberger), Wiesbaden 1963, S. 120.

[5]) Vgl. KOSIOL, E.: Die Unternehmung als wirtschaftliches Aktionszentrum, a.a.O., S. 197.

[6]) BERTHEL, J.: Informationen und Vorgänge ihrer Bearbeitung in der Unternehmung, Berlin 1967, S. 75.

[7]) Der eigentliche Bewertungsvorgang wird hier als ein zweistufiger Prozeß verstanden, wobei es in der ersten Stufe um die Ermittlung der zur Bewertung notwendigen Informationen und in der zweiten Stufe um eine Transformation dieser Informationen zu einem zieladaquaten Ergebnis geht.

Erst dann, wenn die Ziele und die Struktur der Kalküle zur Bestimmung der Systemgestaltung und Bewertung bekannt sind, können die entscheidungsrelevanten Informationen mit hinreichender Sicherheit bestimmt werden[8]. Da nur der geringste Teil der innerhalb der Eignungsanalyse zu treffenden Entscheidungen durch formale Kalküle erfaßbar ist, erscheint eine pragmatische Vorgehensweise zur Informationsermittlung angebracht.

Zunächst ist die Frage zu beantworten, welche Informationen ein Entscheidungsträger seinem Entschluß zugrunde legt bzw. zu legen hat[9]. Zu diesem Zweck erfolgt eine Beschreibung des Entscheidungsprozesses und in einem weiteren Schritt — wenn möglich — die Konzipierung heuristischer Entscheidungsregeln. Um zu beurteilen, welche Determinanten im speziellen Fall numerisch gesteuerter Fertigungssysteme für die Investitionsentscheidung relevant sind, ist, ausgehend von betriebswirtschaftlich-technischen Voruntersuchungen, in der die Entscheidungsproblematik zu definieren ist, der gesamte Entscheidungsprozeß zu durchleuchten und wegen der großen Komplexität des Sachverhalts auf die wesentlichste(n) Beziehung(en) zu reduzieren[10]. Es geht dabei vor allem um die Ermittlung empirisch erhärteter Daten für Entscheidungskalküle, die unter vorheriger Erforschung der realen Wirkzusammenhänge die quantitative Grundlage rationaler Investitionsentscheidungen bilden sollen.

4.1 Betriebswirtschaftlich-technische Voruntersuchung

Ziel der betriebswirtschaftlich-technischen Voruntersuchung ist

1) eine umfassende und systematische Suche nach Ideen für Handlungsalternativen zur Erreichung von Zielen und

2) eine Selektion von erfolgversprechenden Ideen für Handlungsalternativen mit Hilfe von Modellen zur Grobauswahl.

Die Aufbereitung der Investitionsmöglichkeiten numerisch gesteuerter Fertigungssysteme hat zum Ziel, das Spektrum der Einsatzgebiete prinzipiell transparent zu machen und die Pro-

---

[8] „Die Menge relevanter Informationen ist sowohl durch den Zielbezug als auch durch den Modellbezug aus der Menge möglicher Informationen zu bestimmen. " MEFFERT, H.: Betriebswirtschaftliche Kosteninformationen, Wiesbaden 1968, S. 73.
[9] Vgl. zu den subjektiven Einflußgrößen auf den Umfang der Informationen in konkreten Entscheidungssituationen WACKER, W.H.: Betriebswirtschaftliche Informationstheorie, Opladen 1971, S. 159f.
[10] Vgl. hierzu die Vereinfachungsvorschläge von GÄFGEN, G.: Theorie der wirtschaftlichen Entscheidung, a.a.O., Kap. 9. Zur Reduktion des Zielsystems und des Entscheidungsraumes sind hinsichtlich des Verhaltens des Entscheidungsträgers einige Annahmen zu machen:
Wir setzen voraus, daß der Entscheidungsträger in der Lage ist, durch eine Ordnung der Ziele die Entscheidungssituation übersichtlich zu gestalten, für die einzelnen Zielelemente eine untere Grenze als Minimalforderung zu formulieren und durch sukzessives Vergleichen der Restriktionen den Entscheidungsraum auf die zulässigen Lösungen zu reduzieren. Unter diesen Annahmen soll dann durch Anwendung der entsprechenden Bewertungsverfahren eine optimale Lösung hinsichtlich der verfolgten Ziele ermittelt werden.

blemstellung bei der Bewertung so weit zu definieren, daß eine optimale Gestaltung der Fertigungssysteme mit anschließender Ermittlung der Zielerreichung möglich ist. Ausgangspunkt für die Ermittlung der Handlungsalternativen bilden die aus ähnlichen Problemlösungen in der Vergangenheit gesammelten Erfahrungen. Liegen diese nicht vor, ist der Entscheidungsträger auf sein „Fingerspitzengefühl" angewiesen. Um dieses in den meisten Fällen unzureichende Vorgehen zu objektivieren, wird eine Systematik für die Suche nach Investitionsideen angestrebt.

Die Diskussion der Modelle zur Grobauswahl von Investitionsideen soll den Planungsaufwand in den nachfolgenden Stufen des Auswahlprozesses reduzieren und die knappen Ressourcen auf die Lösungsvorschläge konzentrieren, die höhere Zielerreichungsgrade versprechen. Die damit verbundene Einengung des Entscheidungsfeldes erfolgt durch Vorentscheidungen und Annahmen über Konsequenzen der Lösungsvorschläge. Diese Vorentscheidungen, die häufig präjudizierenden Charakter tragen, sollen dabei sichtbar und kontrollierbar gemacht werden.

Die betriebswirtschaftlich-technische Voruntersuchung als erste Phase im Auswahlprozeß für effiziente numerisch gesteuerte Fertigungssysteme läßt sich nicht an einen starren Untersuchungsablauf binden, vielmehr ist sie der effektiven Datenvielfalt anzupassen. Die Vielzahl der bei der Erfassung und Prüfung von Investitionsanregungen ausgehenden Fragen unterstreicht aber die Notwendigkeit, diese Phase sehr sorgfältig zu planen und zu organisieren [11]. Eine planlose Ideensammlung reicht schon deshalb nicht aus, weil insbesondere durch Investitionsanregungen Anpassungshandlungen langfristig beeinflußt werden und eine Unternehmung auf Dauer nur bestehen kann, wenn es ihr gelingt, sich immer neu den wechselnden Umweltbedingungen anzupassen. Hier ist beabsichtigt, eine inhaltliche Präzisierung oben angesprochener Problemkreise vorzunehmen.

4.11 Investitionsanregungen

„Ein Investitionsentscheid kann ... nicht besser sein, als die beste der erkannten Investitionsmöglichkeiten" [12], es ist deshalb angebracht, auf den Prozeß des Erkennens von gegebenen und erwarteten Investitionsmöglichkeiten näher einzugehen und systematisch nach Veränderungen anzeigenden Daten zu suchen [13].

Ein großes Problem bei der Suche nach Investitionsideen besteht in der Überwindung von Ungewißheit. Die Fähigkeit der gezielten Informationssammlung und -verarbeitung sowie die Fähigkeit zum analytischen, schöpferischen Denken beim einzelnen Entscheidungsträger bestimmt damit die Quantität und Qualität der kurz- und langfristigen Anpassung. Art und

---

[11] Vgl. hierzu KOSIOL, E. und Mitarbeiter: Die Organisation von Investitionsentscheidungen, a.a.O., S. 31.

[12] TRECHSEL, F.: Investitionsplanung und Investitionsrechnung, 2. Aufl., Bern-Stuttgart 1973, S. 16.

[13] Vgl. hierzu auch die Ergebnisse von Befragungen bei GUTENBERG, E.: Untersuchungen über die Investitionsentscheidungen industrieller Unternehmen, Köln-Opladen 1959; OURSIN, T.: Probleme industrieller Investitionsentscheidungen, a.a.O., S. 40ff.

Umfang der Handlungsalternativen werden deshalb entsprechend vom Typ des Entscheidungsträgers abhängen.

Kurzfristig ist die Investitionstätigkeit am jeweiligen Minimumsektor (größten Engpaß) auszurichten, langfristig ist sie bestrebt, den Engpaß auf das Niveau der anderen betrieblichen Teilbereiche einzuregulieren[14]. Der Impuls für Investitionsentscheidungen kann demnach von innerbetrieblichen Mangellagen[15] oder von zukünftigen externen Anforderungen an das Unternehmen ausgelöst werden. Dieser Ansatz geht von der Erkenntnis aus, daß der entscheidungsrelevante Impuls für Investitionsanregungen nur im Zusammenhang mit der jeweiligen wirtschaftlichen Situation des Unternehmens gesehen werden kann. Der Entscheidungsträger empfindet Mangellagen, die im Augenblick nicht erfüllt sind, aber als erfüllbar angesehen werden.

Zum Erkennen von Investitionsmöglichkeiten werden deshalb Informationen aus folgenden Bereichen benötigt:

„1. Aus dem Bereich der Unternehmung: Informationen über den Erfolg der bisher durchgeführten Aktionen, über vorhandene Mittel und geplante Maßnahmen.

2. Aus dem Bereich der Umwelt: Informationen über Zustände und Entscheidungen auf relevanten Gebieten, insbesondere über den Absatzmarkt.

3. Aus dem Bereich von Wissenschaft und Technik im weitesten Sinne: Informationen über Methoden und Mittel"[16].

Entscheidend für den Informationsgrad der Entscheidungsträger ist, mit welcher Intensität, in welcher Richtung und mit welchem Horizont der Suchprozeß nach Investitionsmöglichkeiten betrieben wird[17]. Die Intensität wird von dem Suchmotiv[18], den eingesetzten Mitteln, der zur Verfügung stehenden Zeit und einer geeigneten Suchstrategie beeinflußt. In welche

---

[14] Vgl. hierzu die Ausführungen Gutenbergs zum „Ausgleichsgesetz der Planung". GUTENBERG, E.: Die Produktion, a.a.O., S. 163 ff.

[15] Das Bezugssystem, an dem sich jede Investitionstätigkeit auszurichten hat, ist „die vorhandene Fertigungseinrichtung ohne das Investitionsobjekt". TERBORGH, G.: Leitfaden der betrieblichen Investitionspolitik, Wiesbaden 1962, S. 102.

[16] TRECHSEL, F.: Investitionsplanung und Investitionsrechnung, 1. Aufl. Bern und Stuttgart 1966, S. 89. In der zweiten Auflage seines Buches befaßt sich Trechsel mehr mit der Frage des Erkennens von Investitionsmöglichkeiten (S. 85—89) und weniger damit, welche Informationsquellen (S. 71 f.) dazu benötigt werden.

[17] Vgl. GÄFGEN, G.: Theorie der wirtschaftlichen Entscheidung a.a.O., S. 199ff.; ANSOFF, H.J.: Toward a Strategic Theory of the Firm, in: Business Strategy Selected Realings, hrsg. v. H.J. Ansoff, Harmondsworth (England) 1969, S. 22ff.

[18] Auf den Aspekt, daß Investitionsmotive die Investitionsentscheidung mit unterschiedlicher Intensität beeinflussen, hat insbesondere Hederer, Honko u. Scheer hingewiesen. Vgl.: HEDERER, G.: Die Motivation von Investitionsentscheidungen in der Unternehmung, Meisenheim am Glan 1971; HONKO, J.: Investitionsentscheidungen...,a.a.O., S. 432ff.; SCHEER, A.W.: Die industrielle Investitionsentscheidung, a.a.O., S. 118—129.

Richtung eine Alternativsuche erfolgt, wird weitgehend von dem bisherigen Wirkungsbereich der Unternehmung abhängen [19]). Diese Suchrichtung kann solange sinnvoll sein, bis der materielle und immaterielle Vorbereitungsgrad der Unternehmung optimal ausgeschöpft wird [20]).

Die zeitliche Ausdehnung der Suche nach Handlungsalternativen wird als Planungshorizont bezeichnet. Darunter ist der sogenannte „ökonomische Horizont" als die zeitliche Begrenzung der unternehmerischen Voraussicht [21]) zu verstehen. Für die Investitionsplanung erscheint diese Abgrenzung nicht sinnvoll, da die Daten über Handlungsalternativen nur für Nutzungsperioden festgelegt werden müssen, während für die folgenden Perioden gesonderte Überlegungen angestellt werden können. Zur Ermittlung der für die Investitionsentscheidung relevanten Daten ist die Abgrenzung Albachs [22]) einleuchtend, der den Planungshorizont nicht a priori vorgibt, sondern als denjenigen Zeitpunkt definiert, bei dem zukünftige Investitionsmöglichkeiten gerade noch einen Einfluß auf die Gestaltung des gegenwärtig zu erstellenden Investitionsprogrammes haben können [23]). Bei einer derartigen Bestimmung des Planungshorizonts wird ersichtlich, daß damit nicht ein starr umrissener Rahmen festgelegt werden soll, sondern bei Teilproblemen unterschiedliche Planungszeiträume zugrunde gelegt werden können. Für die hier zu behandelnden Entscheidungsräume lassen sich somit keine allgemeingültigen Normen aufstellen, vielmehr sind die Grenzen aufgrund der unterschiedlichen Transparenz der für die einzelnen Alternativen relevanten Parameter fließend und vom Entscheidungsträger abhängig [24]). Vereinfachend wird deshalb für viele Einzelentscheidungen im Investitionsentscheidungsprozeß der Planungshorizont als gegeben und deckungsgleich mit der Nutzungsdauer angenommen.

Mit den obigen Aussagen sind im Groben die Grenzen des Betrachtungsfeldes umrissen und zugleich die möglichen Wirkungsbereiche von Investitionsideen aufgezeigt worden. Bevor

[19]) Dieser Aspekt wird von Ansoff unter dem Kriterium der Synergie gefaßt, d.h. es wird versucht, das bestehende Unternehmenspotential besser auszunutzen oder es zu ergänzen. Vgl. ANSOFF, H.J.: Toward a Strategic Theory of the Firm, a.a.O., S. 22ff.

[20]) Nach einer Untersuchung von Strothmann kommt in 31% der Fälle die Anregung für die Einführung einer Neuerung, hier z.B. der numerisch gesteuerten Fertigungssysteme, aus dem eigenen Unternehmen. (Vgl. STROTHMANN, K.-H.: Entscheidungsprozesse und Informationsverhalten in der Industrie, hrsg. v. Spiegel-Verlag, Hamburg September 1972, S. 26). Diese Zahl kennzeichnet die Bedeutung der Investitionsanregungen aus dem internen Unternehmensbereich.

[21]) WITTMANN, W.: Unternehmung und unvollkommene Information, a.a.O., S. 142 und die dort angegebene Literatur.

[22]) Vgl. ALBACH, H.: Investition und Liquidität, a.a.O., S. 226.

[23]) Ähnlicher Meinung ist auch Gäfgen, wenn er schreibt, daß der „Wert-Horizont" und der technologische „Informations-Horizont" dort liegen, wo eine Bewertung der Wirkungsweise von Alternativen irrelevant ist oder keine Informationen über die Wirkungsweise vorliegen. Vgl. GÄFGEN, G.: Theorie der wirtschaftlichen Entscheidung, a.a.O., S. 201.

[24]) Die Abgrenzung des Horizonts der Entscheidung als Funktion des Informationsgrades des Entscheidungsträgers ist sehr problematisch und wegen der Bezugnahme auf das subjektive Informationsverhalten des Entscheidungsträgers auch nicht objektiv quantifizierbar. Trotz dieser Bedenken wird diese Abgrenzung auch in der Literatur zur Investitionstheorie vorgeschlagen. Vgl. z.B. SCHNEIDER, D.: Investition und Finanzierung, a.a.O., S. 46 f. und KERN, W.: Investitionsrechnung, a.a.O., S. 80.

nun im einzelnen eine Analyse der Investitionsanregungen erfolgen soll, ist ihr Einfluß auf die Investitionsentscheidung festzustellen. Nach Marwede wird die Investitionsentscheidung durch objektive Investitionsmöglichkeiten und die Mentalität des Entscheidungssubjektes bestimmt. Das Zusammenwirken dieser Entscheidungsdeterminanten ist in folgender Abbildung 10[25]) dargestellt.

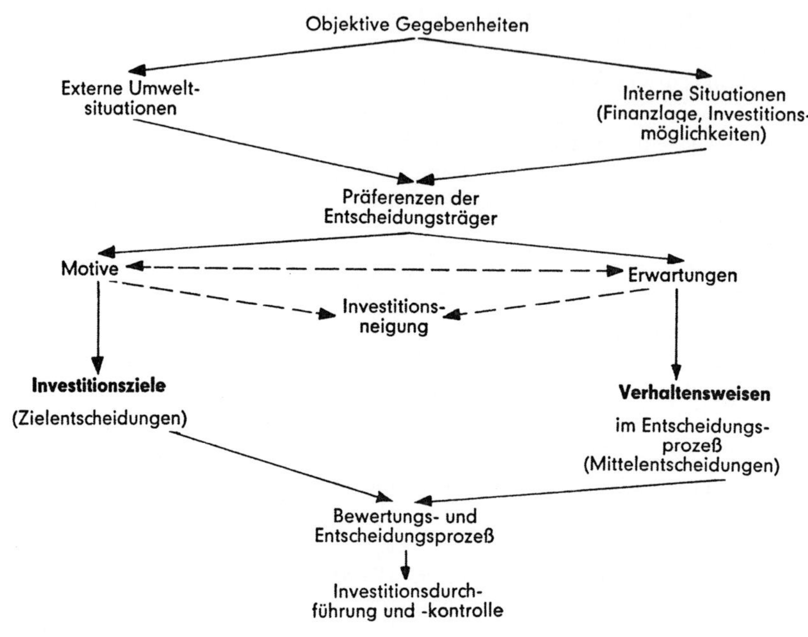

Abbildung 10
Zusammenwirken von Entscheidungsdeterminanten

Die Analyse der Investitionsanregungen bezieht sich auf die Feststellung der objektiven Gegebenheiten bei der Investition von numerisch gesteuerten Fertigungssystemen. Wie die obige Systematik zeigt, wirken diese erst durch die subjektive Interpretation der Entscheidungsträger auf den Investitionsentscheidungsprozeß. Dieser Aspekt, der sich auf das Verhalten der Entscheidungsträger bezieht, wird nicht eingehend betrachtet, da Zweckrationalität unterstellt wurde.

Die Impulse für Investitionsanregungen entspringen generell einem Kontrollakt[26]), der ausgelöst werden kann

---

[25]) In Anlehnung an: MARWEDE, E.: Zum Unternehmerverhalten bei Investitionsentscheidungen..., a.a.O., S. 7.
[26]) Vgl. hierzu KOSIOL, E. und Mitarbeiter: Die Organisation von Investitionsentscheidungen, a.a.O., S. 33. Generell kann hier die Kontrolle als Auslöseimpuls für einen Lernprozeß angesehen werden, der neue Entscheidungen in Gang setzt. „Insofern erscheint gerade bei schlecht strukturierten Investitions-

(1) durch die Entwicklung der Umwelt,

(2) durch Änderungen der Zielvorstellungen der Unternehmensführung[27]) und

(3) durch die Beseitigung innerbetrieblicher Störgrößen.

4.111 Die Entwicklung der Unternehmensumwelt

Bei der Beurteilung der zukünftigen, für den Einsatz numerisch gesteuerter Fertigungssysteme relevanten Unternehmensumwelt geht es darum, die Marktentwicklungen für die Input- und Outputfaktoren und deren Auswirkungen auf die Fertigungsaufgabe sowie auf den Informations- und Materialverarbeitungsprozeß abzuschätzen. Daneben müssen technische Innovationen erkannt werden, die sich z.B. in neuen Fertigungssystemen oder neuen Werkstoffen niederschlagen und höhere Zielerreichungen erlauben. Nicht zuletzt spielt das Verhalten der Konkurrenzunternehmen eine entscheidende Rolle.

Informationen über die neuere technische Entwicklung sind durch die eigene Forschung, durch Fachzeitschriften, durch Messen, durch Veröffentlichungen des Patentamtes (innovative Imitation[28]), durch innerbetriebliche Ideenproduktion[29]) und durch Teilnahme an überbetrieblichen kooperativen Informationsaustauschveranstaltungen[30]) zu gewinnen. Bei Veränderungen der Fertigungsaufgabe wird z.B. der Anwender technischer Systeme an den Produzenten von Handlungsalternativen mit seinen neuen Forderungen herantreten und diesem beim Nichtvorhandensein eines geeigneten Systems einen Impuls für Neuentwicklungen ge-

---

problemen die lerntheoretisch begründbare Hypothese plausibel, im Rahmen der Investitionskontrolle kein Bestrafungssystem für Fehlentscheidungen, sondern ein Anreizsystem fur die Einleitung von Korrektur- und Entwicklungsprozessen zu institutionalisieren". (KAPPLER, E., REHKUGLER, H.: Kapitalwirtschaft, a.a.O., S. 624f.).

[27]) Vgl. GRIEM, H.: Der Prozeß der Unternehmungsentscheidung..., a.a.O., S. 53ff.; ANSOFF, H.J.: Managerial Problem-Solving, in: Management Science, Planing and Control, hrsg. v. J.F. Blood, jr., New York 1969, S. 110; ANSOFF, H.J.: Toward a Strategic Theory of the Firm, a.a.O., S. 18ff. Ansoff geht dabei von drei generellen Möglichkeiten aus, ein Problem zu identifizieren und im Suchprozeß auszulösen:
1) von Kontrollinformationen uber Planabweichungen,
2) von Trendinformationen über zukünftige Ergebnisse, die gesetzte Ziele nicht erfüllen, und
3) von Zielinformationen, die das Anstreben neuer Ziele oder Ziele mit höherem Anspruchsniveau erlauben.

[28]) Vgl. LEAVITT, T.: Innovative Imitation, in: HBR, Vol. 44, (1966), Nr. 5, S. 63ff.

[29]) Z. B. mit Hilfe der morphologischen Analyse. Vgl. ZWICKY, F.: Entdecken, Erfinden, Forschen im morphologischen Weltbild, Munchen usw., 1966, S.11ff.

[30]) In der Bundesrepublik wird dieser Informationsaustausch innerhalb eines „Verbraucherkreises numerisch gesteuerter Werkzeugmaschinen" beim VDI durchgeführt. Zu den Leistungen und Aufgaben dieses Kreises vgl. MASSBERG, W.: Normen und Richtlinien als Hilfsmittel fur Konstruktion, Investition und Einsatz numerisch gesteuerter Werkzeugmaschinen, in: Produktivitatsverbesserungen..., a.a.O., S. 141ff.

ben [31]). Für die Entwicklung numerisch gesteuerter Fertigungssysteme in der Bundesrepublik ist dieser Vorgang oft anzutreffen. Es zeigt sich, daß sich die Hersteller von numerisch gesteuerten Fertigungssystemen und insbesondere von Programmierhilfen (Programmierplätzen) nicht mit einer Übertragung der neuen in Amerika entwickelten Technologie begnügten, sondern selbst innovativ tätig wurden und zu technisch neuartigen Lösungen gelangten. Darüber hinaus verläuft die Entwicklung gerade auf dem Gebiet der elektronischen Steuerungen, die wesentliche Bestandteile numerisch gesteuerter Fertigungssysteme sind, sehr stürmisch [32]). Es werden immer neue Anwendungsmöglichkeiten des numerisch gesteuerten Fertigungssystems geschaffen, was beim Maschinenhersteller zu einer permanenten Produktinnovation führt [33]). Der Anwender dieses Fertigungssystems wird durch Konkurrenzbeziehungen gezwungen, die neue Technologie zu adaptieren oder schwerwiegende Nachteile in Kauf zu nehmen. Da z.B. für den gedachten Endzustand — die Einführung vollautomatisch integrierter Fertigungssysteme — für die Anpassung des Konstruktionsbüros, der Arbeitsvorbereitung und der Fertigung ca. 5 bis 10 Jahre [34]) vergehen, kommt als weiteres Argument für eine rasche Innovation das Teilhaben an einer neuen Technologie hinzu. In dem damit verbundenen Lernprozeß erhalten die Anwender numerisch gesteuerter Fertigungssysteme einen Vorsprung, der von den Konkurrenten nur durch erhöhte Investitionen in den immateriellen Bereich [35]) aufholbar ist. Dieses Argument hat beim Einsatz des ersten numerisch gesteuerten Fertigungssystems besonderes Gewicht.

Neben den technischen Faktoren sind betriebswirtschaftliche und soziale Entwicklungen für die Alternativensuche zu berücksichtigen. Hier sind vor allem die Preise, Qualitäten und Mengen der Input- und Outputfaktoren entscheidend. Bei den Inputfaktoren (z.B. Personal, Hardware, Werkzeug) für den Transformationsprozeß ist mit Ausnahme der numerischen Steuerungen [36]) mit steigenden Preisen zu rechnen. Bei numerischen Steuerungen ist zu beachten, daß die „Steuerungskosten ... in den nächsten Jahren um so degressiver sein (werden, d.Verf.), je höher der Rechenanteil ist und um so progressiver, je mehr Wünsche bezüglich manueller Eingriffsmöglichkeiten an der Steuerung vorgesehen werden sollen" [37]). Da der durchschnittliche Wert der numerischen Steuerungen am Kapitaleinsatz eines Fertigungssystems ca. 1/3 ausmacht [38]), kann die Preisentwicklung der Steuerungen für die Wirtschaftlichkeit des Fertigungssystems entscheidend sein.

[31]) Vgl. hierzu besonders TAFEL, F.: Der Entscheidungsprozeß beim Kauf von Investitionsgütern. Möglichkeiten und Grenzen seiner Beeinflussung durch Absatzstrategien der Hersteller, Diss. Erlangen-Nürnberg 1967, S. 153ff.
[32]) Vgl. zum Entwicklungsstand der numerischen Steuerungen GÖTZ, E.: Numerische Steuerung heute, in: Werkstatttechnik, 60. Jg. (1970), Nr. 8, S. 439—445.
[33]) Vgl. z.B. die Entwicklung von Adaptive Control und Direct Numerical Control Systemen. Siehe hierzu SPUR, G.: Optimierung des Fertigungssystems Werkzeugmaschine, a.a.O., S. 278 und S. 327.
[34]) Vgl. SIMON, W.: NC-Maschinen und Betriebsorganisation, in: Produktivitätsverbesserungen..., a.a.O., S. 37.
[35]) Vgl. zu den Erscheinungsformen immaterieller Investitionen, GAS, B.: Wirtschaftlichkeitsrechnung bei immateriellen Investitionen, a.a.O., S. 21ff.
[36]) Vgl. SCHULTZ-WILD, R., WELTZ, F.: Technischer Wandel und Industriebetrieb, a.a.O., S. 37f.
[37]) SIMON, W.: Analyse der Kostenstrukturen von NC-Maschinen, in: Produktivitätsverbesserungen..., a.a.O., S. 133.
[38]) Vgl. SCHULTZ-WILD, R., WELTZ, F.: ebenda, S. 37.

Eine Verstärkung des Trends zum Einsatz numerisch gesteuerter Fertigungssysteme ergibt sich bei Betrachtung des Faktors Mensch im Produktionsprozeß. Steigende Löhne[39]), Schwankungen im Leistungsvermögen, Verringerung der Facharbeiterzahlen lassen eine verstärkte Substitution menschlicher Tätigkeiten im Transformationsprozeß ratsam erscheinen.

Ebenso wie der Mangel an hochqualifizierten Arbeitskräften können auch repititive Arbeiten mit hohen Ausschußrisiken, die auf Dauer einem Facharbeiter nicht zugemutet werden können, Anlaß zur Investition numerisch gesteuerter Fertigungssysteme sein[40]).

In der Literatur wird daneben als ein wesentliches Motiv für die Investition numerisch gesteuerter Fertigungssysteme die Unabhängigkeit vom Arbeitsmarkt angeführt. Das Gewicht dieses Argumentes scheint sich aufgrund der praktischen Erfahrungen etwas abgeschwächt zu haben, zumal auch die numerisch gesteuerten Fertigungssysteme in der Regel von Facharbeitern bedient werden. Bedeutungsvoll ist es dann, wenn Spezialqualifikationen gefordert werden. Insgesamt scheinen die Personalprobleme eher ein Antrieb für die langfristige Automatisierung des Produktionsprozesses darzustellen[41]).

Weiterhin sind Trends auf den Geldmärkten (z.B. hohe Zinsen und Kapitalknappheit) und auf den Absatzmärkten entscheidend für die Anwendung neuer Technologien. So treten durch Änderung des Werkstoffes und durch Änderung der Form von Produkten Absatzschwankungen auf, bei denen eine Anpassung herkömmlicher Fertigungssysteme kaum kostengünstig möglich ist. Ein Anwendungsgebiet, das für den Bau der ersten numerisch gesteuerten Fertigungssysteme ausschlaggebend war, stellt z.B. die Fertigung von komplizierten, sehr genauen und schwer bearbeitbaren Werkstücken dar[42]). Hier bietet das numerisch gesteuerte Fertigungssystem die einzige wirtschaftliche Fertigungsmöglichkeit. Eine Tendenz zu komplizierter werdenden Werkstücken, höheren Genauigkeitsanforderungen[43]) und der Verwendung schwer bzw. sehr leicht zerspanbarer Werkstoffe ist heute sichtbar. Numerisch gesteuerte Fertigungssysteme bieten dann die Möglichkeit, neuartige Werkstoffe im optimalen Schnittgeschwindigkeitsbereich, d.h. mit minimalen Kosten zu bearbeiten, so daß zu erwartende Änderungen des Werkstoffes ebenfalls Anlaß zur Investition geben können.

Da die Lebensdauer von Produkten ständig kürzer[44]), die Losgrößen besonders in der Investitionsgüterindustrie (verstärkter Einsatz von spezialisierten Anlagen) kleiner werden und

---

[39]) Vgl. zu den Auswirkungen der Löhne auf die Investitionen, SCHNEIDER, D.: Innertriebliche Anpassung an Lohnerhöhungen, in: Grundfragen der betrieblichen Personalpolitik, hrsg. v. W. Braun, u.a., Wiesbaden 1972, S. 67—85.

[40]) Vgl. zur Frage des Personaleinsatzes als Motiv zur Investition numerisch gesteuerter Fertigungssysteme SCHULTZ-WILD, R., WELTZ, F.: Technischer Wandel und Industriebetrieb, a.a.O., S. 67 ff.

[41]) Vgl. zu dieser These auch SCHULTZ-WILD, R., WELTZ, F.: ebenda, S. 78 f.

[42]) Vgl. WILSON, F.W.: Numerical Control in Manufacturing, a.a.O.; WARD, I.E.: Numerisch gesteuerte Maschinen, in: Werkstattechnik, 53. Jg. (1963), H. 3, S. 117—122; HANCOCKE, H.E., WILLIAMS, T.O.: Airframe Production Techniques, in: The Cartered Mechanical Engineer, Dez. 1969, S. 490—497.

[43]) Vgl. z.B. hierzu die Untersuchungen von KIENZLE, D.: Genauigkeitsansprüche des Konstrukteurs und ihre Verwirklichung durch die Fertigung, in: IA, 82. Jg. (1960), H. 62, S. 1020.

[44]) Die Zeit zwischen einer Erfindung und ihrer technischen Anwendung (Innovation) wird laufend gerin-

sich eine Individualisierung des Bedarfs mit steigender Formenvielfalt abzeichnet[45]), kann eine Verstärkung des Trends zum Einsatz numerisch gesteuerter Fertigungssysteme eintreten.

4.112 Änderung der Zielvorstellungen der Unternehmensführung

Die Änderung der Zielkonzeption einer Unternehmung führt ex definitione zu einem anderen Verhalten der Entscheidungsträger und damit auch zum Teil zu gravierenden Anpassungsentscheidungen. Angesichts der Langfristigkeit der Kapitalbindung bei numerisch gesteuerten Fertigungssystemen erscheint es ratsam, bereits im Stadium der Ideensammlung Zieländerungen zu berücksichtigen. Das jeder Investition inhärente Unsicherheitsmoment muß durch eine Prognose von Zielen und Zielerreichungsgraden eingeengt werden. Für diese Untersuchung kann eine weitgehende zeitliche Konstanz des Erfolgszieles der Unternehmung unterstellt werden, Änderungen sind beim Handlungsprogramm, dem Sachziel der Unternehmung (konkret: Produktziel[46])) zu erwarten.

Die Art und Menge der Produkte sowie der Zeitpunkt ihrer Herstellung bestimmen die erforderliche quantitative und qualitative Kapazität und lösen z.B. bei Engpässen Investitionsentscheidungen aus. Die Aufnahme neuer Produkte sowie die Erweiterung des bestehenden Fertigungsprogramms sind hierfür die wichtigsten Impulse. Entscheidend auf die Veränderung dieser Ziele wirken technischer Fortschritt (z.B. neue Werkstoffe oder Änderung der Anforderungen an ein Produkt) und Bedarfsänderungen. Treten Veränderungen im Produktarten- und Produktmengenziel auf, sind numerisch gesteuerte Fertigungssysteme aufgrund ihrer Eigenschaften[47]) zur Anpassung besser geeignet als konventionell automatisierte Systeme.

Betrachtet man die Absatzmengenentwicklung eines Produktes in Abhängigkeit von der Marktperiode[48]), so zeigt sich, daß auch in bestimmten Phasen der Massenfertigung von Produkten ein Einsatz von numerisch gesteuerten Fertigungssystemen wirtschaftlich sein kann. (Vgl. Abb. 11).

Es ergeben sich hier drei Einsatzbereiche für numerisch gesteuerte Fertigungssysteme:

Erprobungsbereich (Muster- oder Nullserienproduktion), der häufig durch konstruktive Änderung charakterisiert ist,

---

ger. Die unausbleibliche Folge ist, daß mit dem schnelleren Aufkommen neuer Produkte die bestehenden vorzeitig veralten. Vgl. SERVAN-SCHREIBER, J.J.: Die amerikanische Herausforderung (Le Defi Americain; Paris 1967), Hamburg 1968, S. 79; PACKARD, V.: Die geheimen Verführer, Dusseldorf 1959; KALUSSIS, D.: Marktorientierte Absatzpolitik, Wien-New York 1970.

[45]) Vgl. ANSOFF, H.J.: The firm of the future, in: HBR, 43. Jg. (1965), Nr. 6, S. 162—178.

[46]) Vgl. hierzu SCHMIDT, R., BERTHEL, J.: Unternehmungsinvestitionen, a.a.O., S. 97.

[47]) Vgl. 41ff. dieser Arbeit.

[48]) Zum Begriff der Marktperiode und ihrer Bestimmungsfaktoren, siehe ELLINGER, T.: Die Marktperiode in ihrer Bedeutung für die Produktions- und Absatzplanung der Unternehmung, in: ZfhF (NF), 13. Jg. (1961), S. 580—597.

Spitzenbedarf (je nach Werkstückart, Marktlage und Betriebsgröße können diese Losgrößen mehr oder weniger groß sein und sich wiederholen),

Ersatzteilbedarf, der dann eingesetzt, wenn das Werkstück durch ein neues ersetzt wird und nach dieser Zeit für einen unbekannten Zeitraum in der alten Ausführungsform als Ersatzteil zur Verfügung stehen muß (z.B. in der Automobilindustrie).

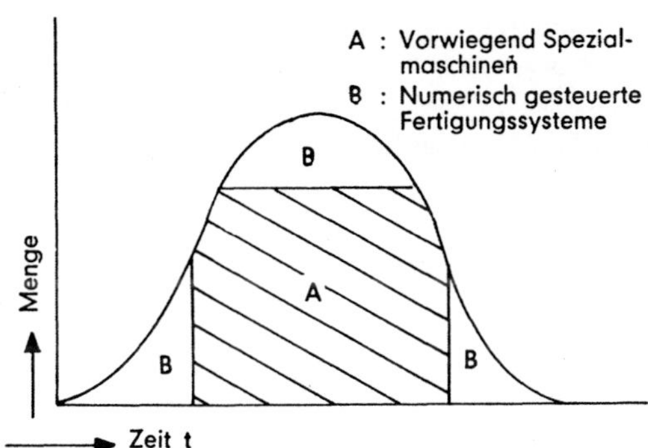

Abbildung 11
Absatzmenge in Abhängigkeit von der Marktperiode eines Produktes

Der Zwang zur Ausschöpfung des Marktpotentials durch eine Befriedigung der Nachfrage zum richtigen Zeitpunkt, verbunden mit einer Verkürzung der Marktperioden von Produkten, wird den Einsatz von numerisch gesteuerten Fertigungssystemen begünstigen.

Wie die empirische Erhebung von Schultz-Wild und Weltz [49]) zeigt, sind schon heute etwa 30% der in den Betrieben eingesetzten numerisch gesteuerten Fertigungssysteme im Erprobungsbereich und für den Ersatzteilbedarf eingesetzt, sowie etwa 25% zum Ausgleich des Spitzenbedarfs, wenn auch nur teilweise, d.h. neben dem Einsatz in der laufenden Produktion.

An Abbildung 11 lassen sich weitere Überlegungen anknüpfen, die einen wesentlichen Einfluß auf den Zeitpunkt der Investition und der Außerdienststellung von Spezialaggregaten haben. So kann es z.B. sinnvoll sein, den Investitionszeitpunkt für ein Spezialaggregat, das den größten Teil der Produktion übernehmen soll, auf einen späteren Zeitpunkt zu verschieben. Dadurch werden die Kapitalbindungskosten niedriger, und durch bessere Informationen über den Produktabsatz könnte die Entscheidung mit geringeren Risiken gefällt werden [50]).

[49]) Vgl. SCHULTZ-WILD, R., WELTZ, F.: Technischer Wandel und Industriebetrieb, a.a.O., S. 48f.
[50]) Interessant ist in diesem Zusammenhang noch ein anderer Aspekt, der von Ellinger mit dem Begriff der „optimalen Vorbereitungszeit" (Vgl. ELLINGER, T.: Ablaufplanung, a.a.O., S. 97ff.) und der „op-

Eine weitere Überlegung geht davon aus, daß es in vielen Fällen für bestimmte Werkstücke wirtschaftlicher ist, am Ende der Marktperiode die Produktion von Spezialaggregaten auf numerisch gesteuerte Fertigungssysteme zu verlagern (so z.B. in der Automobilindustrie), falls diese bereits vorhanden sind. Maschineneinheiten von Spezialaggregaten lassen sich so eher in den Produktionsprozeß für ein neues Produkt umstellen. Wird der Hauptteil der Produktion (vgl. Abb. 11, Feld A) nicht von einem, sondern von mehreren Spezialaggregaten bewältigt, so ist eine Situation denkbar, in der der Zeitpunkt des Einsatzes des zweiten, dritten usw. Spezialaggregates von Kosten- und Risikoüberlegungen folgender Art bestimmt wird: Es fallen bei den numerisch gesteuerten Fertigungssystemen höhere Stückkosten an, die Kapazität kann voll ausgenutzt bzw. anderweitig verwandt werden. Die Anpassung an den Kapazitätsbedarf erfolgt mit minimalen Leerkosten. Bedingt durch die Größendegression ist bei Spezialaggregaten bei voller Kapazitätsauslastung mit geringen Stückkosten zu rechnen. Aufgrund der geringen Einsatzbreite dieser Anlagen ist das Risiko bei der Kapazitätsauslastung unverhältnismäßig höher. Es liegt beim Entscheidungsträger, diese gegenläufige Tendenz für den konkreten Fall zu optimieren.

Diese Ausführungen zeigen, daß man mit wenigen numerisch gesteuerten Fertigungssystemen einen Wirtschaftlichkeitseffekt innerhalb eines Unternehmens erreichen kann, wenn die kostspieligsten Produktionsfälle (Fertigungsanlauf, Spitzen- und Ersatzteilbedarf) rationalisiert werden.

Generell wird durch den Einsatz numerisch gesteuerter Fertigungssysteme ein Sicherheitsspielraum geschaffen, der eine effizientere Anpassung der Kapazität an ein wechselndes Fertigungsprogramm ermöglicht, als es andere Anpassungsformen[51] erlauben.

Die Erfahrung eines technischen Mangels, einer Unzulänglichkeit im Produktionsapparat, Rationalisierungsmaßnahmen für ein Produkt, Anpassung an veränderte Tätigkeitsbereiche in der Unternehmung und Wachstumsaspekte sind weitere wichtige Gründe, die einen Investitionsentscheidungsprozeß initiieren mit der Absicht, betriebliche Teilziele besser oder überhaupt zu erreichen.

Ausgehend von den grundsätzlichen Rationalisierungsmöglichkeiten durch numerisch gesteuerte Fertigungssysteme in den schon realisierten Einsatzgebieten ergibt sich, daß diese in Konkurrenz zu Universal- und zu konventionell automatisierten Systemen stehen. Die Vielfalt der Verwendungsmöglichkeiten (vgl. Abb. 12[52]) und die unterschiedliche Zweckbestim-

---

timalen Investitionsdauer" (Vgl. ELLINGER, T.: Die Marktperiode in ihrer Bedeutung für die Produktions- und Absatzplanung der Unternehmung, a.a.O., S. 592ff.) gekennzeichnet wird. Es geht bei dieser Modellbetrachtung um die Optimierung der Gesamtzeit — zusammengesetzt aus Bearbeitungszeit pro Auftrag und Vorbereitungszeit — für die Bereitstellung der Kapazität.

[51] Vgl. zu den möglichen produktionstechnischen Anpassungsformen GUTENBERG, E.: Die Produktion, a.a.O, S. 354ff.

[52] Die Zusammenstellung erfolgte nach: HEROLD, H.-H., MASSBERG, W., STUTE, G.: Die numerische Steuerung in der Fertigungstechnik, a.a.O., S. 305—390; KELLNER, P.: Numerisch gesteuerte Werkzeugmaschinen und ihre derseitigen Anwendungsgebiete im Hinblick auf ihre technischen Eigenarten und Wirtschaftlichkeitsbetrachtungen, a.a.O., S. 126—205; SIMON, W.: Die numerische Steuerung

mung haben zur Entwicklung einer Fülle spezieller Ausgestaltungsformen numerisch gesteuerter Fertigungssysteme geführt, deren wesentliche Varianten, Einsatzmöglichkeiten sowie Entwicklungstendenzen [53] erste Anhaltspunkte für Zielerreichungen ergeben [54].

Spanabhebende Fertigung	Spanlose Fertigung	Sonstige Einsatzgebiete
(1) Fräsmaschinen	(1) Rohrbiegemaschinen	(1) Brennschneidemaschinen
(2) Bohrmaschinen	(2) Stanzpressen	(2) Punktschweißmaschinen
(3) Bohr- und Fräswerke für umfangreiche mehrseitige Bearbeitung von gehäuseartigen Werkstücken	(3) Nibbelmaschinen	(3) Drahterosionsmaschinen
(4) Waagerecht- und Senkrechtdrehmaschinen	(4) Ringwalzanlagen	(4) Wickelmaschinen
(5) Hobelmaschinen	(5) Stauch-, Loch- und Gesenkschmiedepressen	(5) Ablaugmaschinen
(6) Schleifmaschinen	(6) Freiformschmiedepressen	(6) Meß- u. Abtastmaschinen
(7) Bearbeitungszentren	(7) Drückmaschinen	(7) Test- und Prüfmaschinen
(8) Fertigungssysteme a) für Rotationsteile b) für Nichtrotationsteile c) für Leichtmetallbearbeitung		(8) Montagemaschinen
		(9) Zeichenmaschinen
		(10) Verdrahtungsmaschinen

Abbildung 12
Einsatzbereiche numerisch gesteuerter Fertigungssysteme
in der Fertigungstechnik

In der Praxis zeigte sich, daß die Einsatzmöglichkeiten numerisch gesteuerter Fertigungssysteme mit wachsendem Einsatz dieser Systeme und in Verbindung mit konventionell automatisierten Systemen noch steigen. Insbesondere für die Herstellung komplizierter mechanischer Datenträger sind numerisch gesteuerte Fertigungssysteme eine Investitionsalternative [55], die

---

von Werkzeugmaschinen, a.a.O., S. 453—473; N.N.: Fertigungssystem für rotationssymetrische Futterteile, a.a.O., S. 305—307; Autorenkollektiv: Auswahlkriterien für Fertigungseinrichtungen im Bereich der Kleinserien, in: VDI-Bericht, Nr. 166 (1971); WILLIAMSON, D.T.N.: Ein neues Fertigungsverfahren, a.a.O.; N.N.: NC welder speedsproduction, in: Metalworking Production, 113. Jg. (1969), S. 65—66.

[53] Vgl. zu den Entwicklungstendenzen SCHULTZ-WILD, R., WELTZ, F.: Technischer Wandel und Industriebetrieb, a.a.O., S. 38ff.

[54] Die Wichtigkeit einer technischen Analyse der Investitionsobjekte geht besonders deutlich aus der empirischen Untersuchung Scheers hervor. Die Beantwortung der Frage, ob sich die Entscheidungstrager bei der Beurteilung einer Investition in erster Linie für deren wirtschaftliche Vor- und Nachteile (35%), für ihre technischen Eigenschaften (55%) oder für die Lieferfirma (1%) interessieren, zeigt diesen Tatbestand sehr deutlich. Vgl. SCHEER, A.W.: Die industrielle Investitionsentscheidung, a.a.O., S. 145.

[55] Vgl. IBM-Bulletin Nr. 62, Mai 1969; BREUER, E.: Gespräch mit Kummer Freres SA, Tramelan, in: Technische Rundschau 1969, Nr. 38.

sich aber nur in Verbindung mit mehreren dieser konventionell automatisierten Systemen verwirklichen läßt. Generell könnte der Einsatz des Prinzips der numerischen Steuerung zur Herstellung von mechanischen Informationsspeichern die fertigungstechnische Elastizität von konventionellen Automaten erhöhen und somit deren Einsatz auch für geringere Stückzahlen wirtschaftlich machen [56]).

Die durch numerisch gesteuerte Fertigungssysteme hervorgerufene Verbesserung des gesamten Produktionsvollzuges, die sich in einer Auftragsdurchlaufzeitverkürzung und in einer kostengünstigen Produktion niederschlägt, führt im Grunde zu einer „quantitativ-qualitativen Anpassung" [57]) des gesamten Betriebsmittelbestandes eines Unternehmensteils. Damit ist der Nutzen für das numerisch gesteuerte Fertigungssystem nur zu ermitteln, wenn man auch die Einsparungen bei den anderen Betriebsmitteln mit berücksichtigt.

Da kaum eine Teilespektrum geeignet ist, insgesamt auf numerisch gesteuerten Fertigungssystemen gefertigt zu werden, läßt sich eine Sättigungsgrenze für den Einsatz dieser Systeme theoretisch ableiten. Diese Sättigungsgrenze wird in der mechanischen Fertigung (Fräsen, Bohren, Schleifen, Drehen) bei ca. 10—40% des Betriebsmittelbestandes erwartet [58]).

In Anbetracht unsicherer Zukunftserwartungen über die Ziele und Zielerreichungsgrade sind numerisch gesteuerte Fertigungssysteme infolge ihrer Vielseitigkeit ein geringeres Investitionsrisiko als konventionell automatisierte Systeme, die durch Veränderung der Ziele eventuell unbrauchbar werden [59]). Eine Grenze zur Verwirklichung eines Investitionsvorschlages für numerisch gesteuerte Fertigungssysteme ergibt sich aus der von jedem Entscheidungsträger anzustellenden Abwägung zwischen Risiko einer zukünftigen Zielveränderung und den Kosten der Aufrechterhaltung eines Anpassungspotentials.

[56]) Konventionelle Einrichtungen, die mit Hilfe von errechneten Daten automatisch Steuerkurven herstellen, sind bereits bekannt. Vgl. GIERSE, F.J.: Programmgesteuerte Kurvenscheibenfertigung mit Schrittmotoren, in: IA, 88. Jg. (1966), Nr. 14, S. 257—260.
Die Frage nach der Eignung von numerisch gesteuerten Fertigungssystemen fur die Informationsträgererstellung für kurvengesteuerte Werkzeugmaschinen wird z.B. von Steude anhand exemplarischer Verfahrensvergleiche positiv beantwortet. Vgl. STEUDE, D.: Maßnahmen zur Erhöhung der Anpassungsfähigkeit kurvengesteuerter Werkzeugmaschinen durch flexible Automatisierung der Informationsträgererstellung, Diss. Berlin 1972.
[57]) Vgl. zum Begriff SWOBODA, P.: Die betriebliche Anpassung..., a.a.O., S. 140.
[58]) Vgl. zu den moglichen „Sättigungsgrenzen" bei Fertigungssystemen BRÖDNER, P., HAMKE, F.: Automatisierung und Arbeitsplatzstrukturen, a.a.O., (1969), Nr. 8, S. 614 u. (1970), Nr. 2, S. 156. Der Anteil der numerisch gesteuerten Fertigung kommt hierbei nur unzureichend zum Ausdruck. Die Bedeutung wurde eher sichtbar, wenn man den Anteil der numerisch gesteuerten Fertigung an der Fertigungskapazitat mißt. So betrug z.B. in einem Unternehmen des Werkzeugmaschinenbaus 1968 der Anteil der numerisch gesteuerten Fertigungssysteme nur 4,5%, es waren aber bereits 24,7% aller lebenden Werkstücke programmiert. (Vgl. hierzu TULLY, H., HERRMANN, J.: Gesichtspunkte..., a.a.O., S. 270). Der durchschnittliche Investitionsausgabenanteil fur numerisch gesteuerte Fertigungssysteme in Betrieben des deutschen Maschinenbaus wird z.Zt. auf ca. 50% geschatzt; auch diese Zahl stützt obige Folgerung. (Vgl. N.N.: NC-Maschinenproduktion der BRD, in: WuB, 105. Jg. (1972), H. 1., S. 14).
[59]) Vgl. N.N.: NC — the calculated risk, in: Sonderdruck American Machinist (1970), S. 18—20.

4.113 Beseitigung innerbetrieblicher Störgrößen

Der rationelle Vollzug des Fertigungsablaufs wird durch eine Vielzahl von Störgrößen beeinflußt. Um die Rationalisierungsmöglichkeiten aufzuzeigen, die in vielen Fällen zu Investitionsentscheidungen führen, erscheint eine systematische und permanente Verlust- und Schwachstellenforschung [60] geeignet. Die Schwachstellen liegen in den am Transformationsprozeß beteiligten produktiven Faktoren, an ihrer Kombination zu einem Fertigungssystem [61] und in der Organisation der Fertigung begründet.

Die Ausschaltung technischer und organisatorischer Störgrößen setzt Ursache-Wirkungs-Analysen voraus [62]. Ursachen für innerbetriebliche Störungen liegen im material- und informationsverarbeitenden Transformationsprozeß. Sie wirken sich als Nutzungsverluste der Kapazitätseinheiten aus. Als Nutzungsverlust wird die Differenz zwischen der theoretischen und effektiven Leistungsbereitschaft einer Kapazitätseinheit verstanden. Nutzungsverluste lassen sich danach differenzieren, ob sie planbar oder zufällig auftreten [63]. Als planbarer Nutzungsverlust kann ca. 80% der theoretischen Leistungsbereitschaft einer Kapazitätseinheit angesehen werden. Zu denken ist hier an die zeitliche Nichtausnutzung der Kapazität durch Urlaub, Feiertage, 1-Schicht-Betrieb und Außerbetriebnahme der Kapazitätseinheit. Ursachen für die hier vornehmlich zu untersuchenden zufälligen Nutzungsverluste liegen in den Beschäftigungsabweichungen, in Fehlern an Betriebsmitteln, Werkstoffen, Werkzeugen, in Fehlleistungen der menschlichen Arbeitskraft und in Organisationsmängeln. Zu prüfen ist, ob nu-

---

[60] Planungsunterlagen für eine systematische Schwachstellenforschung wurden z.B. von BLOHM, HEINRICH und vom AWF erarbeitet. Vgl. BLOHM, H., HEINRICH, L.J.: Schwachstellen der betrieblichen Berichterstattung. Rationalisierung durch Ausschaltung von Störungen, Baden-Baden, Bad Homburg 1965; Schwachstellenforschung und Rationalisierungsmaßnahmen im Betrieb, hrsg. v. Ausschuß für wirtschaftliche Fertigung e.V. (AWF), Schriftreihe „Arbeitsvorbereitung"; Heft 2, Frankfurt/M. u. Berlin, o.J.

[61] Störgrößen, die auf ein Fertigungssystem wirken und die In- und Outputgrößen verändern, schlagen sich z.B. in einer nicht optimalen Erfüllung der Fertigungsaufgabe oder in erhöhten Instandhaltungskosten nieder. Obwohl diese Größen einen wichtigen Einfluß auf die Investitionsentscheidungen ausüben, sind sie vom Anwender der Fertigungssysteme nachträglich kaum zu beeinflussen. Sie müssen sich deshalb in der Formulierung des Anforderungsprofils für ein Fertigungssystem niederschlagen. Zu den technischen Störgrößen auf ein Fertigungssystem vgl. SPUR, G.: Optimierung des Fertigungssystems Werkzeugmaschine, a.a.O., S. 57—162.

[62] Für den Industriebetrieb hat Grewe ein Klassifizierungsschema für Störgrößen entwickelt, das erste Anhaltspunkte für Ursache-Wirkungsanalysen erlaubt. Vgl. GREWE, J.: Störungen im Industriebetrieb, Diss. Darmstadt 1970, S. 63ff.

[63] Ein umfassender Katalog für die kapazitiven Verlustursachen und ihre Darstellung in einem Sankey-Diagramm findet sich bei KERN, W.: Die Messung industrieller Fertigungskapazitäten und ihre Ausnutzung, Köln-Opladen 1962, S. 145 ff. Quantitative Angaben zu den einzelnen Größen für die mechanische Fertigung finden sich bei KUHNERT, W.: Wirtschaftlichkeitsbetrachtungen aus der Sicht des Verbrauchers, in: Tagungsbroschure, Internationaler Congress für Metallbearbeitung, hrsg. v. Verein Deutscher Werkzeugmaschinen e.V. (VDW), Frankfurt/M. 1970, S. 19—25; OPITZ, H.: Auslegung und Nutzung rechnergesteuerter Fertigungseinrichtungen, Essen 1971, S. 86; WEBER, H.J.: Fertigungsverfahren aus betriebswirtschaftlicher Sicht, a.a.O., S. 102; SCHULTZ-WILD, R., WELTZ, F.: Technischer Wandel und Industriebetrieb, a.a.O., S. 41ff.

merisch gesteuerte Fertigungssysteme Alternativen für eine effiziente Beseitigung bestimmter Nutzungsverluste darstellen.

Zunächst läßt sich feststellen, daß numerisch gesteuerte Fertigungssysteme aufgrund ihres hohen allgemeinen Vorbereitungsgrades und den daraus resultierenden Vorteilen (vgl. S.47ff. dieser Arbeit) für eine schnelle und kostengünstige Bewältigung von Anpassungsprozessen, also auch für die Bewältigung von Störungen besonders geeignet sind. Hinzukommt, daß die verschiedenen organisatorischen und personellen Maßnahmen zur Vorbereitung des Einsatzes numerisch gesteuerter Fertigungssysteme einen Zwang zur Beseitigung von Mängeln in der Organisation ausüben.

Generell können die Nutzungsverluste auch ohne den Einsatz von numerisch gesteuerten Fertigungssystemen verringert werden. Wie die Praxis zeigt, werden die erforderlichen Maßnahmen aber erst im Zusammenhang mit der Inbetriebnahme von numerisch gesteuerten Fertigungssystemen durchgeführt. Insofern wirken numerisch gesteuerte Fertigungssysteme mit dem Zwang zur Neugestaltung des Informationsflusses, der Fertigungsvorbereitung und der optimalen Auslastung der Kapazität nur indirekt auf die Verringerung von Nutzungsverlusten.

Diese theoretisch schwach anmutende Argumentation zum Einsatz numerisch gesteuerter Fertigungssysteme zur Verringerung innerbetrieblicher Störungen hat unter praktischen Gesichtspunkten in jeder Unternehmung ein anderes Gewicht. Die Befragung zeigte, daß der vorgestellten pragmatischen Argumentation weitgehend gefolgt wird[64] und die Beseitigung innerbetrieblicher Störgrößen als Investitionsgrund für numerisch gesteuerte Fertigungssysteme häufig angegeben wird.

Zu diesen durch einen Kontrollakt ausgelösten Entscheidungsanregungen muß die Wahrnehmung des Problems und der Wille zur Entscheidung treten, damit der Entscheidungsprozeß durchgeführt wird[65]. Um zielerreichende Investitionsentscheidungen fällen zu können, sind die für die Unternehmung wichtigen Anregungen auszuwählen, zu konkretisieren und in einem Investitionsplan aufzunehmen[66].

4.12 Selektion von Investitionsanregungen

Investitionsvorhaben sind mit den Zielen und dem Mittelvorrat der Unternehmung in Einklang zu bringen. Zu diesem Zweck sind die Investitionsanregungen nach zeitlichen und sachlichen Gesichtspunkten zu ordnen. Die zeitliche Ordnung muß Aufschluß geben über die Entwicklungszeit, die voraussichtliche Einsatzzeit und den Bedarfszeitpunkt, die sachliche Ord-

---

[64] Zu vermerken ist, daß einige Hersteller von numerisch gesteuerten Fertigungssystemen in ihrer Werbung auf diesen Punkt Bezug nehmen.
[65] Vgl. GRIEM, H.: Der Prozeß der Unternehmensentscheidung..., a.a.O., S. 55ff.
[66] Kosiol fordert aus diesem Grunde die Institutionalisierung der Anregungsphase in die Unternehmensorganisation. Vgl. KOSIOL, E. und Mitarbeiter: Die Organisation von Investitionsentscheidungen, a.a.O., S. 31ff.

nung über die Erfolgsaussichten, die Entwicklungskosten, die anderen ökonomischen, organisatorischen und technischen Voraussetzungen der Investitionsideen.

Aus der Aufgabenteilung bei der Beurteilung komplexer Investitionsvorhaben und der Vielzahl möglicher Alternativen ergibt sich die Notwendigkeit einer Vorauswahl[67]. Diese soll einerseits die mögliche Zielerreichung nicht beeinträchtigen, muß aber andererseits die Breite und Tiefe der möglichen Alternativensuche eingrenzen, um den Planungsaufwand zu reduzieren. Ziel der folgenden Untersuchung soll es sein, durch die Auswahl geeigneter Selektionsverfahren für Investitionsideen die Breite und Tiefe der Lösungssuche zu begrenzen, kurzfristig erfolgversprechende Investitionsaussichten zu selektieren und mittel- bzw. langfristige Investitionstendenzen aufzuzeigen.

Eine Klassifizierung der Fertigungssysteme nach ihren Kostenwirkungen, der Automatisierung des Informations- und Materialflusses und den organisatorischen Anpassungsprozessen einerseits und nach ihrer Bedeutung als Neuheit im betrieblichen Umsystem andererseits, scheint für die Grobauswahl als erster Ansatzpunkt von Vorteil. So wird z.B. die Modifizierung bzw. Ergänzung realisierter Fertigungssysteme durch den Einsatz von Subsystemen und Zusatzeinrichtungen grundsätzlich weniger Probleme aufwerfen und in ihren Konsequenzen besser vorherbestimmbar sein, als der Einsatz eines für die Unternehmung neuen Fertigungssystems.

Eine weitere Schwierigkeit ergibt sich aus der Notwendigkeit, bereits in der Anregungsphase technische Restriktionen für Subsysteme zu formulieren, die z.B. durch Variationen des Fertigungssystems an anderer Stelle nicht zwingend im technischen Sinne sind. Zudem basieren technische Restriktionen oft auf intuitiv vorweggenommenen ökonomischen Überlegungen, die sich im Gesamtzusammenhang als nicht richtig herausstellen können (z.B. Annahmen hinsichtlich der Ausfallhäufigkeit). Die zur Grobauswahl vorzuschlagenden Verfahren dürfen deshalb nur bindende technische und ökonomische Restriktionen berücksichtigen[68]. Im übrigen müssen an sie die gleichen Anforderungen gestellt werden wie an Bewertungsverfahren für eine detaillierte Auswahlentscheidung[69].

Wegen der Unsicherheit der Daten und der hohen Kosten einer vollständigen Untersuchung kommt nur ein verkürztes, grobmaschiges Kalkül zur Anwendung, oder es wird auf subjektive Expertenschätzungen zurückgegriffen[70]. Die Grobauswahl erstreckt sich deshalb vorwiegend auf die Erreichung der Teilziele von Fertigungssystemen sowie auf die Realisierbar-

---

[67] Vgl. hierzu SCHRÖTER, H.: Der betriebswirtschaftliche Anteil an der Investitionsplanungs-, entscheidung, -durchführung und -kontrolle, a.a.O., S. 62—67.

[68] Wegen der formalen Gleichheit dieser Probleme mit den Problemen der Auswahl neuer Produkte können auch die dort entwickelten Verfahren herangezogen werden. Vgl. z.B. REUTER, J.: Verfahren zur betrieblichen Entscheidung über den Forschungs- und Entwicklungsaufwand, in: ZfB, 38. Jg. (1968), S. 526—552.

[69] Vgl. Kapitel 4.412.

[70] Vgl. SCHWARZ, H.: Rationale Vorbereitung der Entscheidung über größere Investitionsvorschlage, a.a.O., S. 85.: „Eine tiefgreifende Fundierung der Investitionsentscheidung erfordert... einen großen Aufwand, so daß auch die Ökonomitat der Entscheidungsvorbereitung selbst zu prufen ist".

keit vorgeschlagener Systeme innerhalb der Unternehmung. Dabei ergibt sich die Schwierigkeit, die den verschiedenen Bewertungsmethoden innewohnende Entscheidungssituation auf unser Problem zu übertragen. Hinzu kommt, daß die direkte Messung der Werte der Zielvariablen in diesem Stadium der Systemgestaltung zum Teil kaum möglich ist und auf eine indirekte Messung unter Verwendung von Hilfsmaßstäben zurückgegriffen werden muß.

Bei der Grobauswahl technischer Systeme kommen Auswahlfragen, Punktbewertungsverfahren, kalkulatorische Kostenvergleiche und Systemstudien zur Anwendung.

4.121 Darstellung der relevanten Modelle

1. Mit den Auswahlfragen oder Checklisten wird eine systematische und vollständige Erfassung aller Aspekte, die bei der Entscheidung über die Aufnahme einer Alternative in den Auswahlprozeß zu beachten sind, angestrebt. Ziel ist die Überprüfung der Alternativen daraufhin, ob sie sich im Rahmen der Unternehmung wirtschaftlich einsetzen lassen. Dabei sind Daten über den technischen Stand und die Umweltentwicklung wie auch unternehmensbezogene Daten z.B. Engpässe, besondere Probleme in der Fertigung u.ä. zu erfassen. Es wird dabei mehr auf Vollständigkeit als auf Genauigkeit ankommen.

Die Auswahlfragen für numerisch gesteuerte Fertigungssysteme lassen sich in Anlehnung an das in Kapitel 2 charakterisierte Entscheidungsfeld einteilen in:

1. Fragen zum Fertigungssystem [71])
   1.1 Fragen zum Maschinensystem
   1.2 Fragen zur Maschinensteuerung
   1.3 Fragen zur Programmierung
   1.4 Fragen zum Betriebseinsatz
   1.5 Fragen zur Einsetzbarkeit und Unfallsicherheit

2. Fragen zur Fertigungsaufgabe
   2.1 Fragen zur erforderlichen Kapazität
   2.2 Fragen zur erforderlichen Elastizität

3. Fragen zu den Wirkungen (technische, organisatorische, ökonomische) des Fertigungssystems
   3.1 Direkte Wirkungen
   3.2 Indirekte Wirkungen
   3.3 Wirkungsinterdependenzen

---

[71]) Für numerisch gesteuerte Fertigungssysteme wurden VDI-Richtlinien und Fragenkataloge von Firmen und dem AWF entwickelt. Siehe z. B. TULLY, H. und HERRMANN, J.: Gesichtspunkte für den wirtschaftlichen Einsatz..., a.a.O., S. 270; AWF 4002: Fragen zur Auswahl numerisch gesteuerter Werkzeugmaschinen, Berlin-Frankfurt/M., o.J.; HERLOD, H.H., MASSBERG, W., STUTE, G.: Die numerische Steuerung..., a.a.O., S. 249ff.

Werden für diese Fragen unternehmens- oder branchenspezifische Mindestanforderungen formuliert, so läßt sich damit das Möglichkeitsfeld für den Einsatz numerisch gesteuerter Fertigungssysteme genauer abgrenzen[72]. Auch wenn nur nominale Ausprägungen der Antworten möglich sind und die einzelnen Investitionsalternativen an einem umfassenden Fragenkatalog verglichen werden, erhält der Entscheidungsträger mit Hilfe einer graphischen Darstellung von Wertprofilen (Abb. 13[73]) einen unmittelbaren Überblick über die

Auswahlfragen für numerisch gesteuerte Fertigungssysteme	Ermittelte Merkmalsausprägungen A_1				
1. Fragen zum Maschinensystem					
1.1 Maschinendaten (Leistung, Arbeitsbereich u. ä.)	SG	G	(D)	S	SS
1.2 Konstruktive Merkmale	SG	(G)	D	S	SS
1.3 Ausrüstung und Zubehör	(SG)	G	D	S	SS
1.4 Daten für die Aufstellung der Maschinen	SG	(G)	D	S	SS
2. Fragen zur Maschinensteuerung					
2.1 Technischer Aufbau	SG	(G)	D	S	SS
2.2 Meßprinzipien und Wertmeßsysteme	SG	G	(D)	S	SS
2.3 Anzeigeeinrichtung	SG	G	(D)	S	SS
2.4 Lese- und Prüfeinrichtung	SG	(G)	D	S	SS
2.5 Daten zur Aufstellung und Installierung des Subsystems	SG	G	(D)	S	SS
2.6 Kompatibilität des Systems zu bisher installierten Maschinensteuerungen	SG	G	D	S	(SS)
3. Fragen zur Programmierung					
3.1 Programmiersystem	(SG)	G	D	S	SS
3.2 Korrekturmöglichkeiten	SG	(G)	D	S	SS
3.3 Auswahl der Information	SG	(G)	D	S	SS
3.4 Wiederholbarkeit der Programmsätze	SG	(G)	D	S	SS
3.5 Kompatibilität des Programmiersystems	SG	G	(D)	S	SS
4. Fragen zum Betriebseinsatz					
4.1 Betriebsarten	SG	(G)	D	S	SS
4.2 Fehlerbeseitigungsmöglichkeiten	SG	G	(D)	S	SS
4.3 Bedienung, Wartung und Kundendienst	SG	(G)	D	S	SS
5. Fragen zur Einsetzbarkeit und Unfallsicherheit					
5.1 Fragen zur Einsetzbarkeit (z. B. Lieferzeit, Abnahmebedingungen u. ä.)	SG	G	D	(S)	SS
5.2 Unfallsicherheit	SG	(G)	D	S	SS
SG = Sehr gut, G = Gut, D = Durchschnittlich, S = Schlecht, SS = Sehr Schlecht					

Abbildung 13
Auswertung der Auswahlfragen in ordinalen Wertprofilen

[72] In der Praxis nennt die Unternehmensleitung oftmals Mindestwerte, die ein Investitionsvorschlag erfüllen muß, um Aufnahme in das Investitionsprogramm zu erhalten. Vgl. TERBORGH, G.: Leitfaden der betrieblichen Investitionspolitik, a.a.O., S. 57.

[73] In Anlehnung an BRIGHT, J.R.: Research and Technological Innovation, Homewood Illinois 1964, S. 424, zit. nach ZANGEMEISTER, C.: Nutzwertanalyse in der Systemtechnik, a.a.O., S. 291.

technische Vorteilhaftigkeit der Systeme. Schon durch diesen groben Überblick können Handlungsalternativen ausgeschieden werden, weil z.B. eine bestimmte Systemgestaltung nicht zulässig ist. Bei dieser Auswertung muß auch die Tatsache beachtet werden, daß Fragen zu den material- und informationsverarbeitenden Subsystemen nicht separate Merkmale eines Fertigungssystems feststellen, sondern daß die für die Lösung einer Fertigungsaufgabe erforderliche Systemkonfiguration als Ganzes zu behandeln ist.

Bei Fertigungsaufgaben für die Dreh-, Bohr- und Fräsbearbeitung wurden von Wojda[74] Mindestanforderungen ermittelt. Als Kriterien werden dabei werkstückabhängige und kostenbestimmende Einflußgrößen herangezogen. Die werkstückabhängigen Einflußgrößen berücksichtigen die Vielgestaltigkeit und die Kompliziertheit (z.B. Anzahl und Form der Bearbeitungsstellen sowie die Genauigkeit der Bearbeitung) des Werkstückes sowie die Art und Ausgangsform des Werkstoffes. Die kostenbestimmenden Einflußgrößen umfassen die Losgrößen und Anzahl der Aufträge, das Verhältnis der Stundensätze, Vorrichtungs- und Anreißkosten, Programmieraufwand, die Zeit je Einheit und die Rüstzeit sowie das Verhältnis der Nebenzeit zur Nutzungszeit. Mit Hilfe von statistischen Untersuchungen können Trendaussagen gemacht werden, die für bestimmte Fertigungsaufgaben eine Grobauswahl von alternativen Fertigungssystemen erlauben. Hinsichtlich der Wirkungen liegen in der Literatur nur wenige quantitative Untersuchungen vor[75]. Dies liegt einmal am Umfang und an der Komplexität der in Kapitel 2.23 gezeigten Wirkungen und zum anderen an ihrer Abhängigkeit von der spezifischen Situation in den Unternehmen. Entscheidend für den Wert von Auswahlfragen als Beurteilungsinstrument sind Erfahrung und Sachkenntnis der Personen, die diese Wertung vornehmen. Es empfiehlt sich deshalb, die Bewertung der Alternativen von mehreren Experten durchführen zu lassen.

2. Die Punktbewertungsverfahren[76] stellen eine Weiterentwicklung der Auswahlfragen dar. Mit ihnen wird der Zweck verfolgt, alternative Objekte hinsichtlich aller für die Entscheidung wichtigen technischen und wirtschaftlichen Faktoren einzustufen und den Rangwert einer Alternative in einem Punktwert auszudrücken. Dabei müssen die Anforderungsarten entsprechend ihrer Bedeutung gewichtet und auch der Erfüllungsgrad der jeweiligen Kriterien geschätzt werden[77]. Praktisch wird für jede Alternative ein Punktwert ermittelt, der eine Vielzahl von Imponderablien zu einer Maßgröße zusammenfassen soll. Eine Variation dieses Vorgehens stellt die Ermittlung von Wertprofilen — analog den Produktprofi-

---

[74] Vgl. WOJDA, F.: Zeitwirtschaft und wirtschaftliche Teileauswahl für numerisch gesteuerte Werkzeugmaschinen, a.a.O., S. 49—86.

[75] Vgl. z.B. FREUDHOFER, F.: Der Einfluß organisatorischer und wirtschaftlicher Kenngrößen..., a.a.O.; SCHULTZ-WILD, R., WELTZ, F.: Technischer Wandel und Industriebetrieb, a.a.O.

[76] Mit den Punktbewertungsverfahren (Scornig-Modelle) wird eine ordinale Vergleichbarkeit der Objekte angestrebt. Vgl. STREBEL, H.: Scornig-Methoden als Entscheidungshilfen bei der Wahl von Forschungs- und Entwicklungsprojekten, in: Rechnungswesen und Betriebswirtschaftsprodukte, Festschrift für G. Kruger, (hrsg. v. M. Layer und H. Strebel), Berlin 1969, S. 257f. Zur Anwendung von Punktbewertungsverfahren zur Beurteilung technischer Eigenschaften vgl. KESSELRING, F.: Technische Kompositionslehre, Berlin-Göttingen-Heidelberg 1954, S. 251ff.

[77] Dieses Vorgehen findet sich bereits in der analytischen Arbeitsbewertung.

len[78]) dar. Hier wird die Zusammenfassung unterschiedlicher Kriterien nicht erforderlich, außerdem ergeben sich Vorteile beim Vergleich mit bestimmten betrieblichen Anforderungen.

Für numerisch gesteuerte Fertigungssysteme wurden solche Punktbewertungsverfahren bisher nicht entwickelt. Anhaltspunkte für ein solches Verfahren lassen sich aber z.B. in allgemeiner Form bei Brandt[79]) finden. Hinzuweisen ist dabei auf die Problematik mehrdimensionaler Nutzenmessung[80]), die, obwohl nicht explizit in den Punktbewertungsmodellen aufgeführt, diese Methoden stark einschränken.

Im Stadium der Grobbewertung liefern die Punktbewertungsmethoden vor allem dann Anhaltspunkte für den optimalen Bereich von Subsystemen numerisch gesteuerter Fertigungssysteme, wenn keine Ziel-Mittel-Relation, d.h. Ursache-Wirkbeziehungen zwischen konkreten Systemkonfigurationen und Zielerreichung besteht, oder die Auswirkungen der Fertigungssysteme auf die Zielvariable nicht isoliert werden können. Ein Beispiel hierfür ist die Umstellung der manuellen Programmierung auf Programmierplätze. Nimmt man das in Kapitel 4.2 zu entwickelnde Zielsystem als Anforderungskatalog für numerisch gesteuerte Fertigungssysteme, läßt sich zumindest mit Hilfe der Punktbewertungsverfahren feststellen, welche Maßnahmen zu einer Annäherung an das betriebliche Optimum der Zielerreichung führen und welche nicht.

Die Problematik der Punktbewertungsverfahren liegt darin, daß die Ableitung der Anforderungsarten und deren Gewichtung weitgehend subjektiv bestimmt wird. Aus diesem Grunde können keine vollständigen und allgemeingültigen Aussagen über das Verfahren gemacht werden, zumal in Grenzfällen die Beurteilung der Zielerreichung vom zu bewertenden System abhängt und von Unternehmen zu Unternehmen verschieden ist.

3. Stehen mehrere aus Investitionsanregungen hervorgegangene Investitionsobjekte zur Auswahl, stellen einfache Kostenvergleichsrechnungen auf der Basis von charakteristischen Werkstücken geeignete Grobbewertungsverfahren dar. Für Kostenvergleiche[81]) wurden dazu von Maschinenherstellern[82]) (anhand der in Kapitel 4.4211 erläuterten Kostengliederung) standardisierte Formblätter gestaltet, die eine übersichtliche und leichte Erfassung der erforderlichen Daten erlauben. Die Durchführung einer Kostenvergleichsrechnung zur Bestimmung der kostengünstigsten Alternativen für eine repräsentative Fertigungsaufgabe (in gewissem Sinne für Standardaufgaben) erscheint für die Grobauswahl von Fertigungssystemen mit hinreichender Genauigkeit durchführbar und angebracht.

---

[78]) Vgl. HIRSCH, V.: Bewertungsprofile bei der Planung neuer Produkte, in: ZfbF (NF), 20. Jg. (1968), S. 291—303.

[79]) Vgl. BRANDT, H.: Investitionspolitik..., a.a.O., S. 205ff.

[80]) Vgl. HEINEN: E.: Grundlagen betriebswirtschaftlicher Entscheidungen, a.a.O., S. 147ff.

[81]) Zur Anwendung des Verfahrens vgl. Kapitel 4.4211.

[82]) Vgl. VDF-NC-Information Nr. 4, o.J.; FALK, S.: Werkzeugmaschinen mit numerischen Steuerungen in einem Fertigungsbereich mit mehr als 240.000 Fertigungsstunden im Einsatz, in: WuB, 101. Jg. (1968), H. 10, S. 567—573.

4. Bei zunehmender realtechnischer Integration von Subsystemen zu DNC-Systemen, die heute erst in Forschungslaboratorien installiert sind, nimmt die Komplexität bei der Analyse und Gestaltung zulässiger Systemalternativen zu. Um trotzdem langfristige Handlungsalternativen zu definieren und im Hinblick auf die angestrebten Zielsetzungen bewerten zu können, sind gezielte Informationsprozesse durchzuführen. Eine Systematik für diese Informationsprozesse wurde durch die Systemanalyse[83]) geschaffen. Häufig werden für diese Methoden auch die Begriffe „Systemtechnik"[84]) oder „systems engineering"[85]) synonym gebraucht. Diese Methoden wurden bisher mit besonders großem Erfolg in der Waffentechnik eingesetzt[86]).

Um im Bereich der Produktionstechnik die Prozeß- oder Verfahrensinnovation sinnvoll planen zu können, wurden bereits Systemstudien zur Ermittlung von Modellvorstellungen durchgeführt[87]). Zur Bewertung dieser nur in der Konzeption vorliegenden Fertigungssysteme können Kosten-Nutzen-Analysen[88]) oder Berechnungsexperimente durchgeführt werden. Zur Erfassung der Komplexität von zukünftigen numerisch gesteuerten Fertigungssystemen und zur Berücksichtigung der Mehrwertigkeit der Daten sind systematische Probierverfahren, wie sie durch die Simultationstechniken bereitgestellt werden, angebracht.

Die Aufgabe bei der Systemsuche besteht dann darin, ein Strukturmodell eines numerisch gesteuerten Fertigungssystems zu entwerfen, das durch Simulation der Parameter solange abgewandelt wird, bis z.B. die geforderte Zweckerfüllung und Kostenstruktur erreicht ist[89]). Durch die Variation der Bedingungen des Modells lassen sich nicht exakt formulierbare Zusammenhänge, z.B. die organisatorischen Auswirkungen abbilden bzw. aufdecken. Da die Umweltdaten (technischer Fortschritt und Bedarfsverschiebungen) und ihre Wirkungen auf die Systeme und die Fertigungsaufgabe nicht eindeutig bekannt sind, werden die wichtigsten Parameter in Form von Wahrscheinlichkeitsverteilungen angege-

---

[83]) Vgl. S. 34ff. dieser Arbeit.

[84]) Vgl. zur Begriffsbildung und Vorsehensweise ZANGEMEISTER, C.: Nutzwertanalyse in der Systemtechnik, 2. Aufl., München 1971, S. 14ff.

[85]) Vgl. CHESTNUT, H.: Systems Engineering Methods, New York-London 1967.

[86]) Vgl. hierzu z.B. BÖLKOW, L.: Finden und Durchführen von Großprojekten der Forschung und Entwicklung, in: ZfbF(NF), 24. Jg. (1972), S. 573—589.

[87]) Vgl. JUNGHANNS, W.: Planung neuer Fertigungssysteme..., a.a.O.; SCHÖNHERR, S.: Beliebig gekrümmte Flächen- vom Entwurf bis zum Werkzeug mit Hilfe von Computern und NC-Werkzeugmaschinen, a.a.O., WILLIAMSON, D.T.N.: Ein neues Fertigungsverfahren, a.a.O.

[88]) Vgl. hierzu die Ausführungen auf S. 253ff. dieser Arbeit und die dort angegebene Literatur. Eine Kosten-Nutzen-Analyse im Stadium der Grobauswahl erscheint wegen der Datenanforderungen bei technisch neuartigen Systemen kaum mit hinreichender Genauigkeit durchführbar.

[89]) Es handelt sich hier um eine analytische Simulation im Gegensatz zur synthetischen, bei der die Modellstruktur fest ist und eine Berechnung für alternative Strategien vorgenommen wird. Vgl. KOLLER, H.: Simulation als Methode in der Betriebswirtschaft, in: ZfB, 36. Jg. (1966), S. 95—110. Zur Charakteristik von Simulationsmodellen vgl. beispielsweise KERN, W.: Optimierungsverfahren in der Ablauforganisation — Gestaltungsmöglichkeiten mit Operations Research, Essen 1967, S. 29f.; derselbe: Operations Research, 3. Aufl., Stuttgart 1969, S. 76ff.; MÜLLER, W.: Technik und Leistungsfähigkeit betriebswirtschaftlicher Simulationsstudien, in: ZfB, 38. Jg. (1968), S. 605—620; WURL, H.-J.: Betriebswirtschaftliche Projektanalysen durch Simulation, in: ZfbF (NF), 27. Jg. (1972), S. 362—378.

ben. Dabei wird es sich in der Regel um subjektive Wahrscheinlichkeiten handeln. Wird das Simulationsmodell genügend oft mit zufälligen Werten durchgespielt, erhält man die Zielerreichungsgrade bei alternativen Kombinationen der Elemente von Fertigungssystemen.

Auf die Wiedergabe konkreter Simulationsmodelle soll hier verzichtet werden, da sie ohnehin nur bei sehr komplexen Fertigungssystemen zur Anwendung kommen und einen hohen Planungsaufwand verursachen. Dennoch sei auf dieses wichtige Instrument zur Gestaltung und Bewertung von Fertigungssystemen gerade in der Phase der betriebswirtschaftlich-technischen Voruntersuchung hingewiesen[90], da sich anhand derartiger Simulationsmodelle[91] wesentliche Aspekte künftiger Anpassungsprozesse und das erforderliche Systemverhalten ablesen lassen. Damit werden Aufschlüsse über den erforderlichen Mittelvorrat der Unternehmung gestattet, ohne daß detaillierte Unterlagen über Daten vorhanden sein müssen.

4.122 Beurteilung der Modelle

Einer der wesentlichsten Mängel der angeführten Bewertungsverfahren zur Grobanalyse von alternativen Fertigungssystemen liegt darin, daß sie die Zielerreichung nicht ausschließlich durch ökonomische Größen wiedergeben, sondern daß dies anhand von Ersatzkriterien geschieht. Infolgedessen werden nur Relationen zwischen den Alternativen feststellbar, nicht dagegen die Mittelbeanspruchung der Unternehmung. Für die Grobauswahl läßt sich also eine sachliche Ordnung der Fertigungssysteme aufzeigen. Bei Simulationsmodellen ist daneben auch eine zeitliche Ordnung der Veränderung der Struktur von Fertigungssystemen möglich. Zudem werden außer beim Simulationsmodell keine Interdependenzen beachtet. Die Bedeutung der Verfahren liegt jedoch im folgenden: In den Modellen werden Teilprobleme geklärt, die eine Antwort auf die Frage nach den zulässigen Alternativen und damit eine Einschränkung der Alternativenmenge erlauben. Es kann angenommen werden, daß Alternativen, die die Grobauswahl durchlaufen haben, eher unter Beweis stellen, daß sie mit den Zielen und dem Mittelvorrat der Unternehmung kompatibel sind. Damit wird ein Weg gezeigt, wie die unternehmerischen Bemühungen durch kostengünstige und wenig zeitraubende Verfahren gebündelt und auf effizientere Alternativen gelenkt werden können.

Die bisherigen Überlegungen konzentrierten sich auf die grundsätzlichen Handlungsalternativen bei numerisch gesteuerten Fertigungssystemen und die Auswahl zulässiger Systeme. Aus der Zwecksetzung numerisch gesteuerter Fertigungssysteme und den Anforderungen der Investitionsentscheidung resultiert die Forderung nach hinreichender Kennzeichnung der Fertigungsaufgabe. Diesen Aspekten soll systematisch im Kapitel 4.321 nachgegangen werden. Vorab soll zuerst das Anforderungsprofil an zukünftige Investitionsalternativen näher analy-

---

[90] Simulationsmodelle können mit größerer Aussagefähigkeit auch bei detaillierten Wirtschaftlichkeitsanalysen zum Einsatz kommen.
[91] Vgl. insbesondere zu den Vor- und Nachteilen dieser Simulationsmodelle WURL, H.J.: Betriebswirtschaftliche Projektanalysen..., a.a.O., S. 378; NIEMEYER, G.: Investitionsentscheidungen mit Hilfe der elektronischen Datenverarbeitung, Berlin 1970, S. 176f.

siert und in ein Zielsystem eingefangen werden, das dann dem Eignungsprofil gegenübergestellt werden soll. Im Rahmen der Determinierung des zulässigen Lösungsraumes für numerisch gesteuerte Fertigungssysteme ist es erforderlich, diejenigen Bedingungen und Anforderungen zu spezifizieren, denen die Fertigungssysteme von der technischen Seite zu genügen
haben. Diese Faktoren stehen in einer engen Beziehung zu den Kriterien für die Beurteilung
von Fertigungssystemen, weil diese nur in dem Maße operational sind, in dem es gelingt, betriebliche Anforderungen und zielwirksame Daten für verschiedene Handlungsalternativen
zu bestimmen.

4.2 Entwurf von Entscheidungszielen

4.21 Funktionen und Anforderungen

Die Formulierung eines Zielsystems [92]) zur Bewertung von numerisch gesteuerten Fertigungssystemen ist eine analytische und in den meisten Fällen auch prognostische Tätigkeit, die
einerseits auf der Beobachtung konkreter Fertigungssysteme und andererseits auf den Zielen
des Unternehmens aufbaut. Die Techniken der strategischen Planung sind hier zu verbinden
mit der der Marktforschung und der technologischen Vorschau [93]).

Die Ermittlung der Zielkonzeption kann nicht nur Gegenstand eines theoretischen Erkennt-
nisvorganges sein, vielmehr müssen hier auch eine systematische Darstellung empirisch ermit-
telter Fakten versucht werden [94]). Grundsätzlich bedeutet dieser Anspruch, daß die Zielsetzung für numerisch gesteuerte Fertigungssysteme so erfolgen muß, daß die Steuerung der Investitionsentscheidungen — bei gleichzeitiger höchstmöglicher Verwirklichung der Ziele der
Unternehmung — danach selbständig erfolgen kann. Dem Zielsystem kommt somit eine An-
regungs-, Entwicklungs-, Bewertungs- und Kontrollfunktion zu [95]). Das Zielsystem für numerisch gesteuerte Fertigungssysteme muß zur Wahrnehmung dieser Funktionen soweit ver-
selbständigt werden, daß die anstehenden Teilprobleme im sukzessiv ablaufenden Entscheidungsprozeß geplant und kontrolliert werden können. Die Suche nach zielerreichenden
Handlungsalternativen kann sich dabei nur innerhalb eines Entscheidungsrahmens bewegen,
der aus dem Zielrahmen der Unternehmung [96]) bzw. aus der Motivstruktur der mit der Inve-

---

[92]) Da es sich um eine geordnete Menge von in Beziehung stehender Elemente handelt, scheint es zulässig,
den angestrebten Sachverhalt mit Zielsystem zu bezeichnen.

[93]) Vgl. z.B. zu den Techniken der Zielvorgaben KOLLER, H.: Simulation und Planspieltechnik. Berechnungsexperimente in der Betriebswirtschaft, Wiesbaden 1969; ALBACH, H.: Informationsgewinnung
durch strukturierte Gruppenbefragung. Die Delphi-Methode, in: ZfB, 40. Jg. (1970), Ergänzungsheft, S.
11ff.; ZANGEMEISTER, C.: Nutzwertanalyse in der Systemtechnik, a.a.O., S. 136ff.

[94]) Auf diesen Zusammenhang wird besonders hingewiesen bei HEINEN, E.: Grundlagen betriebswirtschaftlicher Entscheidungen, a.a.O., S. 44ff.; BIDLINGMAIER, J.: Zur Zielbildung in Unternehmungs-
organisationen, in: ZfbF (NF), 19. Jg. (1967), S. 246—256.

[95]) Vgl. zu diesen Funktionen STRATMANN, H.G.: Die Kriterien der Leistungswirksamkeit im Rahmen
der Gestaltung betriebswirtschaftlicher Organisationen, Diss. München 1968, S. 175ff.

[96]) Der Charakter der Investitionsentscheidungen als Mittelentscheidung wird hier besonders deutlich.

stitionsentscheidung befaßten Entscheidungsträger abgeleitet werden muß[97]). Wegen ihrer zentralen Bedeutung werden Investitionsentscheidungen immer unter Berücksichtigung des gesamten Spektrums der unternehmerischen Ziele bzw. Motive getroffen.

Diese Überlegungen führen zu einer zweistufigen Zielplanung. Zunächst sind die Oberziele für Realinvestitionen aus den allgemeinen Unternehmenszielen in einem Zielplan zu fixieren. Dadurch werden die Erfolgsmaßstäbe und die formalen Entscheidungskriterien determiniert. Die zweite Stufe der Zielplanung beinhaltet die Bestimmung von Zielkriterien für den Entscheidungsträger im Investitionsentscheidungsprozeß. Das bedeutet, daß jedes Ziel der zweiten Stufe Mittelcharakter gegenüber dem nächsthöheren Ziel hat.

Innerhalb der Informationssammlungs- und Auswertungsphase soll das Zielsystem Kriterien dafür liefern, wie eine Abgrenzung des jeweils relevanten Entscheidungsfeldes erfolgen kann[98]). Folglich muß eine genügende Breite und Tiefe der Lösungssuche bzw. der Ermittlung der Selektion zielerreichender Alternativen gewährleistet sein. Um diesen Suchprozeß optimal zu gestalten, dürfen die Entscheidungskriterien nicht zu eng oder zu weit festgelegt werden. Eine zu enge Formulierung schließt möglicherweise effiziente Alternativen zu früh aus, eine zu weite Formulierung verursacht größere Kosten bei der Alternativensuche. Neben der Forderung nach Vollständigkeit steht also eine zweite Forderung nach zahlenmäßiger Beschränkung der aufzunehmenden Ziele, die ebenso begründet ist. Dieses Dilemma läßt sich nur bei Kenntnis der Entscheidungssituation und der zur Anwendung kommenden Entscheidungskalküle lösen. Es wird aber durch institutionell-organisatorische Regelungen gemildert: Die Dezentralisierung der Entscheidungsvorbereitung mit dem entsprechenden Ausbau der Informationswege sowie der Übergang der Entscheidungsvorbereitung vom einmaligen zum laufenden Prozeß im Rahmen einer lang- bzw. mittelfristigen Planung bewirken, daß die zu verarbeitenden Informationen genauer werden. Hierdurch können Ursache-Wirkungs-Relationen aufgedeckt werden, welche die anstehenden Entscheidungen mit Zielrealisierungen bzw. Zielverzichten versehen und so den jeweils zu verwendenden Zielrahmen überschaubar machen.

Es wird versucht, ein möglichst situationsgerechtes und realitätsnahes Zielsystem zu entwerfen; dazu muß das Zielsystem entweder exakt auf die Bedürfnisse der Praxis zugeschnitten oder durch die Möglichkeit des Austausches einzelner Ziele bzw. daraus abgeleiteter Zielgruppen oder Änderung der Zielgewichtung so flexibel sein, daß es diesen Bedürfnissen angepaßt werden kann. Die notwendige Vergröberung bei der Formulierung von Zielfunktionen in Entscheidungsmodellen[99]) und im Verlauf des Entscheidungsprozesses wird mit den dar-

---

[97]) Von möglichen Zielkonflikten bei „mehrzentriger Willensbildung" (ALBACH, H.: Wirtschaftlichkeitsrechnung..., a.a.O., S. 141ff.) und der Mittelauswahl des Entscheidungstragers in Anbetracht seiner subjektiven Zielfunktion soll beim Entwurf des Zielsystems abstrahiert werden. Zur Vereinfachung wird davon ausgegangen, daß die Entscheidung nur von einem Einzelnen getroffen wird. Das Problem der konkurrierenden Ziele im Entscheidungsprozeß wird dadurch nicht berührt.
[98]) Die Zielvorstellungen dienen als Ordnungsgesichtspunkte für die Konsequenzen der Alternativen. Vgl. BIDLINGMAIER, J.: Die Ziele der Unternehmer, in: ZfB, 33. Jg. (1963), S. 411.
[99]) Vgl. zu diesem Problemkreis HAX, H.: Bewertungsprobleme bei der Formulierung von Zielfunktionen fur Entscheidungsmodelle, in: ZfbF (NF), 19. Jg. (1967), S. 749ff.

aus resultierenden Konsequenzen im Verlauf der Untersuchung an exemplarischen Beispielen gezeigt. Durch diese Vorgehensweise soll eine zunehmende Verbesserung des Informationsgrades und eine Schärfung des Problembewußtseins beim Entscheidungsträger herbeigeführt werden. Mit Hilfe der Zielkriterien wird darüberhinaus eine Kontrollfunktion ausgeübt. Diese gibt Aufschluß darüber, ob die verschiedenen Maßnahmen den Möglichkeiten und Notwendigkeiten der Gesamtunternehmung Rechnung tragen. Die Wahrnehmung dieser Funktion soll eine weitgehende Reduktion der normativen Entscheidungskomponenten und eine Ausdehnung der kognitiven Entscheidungsgrundlagen ermöglichen.

Bei der Aufstellung der dazu erforderlichen Ziel-Mittel-Kette ist auf einen gegenläufigen Aspekt der vertikalen Zielgliederung hinzuweisen: Je weiter man die Zweck-Mittel-Hierarchie nach unten drückt, um so leichter wird die Ermittlung der Zielkonsequenzen einer Alternative; gleichzeitig wird die Wahrscheinlichkeit größer, daß das gewählte Zwischenziel nur mit geringerer Genauigkeit den Zielerreichungsgrad des Endzieles widerspiegelt. Die aus diesen gegenläufigen Tendenzen resultierenden Vor- und Nachteile müssen beim Entwurf eines praktikablen Zielsystems am konkreten Einzelfall Beachtung finden.

Um die obigen Funktionen im Entscheidungsprozeß wahrnehmen zu können, muß jede Alternative als Vektor ihrer zielrelevanten Wirkungen beschrieben werden. Dieser Aspekt wirft das Problem der Auswahl der zu bewertenden Systemmerkmale auf, die die Wirksamkeit numerisch gesteuerter Fertigungssysteme problemadäquat widergeben und das Entscheidungsfeld in seiner Mehrdimensionalität erfassen. Ist dies nicht der Fall, so werden bestimmte Konsequenzen der Alternativen ausgeklammert, ohne daß eine Klärung ihrer Zielwirksamkeit erfolgte. Zum anderen müssen die Systemmerkmale gemessen und aufbereitet werden, denn erst die Aufbereitung der Daten schafft neue psychologische und programmatische Erkenntnisse [100]. Darüber hinaus muß das Zielsystem alle relevanten Wertdimensionen des Entscheidungsträgers umfassen [101]. Erst die Kombination der Wirkungen der Handlungsalternativen und der Wertdimensionen des Entscheidungsträgers in einem Zielsystem erlauben daran ausgerichtete situationsgerechte Investitionsentscheidungen.

Jedes operational zu formulierende Zielsystem [102] muß deshalb in sechs Richtungen präzisiert werden [103], und zwar nach Inhalt, Maßstab, möglichem Zielerreichungsgrad, zeitlichem Bezug, der Präferenzordnung bei mehreren Zielen und der Praktikabilität.

Die Zielinhalte kennzeichnen diejenigen Eigenschaften der Alternativen, die als wünschenswert im Sinne der Unternehmensziele (z.B. Kostenwirtschaftlichkeit) gelten. Die inhaltliche Präzisierung der Ziele übt einen entscheidenden Einfluß auf die Entscheidungsfindung aus.

---

[100] Vgl. BERTHEL, J.: Modelle allgemein, in: HWR, a.a.O., Sp. 1124 u. Sp. 1127f.
[101] Vgl. GÄFGEN, G.: Theorie der wirtschaftlichen Entscheidung, a.a.O., S. 111.
[102] Operationales Zielsystem bedeutet, daß sein Inhalt intersubjektiv rekonstruierbar und damit nachprüfbar sein muß. Vgl. S. 69f. dieser Arbeit.
[103] Zu den ersten drei Merkmalen vgl. HEINEN, E.: Grundlagen betriebswirtschaftlicher Entscheidungen, S. 45. Die letzten beiden Merkmale werden insbesondere von Szyperski hervorgehoben. Vgl. SZYPERSKI, N.: Das Setzen von Zielen — Primäre Aufgabe der Unternehmensleitung, in: ZfB, 41. Jg. (1971), S. 661.

Je nachdem, ob eine bonitäre oder monetäre[104]) Interpretation der Ziele vorgenommen wird, stehen gütermäßige Aspekte (z.B. Produktivität) oder der Geldkreislauf der Unternehmung (z.B. Rentabilität) im Vordergrund der Betrachtung. Um diese Eigenschaften erfassen zu können, sind geeignete Maßstäbe erforderlich (z.B. DM oder DM/Stück). Der Zielerreichungsgrad drückt dann aus, in welcher Höhe die Erfüllung einer Zieleigenschaft durch eine Alternative angestrebt wird (z.B. minimale, maximale oder fixierte Größe).

Bei der Zielerreichung handelt es sich einmal um eine Aufgabenerfüllung. Diese kann durch eine technische und/oder ökonomische Relation ausgedrückt werden. Wurden bestimmte technische Funktionen mit vorhandenen oder zu konstruierenden Investitionsalternativen so erfüllt, daß die bestmögliche technische Leistung erzielt wird, geht es um ein technisches Optimum. Beim ökonomischen Optimum geht es z.B. darum, bestimmte ökonomische Ziele mit möglichst geringen finanziellen Mitteln zu erreichen[105]).

Aus Gründen der Unsicherheit der Daten, der fehlenden Berechnungsmethoden sowie Rechenmöglichkeiten und der Wirtschaftlichkeit bei der Planung kann nicht immer eine minimale bzw. maximale Zielerfüllung ermittelt werden. Einen Anhaltspunkt für die dann anzustrebenden „guten" Lösungen liefert die Anspruchsanpassungstheorie[106]). Für jedes Ziel mit unterschiedlichen Zielinhalten legt der Entscheidungsträger einen Zielerreichungsgrad fest. Das Anspruchsniveau einer Menge situationsrelevanter Ziele bestimmt dann, ab wann der Entscheidungsträger mit seiner Entscheidung zufrieden ist[107]). Das Anspruchsniveau liegt nicht starr fest, vielmehr wird es nach oben angepaßt, wenn gute Alternativen leicht zu ermitteln sind, und nach unten korrigiert, wenn die vorhandenen Alternativen die gewünschte Zielerreichung nicht ermöglichen[108]). Je nach Entscheidungssituation und Alternative werden

---

[104]) Vgl. zu den Begriffen „bonitär" und „monetär" HEINEN, E.: ebenda, S. 72.

[105]) Von einer Komplementarität technischer und ökonomischer Ziele kann im allgemeinen nicht ausgegangen werden. So lassen sich z.B. durch eine fortschreitende Automatisierung technische Ziele bei höchster Perfektion verwirklichen, während die durch Ausschöpfung sämtlicher Automatisierungsmöglichkeiten verursachte Überdimensionierung der Fertigungssysteme zu Leerkosten führen kann. Noack weist in ähnlichem Zusammenhang bereits darauf hin, daß zwischen dem Rentabilitätsziel und dem Automatisierungsgrad zuerst eine Zone der Komplementarität existiert, und zwar dann, wenn man von einem niedrigen Automatisierungsgrad ausgeht und zunächst die gröbsten Schwachstellen beseitigt, die dann in eine Zone der Zielkonkurrenz übergehen. (Vgl. NOACK, H.: Der Aufbau eines elektronischen Datenverarbeitungssystems als rationale Investitionsentscheidung, Berlin 1969, S. 88.). Der Hinweis auf die Bestimmung eines optimalen Automatisierungsgrades in Abhängigkeit von der Zielerreichung verdeutlicht die Problematik der Bestimmung des Zielerreichungsgrades, insbesondere beim Einsatz numerisch gesteuerter Fertigungssysteme in Verbindung mit konventionellen Betriebsmitteln.

[106]) Vgl. zur Anspruchsanpassungstheorie SAUERMANN, H., SELTEN, R.: Anspruchsanpassungstheorie..., a.a.O.; STRASSER, H.: Zielbildung und Steuerung der Unternehmung, a.a.O.; HEINEN, E.: Grundlagen betriebswirtschaftlicher Entscheidungen, a.a.O., S. 239ff; SIMON, H.A.: A Behavioral Model of Rational Choice, in: Models of Man, hrsg. v. H.A. Simon, New York 1957, S. 241ff.

[107]) Vgl. SAUERMANN, H., SELTEN, R.: Anspruchsanpassungstheorie ..., a.a.O., S. 579.

[108]) Das Zielerreichungsniveau kann z.B. soweit gesenkt werden, daß die beste der vorhandenen Lösungen realisiert wird. Da es in dieser Untersuchung primär um den Entwurf einer Vorgehensweise zum Treffen rationaler Investitionsentscheidungen geht, kann auf die Konzeption der Anspruchsanpassung als ein Element verhaltenswissenschaftlich-orientierter Entscheidungstheorie nicht näher eingegangen werden.

unterschiedliche Ziele — eine Untermenge des vieldimensionalen Zielsystems des Entscheidungsträgers — angesprochen. Die einzelnen Ziele stehen dabei getrennt nebeneinander, sie werden nicht in einer Zielfunktion zusammengefaßt [109]). Da die Ziele nicht unabhängig voneinander sind, muß der Entscheidungsträger aufgrund seiner Erfahrungen bei ähnlichen Situationen der bedingten Nutzenunabhängigkeit [110]) durch die Wahl geeigneter Anspruchsniveaus und Auswahl der in einer gegebenen Situation verfolgten Ziele Rechnung tragen. Beim Vorhandensein mehrerer kritischer und unterschiedlich wichtiger Zielwerte läßt sich die Anspruchsanpassung nur unter zusätzlichen Annahmen lösen [111]). Für die Suche nach zulässigen Alternativen liefert die Theorie der Anspruchsanpassung eine Erklärung des Verhaltens der Entscheidungsträger im sukzessiven Investitionsentscheidungsprozeß ohne zusätzliche Einschränkungen. In der Suchphase des Entscheidungsprozesses, in der es um die Beschaffung von Informationen über Alternativen in einem bestimmten Zeitraum geht, sollen die Erkenntnisse der Anspruchsanpassungstheorie für diese Untersuchung genutzt werden.

Der zeitliche Bezug gibt Auskunft über den Geltungszeitpunkt und die Geltungsdauer der Ziele. Er besagt, daß eine operationale Zielformulierung parallel zur Informationsgewinnung bei der Entscheidungsvorbereitung erfolgen muß. Bei Investitionsentscheidungen müssen also z.B. die Bestell- und Lieferfristen, die Bau- und Einrichtungszeit einschließlich der Einarbeitungszeiten des Fachpersonals sowie der überschaubaren Zielveränderungen während der Nutzungszeit des Investitionsobjektes mitbeachtet werden.

Die umfassende Berücksichtigung aller benötigten Informationen und ihre Abbildung im Zielsystem erfordern die Kenntnis oder normative Annahme über die Präferenzfunktion [112]) der Entscheidungsträger, um mit deren Hilfe aus der Vielzahl von wertbestimmenden Faktoren eine eindeutige Ergebnistransformation vornehmen zu können. Insbesondere muß der Entscheidungsträger in der Lage sein, Aussagen darüber zu machen, welche Ziele er im Verhältnis zu anderen mit welcher Intensität anstrebt. Anders ausgedrückt: er muß bestimmen, welche Ziele als Extremierungsziele in der Zielfunktion und welche Ziele mit vorgegebenen Begrenzungen in die Nebenbedingungen eingehen.

Das Zielsysstem muß zur Wahrnehmung der beschriebenen Anregungs-, Entwicklungs-, Bewertungs- und Kontrollfunktionen in einem arbeitsteilig ablaufenden Investitionsentschei-

---

Vgl. insbesondere zu den dabei auftretenden Problemen KIRSCH, W.: Entscheidungsprozesse, Bd. 1, a.a.O., S. 76ff.

[109]) Vgl. SAUERMANN, H., SELTEN, R.: Anspruchsanpassungstheorie..., a.a.O., S. 589.

[110]) Vgl. ZANGEMEISTER, C.: Nutzwertanalyse in der Systemtechnik, a.a.O., S. 79.

[111]) Strasser richtet sich z.B. nur nach dem wichtigsten Ziel und verwendet die Minimax-Regel. (Vgl. STRASSER, H.: Zielbildung und Steuerung der Unternehmung, a.a.O., S. 58ff.) Bei Sauermann und Selten wird eine Rangordnung der Ziele unterstellt. (Vgl. SAUERMANN, H., SELTEN, R.: ebenda, a.a.O., S. 589ff.)

[112]) Vgl. zur Erstellung von Präferenzordnungen z.B. BÜHLMANN, H., LÖFFEL, H., NIEVERGELT, E.: Einführung in die Theorie und Praxis der Entscheidung bei Unsicherheit, Bd. 1 der „Lecture Notes in Operations Research and Mathematical Economics", hrsg. M. Beckmann und H.P. Künzi, Berlin-Heidelberg-New York 1967, S. 36ff.; GÄFGEN, G.: Theorie der wirtschaftlichen Entscheidung, a.a.O., S. 218ff.

dungsprozeß praktikabel sein. Das setzt voraus, daß alle zur Ausfüllung des Zielsystems erforderlichen Informationen vom Entscheidungsträger in der Praxis auch tatsächlich gewonnen werden können.

Neben der differenzierten Betrachtung eines Zielsystems bezüglich obiger Merkmale ergibt sich aus der Tatsache, daß durch ein Ziel ein gewünschter, in der Zukunft liegender Sachverhalt wiedergegeben wird, eine generelle Unsicherheit der Zielformulierung. Dieser Unsicherheit wird der Entscheidungsträger einmal durch die Angabe verschiedener Ziele, die aus dem Sicherheitsmotiv folgen, und zum anderen durch Angabe unterschiedlicher Zielerreichungsgrade zu begegnen versuchen. Das Problem der Unsicherheit läßt sich auf diese Weise durch eine subjektive Verhaltensweise des Entscheidungsträgers im Zielsystem berücksichtigen.

4.22 Zielkomponenten

Für realitätsnahe Investitionsentscheidungen sind die Erkenntnisse der neueren betriebswirtschaftlichen Zielforschung zu berücksichtigen [113]. Als Beispiel sei eine von Gäfgen beschriebene Investitionsentscheidung aus der Praxis angeführt:„Interner Zinsfuß" (für das Ziel „Rentabilität der Investition"), „Kapitalbedarf des Projekts" (für das Ziel „Erhaltung der Unabhängigkeit des Unternehmens"), „Betriebssicherheit", „Beweglichkeit im Ausnutzungsgrad" und „Erweiterungsfähigkeit der Anlage" [114].

Durch die Angabe einer ungeordneten Zielmenge lassen sich widerspruchsfreie Investitionsentscheidungen hinsichtlich einzelner Alternativen nicht fällen. Diesem Mangel ist nur dadurch zu begegnen, daß man die unabhängigen Variablen des Zielsystems soweit zurückverfolgt, bis man auf quantifizierbare Beziehungen mit den Konsequenzen der Alternativen stößt.

Zur Konkretisierung einer relevanten Teilmenge von Zielen müssen wir einerseits von der Spitze der Unternehmenszielsetzung ausgehen und die für die Investitionsplanung relevanten Ziele herausgreifen. Andererseits müssen die Eignungsdeterminanten des konkreten numerisch gesteuerten Fertigungssystems zur Vervollständigung der Zielhierarchie herangezogen werden [115]. Hierdurch soll ein Zusammenhang zwischen Entscheidungsfeld und Zielerrei-

---

[113] Vgl. z.B. SCHMIDT-SUDHOFF, U.: Unternehmerische Zielmodelle ...,a.a.O., S. 148; HEINEN, E.: Grundlagen betriebswirtschaftlicher Entscheidungen, a.a.O.; BIEDLINGMEIER, J.: Unternehmerziele und Unternehmerstrategien, a.a.O.; SCHMIDT, R.B., BERTHEL, J.: Unternehmungsinvestitionen, a.a.O., S. 36ff.; SCHNEIDER, E.: Wirtschaftlichkeitsrechnung ..., a.a.O., S. 129; BLOHM, H., LÜDER, K.: Investition, a.a.O., S. 5;WITTE, E.: Das Informationsverhalten in Entscheidungsprozessen, Tübingen 1972.

[114] GÄFGEN, G.: Theorie der wirtschaftlichen Entscheidung, a.a.O., S. 115.

[115] Die Einbeziehung der Eignungsdeterminanten von numerisch gesteuerten Fertigungssystemen resultiert aus dem Mittelcharakter dieser Systeme zur Erreichung der übergeordneten Ziele. Ein Wechsel bei diesen Komponenten des Zielsystems ist aufgrund des technischen Fortschritts eher zu erwarten als bei den allgemeinen Unternehmenszielen. Diese werden sich nur in größeren Zeitabstanden ändern. Berthel bezeichnet diese beiden Vorgehensweisen zur Aufspaltung der Zielkonzeption als progressive und retrograde Ziel/Aktivitäten-Abteilung. Vgl. BERTHEL, J.: Zur Operationalisierung von Unternehmungs-

chung hergestellt werden. Die Vorgabe nicht zu verwirklichender Ziele wird bei dieser Betrachtung weitgehend ausgeschlossen, da bestimmte Zielelemente als Funktionen des Entscheidungsfeldes anzusehen sind.

Beide Vorgehensweisen — einmal vom unternehmerischen Zielsystem ausgehend zur operativen Ebene hin, zum anderen vom konkreten numerisch gesteuerten Fertigungssystem bis zum Unternehmensziel[116] — sollen im folgenden zur Anwendung kommen[117]. Die Endpunkte einer derart gebildeten Zielkette stellen dann die entscheidungsbestimmenden Kriterien dar. Diese Kriterien müssen hinsichtlich ihrer Zweckmäßigkeit und Eignung als oberzielkonforme Maßgröße dem Entscheidungsproblem entsprechen.

4.221 Aus dem Zielsystem der Unternehmung

Als originäre Orientierungsmaßstäbe für Investitionsentscheidungen bei Realinvestitionen wollen wir das Streben nach Gewinn, nach Sicherheit (einschließlich Liquidität) und die Herstellung von Produkten[118] ansehen[119]. Daneben treten Motive wie Status-, Macht-, Prestigevorstellungen[120], gesellschaftliche Normen oder das Bewußtsein der sozialen Verantwortung[121]. Aus diesem Bündel von Motiven leitet der Entscheidungsträger Verhaltensregeln ab, nach denen er sich bei der Entscheidung richtet. Diese Motive oder Zielvorstellungen sind aber nur zum Teil kontrollierbar, eine Bewertung von numerisch gesteuerten Fertigungssystemen im Sinne von Zielerreichungsgraden[122] ist nicht möglich. Als Handlungsanweisung zur Bewertung von numerisch gesteuerten Fertigungssystemen kommen nur die für diese Situation angestrebten „Leitbilder für Mittelentscheidungen"[123] in Betracht.

Zielkonzeptionen, in: ZfB, 43. Jg. (1973), S. 40ff. und S. 48f. WEGNER, G.: Systemanalyse und Sachmitteleinsatz..., a.a.O., S. 82ff. Insbesondere zur Festlegung der Zielerreichungsgrade stellt Szyperski dieses „Gegenstromprinzip" als Gestaltungsprinzip heraus. Vgl. SZYPERSKI, N.: Das Setzen von Zielen ..., a.a.O., S. 664f.

[116] Das Aufstellen der erforderlichen Mittel-Zweck-Beziehungen erfolgt auf deduktivem und induktivem Wege. Vgl. hierzu HEINEN, E.: Grundlagen betriebswirtschaftlicher Entscheidungen, a.a.O., S. 106.

[117] Vgl. zu dem erforderlichen Informationsgehalt widerspruchsfreier und für die Entscheidungsfindung hinreichend genau zu formulierenden Zielen NEUHOF, B.: Die Präzisierung von Informationen über Ziele zur Steuerung betrieblicher Mittelentscheidungen, in: Neue Betriebswirtschaft, 25. Jg. (1972), S. 13—19.

[118] Die Gleichsetzung der Produktzielkomponenten mit den Gewinn- und Sicherheitskomponenten resultiert aus der hervorragenden Stellung, die Fertigungsprobleme beim Einsatz von numerisch gesteuerten Fertigungssystemen besitzen. Argumente wie „höherer Arbeitsgenauigkeit", „Wiederholgenauigkeit bei nochmaliger Fertigung gleicher Teile", „geringe Fertigungszeiten" und „Lösung schwieriger Bearbeitungsprobleme" standen bei der Befragung der Unternehmen mit an vorderster Stelle.

[119] Vgl. hierzu z.B. SCHMIDT, R.B., BERTHEL, J.: Unternehmungsinvestitionen, a.a.O., S. 36f.

[120] Vgl. KREIKEBAUM, H.: Das Prestigeelement im Investitionsverhalten. Ein Beitrag zur Investitionstheorie, Berlin 1961, S. 9ff.

[121] Vgl. hierzu HEDERER, G.: Die Motivation von Investitionsentscheidungen in der Unternehmung, a.a.O., S. 22ff.; SCHEER, A.W.: Die industrielle Investitionsentscheidung, a.a.O., S. 33ff.

[122] Dieser Überlegung liegt der „gerundive Wertbegriff" zugrunde, nach dem der Wert eines Objektes in bezug auf eine vorgegebene Zielfunktion definiert ist, Vgl. ENGELS, W.: Betriebswirtschaftliche Bewertungslehre..., a.a.O., S. 11ff.

[123] Vgl. hierzu Begriff STRASSER, H.: Zielbildung und Steuerung der Unternehmung, a.a.O., S. 36f.

Die Ausfüllung der originären Orientierungsmaßstäbe durch die Praxis geschieht in den meisten Fällen durch Aufstellen von Teilplänen. Den Entscheidungsrahmen für Realinvestitionen innerhalb der gesamten Unternehmung bilden der Absatzplan nach Art und Menge und das daraus ableitbare Produktionsprogramm sowie der Finanz- und Gewinnplan[124]. Eine der wichtigsten Sonderuntersuchungen ist die Erfassung der vorhandenen, genutzten und durch Investitionsvorhaben zu schaffenden Kapazität. Über ein Investitionsobjekt, das Einnahmen und Ausgaben hervorruft, kann nur unter Berücksichtigung von Finanzierungsmöglichkeiten entschieden werden[125]. „Investition und Finanzierung sind zwei Seiten ein und derselben Sache..."[126], dies bringt die wechselseitige Interdependenz deutlich zum Ausdruck. Zudem muß das finanzielle Gleichgewicht des Unternehmens in jeder Phase der Investitionsverwirklichung gewahrt bleiben. Die Investitionsentscheidung wird damit zum Angelpunkt der unternehmerischen Dispositionstätigkeit[127]. Der Gewinnplan, als letzter Teilplan, der von der Investitionsplanung tangiert wird, enthält die Gewinnbeträge der vorhandenen und mit dem Investitionsobjekt zu schaffenden Kapazitäten.

Die Angaben in den Teilplänen stellen für das einzelne Investitionsobjekt nur Rahmenbedingungen dar. Der Beitrag des einzelnen Investitionsobjektes zur Planerfüllung kann nur durch die Vorgabe von Unterzielen[128] gemessen werden. Die Unterziele müssen in einem sachlogischen Zusammenhang zu den originären Orientierungsmaßstäben stehen, aber kontrollierbar, d.h. mit einem quantitativen oder qualitativen Maßstab versehen sein.

Da Realinvestitionen zur Bewältigung von Aufgaben getätigt werden, soll von den Produktzielkomponenten, dem Sachziel der Unternehmung, ausgegangen werden. Das Produktziel beinhaltet die art- und mengenmäßige Leistungsanforderung an ein Investitionsobjekt[129]. Es ist zugleich Ausgangspunkt und Ziel aller Gestaltungsmaßnahmen bei numerisch gesteuerten Fertigungssystemen.

Investitionsentscheidungen über Realinvestitionen setzen die Sachzielerfüllung bei den Handlungsalternativen voraus und orientieren sich an den Gewinn- oder Formalzielkomponenten[130]. Unter Beachtung der geforderten Zweckrationalität soll auch hier das Prinzip der Gewinnmaximierung unterstellt werden[131]. Dies geschieht vor allem im Hinblick auf die Anwendbarkeit investitionstheoretischer Entscheidungsmodelle und unter der Erkenntnis, daß eine isomorphe Abbildung der betrieblichen Zielvorstellung „die Formulierung von Entscheidungsmodellen praktisch unmöglich"[132] macht. Aus der Maximierung des Gewinns über die

---

[124] Vgl. ALBACH, H.: Investition und Liquidität, a.a.O., S. 69—71.

[125] Vgl. HAX, H.: Investitions- und Finanzplanung mit Hilfe der linearen Programmierung, a.a.O., S. 430.

[126] SCHNEIDER, D.: Investition und Finanzierung, a.a.O., S. 167.

[127] Vgl. KORTZFLEISCH, G.v.: Die Grundlagen der Finanzplanung, Berlin 1957, S. 114.

[128] Vgl. zur Einteilung der Ziele in Ober- und Unterziele HEINEN, E.: Grundlagen betriebswirtschaftlicher Entscheidungen, a.a.O., S. 102ff.

[129] Vgl. auch SCHMIDT, R.B., BERTHEL, J.: Unternehmungsinvestitionen, a.a.O., S. 41f.

[130] Vgl. KERN, W.: Investitionsrechnung, a.a.O., S. 51.

[131] Vgl. auch die empirische Fundierung dieser Annahme durch SCHEER, A.W.: Die industrielle Investitionsentscheidung, a.a.O., S. 150ff.

[132] HAX, W.: Bewertungsprobleme bei der Formulierung von Zielfunktionen ..., a.a.O., S. 749.

Lebensdauer der Unternehmung sind operationale Kriterien für den Vollzug des Suchprozesses in den einzelnen Entscheidungsphasen zu gewinnen [133]. Hierzu bietet sich eine mengen- und wertmäßige Interpretation der Gewinnzielkomponenten analog zu den Prinzipien der Technizität und Ökonomität [134] an. Der Begriff Technizität knüpft an die bonitäre Interpretation des Wirtschaftlichkeitsprinzips an und bringt die technisch-mengenmäßige Ergiebigkeit zum Ausdruck. Sie findet ihren Ausdruck in der Produktivität (= Leistungsergebnis: Faktorverbrauch) als Output-Input-Beziehung. Die Produktivität läßt sich für jede Alternative ermitteln, womit ein Maßstab für die mengenmäßige Ergiebigkeit gefunden ist.

Der Begriff der Ökonomität erfaßt die wertmäßigen Aspekte der Gewinnkomponenten und umschließt die technisch-mengenmäßige Ergiebigkeit. Ihren konkreten Ausdruck findet die Ökonomität in der Wirtschaftlichkeit und Rentabilität. Sowohl die ertrags- als auch die kostenorientierte Wirtschaftlichkeit [135] stellen ein wichtiges Kriterium zur Beurteilung von Investitionsalternativen dar. Die Rentabilität, die das Verhältnis von Gewinn zu eingesetztem Kapital wiedergibt, bezieht finanzwirtschaftliche Aspekte mit ein. Durch Wirtschaftlichkeitsrechnungen kann die Rentabilität einzelner Alternativen ermittelt und eine Rangreihe der Alternativen aufgestellt werden. Die Rentabilität eines Investitionsobjektes kann als unmittelbarer Ausdruck des Gewinnstrebens eines Entscheidungsträgers angesehen werden, sie soll deshalb als Verhaltensmaxime zur Auswahl der geeignetsten unter den zulässigen Alternativen herangezogen werden (vgl. Kap. 4.4).

Aufgrund der Unsicherheit in der Zukunft liegender Konsequenzen der Handlungsalternativen ist jede Investitionstätigkeit mit Risiken verbunden. Neben den finanzwirtschaftlichen Risiken, die sich vorwiegend auf die Liquidität beziehen, treten markt- und produktionswirtschaftliche Risiken. Der Entscheidungsträger versucht durch eine Verbesserung der Kapitalstruktur oder durch eine marktorientierte Produktpolitik die Risiken zu mindern. Beide Maßnahmen haben entscheidenden Einfluß auf die Gestaltung von Fertigungssystemen. Finanzielle Risiken können zu einer Begrenzung des Kapitaleinsatzes oder der laufenden Ausgaben führen. Wechselnde Produkte stellen Anforderungen an die Elastizität und Kapazität des Produktionspotentials. Daneben schlägt sich das Sicherheitsstreben der Entscheidungsträger in Anforderungen an den störungsfreien Vollzug des Produktionsprozesses und die Reparaturfreundlichkeit von Fertigungssystemen nieder.

Die aus den Unternehmenszielen abgeleiteten Zielkomponenten erlauben eine Auswahl geeigneter Alternativen im Hinblick auf die Unternehmenszielerreichung, sie stellen aber noch

---

[133] Vgl. zum möglichen materiellen Inhalt der Zielgröße Gewinn, KERN, W.: Investitionsrechnung, a.a.O., S. 58 ff.

[134] Vgl. zu den Begriffen KOSIOL, E.: Die Unternehmung des wirtschaftlichen Aktionszentrums, a.a.O., S. 13ff.

[135] Unter Wirtschaftlichkeit im Sinne des Rationalprinzips soll hier allgemein der Grad der Zielerreichung verstanden werden. Das Rationalprinzip besagt, daß der Entscheidungsträger bei gegebenen Mitteln den maximalen Zielerreichungsgrad oder einen gegebenen Zielerreichungsgrad mit minimalen Mitteln anstreben soll. Vgl. zum Begriff der Wirtschaftlichkeit RUFFNER, A.: Wirtschaftlichkeit, in: HWR, hrsg. v. E. Kosiol, Stuttgart 1970, Sp. 1921 ff.; CASTAN, E.: Wirtschaftlichkeit und Wirtschaftlichkeitsrechnung, in: hdB, 3. Aufl., Stuttgart 1961, Sp. 6372.

keine praktikable Handlungsanweisung im sukzessiv ablaufenden Investitionsentscheidungsprozeß zur Auswahl zulässiger Alternativen dar. Hierzu sind die ökonomischen, technologischen, sozialen und organisatorischen Eignungsdeterminanten von Fertigungssystemen mit-
einzubeziehen. Erst die modellmäßige Betrachtung der vom Investitionsobjekt und der speziellen Situation in der Unternehmung abhängigen Eignungsdeterminanten von den als unabhängig bezeichneten unternehmerischen Zielvariablen kann Aufschluß über die Zielerreichungsgrade von Alternativen geben. Erschwerend kommen bei dieser Betrachtung die wechselseitigen Abhängigkeiten der unabhängigen Zielvariablen hinzu.

4.222 Aus den Eignungsfaktoren der Fertigungssysteme

Zur Bestimmung der Eignungsfaktoren [136], die zur Messung der Zielerreichung [137] von Fertigungssystemen herangezogen werden können, finden sich in der Literatur verschiedene An-
sichten. So hat Elmaghraby folgenden Kriterienkatalog für Produktionssysteme aufgestellt:

„1. P r o f i t : (or its antithesis, cost) — immediate or future.

2. Q u a l i t y : this refers to the „is-ness" of the product or service, its content or composition.
Quality may be the result of specifications on manufacturing tolerances, chemical composition, surface finish, etc.

3. P e r f o r m a n c e : this refers to the „what" and „how" of the behavior of the product or
service. It may be described by reliability, interchangeability, interference with other com-
ponents (heat, maintenance, etc.), durability (i.e. longevity) and so forth.

4. A d a p t a b i l i t y t o c h a n g e : (or its opposite, rigidity of design) an objective infre-
quently recognized but one that is present, nevertheless, in almost every design.

5. S a f e t y .

6. T i m e : this refers to such items as target dates that must be met, changes that must be in-
corporated at fixed intervals, etc.

7. A e s t h e t i c : this refers to such qualities as beauty, tranquility, harmony etc.

8. Q u a n t i t y " [138].

---

[136] Die hier zu vollziehende Eignungsanalyse orientiert sich an Gutenbergs Begriff der Betriebsmitteleig-
nung, unter der „das Verhältnis zwischen der von den Betriebsmitteln verlangten und der mit ihnen tatsächlich erzielbaren Leistung" verstanden wird. GUTENBERG, E.: Die Produktion, a.a.O., S. 73.
[137] Die hier zu behandelnden Ziele sind nicht im Sinne gegebener Endziele (goals), sondern als Zielgra-
dienten (objectives) zu betrachten, deren Extremierung oder Satisfizierung eine objektive Bewertung der
Alternativen erlauben soll.
[138] ELMAGHRABY, S.E.: The Design of Production Systems, New York-London 1966, S. 24.

In der Literatur zur Cost-Effectiveness-Analysis sind ebenfalls eine Vielzahl von Kriterien er-arbeitet worden [139]), die sich aber aus Gründen der Unvollständigkeit und mangelnden Systematik nicht ohne weiteres auf Fertigungssysteme übertragen lassen. Auch die konkreten Leistungskriterien von Waffensystemen, z.B. Überlebensfähigkeit, Beweglichkeit und logistische Unterstützbarkeit (Availability, Capability und Dependability) liefern wegen ihrer Bezogenheit auf militärische Belange keine praktikablen Anhaltspunkte für die Messung der Zielerreichung am Fertigungssystem, obwohl sie dafür empfohlen werden [140]). Auch die von Seiler [141]) angeführten generellen Leistungsdeterminanten — Performance, Availability, Reliability und Survivability — besitzen nicht die von ihm behauptete Allgemeingültigkeit, obwohl sie in Grundzügen bei der Messung der Systemwirksamkeit zur Anwendung kommen.

Einen weiteren Hinweis liefern auch die bei Nutzwertanalysen zusammengestellten projektspezifischen Faktoren [142]) wie 1. Gesamtleistung, 2. Komponentenleistung, 3. Spezifikationsmerkmale (Art der Leistung), 4. Wirkungsgrad, 5. Qualitäts-Standards, 6. Lebensdauer, 7. Verfügbarkeit, 8. Zuverlässigkeit und Betriebssicherheit, 9. Kompatibilität, 10. Elastizität, 11. Einfachheit, 12. Rechtzeitigkeit und 13. Erweiterungsfähigkeit.

Um zu operationalen Eignungsfaktoren zu kommen, sind die genannten Größen zu systematisieren und inhaltlich zu präzisieren. Als Systematisierungskriterium wollen wir hier die verschiedenen Dimensionen des Entscheidungsfeldes [143]) heranziehen [144]). Die Eignungsfaktoren lassen sich dann in

— technologische,

— soziale und

— ökonomische

unterteilen.

Im Sinne des Suboptimierungsgedankens sind die Eignungsfaktoren mit Hilfe der beschriebenen Systemmerkmale numerisch gesteuerter Fertigungssysteme inhaltlich zu kennzeichnen.

---

[139]) Kasanowski hat durch Literaturauswertung 300 verschiedene Wirksamkeitskriterien zusammengestellt. Vgl. KASANOWSKI, A.D.: Some Cost-Effectiveness Evaluation Criteria, in: Cost-Effectiveness. The Economic Evaluation of Engineered Systems, hrsg. v. M.J. English, New York-London-Sydney-Toronto 1968, S. 261—280.
[140]) Vgl. RUDWICK, B.H.: System Analysis for Effective Planning. Principles and Cases, New York-London-Sydney-Toronto 1969, S. 62.
[141]) Vgl. SEILER, K.: Introduction to Systems Cost-Effectiveness, New York-London-Sydney-Toronto 1969, S. 45ff.
[142]) Vgl. ZANGEMEISTER, C.: Nutzwertanalyse in der Systemtechnik, a.a.O., S. 141.
[143]) Vgl. Kapitel 2.12.
[144]) In einem ähnlichen Sinn gliedert z.B. PFEIFFER, W.: Absatzpolitik bei Investitionsgutern der Einzelfertigung, Stuttgart 1965, S. 24ff.

Es sind jene Merkmale zu finden, welche die für das jeweils betrachtete Fertigungssystem definierten Anforderungen näher beschreiben und eine technologische Eignungsanalyse erlauben.

Die technologische Eignungsanalyse hat sich in Analogie zur Investitionsplanung mit der Frage zu befassen, „welche Anlagen für das erstrebte Investitionsziel benötigt werden. Gesucht wurden Investitionsgüter mit der besten verfahrens- und betriebstechnischen Eignung. Sie sind so auszuwählen, daß verfahrenstechnisch jene Fertigungsmethode möglich sein wird, die dem neuesten Stand der technischen Entwicklung entspricht, und daß sie aufgrund ihrer technischen Leistungsfähigkeit für den konkreten Zweck der betrieblichen Leistungserstellung qualifiziert sind" [145]).

Fertigungssysteme erbringen ihre Leistung in betrieblichen Aufgabenzusammenhängen, sie sind Träger von Teilaufgaben. „Das bedeutet, daß die Betriebsmittel (in der hier gebrauchten Terminologie sprechen wir von speziellen Betriebsmitteln, von Fertigungssystemen, Anm. d. Verf.) für den Betrieb, für das technologische Fertigungsverfahren (Bearbeitungsarten, Anm. d. Verf.), für die konkreten Aufgaben der betrieblichen Leistungserstellung geeignet sein müssen. Die allgemeine Eignung wird durch die Art und Güte der Betriebsmittel direkt, die zielgerichtete Eignung erst unter Berücksichtigung der Betriebsaufgabe (Fertigungsaufgabe, Anm. d. Verf.) durch die Art und Güte der Betriebsmittel bestimmt" [146]).

Die technologische Eignungsanalyse alternativer numerisch gesteuerter Fertigungssysteme muß deshalb mit der Analyse der aus dem Fertigungsprogramm resultierenden Fertigungsaufgabe [147]) beginnen. Die Fertigungsaufgabe und die übrigen Anforderungen der Unternehmung bestimmen dann ihrerseits den zulässigen Lösungsraum alternativ geeigneter Fertigungssysteme. Dies geschieht durch die Bestimmung der Zweckeignung [148]).

Um die Wirkungen alternativer Fertigungssysteme auf betriebliche Faktoren sowie technische, zeitliche, organisatorische und gesetzliche Randbedingungen zu erfassen, ist die Einsetzbarkeit [149]) und die Kompatibilität zu prüfen bzw. durch Aufwendungen herzustellen. Die technologische Eignung numerisch gesteuerter Fertigungssysteme mit den Kriterien Zweckeignung, Einsetzbarkeit und Kompatibilität ist als eine Grundvoraussetzung zur unternehmerischen Zielerreichung anzusehen.

---

[145]) HEINEN, E.: Investitionsplanung Industrielle, in: HdB, 3. Aufl., a.a.O., Sp. 2878.

[146]) KERN, W.: Die Messung industrieller Fertigungskapazitaten ..., a.a.O., S. 54.

[147]) Die Fertigungsaufgabe umfaßt die Erzeugung eines Produktes, bei Fertigungssystemen in der Regel die Bearbeitung eines Werkstuckes entsprechend den vom Kunden gewunschten quantitativen, qualitativen und zeitlichen Anforderungen.

[148]) Vgl. zum Merkmal Zweckeignung KOSIOL, E.: Die Unternehmung als wirtschaftliches Aktionszentrum, a.a.O., S. 104 und Kapitel 4.321.

[149]) Vgl. zum Merkmal Einsetzbarkeit KOSIOL, E.: Die Unternehmung als wirtschaftliches Aktionszentrum, a.a.O., S. 106.

Keine explizite Beachtung finden in den technologischen Kriterien die sozialen Belange der direkt und indirekt betroffenen Mitarbeiter. Obwohl diese Aspekte auch bisher schon bei der Investitionsplanung beachtet wurden (z.B. im Hinblick auf die Unfallsicherheit), erscheint uns eine ausdrückliche Behandlung dieser Probleme bei numerisch gesteuerten Fertigungssystemen angebracht [150]). Dies nicht nur deshalb, weil der optimale Einsatz von numerisch gesteuerten Fertigungssystemen tiefgreifende Veränderungen der Arbeitsplatzstrukturen nach sich zieht und die Mitarbeiter ein Interesse an den durch das Investitionsobjekt vorgegebenen Arbeitsbedingungen haben, sondern auch wegen des hohen Folgekapitaleinsatzes im immateriellen Bereich der Unternehmung. Es wurde bereits gezeigt, daß die Verantwortung für eine optimale Produktion auf numerisch gesteuerten Fertigungssystemen weitgehend in die der Fertigung vorgelegten Bereichen verlagert wurde. Dieser Umstand hat zur Folge, daß das Problemlösungspotential der Mitarbeiter aufzubauen und zu erhalten ist. Die Erhaltung dieses Potentials scheint nicht nur durch eine entsprechende Entlohnung, sondern auch durch die Befriedigung anderer sozialer Bedürfnisse der Mitarbeiter — deren Nichterfüllung sich z.B. in einem hohen Krankenstand oder große Fluktuationsrate niederschlagen — erreicht zu werden. Diese Faktoren werden unter dem Gesichtspunkt der sozialen Eignung in die Planung eingehen. Sie lassen sich bestimmen durch die Bedienbarkeit des Systems und die Limitierung der Umgebungseinflüsse.

Zur Vervollständigung der Nebenbedingungen bei der Suche nach geeigneten Alternativen sind insbesondere auch ökonomische Eignungsfaktoren zu berücksichtigen [151]). Die einzelnen Faktoren sind: Kapitaleinsatz, wirtschaftliche Nutzungsdauer, Ertrags- und Kostenerwartungen, finanzwirtschaftliche Daten und Risikoaspekte [152]). Ein Teil der Daten geht unmittelbar in die Wirtschaftlichkeitsrechnungen zur Bestimmung der Rentabilität oder Kostenwirtschaftlichkeit ein. Sollen die Eignungskriterien einen Beitrag zur Suche nach zulässigen Alternativen leisten, sind für die einzelnen Kriterien oder für ranghöhere Ziele Anspruchsniveaus zu formulieren [153]).

Die technologischen, sozialen und ökonomischen Eignungsfaktoren führen in dem hier entwickelten Ermittlungsmodell zu „Wirkungsrestriktionen" [154]), oder „Zielbedingungen" [155]), die die Menge der zulässigen Investitionsalternativen begrenzen. Die Menge der zulässigen Alternativen ist, ausgehend vom Produktziel bis zur ökonomischen Eignung, für eine spezielle Unternehmung festzustellen. Die zulässigen Alternativen müssen ohne zusätzliche Auf-

---

[150]) Im Betriebsverfassungsgesetz vom 15.1.72 werden dem Betriebsrat Unterrichtungs- und Beratungsrechte (§ 90) bei der Planung von technischen Anlagen ausdrücklich zugestanden. Eine Konkretisierung der „gesicherten arbeitswissenschaftlichen Erkenntnisse über die menschengerechte Gestaltung der Arbeit" scheint für numerisch gesteuerte Fertigungssysteme angebracht.

[151]) Vgl. z.B. GUTENBERG, E.: Der Stand der wissenschaftlichen Forschung auf dem Gebiet der betrieblichen Investitionsplanung, a.a.O., S. 559.

[152]) Vgl. Kapitel 4.34.

[153]) Vgl. z.B. SCHMIDT, R.B., BERTHEL, J.: Unternehmungsinvestitionen, a.a.O., S. 43ff.

[154]) Vgl. zum Begriff HAMANN, P.: Entscheidungsmodelle in der betriebswirtschaftlichen Theorie, in: ZfbF (NF), 21. Jg. (1969), S. 458f.

[155]) Vgl. zum Begriff KERN, W.: Investitionsrechnung, a.a O., S. 50.

wendungen zur Integration in ein bestehendes Produktionspotential geeignet sein. Diesen Umstand wollen wir mit dem Begriff der „integrativen Eignung" [156]) kennzeichnen. Die integrative Eignung ist in jedem Eignungskriterium enthalten. Bei den Alternativen, wo sie durch zusätzliche Aufwendungen (z.B. durch Veränderungen des betrieblichen Umsystems) hergestellt wird, gehen die Faktoren explizit ins Entscheidungskalkül (z.B. im Kapitaleinsatz oder in den Kosten) ein. Nur die integrativ geeigneten Alternativen sind im Hinblick auf das gesamte unternehmerische Zielsystem näher zu analysieren.

4.23 Entwurf eines Zielsystems

Kriterien zur Gestaltung und Bewertung numerisch gesteuerter Fertigungssysteme können nur durch Synthese der Merkmale aus beiden vorher erarbeiteten Vorgehensweisen gewonnen werden. Insbesondere ist eine logische Verknüpfung der Zielelemente anzustreben, d.h. die Struktur der Zielmenge ist festzustellen. Die Schwierigkeit liegt hier nur darin, durch Plausibilitätsbetrachtungen sicherzustellen, daß die Beurteilung einzelner Entscheidungstatbestände im Entscheidungsprozeß mit Hilfe der Subziele eine Zielerreichung des Endzieles gestattet. Unmittelbar einsichtig ist die Endzielerreichung bei den ökonomischen und technologischen Zielkomponenten, wenn z.B. Gewinn als oberste Zielsetzung gewählt wird. Bei den sozialen Zielkomponenten wird dieser Bezug nur im konkreten Fall zu entscheiden sein.

Wird als logisches Zuordnungskriterium die mit hoher Wahrscheinlichkeit vermutete größte Einflußrichtung gewählt, so ergibt sich folgendes Zielsystem (Abb. 14) für die Gestaltung und Bewertung von Fertigungssystemen [157]).

Die wichtigsten Zielinhalte und ihre jeweiligen operational zu definierenden Komponenten sollen eine sinnvolle Auswahl von befriedigenden Alternativen aus der Menge der möglichen Alternativen erlauben [158]). Mit dieser Feststellung ist gleichzeitig auch die Richtung einer Systemgenerierung und der Messung der Zielerreichung zum Ausdruck gebracht. Die Systemgenerierung muß stets von den technologischen und sozialen Eignungskriterien ausgehen. Da-

[156]) Der Begriff orientiert sich dem Inhalt nach an dem von Pfeiffer gepragten Begriff der „integralen Qualität". Vgl. PFEIFFER, W.: Absatzpolitik..., a.a.O., S. 24ff., insbesondere S. 43; siehe auch WEGENER, G.: Systemanalyse und Sachmitteleinsatz..., a.a.O., S. 83ff.

[157]) Bei der Formulierung des Zielsystems ist zwei Aspekten, die die Elastizität des Zielsystems betreffen, besondere Beachtung zu schenken: Die Nichtberucksichtigung von Teilzielen hat Isomorphieverluste zur Folge, über deren Vertretbarkeit nur in konkreten Bewertungssituationen entschieden werden kann. Die Berucksichtigung zusatzlicher Teilziele kann wiederum durch situationsbedingte Tatbestände aus der betrieblichen Umgebung erforderlich werden. Wir glauben der daraus resultierenden Forderung nach Erweiterungsfähigkeit und Reduktionsmöglichkeit des Zielsystems in unseren Zielsystemen entsprochen zu haben. Ein Mehr an Details müßte die Allgemeingultigkeit einschränken, ohne daß Vollständigkeit zu erreichen wäre.

[158]) Der These, je umfassender und je aufgefächerter der Zielkatalog sei, desto vollstandiger und genauer sei die auf ihn begrundete Entscheidung, steht die plausible Überlegung entgegen: je umfassender und aufgegliederter der Zielkatalog, desto schwieriger zu handhaben und fehleranfälliger wird er.

nach ist das Fertigungssystem unter Berücksichtigung von Zielerreichungsgraden bei den technologischen und sozialen Zielkomponenten zu vervollständigen, indem Subsysteme hinzugefügt werden, um so zu einer Aussage über eine zulässige Systemkonfiguration zu gelangen. Die Systemgenerierung ist somit ein synthetischer Vorgang. Hat man alternative Fertigungssysteme synthetisch ermittelt, können hieraus der erforderliche Kapitaleinsatz sowie die laufenden Zahlungen bzw. Aufwendungen für den Betrieb des Systems, kurz die ökonomischen Daten ermittelt werden. Diese Größen bestimmen dann ihrerseits die ökonomischen Zielerreichungsgrade der alternativen Systemkonfigurationen. Bei den ökonomischen Zielkomponenten geht es vor allem um die optimale Allokation des zur Verfügung stehenden Kapitalfonds.

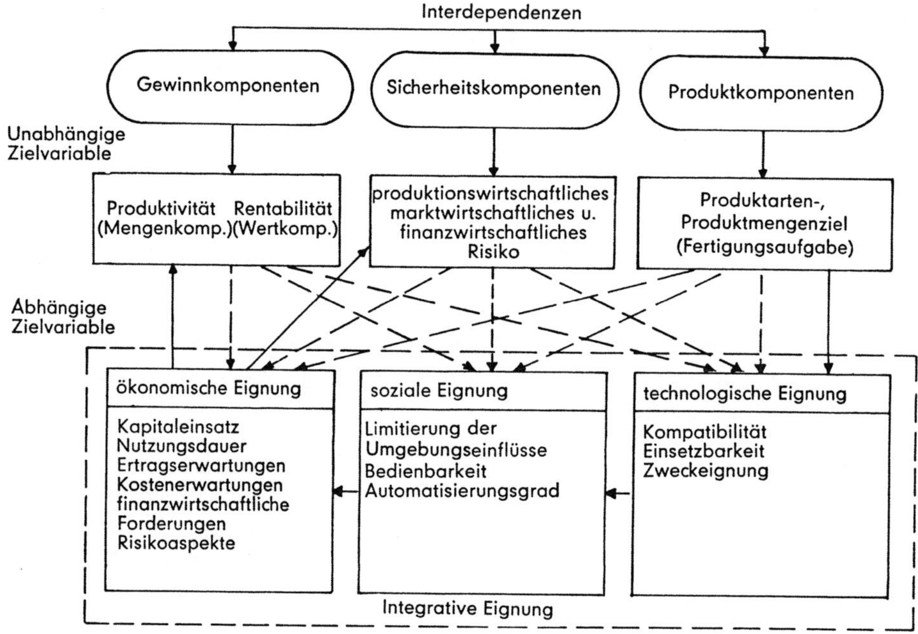

Abbildung 14
Zielsystem zur Gestaltung und Bewertung numerisch gesteuerter Fertigungssysteme

Ob diese Allokation ausschließlich nach Gewinngesichtspunkten erfolgen soll, führt uns zu der Frage nach dem Gewicht der Zielkomponenten im Entscheidungskalkül, was wiederum nur im konkreten Fall — z.B. durch Interessenausgleich der Entscheidungsträger — beantwortet werden kann. Zu klären ist hier nur die Vorfrage, inwiefern die Zielkonzeption komplementäre, konkurrierende oder indifferente Ziele enthält, die über die aufgezeigten technologischen Beziehungen hinaus von der Präferenzstruktur des Entscheidungsträgers und der jeweiligen Umweltsituation [159]) abhängen. Darüber hinaus ergibt sich das Problem, operationale Indikatoren zur Messung der technologischen, ökonomischen und sozialen Eignung anzugeben, um daraus die Mittel-Zweck-Beziehungen für die polaren Erfolgserfassungskomponenten „Kosten-Leistung bzw. Nutzen" oder „Aufwand-Ertrag" ableiten zu können.

Die in Abb. 14 gewählte Ordnung der Zielkomponenten verfolgt in erster Linie den Zweck, die logischen Beziehungen der Zielkomponenten transparent zu machen, damit die inhaltlichen Forderungen an ein Zielsystem erfüllt werden und eine Abgrenzung des zulässigen Lösungsraumes erfolgen kann. Eine bewertungsmodellgerechte Ordnung der Ziele wird bei der konkreten Behandlung der Bewertungsverfahren zu erarbeiten sein. Erst dort kann auch entsprechend den Modellprämissen festgelegt werden, welches Ziel in der Zielfunktion und welches als Nebenbedingung berücksichtigt wird. Die Anzahl der berücksichtigten Ziele stellt damit gleichzeitig ein weiteres Prüfkriterium für die Eignung der Bewertungsverfahren dar.

4.24 Zur Operationalität des Zielsystems

Eine Auswahlentscheidung kann nur dann sinnvoll am Zielsystem ausgerichtet werden, wenn Maßstäbe und Maßvorschriften existieren [160]), die es dem Entscheidungsträger erlauben, eine Präferenzordnung [161]) zwischen den Handlungsalternativen aufzustellen [162]). Zu diesem Zweck müssen vier Problemkreise gelöst werden:

1. Aus dem Entscheidungsfeld numerisch gesteuerter Fertigungssysteme müssen Merkmale separiert werden, die in einer Mittel-Zweck-Relation zu den vorgegebenen Zielen stehen.

2. Die isomorphe Abbildung dieser Merkmale im Entscheidungskalkül muß möglich sein.

3. Die Höhe der Zielerreichung bei alternativen numerisch gesteuerten Fertigungssystemen muß sich ermitteln lassen.

4. Der Entscheidungsträger muß seine Entscheidung an den in Punkt 1 bis 3 ermittelten Ergebnissen ausrichten [163]).

Zu 1: Zur Lösung des ersten Problems ist es notwendig, einen sachlich begründeten Funktionszusammenhang zwischen Zielsystem und Handlungsalternativen herzustellen. Diesen

[159]) Zu denken ist hier z.B. an die staatlichen Rahmenbedingungen.
[160]) Vgl. zu den Anforderungen an Maßstäbe und Maßstabsarten KERN, W.: Die Messung industrieller Fertigungskapazitäten …, a.a.O., S. 153ff.
[161]) Vgl. zu den Anforderungen an eine widerspruchsfreie Präferenzordnung PFANZAGL, J.: Die axiomatischen Grundlagen einer allgemeinen Theorie des Messens, Würzburg 1959, S. 15.
[162]) Vgl. ALBACH, H.: Entscheidungsprozeß und Informationsfluß in der Unternehmensorganisation, a.a.O., S. 357.
[163]) Vgl. zur Vorgabe von Verhaltensnormen HAX, H.: Die Koordination von Entscheidungen, a.a.O., S. 73ff.

Funktionszusammenhang zwischen Merkmalen der Handlungsalternativen und dem Zielsystem haben wir durch die Synthese der Zielkomponenten aus den Unternehmenszielen und den Leistungsdeterminanten numerisch gesteuerter Fertigungssysteme herzustellen versucht. Als Problem bleibt, die abstrakt gefaßten Eignungsmerkmale für Subsysteme und Fertigungssysteme zu definieren und die daraus resultierenden Wertströme zu erfassen. Vorüberlegungen hierzu haben wir bereits in Abschnitt 2.23 angestellt. Diese zielten mehr auf das Erkennen sachlicher Zusammenhänge als auf ihre exakte Faßbarkeit. Aufgabe der folgenden Überlegungen wird es deshalb sein, die abstrakten Merkmale der technologischen, ökonomischen und sozialen Eignung inhaltlich so zu konkretisieren, daß ihre Merkmale quantitativ und qualitativ faßbar sind. Ihre funktionale Zuordnung wird damit deutlicher hervortreten und für einige Merkmale auch mathematisch nachweisbar sein.

Der oben aufgezeigte Vorgang stellt die erste Phase des Meßprozesses zur Bewertung numerisch gesteuerter Fertigungssysteme hinsichtlich ihrer Zielwirksamkeit dar.

Zu 2: Um eine für den Bewertungsvorgang hinreichende isomorphe Erfassung der Eignungsfaktoren numerisch gesteuerter Fertigungssysteme zu ermöglichen, müssen die hinter den Faktoren stehenden empirischen Sachverhalte auf theoretisch zu definierende Relationssysteme [164]) abgebildet und in einem Entscheidungskalkül erfaßt werden.

Beim ersten Problem handelt es sich um ein realitätsgetreues Abbilden von Zahlen zu Sachverhalten oder Ereignissen, so daß bestimmte Relationen zwischen den Zahlen analoge Relationen zwischen den Objekten reflektieren [165]). Die Quantifizierbarkeit der Eignungsdeterminanten ihrerseits bestimmt die anzuwendende Meßmethode, wobei nach Art der angewandten Skalen in nominales, ordinales, intervales und kardinales Messen unterschieden wird [166]).

Die Auswahl der geeignetsten Skalierungsmethode ist eine Frage der Zweckmäßigkeit. Die Operationalität und der erforderliche Informationsaufwand der Skalierungsmethoden ist dabei gegeneinander abzuwägen [167]).

Bei Auswahlentscheidungen treten zu diesen Meßproblemen als zusätzliche Bewertungsfaktoren noch die Rationalitäts-, Zeit- und Gewißheitspräferenz [168]). Die Rationalitätspräferenz fordert, daß alle mit der Entscheidung verbundenen Tätigkeiten bewertet werden, wenn sie zu

---

[164]) Vgl. PFANZAGL, J.: Die axiomatischen Grundlagen einer allgemeinen Theorie des Messens, a.a.O., S. 14.

[165]) Dieser Vorgang wird als eigentlicher Meßvorgang bezeichnet . Vgl. SCHNEEWEISS, H.: Nutzenaxiomatik und Theorie des Messens, in: Statistische Hefte, 4. Jg. (1963), S. 179.

[166]) Vgl. zu den genannten Meßverfahren und zu deren Verfeinerungen GÄFGEN, G.: Theorie der wirtschaftlichen Entscheidung, a.a.O., S. 140ff.; KLOIDT, H.: Grundsätzliches zum Messen und Bewerten in der Betriebswirtschaft, in: Organisation und Rechnungswesen, Festschrift für E. Kosiol (Hrsg. E. Grochla), Berlin 1964, S. 283—303; SZYPERSKI, N.: Zur Problematik der quantitativen Terminologie in der Betriebswirtschaftslehre, a.a.O., S. 63ff.

[167]) Vgl. ZANGEMEISTER, C.: Nutzwertanalyse in der Systemtechnik, a.a.O., S. 156.

[168]) Vgl. GÄFGEN, G.: Theorie der wirtschaftlichen Entscheidung, a.a.O., S. 164.

verschiedenen Zeitpunkten anfallen. Die Gewißheitspräferenz bzw. die Ungewißheit über die Konsequenzen der Wirkungsdeterminanten verlangt vom Entscheidungsträger, daß er zur Ungewißheit wertend Stellung nimmt.

Die quantitative Erfassung der Eignungsdeterminanten ist dort einfacher, wo ein kausaler Zusammenhang zwischen Zielerreichung und Eignungsmerkmal besteht (z.B. bei der quantitativen Kapazität). Bei vielen Eignungsfaktoren wird sich die geforderte funktionale Beziehung nur durch fiktive Funktionen darstellen lassen. Damit ist eine Messung also nur indirekt über diese Hilfsgrößen möglich [169]. Bei fiktiven Funktionen ist stets mit Isomorphieverlusten zwischen Realität und Hilfsgröße zu rechnen. Hinzu kommt, daß diese Hilfsgrößen durch mehrere, zum Teil nur eingeschränkt meßfähige Attribute bestimmbar sind, und nur die Vereinigung dieser Attribute zu einem Maßstab sinnvolle Aussagen ermöglicht. Als Beispiel sei die Messung der Kapazität angeführt [170]. Auch werden die Merkmalsausprägungen häufig keinen diskreten Wert annehmen, sondern innerhalb einer Bandbreite schwanken. Bei vielen dieser Merkmale wird lediglich ein intuitives Abschätzen des Erreichten möglich sein.

Das zweite unter diesem Punkt angesprochene Problem, die Erfassung aller Wirkungen numerisch gesteuerter Fertigungssysteme im Entscheidungskalkül, wird sich kaum lösen lassen. Erstens sind keine operationalen Entscheidungskalküle bekannt, die alle Faktoren berücksichtigen, zum zweiten ist auch eine derart aufwendige Erfassung der Merkmale nicht immer zweckmäßig und notwendig. Zur Lösung dieses Problems beschreiten wir in dieser Arbeit den Weg, daß zuerst für konkrete Entscheidungssituationen unter normativen Gesichtspunkten die Menge der zu berücksichtigenden Faktoren bestimmen und dann ein Entscheidungskalkül suchen, das ihre Erfassung erlaubt. Ist dies auch durch Modifikation der Entscheidungskalküle nicht möglich, muß versucht werden, die nicht abzubildenden Merkmale durch subjektive Urteile in die Entscheidung einzubeziehen.

Zu 3: Bei der Ermittlung der Zielerreichung tritt neben dem Meßproblem der einzelnen Zielkomponenten noch **das Problem der Aufbereitung und Zusammenfassung** mehrdimensionaler interdependenter Zielkomponenten. Das letztgenannte Problem ist sehr komplex und theoretisch noch nicht hinreichend gelöst [171].

Abstrakt geht es darum, die verschiedenen Faktoren durch Gewichtung oder Umformung künstlich in einen Zielvektor zu transformieren oder zusammenzufassen, wenn sichergestellt ist, daß alle Faktoren unidirektional zur obersten Zielsetzung beitragen. Daß die letzte Annahme nicht für das Zielsystem numerisch gesteuerter Fertigungssysteme allgemein zutrifft, zeigt bereits die Abb. 14. Es ist evident, daß die Dimensionen einzelner Zielkomponenten und ihre Wirkrichtung unterschiedlich sind.

---

[169] Vgl. SZYPERSKI, N.: Zur Problematik der quantitativen Terminologie..., a.a.O., S. 68ff.

[170] Vgl. KERN, W.: Die Messung industrieller Fertigungskapazitäten ..., a.a.O., S. 156.

[171] Vgl. zur Problematik STREBEL, H.: Gewichtung von Urteilskriterien bei mehrdimensionalen Zielsystemen ,a.a.O., S. 89ff. sowie zur möglichen Lösung DINKELBACH, W., DÜRR, W.: Effizienzaussagen bei Ersatzprogrammen zum Vektormaximierungsproblem, in: Operations-Research-Verfahren, Bd. XII, Hrsg. Henn, R., Künzi, A.P. und Schubert, H., Meisenheim 1972, S. 69—77.

Zur Messung der Zielerreichung der Handlungsalternativen erscheint neben der Wert- und Mengenbetrachtung auch eine Analyse des realen Prozesses angebracht. Diesen drei Ebenen lassen sich dann bestimmte Zielinhalte zuordnen, wobei diese entsprechend den Zielen vertikal verknüpft sind. Der Zusammenhang ist in folgender Abb. 15 [172]) dargestellt.

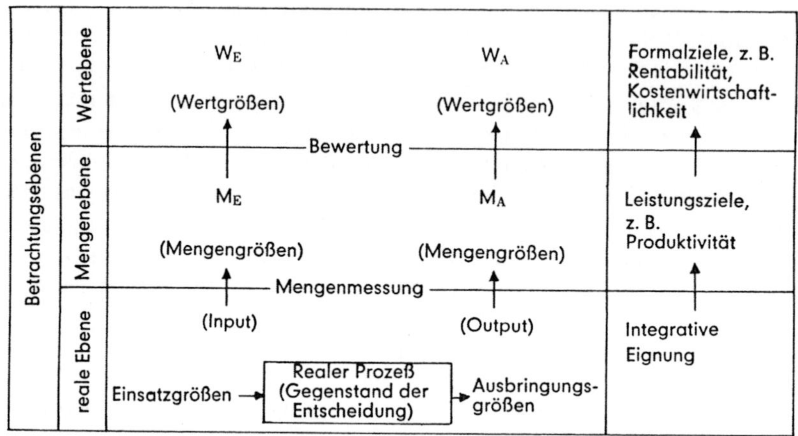

Abbildung 15
Betrachtungsebenen der Zielerreichung

Die der Entscheidung zugrunde liegenden Zielkomponenten für die Auswahl numerisch gesteuerter Fertigungssysteme müssen in der gleichen Maßgröße beschrieben werden, wie die zur Messung der Eignungsdeterminanten alternativer Fertigungssysteme herangezogenen Merkmale. Darüber hinaus werden Merkmale zu definieren sein, die den zulässigen Lösungsraum abgrenzen; weiter müssen Gewichtungsfaktoren bestimmt werden, die den realen Beitrag der einzelnen Ziele zum Gesamtnutzen der Alternativen wiedergeben.

Die relative Wichtigkeit der Ziele läßt sich durch subjektive, von Fall zu Fall neu zu definierende, oder durch standardisierte Gewichte zum Ausdruck bringen. Andererseits kann ein Anspruchsniveau für jedes Ziel vorgegeben werden. Derartige Zielbegrenzungen (Nebenbedingungen), die den Lösungsraum der zulässigen Alternativen begrenzen, stellen im organisatorischen Ablauf des Entscheidungsprozesses praktikable Handlungsanweisungen dar. Generelle Aussagen über die Höhe dieses Anspruchsniveaus lassen sich kaum machen, da die organisatorische Regelung entscheidend von der Alternative selbst (z.B. durch die Höhe der Kapitalbindung) und von der Organisationsstruktur der Unternehmung bestimmt wird.

Aus der obigen Zielkonzeption lassen sich Fragen nach der Dringlichkeit einer Investition, wie sie z.B. bei Ersatzinvestitionen erforderlich sind, nur indirekt ableiten. Die Dringlichkeit

---

[172]) In Anlehnung an SZYPERSKI, N.: Abgrenzung und Verknupfung operationaler, dispositionaler und strategischer Wirtschaftlichkeitsstufen, in: Die Wirtschaftlichkeit automatisierter Datenverarbeitungssysteme, hrsg. v. E. Grochla, Wiesbaden 1970, S. 53.

kann z.B. durch eine hohe Rentabilität der Alternativen zum Ausdruck kommen, wobei gleichzeitig auch die vom technischen Fortschritt initiierte Dringlichkeit mit erfaßt wird, da diese in der Regel zur Rationalisierung führt. Eine indirekte Bestimmung des Zeitpunktes der Investition über den Zielerreichungsgrad scheint bei numerisch gesteuerten Fertigungssystemen nicht angebracht, da hier auch andere Einflußgrößen z.B. betrieblicher Leistungsgrad, Marktstellung der Unternehmen und Erhaltung der Konkurrenzfähigkeit wirksam werden. Um subjektive Einflüsse zurückzudrängen, ist neben der Angabe einer Zielerreichung auch die Festlegung bestimmter Indikationen für den Zeitpunkt der Investition erforderlich.

Zu 4: Die Forderung nach Zweckrationalität der Investitionsentscheidungen schließt neben der Vorgabe operationaler Ziele auch eine daran ausgerichtete Handlung der Entscheidungsträger mit ein. Das Informations- und Entscheidungsverhalten der Entscheidungsträger wird somit ausschlaggebend für die Qualität der Entscheidung[173]), d.h. subjektive Größen wie z.B. die Menge der für die Entscheidung als notwendig erachteten Daten und die Interpretation der vorgegebenen Verhaltensmaßstäbe zur Bewertung aller Daten und Ziele beeinflussen den Aufbau und die Gestaltung der Investitionsalternativen[174]).

Für die Darstellung und Analyse der folgenden informationsverarbeitenden Kernphasen im Entscheidungsprozeß ergibt sich daraus die Aufgabe, das Möglichkeitsfeld der Investitionsentscheidungen für numerisch gesteuerte Fertigungssysteme in seiner Vielfalt aufzuzeigen. Der aus Wirtschaftlichkeitsgründen zu fordernden Reduktion der Suchprozesse wird durch die Herausarbeitung typischer Entscheidungssituationen Rechnung getragen. Die Orientierung praktischer Investitionsentscheidungen wird dadurch erleichtert.

4.3 Ermittlung und Erfassung der Daten

4.31 Vorüberlegungen zu den Anforderungen an die Daten

Damit diese Daten dem Prozeß der Entscheidungsfindung dienen können, müssen sie einerseits die Multidimensionalität der konkreten Entscheidungssituation widerspiegeln, also situationsgerecht sein und zum anderen eine zweckmäßige Aufbereitung zur Entscheidungsfindung erlauben, also entscheidungsgerecht abgegrenzt werden. Demnach liegen die Probleme bei Investitionsentscheidungen einmal in der problemadäquaten Auswahl und Erfassung der

---

[173]) Dieser Tatbestand führt zu erheblichen Konsequenzen bei der Organisation des Investitionsentscheidungsprozesses. Vgl. hierzu Kap. 3.22.

[174]) Obwohl damit dem Kriterium der interpersonellen Transparenz nicht genüge getan wird, ist zu bedenken, was z.B. Blohm über den Versuch der betriebswirtschaftlichen Forschung aussagt, den Kalkül anstelle intuitiven Entscheidens treten zu lassen. Es „wird leider oft der Fehler gemacht, jede Form eines nicht ohne weiteres nachvollziehbaren Denkens und Handelns an jeder Stelle und in jeder Situation als „unwissenschaftlich" und obsolet abzutun". Vgl. BLOHM, H.: Wege zu einem problemadäquaten Wissenschaftsideal der Organisationslehre, in: Wissenschaftliche Betriebsführung und Betriebswirtschaftslehre, Festschrift zum 75. Geburtstag von O.R. Schnutenhaus (Hrsg. W. Kroeber-Riel und C.W. Meyer), Berlin 1969, S. 40.

Daten des Entscheidungsfeldes sowie in der Auswahl dem Problem hinreichend entsprechender Kalküle zur Verarbeitung der Informationen.

Bei der Auswahl und Erfassung des in seinen technischen und organisatorischen Dimensionen bereits gekennzeichneten Entscheidungsfeldes für numerisch gesteuerte Fertigungssysteme können wir uns nicht auf die Frage, welche Datenfelder zu erfassen sind, beschränken, sondern müssen auch das „Wie" der Datenermittlung berücksichtigen[175]. Neben den aus theoretischen Überlegungen resultierenden Erfordernissen müssen also auch die speziellen Anforderungen herausgearbeitet werden, die sich aus dem jeweiligen Investitionsobjekt ergeben[176]. Die allgemeinen Forderungen[177] nach

— Vollständigkeit,

— Zielbezug,

— Qualität,

— Erfassung zum richtigen Zeitpunkt und

— der richtigen Aufbereitung der Daten

sind zu ergänzen durch die

— verfolgten Zielsetzungen und

— die Struktur des Entscheidungsfeldes bei numerisch gesteuerten Fertigungssystemen.

Der Nachweis der Zielwirkungen ist aufgrund der vielfältigen Einflüsse numerisch gesteuerter Fertigungssysteme auf den Herstellvorgang und der angeführten Wirkungen auf die Unternehmung mitunter schwierig zu führen. Die eigentliche Problematik für eine wirklichkeitsnahe Investitionsentscheidung liegt darüberhinaus im Einschätzen der Zukunftsentwicklung, im Erfassen aller Zusammenhänge bei der Umwandlung von technisch-funktionalen Relationen in Kosten und Nutzengrößen[178]. Schließlich müssen auch immaterielle, mithin nicht meßbare Vorteile ins Kalkül gezogen werden, die sich insbesondere in einer Verbesserung des betrieblichen Informationswesens niederschlagen und nicht selten zu einer Effizienzsteigerung der ganzen Unternehmung führen.

---

[175] Vgl. z.B. BIERFELDER, W.H.: Optimales Informationsverhalten im Entscheidungsprozeß der Unternehmung, Berlin 1968, S. 57ff.

[176] Vgl. zu diesem Vorgehen WIEMANN, H.G.: Untersuchungen zur Frage der optimalen Informationsbeschaffung, Frankfurt/M. Zürich 1973, S. 28ff.

[177] Vgl. z.B. zu der Ermittlung des Informationsbedarfs bei Investitionsentscheidungen, SCHMIDT, R.B.; BERTHEL, J.: Unternehmungsinvestitionen, a.a.O., S. 58—69.

[178] Ähnlich auch BRONNER, A.: Vereinfachte Wirtschaftlichkeitsrechnung, Berlin—Köln-Frankfurt 1964, S. 173.

Eine Entscheidung führt stets dann zu objektiv einwandfreien Lösungen, wenn — unter der Prämisse der Unfehlbarkeit des Entscheidungsträgers — diesem alle Daten vollständig zur Verfügung stehen. Das Prinzip der Vollständigkeit kann bei Wirtschaftlichkeitsüberlegungen nicht voll befriedigt werden, das „subjektive Empfinden ausreichender Informiertheit des Entscheidenden bei Kenntnis des Informationsbedarfs" [179]) ist aber als Hilfskriterium denkbar [180]).

Die Aussagefähigkeit der Daten im Hinblick auf die der Entscheidung übergeordneten Zielsetzung begrenzt die zu ermittelnde Datenmenge weiter. Es ist also jeweils zu prüfen, ob das Datum überhaupt einen Zielbezug aufweist, und inwieweit ihm ein Wert im Hinblick auf die Zielerreichung beizumessen ist. Andererseits besteht insbesondere bei technischen Neuerungen (wie den numerisch gesteuerten Fertigungssystemen) eine Beziehung der Daten zum Ziel, dergestalt, daß die Datenermittlung zu einer Modifikation der Zielsetzung führen kann. Das ist dann der Fall, wenn sich aus dem zur Verfügung stehenden Datenkranz keine oder nur sehr wenige Daten mit Zielbezug finden lassen, und es daher fraglich erscheint, ob die gewählte Zielsetzung für den Auswahl- und Bewertungsprozeß relevant ist.

Die Qualität der Daten ist entscheidend von den Eigenschaften: Aussagefähigkeit, Genauigkeit und Eindeutigkeit abhängig. Bei der Kennzeichnung des Entscheidungsfeldes in seinen technischen und organisatorischen Aspekten haben wir bereits auf die unterschiedliche Reichweite der Wirkungen in Abhängigkeit von der gewählten Alternative hingewiesen. Den aus den interdependenten Beziehungen der numerisch gesteuerten Fertigungssysteme zu den anderen Betriebsmitteln und ihre Auswirkungen auf die einzelnen Funktionsbereiche resultierenden Schwierigkeiten ökonomische Daten in der erforderlichen Qualität zu ermitteln, kann ebenfalls nur durch eine systematische und zweckorientierte Datenerfassung unter Beachtung wirtschaftlicher Überlegungen begegnet werden. Operationale Angaben hierzu lassen sich kaum machen, da die Qualitätseigenschaften der Daten darüberhinaus auch von der Herkunft und der Form ihres Vorliegens abhängen.

Neben der mengen- und qualitätsmäßigen Begrenzung der Daten ist ihre zeitliche Ausdehnung zu beachten. Diese Anforderung ist charakterisiert durch „Merkmale wie rechtzeitiges und fristgerechtes Vorlegen, Aktualität, Schnelligkeit und Zeitnähe" [181]). Zwei Aspekte sind dabei zu trennen:

---

[179]) SCHMIDT, R.B., BERTHEL, J.: Unternehmungsinvestitionen, a.a.O., S. 69. Daruberhinaus weist z.B. Drucker auf die Tatsache hin, daß es gar nicht notwendig ist, alle Daten zu ermitteln; „nötig ist jedoch, daß man weiß, welche Informationen fehlen, um danach das darin enthaltene Risiko beurteilen konnen, sowie den Grad der Genauigkeit und Wirksamkeit, den der beabsichtigte Weg zu bieten vermag". DRUCKER, P.F.: Praxis des Management, 5. Aufl. Düsseldorf-Wien 1966, S. 428.

[180]) Hier wird ein Optimalproblem sichtbar, das nur in konkreten Entscheidungssituationen gelöst werden kann. Denn je genauer und vollständiger die Angaben sein sollen, desto höher werden in der Regel die Informationskosten sein. Je ungenauer die Angaben sind, desto geringer ist ihr Nutzen fur den ökonomischen Bewertungsvorgang.

[181]) DÜRR, H.: Datenerfassung in der kommerziellen Datenverarbeitung, a.a.O., S. 43.

1. Die Daten müssen zum Zeitpunkt der Entscheidung vorliegen, sollen sie Berücksichtigung finden.

2. Die Daten müssen den Entscheidungszeitraum von der Projektierung bis zum Ende der Nutzungsdauer des Investitionsobjektes betreffen.

Der erste Aspekt besagt, daß bei feststehendem Entscheidungszeitpunkt alle Daten vorliegen müssen bzw. nur die vorliegenden Daten Berücksichtigung finden können. Dieser Forderung kann durch eine entsprechende Organisation bei der Datenerfassung Rechnung getragen werden, was für den zweiten Aspekt, der den Komplex der Zukunftsbezogenheit der Daten anspricht, nur im geringen Umfang gilt.

Die zweite Frage bei der Ermittlung der notwendigen zukunftsbezogenen Daten resultiert aus der Unsicherheit als Ergebnis der Zukunftsbezogenheit. Da das Problem der unsicheren Erwartung[182] bei allen investitionstheoretischen Überlegungen anklingt und in der Investitions- und Entscheidungstheorie ausgiebig behandelt wurde[183], erscheint eine Diskussion nur insoweit gerechtfertigt, als dies für die Datenermittlung und spätere Aussagen über die Anwendbarkeit von Entscheidungsmodellen notwendig ist.

Die grundsätzliche Problematik der Berücksichtigung von Ungewißheit bei der Datenermittlung für numerisch gesteuerte Fertigungssysteme ist darin begründet, daß für die Ermittlung objektiver mathematischer Wahrscheinlichkeiten[184] keine empirischen Daten vorliegen: Die Investitionsentscheidung über ein Fertigungssystem hat im Unternehmen den Charakter der Einmaligkeit, und aus gleichartigen Fällen kann nur mit großen Unsicherheiten auf den speziellen Fall geschlossen werden. Durch Angabe subjektiver Wahrscheinlichkeiten und ihrer der Bernoulli-Regel folgenden Verwendung[185] wird das Problem weder aus praktischer[186] noch theoretischer[187] Sicht hinreichend gelöst. Auch die Berücksichtigung von Sicherheitsä-

[182] Unter Erwartungen wird hier allgemein „die gegenwärtige Vorstellung über zukünftige Verhältnisse (Datenkonstellationen) verstanden". FRISCHMUTH, G.: Daten als Grundlage ..., a.a.O., S. 118.

[183] Vgl. z.B. ALBACH, H.: Wirtschaftlichkeitsrechnung ..., a.a.O.; HAX, H. (Hrsg.): Entscheidung bei unsicheren Erwartungen, Köln-Opladen 1970; TEICHMANN, H.: Die Investitionsentscheidung bei Unsicherheit, Berlin 1970; SCHNEEWEISS, H.: Entscheidungskriterien bei Risiko, a.a.O.; SCHNEIDER, D.: Die wirtschaftliche Nutzungsdauer von Anlagegütern als Bestimmungsgrund der Abschreibungen, Köln-Opladen 1961, S. 79ff.; derselbe: Investition und Finanzierung, a.a.O., S. 70ff.; HAX, H.: Investitionstheorie, a.a.O., S. 95 ff.; HARTNER, G.: Die Determinanten der Investitionsentscheidung und ihre Wertigkeit im Entscheidungsprozeß, Wien 1968, S. 96ff.

[184] Zur Unterscheidung von objektiven und subjektiven Wahrscheinlichkeiten vgl. ALBACH, H.: Wirtschaftlichkeitsrechnung..., a.a.O., S. 123ff.

[185] Vgl. GÄFGEN, G.: Theorie der wirtschaftlichen Entscheidung ..., a.a.O., S. 400.

[186] Vgl. SCHWARZ, H.: Optimale Investitionsentscheidungen, a.a.O., S. 137f.; FRISCHMUTH, G.: Daten als Grundlage ..., a.a.O., S. 124.

[187] Vgl. WITTMANN, W.: Unternehmung und unvollkommene Information, a.a.O., S. 61f.

quivalenten[188]) zur Ermittlung zukünftiger Datenkonstellationen stößt auf starke Bedenken[189]), da sie das Unsicherheitsproblem eher verdecken als bewältigen helfen.

In Anbetracht dieser Schwierigkeiten und der unter Wirtschaftlichkeitsgesichtspunkten begrenzten Informationsmöglichkeit des Entscheidungsträgers zum Entscheidungszeitpunkt schlägt Schneider aus pragmatischen Gründen die Bildung von „Glaubwürdigkeitsziffern" für alternative Zukunftslagen vor[190]). In dieser Überlegung, die sowohl das subjektive Informations- und Risikoverhalten des Entscheidungsträgers als auch das objektive Wissen um Handlungsmöglichkeiten und deren Einflußgrößen mit einbezieht, sehen auch wir einen praktisch gangbaren Weg, um zweckrationale Investitionsentscheidungen bei Unsicherheit zu treffen.

Zur Ermittlung zukünftiger ökonomischer Daten bietet sich eine dem Praktiker näher liegende qualitive Berücksichtigung der Ungewißheit analog dem in der Netzplantechnik[191]) verwandten PERT-Verfahren (Program Evaluation and Review Technique) an[192]). Dabei wird aus einem optimistischen (a), pessimistischen (b) und wahrscheinlichem Schätzwert (m) ein Mittelwert E für alle Daten getrennt berechnet (z.B. für Preise und Mengen der Kosten- und Umsatzgüter, der Nutzungsdauer und des Beschäftigungsgrades)[193]):

$$E = \frac{a + 4m + b}{6}$$

[188]) Vgl. z.B. ALBACH, H.: Wirtschaftlichkeitsrechnung ..., a.a.O., S. 75ff.; SCHWARZ, H.: Optimale Investitionsentscheidungen, a.a.O., S. 134ff.

[189]) Vgl. ALBACH, H.: ebenda, S. 81; BLOHM, H., LÜDER, K.: Investition, a.a.O., S. 114; KERN, W.: Investitionsrechnung, a.a.O., S. 588.

[190]) Vgl. SCHNEIDER, D.: Investition und Finanzierung, a.a.O., S. 74ff. Bei dieser Konzeption befindet sich Schneider in Übereinstimmung mit der angelsächsischen Literatur. Dort werden Glaubensgrade als qualitative Angaben (vielfach) „likelihoods" genannt. Erst die exakte Zuordnung numerischer Werte fuhrt zu „probabilities". Siehe z.B. KRIEG, W.R.: Probability for Management Decisions, New York 1968, S. 7f.

[191]) Vgl. WILLE, H., GEWALD, K., WEBER, H.D.: Netzplantechnik, Bd. I: Zeitplanung, Munchen-Wien 1966, S. 51 und 53.

[192]) Dieser Vorschlag wurde von Schwarz gemacht. Vgl. SCHWARZ, H.: Optimale Investitionsentscheidung, a.a.O., S. 141. Siehe auch TRECHSEL, F.: Investitionsplanung ..., a.a.O., S. 82ff.

[193]) Der Wert E laßt sich nach dieser Formel nur unter bestimmten Annahmen berechnen. Eine genauere Berechnung nach der Formel

$$E = \frac{1}{3\,(b-a)} \cdot \frac{m^2\,(2m-3a) + a^2}{m - a} + \frac{m^2\,(2m-3b) + b^2}{b - m}$$

scheint aus Zweckmaßigkeitsgrunden (die Werte a, b und m sind Schätzwerte) nicht angebracht. Vgl. WEBER, H.H.: Zur Berechnung von μ und σ^2 bei PERT, in: ZfB, 41. Jg. (1971), S. 623f.

Die so gewonnenen Daten können in den Entscheidungsmodellen zu Alternativrechnungen[194]) oder Sensitivitätsanalysen[195]) herangezogen werden, wobei immer zu beachten ist, daß der Zuwachs an genaueren Entscheidungsunterlagen in einem angemessenen Verhältnis zum Planungsmehraufwand steht[196]).

Werden die Schätzdaten nicht zu einem Mittelwert zusammengefaßt, muß zur Verarbeitung dieser Daten das Entscheidungsmodell durch adäquate Entscheidungsregeln[197]) erweitert werden. „Die Entscheidungsregeln müssen angeben, auf welche Weise mehrwertige Erwartungen in den Entscheidungsmodellen verarbeitet werden sollen"[198]). Sie „ermöglichen eine Umformung der vorhandenen Daten, so daß eine eindeutige Rangordnung der Entscheidungsalternativen aufgestellt werden kann"[199]). Die dazu erforderlichen Voraussetzungen[200]) — exakte Beschreibung sämtlicher relevanter Daten und die Ermittlung ihrer Eintrittswahrscheinlichkeiten — werden in konkreten Entscheidungssituationen nicht zu erfüllen sein, so daß auch ihrer Anwendung praktische Grenzen gesetzt sind.

Die Erwartungsstruktur muß für alle entscheidungsrelevanten Daten in jeder Teilperiode (in der Regel 1 Jahr) über die gesamte Nutzungsdauer des Fertigungssystems aufgestellt werden.

Da die Ermittlung der einzelnen Informationen[201]) von verschiedenen Faktoren[202]) abhängt und ihr Gewicht bei der Entscheidung unterschiedlich ist, wird der Schwerpunkt der Diskus-

---

[194]) Vgl. hierzu JACOB, H.: Investitionsplanung mit Hilfe der Optimierungsrechnung, in: Optimale Investitionspolitik. Schriften zur Unternehmensführung Bd. 4, Wiesbaden 1968, S. 106ff.

[195]) Vgl. zur Anwendung von Sensitivitätsanalysen bei Investitionsentscheidungen SCHWEIM, H.: Integrierte Unternehmungsplanung, Bielefeld 1969, S. 108ff.; HAX, H.: Investitionstheorie, a.a.O., S. 95ff. Bei der Anwendung einfacher Investitionsrechenverfahren reichen Fehlerberechnungen aus. Vgl. BLOECH, J.: Untersuchung der Aussagefähigkeit mathematisch formulierter Investitionsmodelle mit Hilfe einer Fehlerrechnung, Diss. Göttingen 1966.

[196]) Bei Anwendung der angegebenen Formel zur Datenaufbereitung rangiert die Rechenhaftigkeit eindeutig vor der Genauigkeit. Vgl. zu den einschränkenden Bedingungen WEBER, H.H.: Zur Berechnung ..., a.a.O., S. 623 f.

[197]) Vgl. z.B. die Darstellung bei WITTMANN, W.: Unternehmung und unvollkommene Information, a.a.O., S. 62ff.

[198]) HEINEN, E.: Grundlagen betriebswirtschaftlicher Entscheidungen, a.a.O., S. 165.

[199]) PFOHL, H.C.: Zur Problematik von Entscheidungsregeln, in: ZfB, 42. Jg. (1972), S. 311.

[200]) Vgl. BUSSE v. COLBE, W.: Entwicklungstendenzen in der Theorie der Unternehmung, in: ZfB, 34. Jg. (1964), S. 615—627, hier S. 623f.

[201]) Dem Entscheidungsträger stehen zur Erlangung zukunftsbezogener Informationen im allgemeinen folgende Methoden zur Verfügung: subjektive Expertenschätzungen, Befragungsmethoden, Analogiemethoden, analytische Methoden (z.B. Extrapolation, Korrelationsrechnungen), Simulationsmodell, Schatzgleichungen u.a. Vgl. zu den Methoden zur Schatzung betriebswirtschaftlicher Daten, SABEL, H.: Die Grundlagen der Wirtschaftlichkeitsrechnungen, Berlin 1965, S. 118—156; WEISKAM, J.: Methoden der Voraussage als Grundlage betrieblicher Planung, Diss. Freiburg i.B. 1963; WILD, J.: Unternehmerische Entscheidungen, Prognosen und Wahrscheinlichkeiten, in: ZfB, 39. Jg. (1969), 2. Ergänzungsheft, S. 60ff.; MENGES, G.: Ökonomische Prognose, Koln-Opladen 1967.

[202]) Generell lassen sich hier z.B. die Geschwindigkeit des technischen Fortschritts, steigende Kosten auf-

sion auf der differenzierten und systematischen Erfassung der relevanten Faktoren liegen. Ist diese inhaltliche Bestimmung erfolgt, können zur Ermittlung zukünftiger Daten die oben angeführten Methoden zur Anwendung kommen.

Die Aufbereitung und Sammlung von Daten ist in vielfacher Hinsicht von dem Zweck abhängig, für den sie benötigt werden. In der Realität werden nun dieselben Daten für sehr verschiedene Zwecke Verwendung finden. Das erfordert, daß „Informationen aus verschiedenen Unternehmungsbereichen, insbesondere die vom Rechnungswesen abgegebenen Zahlen, in spezifische, investitionsobjektbezogene Erwartungszahlen umzuformen"[203]) sind. Diese zweckbezogene Aufbereitung wirft das Problem der Abgrenzung modellgerechter quantifizierbarer Daten und deren manuelle oder maschinelle Verarbeitung ebenso auf, wie das Problem der Berücksichtigung nur schwer quantifizierbarer, unwägbarer Daten im Kalkül.

Der Umfang und der Einfluß imponderabiler Daten auf die Investitionsentscheidung hängt weitgehend vom Entscheidungsträger und von dem zur Anwendung kommenden Entscheidungskalkül ab. Eine vollständige Aufführung dieser Daten[204]) ist schon aus diesem Grunde nicht möglich. Analog dem Vorgehen bei der Erfassung der Interdependenzen[205]) wollen wir hier von technischen und wirtschaftlichen Imponderabilien sprechen. Die wirtschaftlichen Imponderabilien umfassen die ökonomisch relevanten Größen, deren Beitrag zur ökonomischen Zielerfüllung (in monetären Einheiten) nicht meßbar ist. Bei den technischen Imponderabilien handelt es sich z.B. um den Neuheitsgrad eines eingesetzten Systems und die Vor- und Nachteile, die seine Erprobung hervorruft. Als Beispiel wirtschaftlich imponderabiler Daten sind für numerisch gesteuerte Fertigungssysteme der Aufbau und die organisatorischen Wirkungen eines immateriellen Vorbereitungsgrades anzuführen, der zu einem höheren Ausbildungsstand der Mitarbeiter und einem höheren Problemlösungspotential beiträgt. Die einzelnen technischen und wirtschaftlichen Imponderabilien und die darauf beruhenden Erwägungen werden in den folgenden Kapiteln mit der Kennzeichnung der einzelnen Datenfelder diskutiert. Bei dieser Diskussion wird von den später zu behandelnden Bewertungskalkülen abstrahiert. Es wird versucht, alle Faktoren (auch in der schwachen Form des Messens) mit Hilfe von Nominal- oder Ordinalskalen zu erfassen, um die nur scheinbar nicht quantifizierbaren von den tatsächlichen unwägbaren Daten zu trennen.

4.32 Daten zur Feststellung der technologischen Eignung

Um die technologische Eignungsanalyse durchzuführen, muß folgendes Zuordnungsproblem gelöst werden:

---

grund steigender Lohne, Preistrends für Investitionsgüter, sinkende Gewinnspannen durch verscharfte Konkurrenz sowie die Auswirkungen von Lernprozessen auf die von Menschen beeinflußbaren Parameter anführen.

[203]) FRISCHMUTH, G.: Daten als Grundlage ..., a.a.O., S. 213.

[204]) Vgl. hierzu die katalogartig aufgeführten „sonstigen Beurteilungsmaßstabe" bei BRANDT, H.: Investitionspolitik ..., a.a.O., S. 200ff.; HARTNER, G.: Die Determinanten der Investitionsentscheidung ..., a.a.O., S 77—95.

[205]) Vgl. Kapitel 2.233 und Kapitel 4.34.

1. Eine zu schätzende Menge Z von Produkten, die die Unternehmung fertigen bzw. absetzen kann, ist hinsichtlich ihrer Werkstückparameter zu analysieren. Diesen Werkstückparametern wird über die gesamte Fertigungsaufgabe eine Menge von Arbeitsgängen S zugeordnet, die zur Fertigung der Produkte notwendig sind.

$$Z \longrightarrow S$$

Die Arbeitsgänge enthalten die korrespondierenden, verfahrensgebundenen Kenngrößen (z.B. Bearbeitungsarten) zu den Werkstück-Parametern.

2. Der Menge der Arbeitsgänge S wird eine Menge von Fertigungssystemen X zugeordnet, die diese Arbeitsgänge jeweils ausführen können.

$$S \longrightarrow X$$

Schematisch ist dieses Zuordnungsproblem in Abb. 16 [206] dargestellt.

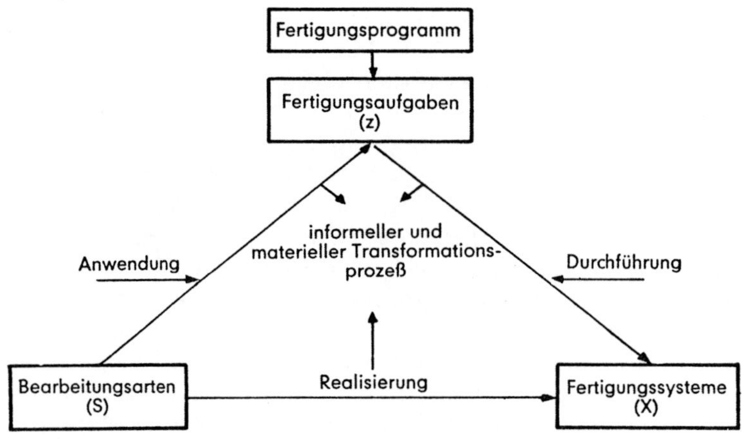

Abbildung 16
Schema der technologischen Eignungsanalyse

Da jeder Fertigungsaufgabe mehrere Arbeitsgänge und diesen mehrere Fertigungssysteme zugeordnet werden können, ist eine wechselseitige technische Abhängigkeit dieser Größen gegeben. Da die Fertigungssysteme nur mit einer begrenzten Anzahl von Bearbeitungsarten ausgestattet sind, ist die Zuordnung von Bearbeitungsart und Fertigungssystem innerhalb dieses Begrenzungszeitraumes eindeutig. Die Fertigungsaufgabe kann in der Regel mit verschiedenen Bearbeitungsarten [207] angegangen werden, eine optimale Zuordnung

---

[206] In Anlehnung an ROPOHL, G.: Flexible Fertigungssysteme, a.a.O., S. 26.

[207] So kann z.B. eine Fläche an einem Werkstuck gehobelt oder gefrast werden.

anhand technischer Kriterien ist deshalb nur begrenzt möglich. Alle Fertigungssysteme, denen sich jeweils eine Bearbeitungsart und eine Fertigungsaufgabe zuordnen lassen, stellen technische, alle anderen technisch-wirtschaftliche Alternativen dar. Alle technisch-wirtschaftlichen Alternativen unterscheiden sich hinsichtlich wirtschaftlicher Größen (z.B. der Stückkosten). Der technischen Eignungsanalyse fällt hier die Aufgabe zu, einen Einklang zwischen technischen Gegebenheiten und wirtschaftlichen Notwendigkeiten herbeizuführen.

Liegen mehrere technisch-wirtschaftliche Alternativen vor, ist es notwendig, mit Hilfe technischer, zeitlicher und wirtschaftlicher Eignungsfaktoren eine Rangordnung zwischen diesen aufzustellen[208]. Die Eignungsfaktoren jeder Alternative sind dazu sukzessive zu vergleichen. Die Handlungsalternativen werden dabei unter wahlweiser Berücksichtigung der Eignungsfaktoren derart in eine Rangreihe zu bringen sein, daß die erste Alternative in allen Eignungsmerkmalen besser ist als die nachfolgenden, die zweite besser als die nachfolgenden usw. Der hier beschriebene Fall wird indes sehr selten sein, da die Alternativen unterschiedliche Eignungsmerkmale sehr gut, andere weniger gut erfüllen. Als weitere Vorgehensweise ist denkbar, eine Rangordnung hinsichtlich eines Merkmals derart aufzustellen, daß aus der Menge der Handlungsalternativen diejenigen herauszusuchen sind, die in diesem Merkmal besser und in den anderen Merkmalen mindestens gleich den anderen Alternativen sind[209]. Eine vollständige Rangordnung unter Einbeziehung aller Merkmale wird im heuristischen Problemlösungsprozeß aber nicht ohne Gewichtung oder Transformation der Merkmale in einem vom jeweiligen Entscheidungsträger zu bestimmenden Ergebnismaßstab möglich sein.

Als Nachteil läßt sich bei dieser Vorgehensweise die mangelnde überbetriebliche Vergleichbarkeit und die Beschränkung auf die vom Entscheidungsträger für wesentlich erachteten Eignungsmerkmale anführen. Aus Gründen der Praktikabilität und der Durchsichtigkeit des Zuordnungsprozesses scheint diese Vorgehensweise aber für die technologische Eignungsanalyse angebracht. Der technologisch zulässige Lösungsraum ist dann davon abhängig, inwieweit alternative Fertigungssysteme zu definierende Eignungsmerkmale erfüllen[210].

Die vorangestellten Überlegungen waren bisher Gegenstand gesonderter Untersuchungen. Für die ganzheitliche Betrachtung komplexer Fertigungssysteme, die weite Bereiche der Unternehmung berühren, müssen diese Überlegungen integraler Bestandteil des Investitionsentscheidungsprozesses werden[211]. Im folgenden Abschnitt geht es — ausgehend von den Ausführungen im Kapitel 2 — darum festzustellen, welche Eignungsmerkmale zu berücksichtigen sind, wie sie inhaltlich zusammenhängen und inwieweit sie quantitativ faßbar sind.

---

[208] Vgl. LUEG, H., MOLL, W.P.: Maschinenbelegung über EDV..., a.a.O., S. 60.

[209] Als Methode kann hier der paarweise Vergleich zur Anwendung kommen.

[210] Vorausgesetzt wird, daß die Unternehmung den Bedarf nach einer Investitionsalternative festgestellt hat und nun das Ziel verfolgt, technisch geeignete Alternativen zu ermitteln.

[211] An dieser Stelle ist auf eine Analogie zur Produktions- und Kostentheorie hinzuweisen. Dort werden

4.321 Zweckeignung

Ein Fertigungssystem ist dann technologisch zweckgeeignet, wenn es den Leistungsanforderungen des Unternehmens hinsichtlich Objekt und Verrichtung genügt. Die Leistungsanforderungen sind vorab zu formulieren. Danach sind die Merkmale der Zweckeignung in ihrer Interdependenz zu charakterisieren und auf ihre Tauglichkeit zur Messung bestimmter Systemeigenschaften zu prüfen.

4.3211 Merkmalskatalog der Zweckeignung

Die Menge der zu ermittelnden Merkmale zur Kennzeichnung der technologischen Zweckeignung und ihre Beziehung untereinander sind in Abb. 17 exemplarisch dargestellt. Die Einzelmerkmale, die unter Objekt- und Verrichtungskriterien [212] subsummiert sind, determinieren die vom Fertigungssystem zu erbringende Kapazität und Elastizität.

Für ein konkretes Fertigungssystem lassen sich die Einzelmerkmale prinzipiell nur durch die beiden Ausprägungen „erfüllt" und „nicht erfüllt", also durch nominales Messen bestimmen. Unter der Voraussetzung, daß diese Merkmale vom Fertigungssystem erfüllt werden, ist die Leistung und Verwendungsmöglichkeit des Fertigungssystems pro Periode zu bestimmen. Der Leistungsaspekt wird mit dem Begriff der Kapazität [213] und der Aspekt der Verwendungsmöglichkeit mit dem Begriff der Elastizität [214] umschrieben. Beide Begriffe haben eine

---

z.B. alle Faktoreinsatzmengenkombinationen, die in einem bestimmten Bereich (oder einem Punkt) auf der Isoquanten liegen, als effiziente Kombination bezeichnet. (Vgl. HEINEN, E.: Betriebswirtschaftliche Kostenlehre ..., a.a.O., S. 216.) Die Isoquante ist der geometrische Ort aller Faktoreneinsatzmengenkombinationen, die den gleichen Ertrag erbringen. Mit der Bestimmung von Mindestanforderungen hinsichtlich einzelner Merkmale der Fertigungsaufgabe versuchen wir sinngemäß, für diese ebenfalls den geforderten Ertrag zu bestimmen. Da es moglich ist, mit unterschiedlichen Kombinationen von Subsystemen (Prozeßkombinationen) diesen Ertrag zu erreichen, wird versucht, zunachst rein mengenmaßig die effizienten Kombinationen von Subsystemen zu bestimmen und die geeignetste durch Hinzunahme okonomischer Großen herauszufinden. An die Stelle einer ubergreifenden okonomischen Nutzenfunktion tritt ein Anspruchsniveau an Zielwerten, das fur die jeweilige Situation die entscheidungsrelevanten Ziele zusammenfaßt.

[212] Vgl. zu diesen Kriterien KOSIOL, E.: Die Unternehmung als wirtschaftliches Aktionszentrum, a.a.O., S. 60ff.

[213] Dieser leistungsorientierte Kapazitatsbegriff orientiert sich an KERN, W.: „Kapazitat ist das Leistungsvermogen einer wirtschaftlichen oder technischen Einheit — beliebiger Art, Große und Struktur — in einem Zeitabschnitt". KERN, W.: Die Messung industrieller Fertigungskapazitaten..., a.a.O., S. 27.

[214] Unter Elastizitat soll hier die Anpassungsfahigkeit eines Systems an veranderte Bedingungen verstanden werden. In diesem Sinne spricht Gutenberg von der „betriebs- oder fertigungstechnischen Elastizitat" (GUTENBERG, E.: Die Produktion, a.a.O., S. 81ff.) und Riebel fuhrt aus: „unter leistungswirtschaftlicher Elastizitat soll verstanden werden die Reagibilitat eines produktiven Wirtschaftsgebildes gegenuber veranderten Produktivaufgaben. Sie kann sich außern in der Anpassung, Umstellung und Umgruppierung der Mittel, Krafte, Verfahren und Ziele des Wirtschaftsgebildes gegenuber Änderungen in der Umwelt und im eigenen Betrieb". (RIEBEL, P.: Die Elastizität des Betriebes, a.a.O., S. 87).

qualitative, quantitative und zeitliche Komponente[215]), die zur Bestimmung der Zweckeignung, das heißt zur Formulierung der Anforderungen an ein Fertigungssystem, näher zu bestimmen sind.

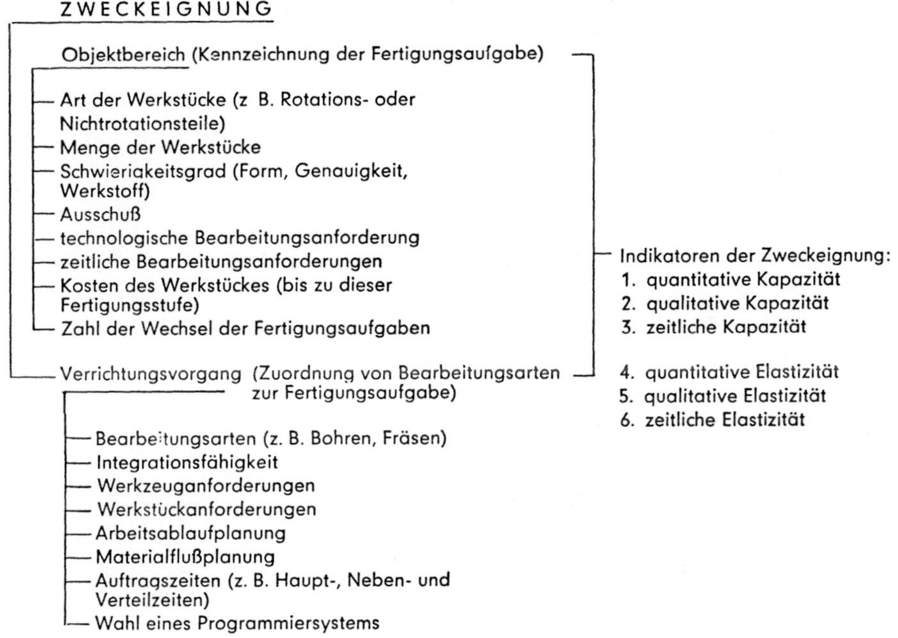

Abbildung 17
Schematische Darstellung der Merkmale für die Zweckeignung

Quantitative Kapazität: Die quantitative Kapazität ist kardinal meßbar, etwa in Erzeugnismenge pro Zeiteinheit oder verarbeitete und übertragende Bit pro Sekunde. Da numerisch gesteuerte Fertigungssysteme für wechselnde Fertigungsaufgaben geeignet sind, ist bei der Kapazitätsangabe für jede Fertigungsaufgabe neben der Haupt- und Nebenzeit auch die Rüstzeit zu berücksichtigen[216]).

Auf das systemspezifische Eignungsmerkmal „quantitative Kapazität" dürfen organisatorische Mängel (z.B. fehlendes Material oder Beschickungsvorgänge) keinen Einfluß haben, d.h. die quantitative Kapazität ist als technische Maximalkapazität[217]) anzugeben.

---

[215]) Vgl. zur Kapazität GUTENBERG, E.: Die Produktion, a.a.O., S. 73 und zur Elastizität RIEBEL, P.: ebenda, S. 105ff.

[216]) Vgl. zur Bestimmung der quantitativen Kapazität bei heterogenem Output WEBER, H.J.: Fertigungsverfahren aus betriebswirtschaftlicher Sicht, a.a.O., S. 52—54.

[217]) Vgl. KERN, W.: Die Messung industrieller Fertigungskapazitäten..., a.a.O., S. 121ff.

Qualitative Kapazität: Die qualitative Kapazität umfaßt das Leistungsvermögen von Fertigungssystemen nach „Eigenart und Güte" [218]). Sie ist ebenfalls kardinal meßbar, weist aber je nach Fertigungsaufgabe unterschiedliche Dimensionen auf, so z.B. Bearbeitungsgenauigkeit in μ oder Rechengenauigkeit in Dezimalstellen.

Zeitliche Kapazität: Die Angabe des Leistungsvermögens durch die quantitative Kapazität ist bei wechselnden Fertigungsaufgaben äußerst schwierig. Hier bietet sich als Hilfsmaßstab zur Messung des Leistungsvermögens die maximal realisierbare Nutzungszeit T_N des Systems in der Planperiode T an[219]) [220]). Die Angabe der Nutzungszeit ist beim Systemvergleich zwischen numerisch gesteuerten Fertigungssystemen und konventionellen Systemen besonders wichtig, da bei numerisch gesteuerten Fertigungssystemen ein großer Teil der erforderlichen Nebenzeiten (z.B. Werkzeugvoreinstellung) während der Laufzeit des Systems anfällt.

Schwieriger ist die Bestimmung der Anpassungsfähigkeit, d.h. der fertigungstechnischen Elastizität, die ein Fertigungssystem benötigt, um sich veränderten Fertigungsaufgaben anpassen zu können. Es erscheint angebracht, mit Riebel[221]) zwischen quantitativer, qualitativer und zeitlicher Elastizität zu unterscheiden.

Quantitative Elastizität: Jedes Fertigungssystem ist durch eine bestimmte Anpassungsfähigkeit an Änderungen der Leistungsmenge charakterisiert. Kenntnisse über diese Menge, die mitbestimmend für die Verwendungsmöglichkeit eines Fertigungssystems ist, sind erforderlich, um folgende Frage zu Beantworten: Welches Fertigungssystem ist anzuschaffen, damit für erwartete Mengenänderungen eine optimale Anpassungsfähigkeit möglich ist? Diese Frage kann nur unter Beachtung des vorhandenen Produktionspotentials einer Unternehmung beantwortet werden. Generell ist das Fertigungssystem zu wählen, das bei einer bestimmten Produktmenge mit den geringsten Kosten produziert. Diejenige Menge, von der ab es vorteilhaft ist, ein bestimmtes Fertigungssystem einzusetzen, wird von Gutenberg als die „kritische Menge" bezeichnet. „Die kritische Menge läßt sich erstens definieren als diejenige Menge, bei der ein Verfahren (Fertigungssystem, Anm. d. V.) beginnt, vorteilhafter zu sein als ein anderes, und zweitens als diejenige Menge, bei der das Verfahren aufhört, vorteilhafter zu sein als ein anderes." [222]) Dieser Sachverhalt wird für drei Fertigungssysteme in Abb. 18[223]) dargestellt.

Liegen die erwarteten Produktionsmengenschwankungen im Intervall 0 A, ist das Fertigungssystem I, im Intervall A C das Fertigungssystem II und bei größeren Produktionsmengen als C das Fertigungssystem III günstiger.

[218]) Vgl. GUTENBERG, E.: Die Produktion, a.a.O., S. 76f.

[219]) Vgl. SWOBODA, P.: Die betriebliche Anpassung ..., a.a.O., S. 55f.; LÜCKE, W.: Probleme der quantitativen Kapazität in der industriellen Erzeugung, in: ZfB, 35. Jg. (1965), S. 354—369, hier S. 355f.

[220]) Die Anwendung von Zeiteinheiten als Kapazitätsmaßstab ist nur dann gerechtfertigt, wenn zwischen ihnen und Mengengrößen als die echten Kapazitätsmaßstäbe eine leistungsbezogene Proportionalität besteht. Vgl. KERN, W.: Die Messung industrieller Fertigungskapazitäten ..., a.a.O., S. 159.

[221]) Vgl. RIEBEL, P.: Die Elastizitat des Betriebes ..., a.a.O., S. 105ff. Die von Riebel angeführte räumliche Elastizität berücksichtigen wir im Merkmal Kompatibilität.

[222]) GUTENBERG, E.: Die Produktion, a.a.O., S. 112.

[223]) Entnommen aus GUTENBERG, E.: Die Produktion, a.a.O., S. 112.

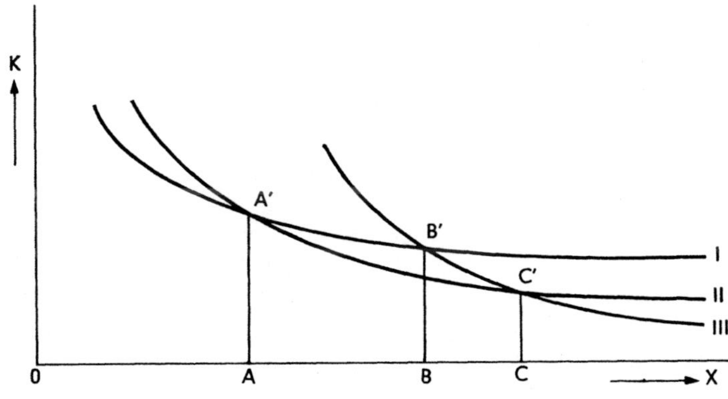

Abbildung 18
Stückkostenvergleich

Bezeichnet man nun die Leistungsfähigkeit eines Fertigungssystems hinsichtlich der Produktmenge einer Fertigungsaufgabe in Abhängigkeit von den Stückkosten als quantitative Elastizität, läßt sich der Abstand zwischen den definierten „kritischen Mengen" als Maßstab für diese Größe angeben.

Die quantitative Elastizität muß für alle alternativen Fertigungsaufgaben, die auf ein Fertigungssystem produziert werden können, vorgenommen werden.

Bezeichnet man nun die Leistungsfähigkeit eines Fertigungssystems hinsichtlich der Produktionsmenge einer Fertigungsaufgabe als quantitative Elastizität, so läßt sich folgende Beziehung herstellen[224]): Je weiter die niedrigste und die größte Menge, die wirtschaftlich gefertigt werden können, auseinanderliegen, um so höher ist die quantitative Elastizität des Fertigungssystems[225]).

Qualitative Elastizität: Die qualitative Elastizität des Fertigungssystems soll durch die alternativen Verwendungsmöglichkeiten[226]) charakterisiert werden: Je mehr unterschiedliche Fertigungsaufgaben auf dem Fertigungssystem wirtschaftlich gefertigt werden können, um so höher ist die qualitative Elastizität des Fertigungssystems. Da eine Anpassung des Fertigungssystems an unterschiedliche Fertigungsaufgaben durch entsprechende Umrüstung technisch oft möglich ist, muß als zusätzlicher Maßstab noch die Höhe der Umstellungskosten herange-

---

224) Inwieweit numerisch gesteuerte Fertigungssysteme auch die linken Teile der Kurven durch Erstellen des mechanischen Datenträgers für Spezialaggregate abflachen und damit die wirtschaftlichen Einsatzmöglichkeiten der Spezialaggregate erweitern, kann anhand der bisherigen Unterlagen quantitativ nicht beantwortet werden. Tendenziell läßt sich diese Wirkung aber feststellen.

225) In der Literatur werden unter der quantitativen Elastizität auch die intensitätsmäßigen Anpassungsmöglichkeiten subsummiert. Vgl. GUTENBERG, E.: Die Produktion, a.a.O., S. 361 ff.

226) Vgl. RIEBEL, P.: Die Elastizität des Betriebes …, a.a.O., S. 46 und S. 119 ff.

zogen werden[227]). Bei Fertigungssystemen die die gleiche kapazitive Leistung erbringen, besitzt das Fertigungssystem mit den niedrigsten Umstellungskosten beim Wechsel einer Fertigungsaufgabe die höchste qualitative Elastizität.

Zeitliche Elastizität: Neben den technischen und wirtschaftlichen sind zeitliche Aspekte der Anpassungsfähigkeit mit entscheidend für die Verwendungsmöglichkeiten von Fertigungssystemen. Die zeitliche Elastizität eines Fertigungssystems läßt sich durch den Zeitraum bestimmen, den ein Fertigungssystem beim Wechsel einer Fertigungsaufgabe benötigt, um wieder betriebsbereit zu sein[228]). Diese Zeitspanne umfaßt die Zeit zur Erstellung bzw. bei wiederholter Auflegung der Fertigungsaufgabe die Zeit zur Bereitstellung des Steuerungsprogramms, der Subsysteme, der Werkzeuge und Vorrichtungen sowie die Rüstzeit am Werkzeugmaschinensystem.

Durch die quantifizierbaren Merkmale Kapazität und Elastizität lassen sich die in Kapitel 2.22 dargestellten Systemeigenschaften numerisch gesteuerter Fertigungssysteme abbilden. Die Möglichkeiten der Zeitreduzierung und der Effizienzsteigerung schlagen sich in der Kapazität, die Steigerung der Anpassungsfähigkeit in der Elastizität nieder. Die Bestimmung der Eigenschaften von Fertigungsaufgaben und ihre Zuordnung zu den Leistungsdaten Kapazität und Elastizität von Fertigungssystemen erlauben die Bestimmung der Zweckeignung.

4.3212 Vorgehen zur Ermittlung der Zweckeignung

Die Bestimmung der Zweckeignung numerisch gesteuerter Fertigungssysteme kann nur über die Auswertung von charakteristischen Informationen über die Fertigungsaufgabe (Objekt) erfolgen. Die Ermittlung der Fertigungsaufgabe setzt grundsätzlich beim Fertigungsprogramm an[229]), in dem das Was, Wieviel, Wann und die Reihenfolge der Produktion bestimmt wurde. Da nun numerisch gesteuerte Fertigungssysteme für wechselnde Fertigungsaufgaben prädestiniert sind und nur einzelne Operationen an Werkstücken marktfähiger Produkte bearbeiten, treten bei der Ermittlung der Fertigungsaufgabe große Probleme auf. Diese Probleme beziehen sich zunächst auf die Bestimmung der gegenwärtigen oder zukünftigen Marktanforderungen an die Produkte. Mit hinreichender Genauigkeit lösbar ist diese Problematik nur durch statistische Analysen der gesamten betrieblichen Fertigungsaufgaben[230]).

---

[227]) Vgl. zur Wahl der Umstellungskosten als Maßgröße für die Elastizität MASSE, P.: Investitionskriterien, Probleme der Investitionsplanung, München 1968, S. 451 ff.

[228]) Vgl. hierzu RIEBEL, „Ein Betrieb ist dann zeitlich elastisch, wenn er seine Leistungen zum erforderlichen Zeitpunkt und innerhalb eines genügenden Zeitraumes veränderten Aufgaben anpassen kann." (RIEBEL, P.: Die Elastizitat des Betriebes..., a.a.O. S. 129) und SWOBODA: „Unter Anpassungsintervall soll der Zeitraum zwischen Anpassungsnotwendigkeit und erfolgter Ausführung der Anpassungshandlung verstanden werden." (SWOBODA, P.: Die betriebliche Anpassung ..., a.a.O., S. 56).

[229]) Hier wird von der in der Praxis begrundeten Voraussetzung ausgegangen, daß die betriebliche Mangellage erkannt ist und es nun darauf ankommt, diese so zu spezifizieren, daß der Bedarf nach einer geeigneten Investitionsalternative beschrieben werden kann.

[230]) Vgl. FRANK, E. u. a.: Statistische Untersuchungen als Grundlage für die Entwicklung flexibler Fertigungssysteme, in: Werkstattstechnik, 61. Jg. (1971), Teil 1, S. 273ff., Teil 2, S. 394ff.

Diese Analysen müssen auf der Basis von Werkstücken bzw. Operationen an Werkstücken Kennwerte für die Merkmale der Kapazität und Elastizität des vorhandenen Fertigungsprogramms liefern. Eine Prognose der zukünftigen Fertigungsaufgabe über die zu erwartende Lebensdauer der einzusetzenden Fertigungssysteme soll auf dieser Basis erfolgen. Sie muß die horizontale und vertikale Interdependenz von Fertigungsaufgaben einbeziehen, die sich im Zeitablauf verändern. Das Ausmaß der Veränderungen der Fertigungsaufgabe bestimmt dann die zu installierende Elastizität.

Die zur Ermittlung der Zweckeignung durchzuführenden Aufgaben sind nur zu einem Teil Entscheidungshandlungen, Ausführungshandlungen überwiegen. Da diese repititiven Aufgaben programmierbar und auf Rechenanlagen auszuwerten sind, empfiehlt es sich, zu formalisierten Planungsschritten überzugehen. Voraussetzung ist eine hinreichende Kenntnis der logischen Struktur der dabei ablaufenden Handlungen und die Möglichkeit, die diesen Handlungen immanenten gedanklichen Teiloperationen in ein Programm umzuwandeln. Ein Ansatz wurde von der TH Aachen[231] und an der Universität Stuttgart[232] erarbeitet. Im Sinne von Kosiol[233] handelt es sich um eine Aufgabenanalyse nach dem Verrichtungs- und nach dem Objektprinzip. Das Objekt für die Aufgabenanalyse bei numerisch gesteuerten Fertigungssystemen bildet die Fertigungsaufgabe, d.h. Werkstücke oder Operationen an Werkstücken. Die Zuordnung von Fertigungssystemen zur Fertigungsaufgabe erfolgt nach verschiedenen Kriterien die hier unter dem Verrichtungsprinzip gefaßt werden, wobei als Verrichtungen z.B. die Bearbeitungsarten Bohren, Fräsen oder Drehen auftreten können. Dieser Zuordnungsvorgang ist als ein wechselnder Prozeß zu begreifen, in dem die einzelnen Tätigkeiten sukzessive durchgeführt werden.

4.32121 Auswahl und Analyse der Fertigungsaufgabe

Um geeignete Basisdaten für die Ermittlung zulässiger Investitionsalternativen zu erhalten, muß mit Hilfe der Gruppentechnologie die vorhandene und zukünftige Fertigungsaufgabe analysiert werden. Dazu ist die Fertigungsaufgabe verfahrensunabhängig nach geometrischen, technologischen, zeitlichen und wirtschaftlichen Kriterien[234] mit dem Ziel zu beschreiben, eine repräsentative Fertigungsaufgabe für die Investitionsalternative zu ermitteln. Dies ist nur durch eine systematische Datenreduktion möglich.

Als Suchkriterien für die Zuordnung von geeigneten Werkstücken (Operationen) zu bestimmten Fertigungssystemen und umgekehrt sind Werkstück-Parameter (Werkstoff, Form, Ab-

---

231) Vgl. SCHLEPPEGRELL, J.: Ein System zur Investitionsplanung auf der Grundlage einer Werkstück- und Maschinenklassifizierung, Diss. Aachen 1969; JUNGHANNS, W.: Planung neuer Fertigungssysteme für die Einzel- und Serienfertigung, a.a.O.; OPITZ, H. u.a.: Systematisierung der Investitionsplanung für Industrieunternehmungen, Forschungsbericht des Landes Nordrhein-Westfalen Nr. 2279, Opladen 1972.
232) Vgl. LUEG, H.: MOLL, W.P.: Maschinenbelegung über EDV..., a.a.O.
233) Vgl. KOSIOL, E.: Die Unternehmung als wirtschaftliches Aktionszentrum, a.a.O., S. 60 ff.
234) Vgl. hierzu WOJDA, F.: Zeitwirtschaft und wirtschaftliche Teilauswahl..., a.a.O., S. 49f.

messung, Genauigkeit, Oberfläche[235]), Stückzahl sowie Art, Anzahl und Lage der Bearbeitungsstellen geeignet. Eine Zuordnung kostengünstiger Werkstücke zum Fertigungssystem läßt sich bis heute nur bei feststehender Kombination von Fertigungsaufgabe und Fertigungssystem ermitteln. Allgemeine Darstellungen scheitern an der Fülle der denkbaren Kombinationsmöglichkeiten und der Vielzahl der einflußnehmenden Parameter. Auch die große Zahl (etwa 60) bisher vorgeschlagener Werkstückklassifizierungssysteme zeigt die Schwierigkeiten, eine geeignete und kostengünstige Zuordnung von Fertigungsaufgabe und Fertigungssystem vornehmen zu können. Trotz dieser Schwierigkeiten haben exemplarische Untersuchungen gezeigt, daß die systematische Erfassung und Darstellung von Fertigungsaufgaben in dieser Form möglich ist. Eine Prüfung der relevanten Werkstückklassifizierungssysteme ist deshalb in jedem konkreten Fall erforderlich.

Ein Werkstückklassifizierungssystem, das sowohl für die Konstruktion[236]) (Formgleichheit oder Formähnlichkeit bei der Verwendung als Wiederholteil) als auch für die Fertigung (Teilefamilien[237]) mit gleichen bzw. ähnlichen Arbeitsfolgen) ideal ist und darüber hinaus einfach und wirtschaftlich angewandt werden kann, ist bisher noch nicht bekannt[238]). Eine solche

[235]) Diese geometrischen und technologischen Kriterien der Werkstücke werden in einem Schwierigkeitsgrad des Werkstückes zusammengefaßt, der Anhaltspunkte für die Auswahl geeigneter Fertigungssysteme liefert.

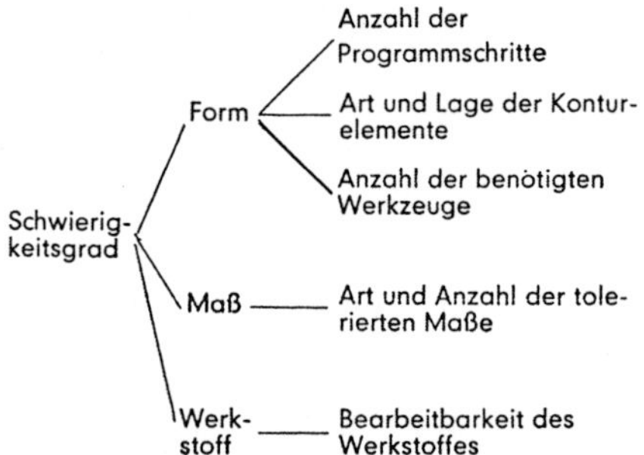

(Vgl. SCHULER, H.: Einsatzbereiche numerisch gesteuerter Werkzeugmaschinen, in: VDI-Berichte Nr. 123 (1968), S. 73—80, hier S. 75). Wojda bildet aus den Einflußfaktoren Anzahl der Bearbeitungsstellen, Form der Bearbeitungsstellen, Genauigkeit der Bearbeitung einer Werkstückkenngröße einen Kompliziertheitsgrad. Dieser dient zur Kennzeichnung der Reduzierbarkeit der Nebenzeiten bei der mechanischen Bearbeitung eines Werkstückes auf numerisch gesteuerten Fertigungssystemen. Vgl. WOJDA, E.: Zeitwirtschaft und wirtschaftliche Teilauswahl ..., a.a.O., S. 60ff.

[236]) Vgl. OPITZ, H.: Werkstückbeschreibendes Klassifizierungssystem, a.a.O.; WIENDAHL, H.P.: Funktionsbetrachtungen technischer Gebilde. Ein Hilfsmittel zur Auftragsabwicklung in der Maschinenbauindustrie, Diss. Aachen 1970.

[237]) Vgl. KIRCHNER, H.: Technische und betriebswirtschaftliche Grundlagen der Teilefamilienfertigung, a.a.O., S. 714ff.

[238]) Vgl. POLLAK, W.: Werkstückklassifizierungssysteme — Welche Aufgaben kann es erfüllen?, in: Maschinenmarkt, 74. Jg. (1968), Nr. 45, S. 866—868; LUEG, H., MOLL, W.P.: Fertigungsbeschreibendes Klassifizierungssystem, in: Werkzeugmaschine international, 2. Jg. (1972), Nr. 5, S. 17—22.

werkstück- und betriebsmittelbezogene, „fertigungsbeschreibende Systemordnung"[239]) ist Voraussetzung, um die Vorteile der numerisch gesteuerten Fertigungssysteme voll nutzen zu können. In der Literatur[240]) scheinen bisher nur genauere Auswahlkriterien für den Einsatz von numerisch gesteuerten Fertigungssystemen für die Bearbeitungsarten Drehen und Fräsen bekannt, die das unterschiedliche Zeitverhalten und das daraus resultierende Kostenverhalten (in Abhängigkeit von der Form und der Technologie der einzelnen Werkstücke) berücksichtigen. Auch der von Maßberg[241]) gemachte Vorschlag, die Werkstücke nach ihrer „Vielgestaltigkeit" zu klassifizieren und mit Angaben über die Größe und Ausstattung einer Werkzeugmaschine, Art der Steuerung und Wahl des Programmiersystems (manuell — maschinell) zu erweitern, stellt nur ein Hilfsmittel für die Auswahl numerisch gesteuerter Fertigungssysteme nach technischen und nicht nach wirtschaftlichen Gesichtspunkten dar. In amerikanischen Veröffentlichungen[242]) wird die Problematik der Werkstückklassifizierung nicht hervorgehoben, wohl aber wird eine Teilefamilien-Programmierung angestrebt[243]), die anderen Anforderungen genügen muß[244]).

Da keine der Systematisierungstechniken alle Forderungen erfüllt, bietet sich eine stufenweise Vorgehensweise an. In der ersten Stufe werden die geometrischen Werkstückparameter der gesamten Fertigungsaufgabe erfaßt. Dies geschieht in der Praxis meist mit den von Opitz entwickelten Werkstückklassifizierungssystemen. In der zweiten Stufe ist die so systematisierte Fertigungsaufgabe in ihrer Datenvielfalt zu reduzieren. So lassen sich z.B. durch Anwendung des Baukastenprinzips und der Typisierung Mehrfachverwendungen eines Werkstückes sowie der Teilefamilienfertigung Werkstückspektren mit gleichgelagerten Bearbeitungsanforderungen zusammenfassen. Alle diese Prinzipien verfolgen die Tendenz, die zu bearbeitenden Losgrößen zu erhöhen. Neben der Ermittlung von Formen- und Ablaufähnlichkeiten lassen sich Vereinheitlichungen bei den Werkstoffarten durchführen. Obwohl sich schon nach diesen Systematisierungen grobe Anhaltspunkte für zweckmäßige Fertigungssysteme ergeben, er-

---

239) Vgl. LUTZ, W., WAGNER, R.: Fertigungsbeschreibende Systemordnung, in: Maschinenmarkt, 74. Jg. (1968), Nr. 1, S. 6—14; GALLAND, H.: Entwicklung einer werkstückbeschreibenden Systemordnung zur Kostensenkung in der Einzel- und Kleinserienfertigung, Diss. Aachen 1964.

240) Vgl. WOJDA, F.A.: Eine Methode zur Beurteilung des wirtschaftlichen Einsatzes numerisch gesteuerter Drehmaschinen unter Verwendung neu erstellter Auswahlkriterien und aufbauend auf einer neuen Art der Belegungszeitgliederung, Diss. Wien 1968; TANNENBERG, F.: Automatische Ermittlung des Arbeitsablaufes ..., a.a.O., S. 61ff; GLOERFELD, K.: Die Untersuchung des Zuordnungsproblems von Werkstück, Werkzeug und Werkzeugmaschine am Beispiel des Fertigungsverfahrens Fräsen, Diss. Hannover 1968.

241) Vgl. MASSBERG, W.: Der Einfluß der Vielgestaltigkeit eines Werkstückes ..., a.a.O.

242) Vgl. WILSEN, F.: Numerical Control in Manufacturing, a.a.O.; STOCKER, W.: How to prove the profit in numerical control, in: American Machinist, Special Report, no. 513, Okt. 1961; MORSE, H., COX, D.: Numerically controlled machine tools, New York 1965,

243) Vgl. HAYNER, G.: Family Programming: New Route to NC Productivity, in: Metalworking Economics Special Report, Nov. 1969, S. 1—10.

244) Vgl. zu diesen Anforderungen SPUR, G.: Optimierung des Fertigungssystems Werkzeugmaschine, a.a.O., S. 231.

scheint eine weitere Reduzierung der Fertigungsaufgabe unter Beachtung des Planungsaufwandes angebracht. Als geeignetes Instrument bietet sich die ABC-Analyse [245]) an [246]).

Die ABC-Analyse macht sich die Erkenntnis zunutze, daß nur wenige Werkstücke des Produktionsprogramms den größten Anteil der Fertigungskosten verursachen oder die meiste Kapazität beanspruchen.

Tully [247]) hat bei einer Untersuchung für Drehmaschinen nachgewiesen, daß 20% aller Werkstücke (sogenannte A-Teile oder Hauptteile) 50% der Fertigungskosten verursachen, während 30% B-Teile auch 30% der Fertigungskosten ausmachen. 50% C-Teile (Klein- oder Normteile) beanspruchen nur 20% der Fertigungskosten. Wird die Planung auf die wichtigsten Werkstücke konzentriert, so ist eine genauere Planung der Fertigungsaufgabe mit geringerem Aufwand möglich [248]).

Die Suche nach geeigneten Systemkonfigurationen kann noch konzentrierter erfolgen, wenn für die ermittelte Fertigungsaufgabe Untersuchungen über den Wertzuwachs der Produkte in Abhängigkeit von der Durchlaufzeit durch alle Funktionen der Unternehmung erfolgen [249]). Erst eine derartige Analyse macht deutlich, welche Subsysteme von Fertigungssystemen eingesetzt werden müssen, um den größten Rationalisierungseffekt zu erzielen [250]). Bei den sehr unterschiedlichen Ergebnissen einzelner Untersuchungen läßt sich sicher nur soviel sagen, daß der Kostenzuwachs im Fertigungsbereich am höchsten ist und hier Maßnahmen, die eine Substitution von Lohnkosten durch erhöhten Kapitaleinsatz erlauben, den größten Rationalisierungseffekt erzielen.

Zur Ermittlung der Zweckeignung eines Fertigungssystems reicht die Beschreibung der geometrischen Gestalt der Werkstücke nicht aus, vielmehr müssen technologische Ergänzungsangaben hinzukommen. Zu diesem Zweck wurde das von Opitz entwickelte Werkstückbeschreibungssystem weiterentwickelt, so daß neben der geometrischen Gestalt auch Bearbeitungsanforderungen der Werkstücke gekennzeichnet werden können [251]).Es werden **1. Daten**

[245]) Vgl. zum Begriff und Vorgehen GÜNTHER, H.U., BUSCH, R.: Das Bilden von Rationalisierungsschwerpunkten in Industriebetrieben mit Hilfe der ABC-Analysen. Manuskriptreihe Wirtschaft, Heft 29, Ludwigshafen 1965.

[246]) In vielen Falle wird der Einsatz der beschriebenen Klassifizierungssysteme auch erst nach ABC-Analysen als Datenverarbeitungsproblem lösbar.

[247]) Vgl. TULLY, H.: Fertigungssteuerung im Werkzeugmaschinenbau, in: Werkstatttechnik, 53. Jg. (1963), Nr. 9, S. 435—442.

[248]) Vgl. HERRMANN, J.: Auswahlkriterien für Fertigungseinrichtungen im Bereich der Kleinserien, in: VDI-Berichte Nr. 166 (1971), S. 13.

[249]) Vgl. z.B. OPITZ, H.: Moderne Produktionstechnik, a.a.O., S. 525; JUNGHANNS, W.: Planung neuer Fertigungssysteme ..., a.a.O., S. 77ff.

[250]) Wenn z.B. festgestellt wird, daß Subsysteme für die Beschreibung des Materialflusses größere Kosteneinsparungen erbringen als eine weitere Verkurzung der Haupt- und Nebenzeiten, so ist damit bereits eine gezielte Alternativsuche eingeleitet.

[251]) Vgl. z.B. JUNGHANNS, W.: Planung neuer Fertigungssysteme ..., a.a.O., S. 84.

des Werkstückes (identifizierende und klassifizierende Daten), **2. Daten der Werkstückflächen** (z. B. Art und Form sowie Lage und Anordnung der Werkstückflächen und Art und Anzahl der Bearbeitungsstellen) und **3. Daten der Bearbeitungsstellen** (Typ, Lagekoordinaten, Abmessungen und Genauigkeiten der Bearbeitungsstellen) erfaßt. Eine Untermenge dieser Daten kann zur Arbeitsplan- und Datenträgererstellung verwandt werden. Die statistische Auswertung dieser Werkstückkenngrößen über Rechnerprogramme bildet die Grundlage für die Zuordnung von Bearbeitungsarten des materialverarbeitenden Subsystems zum Werkstückspektrum.

Als nächstes sind aus dem Werkstückspektrum resultierende Anforderungen and die informationsverarbeitenden Subsysteme (Programmierungssysteme) zu analysieren. Ausschlaggebend für die Zweckeignung dieser Subsysteme ist die

— Komplexität der Werkstücke, d.h. die Summen aller für die maßgerechte Bearbeitung benötigten Informationen und die

— Komplexität der Bearbeitungsarten, d.h. die Zahl der benötigten Bewegungsfreiheitsgrade und deren Funktionszusammenhang [252].

Daraus ergibt sich, daß die Formulierung der Anforderungen an die Zweckeignung informationsverarbeitender Subsysteme für die Fertigungsaufgabe erst nach Ermittlung der dazu erforderlichen Bearbeitungsarten möglich ist [253].

4.32122 Zuordnung von Bearbeitungsarten zur Fertigungsaufgabe

Die Zweckeignung von Fertigungssystemen ist nur feststellbar, wenn eine Zuordnung von Fertigungsaufgabe und Bearbeitungsart erfolgt. Ziel dieses fertigungsbezogenen Planungsschrittes ist die Ermittlung der erforderlichen Kapazität. Zu diesem Zweck ist das „Bearbeitungsprofil" [254] zu ermitteln. Dies kann nur simultan mit der Ermittlung verschiedener Systemkonfigurationen geschehen. Die dazu in einem formalisierten Planungssystem [255] durchzuführende Verfahrens-, Werkzeug-, Material- und Operationsplanung sowie die Betriebsmittelzeitermittlung sind in groben Zügen mit den Tätigkeiten zur Arbeitsplanerstellung identisch.

---

[252] Vgl. POLITSCH, H.W., SIMON, W.: Die Programmierung von Werkzeugmaschinen mit numerischer Datenangabe, in: Werkstattstechnik, 54. Jg. (1964), H. 9, S. 427—432.

[253] Vgl. S. 161ff. dieser Arbeit.

[254] Das Bearbeitungsprofil ergibt sich als „Summe aller an den Werkstücken durchzuführenden Bearbeitungsoperationen, die durch die Bearbeitungsverfahren und Werkzeuge, die jeweils erforderlichen Werkzeugangriffsrichtungen sowie Bearbeitungszeiten bestimmt sind". HORMANN, D., JUNGHANNS, W.: Projektierung flexibler Fertigungssysteme, in: Auslegung und Nutzung rechnergesteuerter Fertigungseinrichtungen, hrsg. von H. OPITZ, Essen 1971, S. 106.

[255] Vgl. JUNGHANNS, W.: Planung neuer Fertigungssysteme..., a.a.O., S. 98ff.; LUEG: H., MOLL, W.P.: Maschinenbelegung über EDV, a.a.O., S. 55ff.

Der wirtschaftliche Fertigungsvollzug des Transformationsprozesses werden entscheidend durch die Auswahl der Bearbeitungsarten bestimmt[256]). Gleichzeitig erfolgt damit eine Einengung der Automatisierbarkeit und Integrationsfähigkeit der in einem Fertigungssystem zu installierenden Bearbeitungsarten. Eine zeit- und kostenoptimale Zuordnung von Bearbeitungsarten zu Fertigungsaufgaben ist nur mit Hilfe von Verfahrensvergleichen möglich.

Im Bereich der spanenden Formgebung wird die Effizienz des Fertigungssystems in entscheidender Weise durch das Werkzeug bestimmt[257]). So kommen verbesserte Schneidstoffe[258]) zur Anwendung, was in Verbindung mit der höheren Schnittgeschwindigkeit zu einer Reduzierung der Standzeiten[259]) führt. Beide Einflußgrößen führen bei der technischen Prüfung von Fertigungssystemen[260]) dazu, daß eine Verträglichkeitsprüfung mit den vorhandenen oder zu beschaffenden Werkzeugsystemen[261]) erforderlich wird.

Die Materialplanung soll zu optimalen Ausgangsformen der Werkstücke und Halbzeuge führen[262]). Es ist bekannt, daß allgemein bei der Automatisierung die Erfolge nicht nur von der Qualität, sondern auch von der formmäßigen Gleichmäßigkeit der rohen Werkstücke abhängen. Numerisch gesteuerte Fertigungssysteme, insbesondere einfache Fertigungssysteme (NC-

---

[256]) Z.B. kann in der mechanischen Bearbeitung eine Fläche gefräst oder gehobelt werden. Die Bearbeitungsart bestimmt die Zerspanungsleistung und damit die Belegungszeit, diese wiederum die Kosten des Fertigungsvollzuges.

[257]) Vgl. zu den Kosteneinsparungsmöglichkeiten durch eine sinnvolle Werkzeugplanung MOOS, E.v., NÄGEL, T.G.: Wirtschaftliche Werkzeugdisposition, in: IO, 41. Jg. (1972), Nr. 7, S. 315—321.

[258]) So hat schon Taylor im Jahre 1900 durch den Einsatz von Schnelldrehstahl bereits eine sechsfache Schnittgeschwindigkeit im Verhältnis zum Kohlenstoffstahl erreicht. Gegossene und gesinterte Hartmetalle erlauben noch höhere, die sogenannte Schneidkeramik die zur Zeit höchsten Schnittgeschwindigkeiten. Vgl. hierzu OPITZ, H.: Der Werkzeugmaschinenbau, eine Synthese aus wissenschaftlicher Forschung und praktischer Erfahrung, in: Automatisierung, 11. Jg. (1966), H. 11, S. 18—21.

[259]) Die optimalen Standzeiten bei Dreharbeiten liegen heute bei ca. 10 Minuten, die Schnittgeschwindigkeiten zwischen 200-300 m/min. Die hohe Einsatzintensität der Werkzeuge setzt die Verfügbarkeit einer großen Vielfalt von schneller wechselbaren und voreinstellbaren Werkzeugen sowie den Einsatz von Werkzeugwechselsystemen voraus. Vgl. hierzu AUTORENKOLLEKTIV: Gesichtspunkte zur Optimierung der Schnittbedingungen bei automatisierten Werkzeugmaschinen, in: IA, 90. Jg. (1968), Nr. 76, S. 1705ff.; KIRCHNER, E.: Kostengunstige Standzeiten und ihr Einfluß auf die Kostenminimierung, in: TZfpM, 63. Jg. (1969), H. 10, S. 523—526.

[260]) Werkzeuge wirken sich auch in entscheidender Weise auf die konstruktive Gestaltung der Fertigungssysteme aus. Vgl. hierzu HUCKS, H.: NC-Bearbeitungszentren ..., a.a.O., S. 958; STÖFERLE, T.: Entwicklungstendenzen beim Bau von numerisch gesteuerten Bohr- und Fräsmaschinen, in: WuB, 101. Jg. (1968), H. 10, S. 574—576; AUTORENKOLLEKTIV: Konstruktive Gestaltung und Automatisierung der Werkzeugmaschine, in: IA, 90. Jg. (1968), Nr. 67, S. 1503—1519.

[261]) Vgl. zum Begriff.Werkzeugsystem ROHS, H.G.: Werkzeugsysteme — Hilfsmittel der Automatisierung, in: IA, 92. Jg. (1970), Nr. 41, S. 953.

[262]) Hier können z.B. die Art und Abmessung der Rohlinge, die gleichmaßige Qualitat und Zerspanbarkeit der Werkstoffe sowie die Bearbeitungsmoglichkeiten genannt werden. Vgl. zur Forderung nach Materialwirtschaftlichkeit KERN, W.: Industriebetriebslehre, a.a.O., S. 37.

Maschinen), verlangen, wenn sie optimal arbeiten sollen, gleichmäßige Rohteile[263]). Bei Guß-
stücken muß z.B. eine 100%ige Prüfung der Rohlinge erfolgen, da beim automatischen Arbeitsablauf eine Anpassung der Schnittgeschwindigkeit oder der Vorschübe (Ausnahme:
Adaptive Control-Systeme) bei Lunckerbildungen im Material nicht erfolgt.

Die Verwendung neuer Werkstoffe (z.B. Leichtmetallegierungen und Kunststoffe) ermöglicht eine erhebliche Steigerung der Schnittgeschwindigkeit[264]), die mit konventionellen Systemen nicht erreichbar ist. Die Probleme der Spanbildung und der Spanabfuhr sind bei numerisch gesteuerten Fertigungssystemen die gleichen wie bei herkömmlichen automatisierten Betriebsmitteln. Es sollten deshalb vorzugsweise kurzspanende Werkstoffe (Automaten-
stähle[265])) eingesetzt werden.

Die Operationsplanung schließlich soll zu den erforderlichen Bearbeitungsarten die zugehöri-
gen Angriffsrichtungen der Werkzeuge[266]) und die Hauptzeiten für jedes Werkstück ermitteln.

Alle bisher aufgezeigten Faktoren wirken direkt auf die Fertigungszeit, die wiederum entscheidend die Höhe der Kosten für die Erstellung einer Fertigungsaufgabe beeinflußt und somit die Wahl der kostengünstigsten Bearbeitungsart bestimmt.

Die Bestimmung der aus der Fertigungsaufgabe resultierenden Kapazität ist nur möglich,
wenn neben der Haupt-, Neben- und Rüstzeit für die materialverarbeitenden Subsysteme[267])
auch die erforderlichen Zeiten für die Erstellung der Datenträger bei den informationsverarbeitenden Subsystemen (Programmiersysteme) bestimmt werden. Zunächst stellt sich hier
die Frage nach der geeigneten Programmierart, die den geometrischen und technologischen
Anforderungen entspricht und wirtschaftlich am geeignetsten erscheint.

Die Soft- und Hardwareanforderungen der unterschiedlichen Programmiersysteme und deren Anwendungsmerkmale sind dazu in der folgenden Abbildung 19 zusammengestellt[268]).

263) Tully gibt in einem Beispiel für einen Getriebekasten an, daß innerhalb einer Serie von 5 Stück die
Maße der Zwischenwände bis zu 15mm schwanken, was zu einer Vorgabezeiterhöhung von 14% führte.
Vgl. TULLY, H.: Erfahrungen beim praktischen Einsatz von numerisch gesteuerten Werkzeugmaschinen, in: Maschinenmarkt, 70. Jg. (1965), Nr. 53, S. 19—28.
264) Ein Beispiel für die mögliche Erhöhung der Schnittgeschwindigkeit und damit der Drehzahl (30000
U/min) bei Verwendung von Leichtmetall wird von WILLIAMS, D.T.N.: Ein neues Fertigungsverfahren, a.a.O., S. 437f. angegeben.
265) Durch Zugabe der Legierungsbestandteile Schwefel und Phosphor wird in den Werkstoffen die gewünschte Sprödigkeit erreicht, die zu kurzen Spänen führt.
266) Unter einer Werkzeugangriffsrichtung wird die Relativlage der Antriebsspindel zum Maschinentisch
verstanden.
267) Das von Junghanns entwickelte Planungssystem ermittelt nur diese Daten. Vgl. JUNGHANNS, W.:
Planung neuer Fertigungssysteme ..., a.a.O., S. 128 ff.
268) In Anlehnung an BEHRENDT, W.K.: Leitfaden für die Programmierung numerisch gesteuerter Fertigungen, Stuttgart-Vaihingen 1970, Kap. 4.8.2. Zu den Anforderungen an die Programmierunssysteme
vgl. ROHS, H.G., SCHULER, H., KOSCHNIK, G.: Numerisch gesteuerte Drehmaschinen, technische,

Bezeichnung der Programmierart	Programmiersprache	Anwendung von		Merkmale des Programmiersystems
		Rechner	Hilfsmittel	
Direkte (manuelle) Programmierung	–	–	evtl. Tischrechner programmierbar	Übersichtlichkeit relativ einfache Anforderungen, einfache numerisch gesteuerter Fertigungssysteme, Punktsteuerung, Streckensteuerung
	–	Kleincomputer	technologische Dateien (Spanmittel, Werkstoffe, Werkzeuge, Zerspanungswerte	zusätzlich schnelle Korrekturen, Berechnung technologischer Werte
Rechnergestützte (maschinelle) problemorientierte Programmierung	spezifisch z. B. Autopit	Rechen- und Speicherwerke, Analog- und Digitalrechner (fest verdrahteter oder frei programmierbar)	technologische Dateien	Festlegung auf eine oder zwei Fertigungsarten, bestimmte Steuerungsmethode: Punkt-, Strecken- oder Bahnsteuerung, festgelegte Maschinenart
	universell z. B. APT	Betriebsinterne Groß-EDV oder ein Datenverbundnetz (Speicherbedarf 64–256 Kbyte)	eventuell Bildschirm	für viele Fertigungsarten, viele unterschiedliche numerisch gesteuerte Fertigungssysteme und alle Steuerungsarten anwendbar für Fertigungs- und Materialflußsteuerung einsetzbar

Zu beachten ist der Wesensunterschied zum Programm im ON-LINE-Betrieb der numerisch gesteuerten Fertigungssysteme

ON-LINE-Programmierung	universell	Prozeßrechner	eventuell Bildschirm	kein Informationsträger für die numerisch gesteuerten Fertigungssysteme, größte Flexibilität, Arbeitsablauf-Optimierung

Abbildung 19
Soft- und Hardwareanforderungen an Programmiersysteme

Die Wahl des Programmiersystems hängt z.B. ab von

— der Art der Bearbeitung,

— den Steuerungsarten und Maschinensteuerungssystemen,

— den Programmierungsunterlagen,

— der Anzahl der Operationen/Programme,

— dem Vorhandensein oder Zugriff zu einer DV und

— der Anzahl Programme pro Planperiode[269].

Angesichts der Vielzahl der Einflußgrößen ist die Bestimmung des geeignetsten Programmiersystems äußerst schwierig, zumal sich nur vereinzelt Vergleiche zwischen den einzelnen Programmierverfahren in der Literatur[270] finden, und diese nicht repräsentativ sind.

Die deutliche Tendenz zur maschinellen Programmierung bei steigender Komplexität der Maschinensteuerung (vgl. Abb. 20) ist bei allen Bearbeitungsarten[271] anzutreffen[272]. In diesem Fall kommen die Vorteile beim Einsatz maschineller Programmiersysteme voll zum Tragen. Die wesentlichsten Vorzüge sind eine verständlichere und einfachere Programmierung, eine Reduzierung der Programmierzeit und der Datenfülle sowie eine weitgehend maschinenunabhängige Programmierung. Ferner sind die für die numerisch gesteuerten Fertigungssysteme entstandenen Rechenprogramme zur Erstellung von Arbeitspapieren für Arbeitspläne für die Fertigungssteuerung verwendbar. Es besteht die Möglichkeit, Werkzeuglisten, Magazinbe-

---

organisatorische und wirtschaftliche Probleme, in: Lehrgangsunterlage: NC-Seminar für Führungskräfte, hrsg. v. Gebr. Boehringer GmbH., Göppingen 1972, S. 4/15—4/56; DÄHNERT, H.: Die vier Stufen der Programmiertechnik, in: Fertigung (1970), H. 2/3, S. 57—63; SPUR, G.: Optimierung des Fertigungssystems Werkzeugmaschine, a.a.O., S. 222—235; HEROLD, H.H., MASSBERG, W., STUTE, G.: Die numerische Steuerung …, a.a.O., S. 201—245.

[269] Vgl. BEHRENDT, W.K.: Leitfaden für die Programmierung …, a.a.O., Kap. 4.8.11.

[270] Vgl. MÜLLER-TRAUT, H.: Vergleich von manueller und symbolischer Programmierung numerisch gesteuerter Werkzeugmaschinen, in: Maschinenmarkt, 72. Jg. (1966), Nr. 1, S. 27—35; BERGMANN, K.: Kosten bei maschineller und halbmaschineller Programmierung von NC-Maschinen, in: TZfpM, 66. Jg. (1972), H. 10, S. 471—475.

[271] Für Bohr- und Fräsarbeiten geben Erfahrungswerte an, daß ein Teilprogramm von 100 Sätzen wirtschaftlich maschinell erstellt wird. Vgl. RETHY, A.: Erfahrungen beim Einsatz von EXAPT, 1, in: Sonderdruck aus TZfpM, 61. Jg. (1967), H. 10. Beim Drehen ist in fast allen Fällen die maschinelle Programmierung vorteilhafter. Vgl. STÖCKMANN, P.: Technologische Optimierung beim automatischen Programmieren einer numerisch gesteuerten Drehmaschine, in: WuB, 99. Jg. (1966), H. 3, S. 165—175; KIPS, P.: Einige Gesichtspunkte zur Praxis mit numerisch gesteuerten Werkzeugmaschinen, in: Klepzig Fachberichte (1966), Nr. 12, S. 543—548.

[272] Vgl. SCHULTZ-WILD, R., WELTZ, F.: Technischer Wandel und Industriebetrieb, a.a.O., S. 50.

stückungen, Werkstückbearbeitungs- und Werkzeugeinsatzzeiten zu ermitteln und anzugeben[273]).

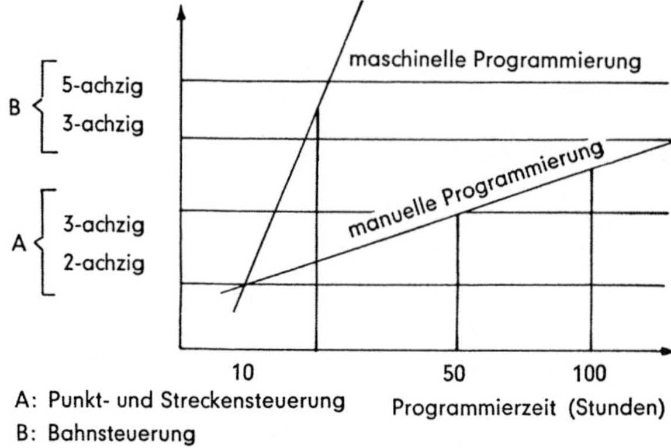

Abbildung 20
Zeitaufwand für manuelle und maschinelle Programmierung bei
Fertigungssystemen verschiedener Komplexität

Die Wahl der geeigneten Programmiersysteme kann endgültig nur über eine Kostenbetrachtung ermittelt werden. Allgemeingültige Angaben liegen dazu in der Literatur nicht vor. Anhand von Beispielen[274]) läßt sich nur der generelle Zusammenhang darlegen (vgl. Abb. 21). Dieser spricht für die Anwendung der rechnergestützten Programmierung bei komplizierten Werkstücken und bei höher automatisierten Fertigungssystemen, da hier die Datenreduktion am größten ist.

In Anbetracht der sinkenden Rechnerkosten und steigenden Lohnkosten sowie der Möglichkeit einer größeren Anpassungsfähigkeit durch Automation des Informationsverarbeitungsprozesses (vgl. Kapitel 2.342) erscheint es ratsam, rechtzeitig die rechnergestützte Programmierung einzuplanen, um die fortschreitende Betriebsinnovation nicht mit Fehlinvestitionen zu belasten.

Die hier dargelegten Tatbestände bilden eine wichtige Komponente für zukünftige Investitionsplanungen; sie müssen der Geschäftsleitung bei der Entscheidung für den richtigen Innovationszeitpunkt bekannt sein.

[273]) Vgl. DEFFUR, J., GOSZDZIEWSKI, H.: Rechnergestützte Arbeitszeitbestimmung ,in: TZfpM, 63. Jg. (1969), H. 6, S. 342—348; DINCMEN, M.: Vergleichende systemtechnische Untersuchung der äußeren Datenverarbeitung für die Fertigung mit NC-Maschinen, Diss. Berlin 1972.
[274]) Vgl. FRIDRICH, P.: Kosten und Wirtschaftlichkeit des Programmierens, in: VDI-Bildungswerk, Lehrgangshandbuch: Maschinelles Programmieren, Düsseldorf 1966, Beitrag Nr. 13, S. 6; FREUDHOFER, F.: NC-Maschinen — wirtschaftlich eingesetzt, in: IO, 42. Jg. (1973), Nr. 1, S. 14; ROSENKRANZ, W., KUPLENT, F.: Erfahrungen beim Einsatz numerisch gesteuerter Maschinen in der Elektroindustrie bei spanloser und spanender Fertigung, in: WuB, 101. Jg. (1968), H. 10, S. 561—566, insbesondere S. 564f.

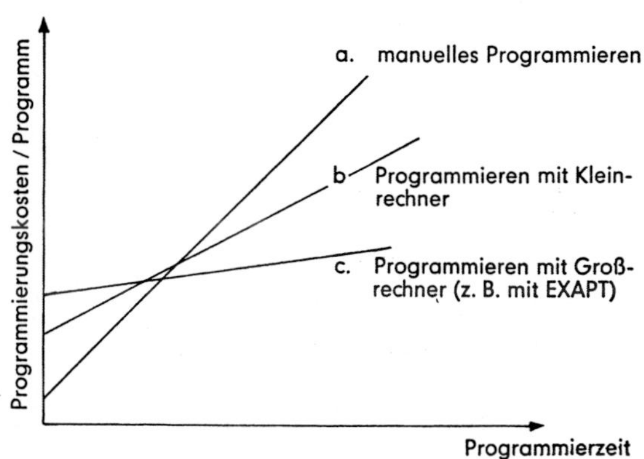

Abbildung 21
Kostenverläufe bei verschiedenen Programmiersystemen

4.32123 Erarbeitung alternativer Systemkonfigurationen

Nach den bisherigen Überlegungen ist das Problem der Strukturierung numerisch gesteuerter Fertigungssysteme durch die Anforderungen der Fertigungsaufgabe und der Bearbeitung gekennzeichnet. Um nun zweckgeeignete Systemkonfigurationen zu erhalten, sind zwei extreme Vorgehensweisen möglich:

1. Fertigungssysteme werden in Sonderfertigung hergestellt, die den Anforderungen hinsichtlich Kapazität und Elastizität voll entsprechen.

2. Durch Prüfung aller am Markt angebotenen Fertigungssysteme bzw. Subsysteme wurde versucht, eine Annäherung an die Zweckeignung zu erreichen.

Im ersten Fall wird jeweils ein technisches Optimum realisiert, während im zweiten Fall ein Gesamtoptimum angestrebt wird. Orientiert sich die Gestaltung mehr in Richtung auf die erste Vorgehensweise, muß mit erhöhtem Kapitaleinsatz und der Abhängigkeit von einem Hersteller gerechnet werden. Wird andererseits die zweite Vorgehensweise gewählt, so müssen Kosten aufgrund der mangelnden Abstimmung zwischen den Subsystemen [275] in Kauf genommen werden. Die zu realisierende Lösung liegt aufgrund ökonomischer und technischer Überlegungen innerhalb des von diesen Extremen begrenzten Kontinuums.

Innerhalb dieser allgemeinen Vorgehensweisen lassen sich für die materialverarbeitenden Subsysteme verschiedene Handlungsalternativen verwirklichen:

[275] Die Inkompatibilität der Subsysteme resultiert, z.T. aus den Konkurrenzbeziehungen der Hersteller, Vgl. hierzu KLÜMPER, P.: Die Organisation von Entscheidungsprozessen ..., a.a.O., S. 98ff.; STRAUS, H.U.: Möglichkeiten horizontaler Kooperation im Werkzeugmaschinenbau, Diss. Mainz 1967.

1. Die Aufstellung unverketteter, mit einer Bearbeitungsart ausgerüsteter Fertigungssysteme (z.B. NC-Maschinen).

2. Die Aufstellung numerisch gesteuerter Bearbeitungszentren[276]) mit mehreren Bearbeitungsarten und wahlweise automatischem Werkzeug- und Werkstückwechsel.

3. Die Verbindung der unter 1—2 genannten Systeme mit Hilfe eines Prozeßrechners zu Systemen mit

a) sich ergänzenden Subsystemen und / oder

b) sich ersetzenden Subsystemen[277]) sowie Lager- und Werkstücktransportsystemen. Man spricht hier von DNC-Systemen[278]).

Welche dieser unterschiedlichen Systemkonfigurationen für die Unternehmung geeignet sind, richtet sich nach der qualitativen und quantitativen Ausprägung der Fertigungsaufgabe und dem bestehenden Produktionspotential der Unternehmung.

Der Zusammenhang zwischen den oben gekennzeichneten Handlungsalternativen und den verschiedenen Merkmalsausprägungen der Zweckeignung ist in Abb. 22[279]) exemplarisch dargestellt.

Liegt die Zweckeignung einer Teilmenge von materialverarbeitenden Alternativen vor, so sind diesen Alternativen aus der Gesamtmenge der informationsverarbeitenden Subsysteme die geeigneten Subsysteme zuzuordnen.

Oben wurde gezeigt, daß die grundsätzliche Entscheidung, ob manuelle und maschinelle Programmiersysteme zur Anwendung kommen, bereits bei der Erstellung des Arbeitsplanes (vgl. Kapitel 4.32122) zu fällen ist. Die Programmiersysteme sind nun zur Feststellung ihrer

---

[276]) Unter einem Bearbeitungszentrum wird ein Fertigungssystem verstanden, das numerisch gesteuert verschiedenartige Bearbeitungsoperationen an einem Werkstück in einer Aufspannung ausführen kann. Vgl. HUCKS, H.: NC-Bearbeitungszentren ..., a.a.O., S. 691; OPITZ, H. u.a.: Automatisierung der Einzel- und Kleinserienfertigung, a.a.O., S. 483f.; GOEBEL, H.: Das Bearbeitungszentrum — Möglichkeiten, Einsatzgebiete und Entwicklungstendenzen, in: Sonderdruck aus IA, 89. Jg. (1967), Nr. 73; GUNSSER, O.: Kleinserienfertigung schwieriger Werkstücke auf numerisch gesteuerten Bearbeitungszentren, in: WuB, 100. Jg. (1967), H. 3, S. 186—190.
[277]) Die Menge der z.T. realisierten Fertigungssysteme nach den unter 2 angeführten unterschiedlichen Fertigungskonzepten ist aufgezeigt bei SCHARF, P., SCHULZ, E.: Integrierte, flexible Fertigungssysteme, a.a O., Nr. 3, S. 130—136 und Nr. 4, S. 199—206; SPUR, G., FELDMANN, K., MATHES, H.: Entwicklungsstand integrierter Fertigungssysteme, in: ZwF, 68. Jg. (1973), H. 5, S. 229—236.
[278]) DNC-Direct Numerical Control vgl. zur Wirkungsweise dieser Systeme SPUR, G.: Optimierung des Fertigungssystems Werkzeugmaschine, a.a.O., S. 327—335.
[279]) In Anlehnung an JUNGHANNS, W.: Planung neuer Fertigungssysteme ..., a.a.O., S. 51.

Zweckeignung hinsichtlich der Kriterien geometrische und technologische Leistungsfähigkeit sowie der programmtechnischen Hilfen zu analysieren[280]).

Kriterien der Zweckeignung (Merkmalsausprägungen)	Numerisch gesteuerte Fertigungssysteme mit		Prozeßrechner u. numerisch gesteuerte Fertigungssysteme	
	einer Bearbeitungsart	mehreren Bearbeitungsarten	mit sich ergänzenden Subsystemen	mit sich ersetzenden Subsystemen
roher Kapazitätsbedarf, große Stückzahlen, gleichartige Werkstücke	x		x	
hoher Kapazitätsbedarf, kleine Stückzahlen, verschiedenartige Werkstücke		x		x
geringer Kapazitätsbedarf, wenige Werkstücke		x		
große Genauigkeit der Werkstücke		x		x
große Abmessungen der Werkstücke, großes Gewicht der Werkstücke	x	x		
lange durchschnittliche Operationszeiten	x			
mittlere durchschnittliche Operationszeiten			x	
kurze durchschnittliche Operationszeiten		x		x
kurze Materialdurchlaufzeiten		x		x

Abbildung 22

Einsatzbereiche alternativer numerisch gesteuerter Fertigungssysteme

Die **geometrische Leistungsfähigkeit** umfaßt die zur Formbeschreibung eines Werkstückes notwendigen Angaben. Da diese je nachdem, ob Bohr-, Fräs-, Dreh- oder Stanzbearbeitung durchgeführt werden soll, anders gelagert sind, stellen die Bearbeitungsarten wiederum Unterziele der geometrischen Leistungsfähigkeit dar. Die jeweiligen speziellen Anforderungen der Bearbeitungsarten sind, abgesehen von den generell wahrzunehmenden Funktionen, entscheidend von der jeweiligen Fertigungsaufgabe abhängig. Sie können nur durch nominale Messungsanforderungen — erfüllt / nicht erfüllt — erfaßt werden.

Die **technologische Leistungsfähigkeit** umfaßt die Fähigkeiten des Programmiersystems, technologische Berechnung selbständig durchzuführen[281]) wie z.B. automatische Schnittwert-

---

280) Vgl. zu diesen Kriterien KURTH, J.: Nutzwertanalyse als Entscheidungshilfe bei der Analyse von NC-Programmiersystemen, in: ZwF, 67. Jg. (1972), H. 10, S. 509—517.

281) Diese Berechnungen werden z.B. beim Einsatz von Programmiersprachen durch Übersetzerprogramme vorgenommen. Grundsatzlich lassen sich die Angaben fur eine Fertigungsaufgabe in Informatio-

ermittlung (Schnittiefe, Vorschub, Schnittgeschwindigkeit), Bestimmung von Bearbeitungsoperationen und -operationsfolgen (Zentrieren — Vorbohren — Aufbohren — Gewinde-
schneiden), automatische Werkzeugermittlung und Kollisionsprüfung.

Programmtechnische Hilfen sind im verstärkten Umfang immer dann notwendig, wenn niedriger — automatisierte Programmiersysteme (z.B. Programmierplätze) zum Einsatz kommen
und der manuelle Aufwand zur Erstellung eines Teileprogrammes sehr groß ist. Als wesentliche Determinanten sind hier arithmetische- und synonyme Anweisungen, variable Angaben
von Maßeinheiten, Kopieranweisungen, Unterprogramme und Programmschleifen zu nennen.

Ist die Entscheidung für ein manuelles Programmiersystem gefallen, so beschränkt sich die
Systemgenerierung auf die Ausstattung des Programmierplatzes mit technischen Hilfsmitteln. Bei der Entscheidung für ein maschinelles Programmiersystem sind dagegen eine Vielzahl unterschiedlich automatisierter Alternativen zu berücksichtigen[282]. Grundsätzlich ist zu
unterscheiden, ob Großrechner oder Kleinrechnersysteme eingesetzt werden sollen. Je nachdem, ob der Großrechner in der eigenen Unternehmung oder über Datenfernverarbeitung in
einem Rechenzentrum zur Verfügung steht, ergeben sich verschiedene Alternativen beim
Großrechnereinsatz.

Um beim heutigen Stand der Entwicklung bei jeder Fertigungsaufgabe wirtschaftlich zu programmieren, ist es sinnvoll, sich vom maschinellen Programmieren mit einer universellen
Programmiersprache und einem Großrechner zu lösen und Zwischenformen maschinellen
Programmierens anzuwenden. Diesem Ziel dienen die stapel- und dialogorientierten Kleinrechnersysteme. Diese Kleinrechnersysteme sind für abgegrenzte Fertigungsaufgaben (z.B.
für die Drehbearbeitung) Investitionsalternativen zum Großrechnereinsatz. Werden die
Kleinrechnersysteme als intelligente Terminals eingesetzt, so ermöglichen sie darüberhinaus
den effizienten Betrieb von Großrechneranlagen.

Eine feste mengenmäßige Verknüpfung von material- und informationsverarbeitenden Subsystemen erscheint bei wechselnden Fertigungsaufgaben nicht wirtschaftlich[283]. Durch den
Eingriff des Menschen wird das Zusammenwirken der Subsysteme in allen Automatisie-

---

nen, die sich bei jedem Werkstück ändern (z.B. Geometrie des Teiles, Arbeitsablauf und Einspannung)
und in solche, die konstant bleiben (z.B. Werte der Werkzeuge, Maschinen und Werkstoffe), unterteilen;
d.h. die erstgenannten werden vom Programmierer jeweils neu erfaßt, die letztgenannten sind im Über-
setzerprogramm gespeichert. Vgl. hierzu ENGELSKIRCHEN, W.H.: Integrierte Informationsverarbeitung und Programmiersprachen in der Fertigung, in: IA, 91. Jg. (1969), Nr. 95, S. 2322.

[282] Die zur Zeit in der BRD am Markt erhältlichen Alternativen wurden mit Preis und Leistungsangaben
von Claußnitzer u.a. zusammengestellt. Vgl. CLAUSSNITZER, R., DINCMEN, M., LÖFFLER, H.,
STEINBACH, K.: Investitionsalternativen bei fortschreitender Automatisierung, a.a.O., S. 579f.

[283] Die Problematik der Verknüpfung von Subsystemen und ihre kapazitive Abstimmung bei wechselnden Fertigungsaufgaben ist bis heute nur in Ansätzen gelöst. Vgl. z.B. die Lösungsansätze bei CLAUSS-
NITZER, R., DINCMEN, M., LÖFFLER, H. und STEINBACH, K.: Investitionsalternativen bei fortschreitender Automatisierung, a.a.O.

rungsstufen koordiniert. Unabhängig davon müssen aber die Kapazitäts- und Elastizitätsanforderungen der Fertigungsaufgabe und der materialverarbeitenden Subsysteme mit denen der informationsverarbeitenden Subsysteme in ein Verhältnis zur Zeit der Informationsträgererstellung gesetzt werden. Empirische Daten liegen hierüber zur Zeit nicht vor.

Führen die geschilderten Planungsschritte nur zur Ermittlung eines einzigen Fertigungssystems, oder unterscheiden sich die Alternativen nur hinsichtlich eines Subsystems, ist eine Auswahlentscheidung nicht mehr bzw. nur für einzelne Subsysteme erforderlich. Andererseits würde dem Streben, eine Mehrzahl (entscheidungstheoretisch sogar die Menge aller möglichen Alternativen[284])) von Fertigungssystemen zu generieren, durch die zur Verfügung stehende Zeit und durch die Bedeutung des Investitionsobjektes Grenzen gesetzt[285]). Eine allgemeine Antwort auf die Frage nach der erforderlichen Zahl der Alternativen kann nicht gegeben werden, entscheidungslogisch müssen es aber mindestens zwei sein[286]). Die Generierung der alternativen Systeme und ihre Prüfung an den Merkmalen der Zweckeignung weisen darauf hin, daß sie zur Aufgabenerfüllung geeignet sind. Über die technische Wirksamkeit der zulässigen Teilmenge der Alternativen konnten noch keine Aussagen gemacht werden. Zu diesem Zweck sind in einem nächsten Schritt neben den genannten Eignungsmerkmalen auch Zeit- und Kostengesichtspunkte heranzuziehen. Im Hinblick auf die Anpassung des Fertigungssystems an zukünftige Fertigungsaufgaben ist hier vor allem die quantitative und qualitative Nutzung der Systeme von Bedeutung.

4.3213 Die fertigungstechnische Entsprechung

Bei der Wahl geeigneter Fertigungssysteme muß der Entscheidungsträger von den konkreten Bedingungen des Unternehmens ausgehen und den Zielerreichungsbeitrag alternativer Systeme bestimmen. Es ist naheliegend, dazu sofort ökonomische Zielvariablen heranzuziehen. Im Hinblick auf technisch sehr unterschiedlich zu beurteilende Handlungsalternativen mit ökonomisch ähnlichen Ergebnissen gilt es aber, zunächst zusätzlich Kriterien zu formulieren, um nur Alternativen mit dem optimalen technologischen Eignungspotential ökonomisch zu bewerten.

Jedes Fertigungssystem trägt nur dann zur ökonomischen Zielerreichung bei, wenn seine quantitativen und qualitativen Eigenschaften bis zu einer ganz bestimmten Grenze ausgelastet sind[287]), die in jedem Fall anders liegen kann. Die Erreichung bestimmter Grenzwerte

---

[284]) Vgl. BRANDT, H.: Investitionspolitik ... ,a.a.O., S. 113; GÄFGEN, G.: Theorie der wirtschaftlichen Entscheidung, a.a.O., S. 105.

[285]) Vgl. STRASSER, H.: Zielbildung und Steuerung der Unternehmung, a.a.O., S. 47f.

[286]) Ein Vollständigkeitskriterium hierfür ist bisher ebensowenig erarbeitet worden wie eine systematische Suchstrategie. Vgl. SCHNEIDER, D.: Zielvorstellungen und innerbetriebliche Lenkungspreise im privaten und öffentlichen Unternehmen,in: ZfbF (NF), 18. Jg. (1966), S. 275.

[287]) Vgl. hierzu die umfassende Analyse der Fertigungsausnutzung bei ROPOHL, G.: Flexible Fertigungssysteme, a.a.O. S. 88—102 und WEBER, H.J.: Fertigungsverfahren aus betriebswirtschaftlicher Sicht, a.a.O., S. 91—154.

hängt eng mit der jeweiligen Systemkonfiguration zusammen. Die Grenzwerte lassen sich somit als Indikatoren für die Eignung bestimmter Systemkonfigurationen heranziehen.

Ausgangspunkt der hier vorzunehmenden Kriterienformulierung zur Feststellung der „fertigungstechnischen Entsprechung" [288]) sind die Merkmale der Zweckeignung und deren optimale Nutzung. Notwendige Voraussetzung hierzu ist, daß die auf einer anderen Ebene liegenden Überlegungen zur Produktionsprogramm- bzw. Erzeugnisgestaltung bereits abgeschlossen sind und subjektive Glaubwürdigkeitsvorstellungen über den Eintritt von Datenänderungen vorliegen.

Die hier durchzuführende Analyse hat zum Ziel, das Ausmaß der quantitativen Nutzung des Leistungspotentials und das zu installierende Anpassungspotential eines Fertigungssystems zu bestimmen, sowie die Verbindung zum Kapitaleinsatz im Beschaffungszeitpunkt herzustellen.

Entsprechend dem gewählten sukzessiven Vorgehen sollen die ermittelten Alternativen an Einzelkriterien mit Satisfizierungsvorschrift geprüft werden. Im fortschreitenden Lösungsprozeß haben dabei jeweils andere Ziele Priorität, so daß in den Einzelphasen ein Suchen nach zulässigen Systemkonfigurationen für alle vorhandenen und hinzukommenden Nebenbedingungen vorliegt.

4.32131 Die quantitative Nutzung

Um den Zustand der quantitativen Nutzung für das mengenmäßige Leistungspotential eines Fertigungssystems feststellen zu können, ist die Formulierung von Kennzahlen erforderlich. Als Basis zur Erfassung der quantitativen Nutzung eignet sich die in Abb. 23[289]) vorgenommene Zeitgliederung[290]).

Die Nutzung des Leistungspotentials in einem Zeitabschnitt soll hier als Mindestnorm für Teilaspekte vorgegeben werden. Die Mindestnorm soll dabei das Ausmaß der für das Unternehmen zweckmäßigen Nutzung des Potentials aufweisen[291]), ihre Höhe muß auf Wirtschaft-

---

[288]) Die Begriffsbildung erfolgt in Anlehnung an Gutenbergs Begriff der „verfahrenstechnischen Entsprechung (Adäquanz)". Vgl. GUTENBERG, E.: Die Produktion, a.a.O., S. 110ff.

[289]) Zusammengestellt nach Refa (Hrsg.): Methodenlehre des Arbeitsstudiums, Teil 2: Datenermittlung, München 1971, S. 28ff.; VDI-Richtlinie 3423: Auslastungsnachweis und Ausfallstatistik numerisch gesteuerter Fertigungsanlagen, 1968; WENZEL, H., GLÖCKNER, W.: Kenngrößen für die Ausnutzung von Fertigungsanlagen, in: Werkstatttechnik, 59. Jg. (1969), H. 4, S. 168—173; WEBER, H.J.: Fertigungsverfahren aus betriebswirtschaftlicher Sicht, a.a.O., S. 99f.; WOJDA, F.: Zeitwirtschaft und wirtschaftliche Teileauswahl ...,a.a.O., S. 12ff.

[290]) Die hier vorgeschlagene Zeitgliederung steht in Einklang mit den Forderungen Kerns zur Kapazitätsmessung und zur Ermittlung der Normen der Kapazitätsausnutzung. Vgl. KERN, W.: Die Messung industrieller Fertigungskapazitäten, a.a.O., S. 124ff.

[291]) Kern meint in diesem Zusammenhang, „daß die Analyse der Kapazitätsausnutzung, vor allem die zeitlich spezifizierende, ein sehr wertvolles Verfahren ist, um Aufschlüsse uber die betriebliche Leistungs-

lichkeitsüberlegungen basieren, die sich im konkreten Einzelfall unterscheiden können. Erst wenn die Teilnutzungsgrade zu dem festgesetzten Mindestmaß erfüllt sind, wird auf eine zusätzliche Befriedigung dieser Kriterien zugunsten rein ökonomischer Kritierien verzichtet.

<table>
<tr><td colspan="6">Kalenderzeitabschnitt T (Planperiode)</td></tr>
<tr><td colspan="5">Betriebszeit T_B (Arbeitszeit in Planperiode)</td><td rowspan="2">T_{KU}

Ruhezeit
(Fertigungs-
system ist
unbesetzt)</td></tr>
<tr><td colspan="4">Bereitschaftszeit T_{BB} (Zeit f. d. Transformationsvollzug)</td><td rowspan="2">T_{WA}

Wartungszeit
(Zeit für die
Wiederher-
stellung der
Betriebs-
bereitschaft)</td></tr>
<tr><td colspan="3">Nutzungszeit T_N</td><td rowspan="2">T_u

Nutzungsunter-
brechungszeit</td></tr>
<tr><td colspan="2">Hauptnutzungszeit t_h</td><td rowspan="2">t_n
Nebennutzungszeit
Zeit für die
mittelbare
Nutzung:

1. Vorbereitung
und

2. Prüfung des
Transformati-
onsprozesses
sowie

3. Rückversetzung
des Systems in
den Ausgangs-
zustand</td></tr>
<tr><td>t_{ho}
Hauptnutzungs-
zeit bei Voll-
auslastung</td><td>t_r
Hauptnutzungs-
reservezeit</td><td>1. Organisations-
bedingte
Störung

2. Qualitätsbe-
dingte
Störung

3. Energiebe-
dingte
Störung

4. Personal-
bedingte
Störung

5. Maschinen-
bedingte
Störung

6. Werkzeug-
bedingte
Störung</td></tr>
</table>

Abbildung 23
Zeitgliederung für ein Fertigungssystem

Die Komponenten der quantitativen Nutzung werden in der Literatur häufig mit zeitlicher und technischer Ausnutzung[292] umschrieben. Diese Begriffe sollen hier nicht zur Anwendung kommen, da bei der Ermittlung einer geeigneten Systemkonfiguration nur die Teilnutzungsgrade von Interesse sind, die ein Hinzufügen bzw. Weglassen von Subsystemen zur Folge haben.

Für die nähere Bestimmung der quantitativen Nutzung von Handlungsalternativen sollen drei Verhältniszahlen — genauer Gliederungszahlen — gebildet werden:

---

erstellung und die Ursachen zu erhalten, die gewollt oder ungewollt zu einer Minderausnutzung der Kapazitäten geführt haben. Die Analyse zeigt nämlich charakteristische Merkmale der Auslastung von Produktiveinheiten ... und bietet damit eine Grundlage für die zukünftige Betriebspolitik". KERN, W.: Die Messung industrieller Fertigungskapazitäten, a.a.O., S. 137f.

[292] Vgl. OPITZ, H., ROHS, H.: Die Ausnutzung von Werkzeugmaschinen, in: Werkstatttechnik, 49. Jg. (1959), H. 9, S. 490—497; WENZEL, H., GLÖCKNER, W.: Kenngrößen für die Ausnutzung von Fertigungsanlagen, a.a.O., S. 168.

1. die leistungsmäßige Nutzung η_{TL}

2. die intensitätsmäßige Nutzung η_{T_i} und

3. die zeitmäßige Nutzung η_z

<u>Zu 1.</u>Die leistungsmäßige Nutzung soll als Verhältnis der Hauptnutzungszeit bei Vollauslastung und der Hauptnutzungszeit definiert werden.

$$\eta_{TL} = \frac{t_{ho}}{t_h}$$

Jedes Fertigungssystem ist aufgrund seiner Bauweise und der Leistung des Antriebsaggregats für eine bestimmte Leistung ausgelegt, die in der Regel nicht ausgenutzt wird[293]). Die Erhöhung der ausgenutzten Leistung z.B. durch Adaptiv-Control-Systeme und/oder gleichzeitigen Einsatz mehrerer Werkzeuge[294]) bewirkt eine Verkürzung der Hauptzeiten je Einheit. Die Vorgabe eines Grenzwertes $\eta_{TL} \geq \eta_{TL\,grenz}$ für eine repräsentative Fertigungsaufgabe macht die alternativen Systemkonfigurationen in diesem Punkt vergleichbar[295]).

Der Zwang zur Steigerung der leistungmäßigen Nutzung wird besonders deutlich, wenn man die unterschiedlichen Preisentwicklungen der einzelnen Einsatzfaktoren berücksichtigt. Soll für jeden Prozeß die Minimalkostensituation erreicht werden, so ist z.B. bei steigenden Betriebsmittelkosten und/oder Löhnen die Einsatzintensität der Werkzeuge so lange zu erhöhen, bis die Verringerung anteiliger Systemkosten bzw. Lohnkosten pro Stück durch steigende anteilige Werkzeugkosten ausgeglichen wird.

<u>Zu 2.</u>Die unterschiedliche Auslastung des Fertigungssystems bei unveränderter Nutzungszeit soll hier als „intensitätsmäßige Nutzung" bezeichnet werden. Dabei ist vorausgesetzt, daß die Hauptnutzungszeit aufgrund technischer Überlegungen konstant gehalten werden muß[296]). Durch organisatorische und technische Maßnahmen (z.B. Voreinstellung der Werkzeuge und Aufspannung der Werkstücke außerhalb der Fertigungssysteme sowie Einsatz von Werkstück- und Werkzeugwechselsystemen) wird außerdem die Reduzierung der Nebennutzungszeit (insbesondere der Rüst-, Neben- und Verteilzeiten) durch eine „intensitätsmäßige Anpassung"[297]) angestrebt.

---

[293]) Vgl. OPITZ, H., ROHS, H.: Die Ausnutzung der Werkzeugmaschinen, a.a.O., S. 492. Opitz und Rohs definieren als leistungsmäßige Auslastung das Verhältnis der abzugebenden Leistung zur installierten Leistung.

[294]) Vgl. zu den Beeinflussungsmöglichkeiten der Hauptnutzungszeit WEBER, H.J.: Fertigungsverfahren aus betriebswirtschaftlicher Sicht, a.a.O., S. 118—128.

[295]) Sollen Fertigungssysteme in Fertigungslinien mit einem festen Arbeitsrhythmus zum Einsatz kommen, kann die Manipulationsfähigkeit der Hauptzeit ein entscheidendes Kriterium für die prozessuale Eignung sein.

[296]) Z.B. lassen sich bestimmte Oberflächen nur mit bestimmten Schnittgeschwindigkeiten erzielen. Die Rechenzeit der informationsverarbeitenden Subsysteme ist ebenfalls konstant.

[297]) Vgl. zum Begriff GUTENBERG, E.: Die Produktion, a.a.O., S. 355.

Die intensitätsmäßige Nutzung soll hier als Verhältnis der Hauptzeit zur geplanten Nutzungszeit

$$\eta_{Ti} = \frac{t_h}{T_{NP}}$$

definiert werden. Wird die Höhe der geforderten intensitätsmäßigen Nutzung als untere Grenze vorgegeben $\eta_{Ti} \geqq \eta_{Ti\,grenz}$, so müssen die technologischen und konstruktiven Voraussetzung zu ihrer Einhaltung bei den einzelnen Handlungsalternativen geprüft und durch Hinzufügen von Subsystemen, bzw. durch Einleitung von organisatorischen Maßnahmen vergleichbar gemacht werden[298]).

<u>Zu 3.</u>Die zeitmäßige Nutzung soll hier als Verhältnis von geplanter Nutzungszeit T_{NP} und Bereitschaftszeit T_{BB} definiert werden.

$$\eta_z = \frac{T_{NP}}{T_{BB}} = \frac{\Sigma t_h + \Sigma t_n}{T_{BB}}$$

Diese Gliederungszahl gibt an, inwieweit ein System geeignet ist, sich zeitlich an veränderte Beschäftigungslagen anzupassen[299]), in dem aufgrund bestimmter Systemkonfigurationen ein großer Prozentsatz der Bereitschaftszeit in Nutzungszeit überführt werden kann. Die zeitliche Anpassungsfähigkeit wird bei jeder Alternative unterschiedlich sein[300]), eine Vergleichbarkeit ist deshalb nur gegeben, wenn eine untere Grenze $\eta_z \geqq \eta_{z\,grenz}$ überschritten ist. Alle alternativen Systemkonfigurationen, die diesen Wert nicht erreichen, müssen durch geeignete Aktivitäten vergleichbar gemacht werden. Diese beziehen sich einmal auf die Erreichung der geplanten Nutzungszeit und zum anderen auf die Reduzierung der Nutzungsunterbrechungszeit. Letztere wird durch organisatorische Maßnahmen im Produktionsbereich (z.B. geeigneter Wartungs- und Reparaturdienst, Organisationsform der Fertigung) und durch die Bereitstellung des Faktors Arbeit determiniert. Die Aufwendungen hierfür sind im Kostenmodell zu erfassen. Die Erreichung der geplanten Nutzungszeit bei den alternativen Systemkonfigurationen erfordert in der Regel geeignete Lager- und Transportsysteme. Das Hinzufügen solcher Systeme führt zu einem höheren Kapitaleinsatz.

Die Zeit der Außerbetriebnahme und die Ruhezeit (z.B. Ein-Schicht oder Zwei-Schicht-Betrieb, Arbeit an Feiertagen und in der Urlaubszeit) sind rein dispositionsbedingt und üben

---

[298]) Vgl. S. 112 dieser Arbeit.

[299]) Vgl. zur zeitlichen Anpassung GUTENBERG, E.: Die Produktion, a.a.O., S. 356.

[300]) Diese zeitliche Ausnutzung wurde in einigen Untersuchungen überschlägig ermittelt. Es ergaben sich für die handbediente Drehmaschine (Universaldrehmaschine, Revolverdrehmaschine) Werte zwischen 0,2 und 0,4. Für ein numerisch gesteuertes System mit den gleichen technologischen Bedingungen ergaben sich Werte zwischen 0,6 und 0,8. Diese Schwankungen der Werte sind im wesentlichen auf den unterschiedlichen Schwierigkeitsgrad der Werkstücke zurückzuführen. Vgl. dazu OPITZ, H., ROHS, H.G.: Die Auslastung von Werkzeugmaschinen, a.a.O. Diese Zahlen werden auch durch die empirische Erhebung von Freudhofer bei 36 Unternehmen bestätigt. Vgl. FREUDHOFER, F.: Der Einfluß organisatorischer und wirtschaftlicher Kenngrößen ..., a.a.O., S. 167.

keinen direkten Einfluß[301]) auf die Gestaltung der alternativen Systemkonfigurationen aus; sie bleiben deshalb außer Betracht.

Die leistungsmäßige, intensitätsmäßige und zeitmäßige Nutzung lassen sich multiplikativ zum effektiven quantitativen Nutzungsgrad η_{eff} eines Fertigungssystems verknüpfen.

$$\eta_{eff} = \eta_{TL} \cdot \eta_{T\iota} \cdot \eta_z$$

Setzt man die Zeitelemente der Teilnutzungsgrade ein, so ergibt sich

$$\eta_{eff} = \frac{t_{ho}}{t_h} \cdot \frac{t_h}{T_{NP}} \cdot \frac{T_{NP}}{T_{BB}} = \frac{t_{ho}}{T_{BB}}$$

Als Ziel könnte bei der technischen Systemgestaltung die Maximierung des effektiven Nutzungsgrades unterstellt werden:

$$\eta_{eff} = \frac{t_{ho}}{T_{BB}} \longrightarrow Max$$

Eine derartige Maximalanforderung kann aber bei einer ökonomischen Systemgestaltung nicht sinnvoll sein, weil damit nur aufgrund technischer Kriterien der Lösungsraum zu stark eingeengt wird.

Bei der Aufspaltung des effektiven Nutzungsgrades wurde das Ziel verfolgt, die damit im einzelnen angesprochenen Aktionsparameter besser zu übersehen. In Verbindung mit den Mindestanforderungen kann eine detaillierte Planung und eine eingehendere Analyse des Fertigungssystems hinsichtlich der tatsächlichen Nutzung seines Eignungspotentials erfolgen. Durch Sensitivitätsüberlegungen[302]) in Verbindung mit Kostengrößen und dem notwendigen Kapitaleinsatz lassen sich nun geeignete Parameter für optimal angepaßte Systemkonfigurationen ermitteln.

4.32132 Die qualitative Nutzung

Bei der technischen Eignungsanalyse alternativer numerisch gesteuerter Fertigungssysteme muß von wechselnden Fertigungsaufgaben ausgegangen werden. Dies bedeutet, daß das Eignungspotential dieser Systeme mit den realisierten und im Augenblick in Anspruch genom-

---

[301]) Wenn z.B. an eine Verkürzung der Ruhezeit durch Überstunden oder eine zusätzliche Schicht gedacht ist, dann werden z.B. indirekte Einflüsse, die aus der Verfügbarkeit von Mitarbeitern resultieren, wirksam. Diese indirekten Einflüsse können dazu fuhren, daß Fertigungssysteme mit einem höheren Automatisierungsgrad eingesetzt werden.

[302]) Durch Variation der einzelnen Einflußgrößen (z.B. Hauptzeit und Nebenzeit) kann die Empfindlichkeit der effektiven quantitativen Nutzung geprüft werden. Werden nun die ökonomischen Werte, die die Veränderung der Parameter nach sich ziehen, mit ins Kalkul gezogen, lassen sich Aussagen über die wirtschaftlich geeignete Maßnahme zur Anpassung des Fertigungssystems machen. Vgl. zur Definition von Sensitivitätsanalysen DINKELBACH, W.: Sensitivitätsanalysen und parametrische Programmierung, a.a.O., S. 25ff.

menen Eigenschaften der Fertigungsaufgabe übereinstimmen muß. Darüberhinaus muß das Eignungspotential auch ein latentes, jederzeit realisierbares Eignungspotential umfassen, um zukünftigen Veränderungen der Fertigungsaufgaben zu entsprechen.

Da die aus dem zusätzlich zu installierenden qualitativen Eignungspotential resultierende Anpassungsfähigkeit nicht Selbstzweck ist, sondern überhaupt erst eine Reaktion auf Datenänderungen ermöglicht, und Datenänderungen nicht auszuschließen sind, ist der bei wechselnden Umweltbedingungen zu erzielende Erfolg für die Beurteilung der Anpassungsfähigkeit einer bestimmten Handlungsalternative von Bedeutung. Eine Messung des qualitativen Eignungspotentials mit technischen Größen ist somit kaum möglich, es müssen vielmehr Wertgrößen in die Betrachtung einbezogen werden. Ein Vergleich der Handlungsalternativen hinsichtlich der Zielerreichung bei alternativen Absatzentwicklungen muß Klarheit über das zu installierende technische Leistungsvermögen in einem Fertigungssystem bzw. im gesamten Produktionspotential bringen, wobei die Zielerreichung die Nachteile einer unterbliebenen Anpassung an wechselnde Fertigungsaufgaben mit berücksichtigt.

Da eine exakte Fassung dieses Sachverhalts wegen der großen Zahl der Einflußfaktoren nicht praktikabel erscheint, soll hier von Modellbetrachtungen[303]) ausgeganen werden, die tendenziell den Zusammenhang aufhellen und qualitative Schlüsse zur Ableitung von Aussagen über die optimale Elastizität von Fertigungssystemen zulassen. Dazu ist es zunächst erforderlich, die Bestimmungsgründe des qualitativen Eignungspotentials in den informations- und materialverarbeitenden Subsystemen aufzuzeigen.

Das qualitative Eignungspotential ist bei den informationsverarbeitenden Subsystemen hauptsächlich eine Funktion des immateriellen Problemlösungspotentials der Mitarbeiter, im geringeren Maße ist es von der Ausgestaltung der technischen Hilfsmittel (Programmiersysteme) abhängig. Liegen wenig Erfahrungen der Mitarbeiter mit neuen artverschiedenen Aufgaben vor, und stehen nur wenige Informationen und Programme zur Verfügung, wird der Lösungsprozeß einen längeren Zeitraum beanspruchen, das Subsystem arbeitet mit einer geringen zeitlichen Elastizität, wodurch wieder negative Auswirkungen auf die quantitative Kapazität ausgehen. Aussagen zur Höhe des erforderlichen Problemlösungspotentials lassen sich mangels geeigneter Maßstäbe kaum machen.

Die erforderlichen technisch-qualitativen Eigenschaften der materialverarbeitenden Subsysteme eines Fertigungssystems für den Aufbau eines jederzeit realisierbaren Eignungspotentials umfassen dagegen eine Vielzahl heterogener Markmale, deren einheitliche Kennzeichnung und Bewertung sehr problematisch ist. Generell kann zwischen Eigenschaften mit „gradueller Charakteristik" und Eigenschaften mit „alternativer Charakteristik"[304]) unterschieden werden. Merkmale mit gradueller Charakteristik können jeden beliebigen Wert zwischen einem Maximal- und Minimalwert annehmen, während Merkmale mit alternativer Charakteristik „nur eine begrenzte Zahl diskreter Ausprägungen haben"[305]). Die räumlichen genauig-

---

303) Einen umfassenden Überblick liefert RIEBEL, P.: Die Elastizitat des Betriebes, a.a.O., S. 84 ff.
304) Vgl. zu den Begriffen ROPOHL, G.: Flexible Fertigungssysteme, a.a.O., S. 95.
305) Ebenda, S. 95.

keitsmäßigen Merkmale[306]), die durch die konstruktive Eigenart der Systeme determiniert werden und vom Anwender kaum zu beeinflussen sind, gehören zur Kategorie der Merkmale mit gradueller Charakteristik.

Als Beispiel für Merkmale mit alternativer Charakteristik lassen sich die verschiedenen Drehzahlen eines Schaltgetriebes oder die alternativ zu verwendenden Bearbeitungsarten in einem numerisch gesteuerten Bearbeitungszentrum anführen. Diese Merkmale werden mit unterschiedlicher Häufigkeit im Zeitablauf genutzt. Ein Vielzwecksystem kann also einrichtungsmäßig nie voll ausgelastet sein.

Insgesamt wird eine maximale Auslastung des technischen Leistungsvermögens bei wechselnden Fertigungsaufgaben nicht möglich sein, es entstehen Leerkosten für nicht genutzte technische Eigenschaften[307]). Auch führt der Wechsel der Fertigungsaufgaben in jedem Fall zu einer Erhöhung der Rüstzeiten und damit zu einer Verringerung der intensitätsmäßigen Nutzung, was wiederum eine Senkung des quantitativen Leistungsvermögens zur Folge hat. Diese „Antinomie der Kapazitätsauslastung"[308]) erfordert deshalb ein Abwägen zwischen dem zu installierenden qualitativen Eignungspotential und wirtschaftlicher Produktion.

Das Kriterium für die Vorteilhaftigkeit des technisch zu installierenden Anpassungspotentials ist in erster Linie in seinen Wirkungen auf die Produktionskosten in Abhängigkeit von der Zahl der Wechsel zu suchen[309]). Ausgangspunkt der dazu erforderlichen Kostenanalyse sind die Ausführungen zum Eignungspotential numerisch gesteuerter Fertigungssysteme in Kapitel 2.221.

Die Bereitstellung des gesamten Eignungspotentials numerisch gesteuerter Fertigungssysteme erfordert zeitliche, materielle und finanzielle Aufwendungen bzw. Kosten. Analog zur Unterteilung des Vorbereitungsgrades in einen allgemeinen Teil, der zur Erstellung der gesamten Fertigungsaufgaben notwendig ist, und in einen speziellen Teil, der ausschließlich auf die Erstellung einer Fertigungsaufgabe gerichtet ist, kann der Aufwand in einen allgemeinen und in einen speziellen Teil getrennt werden[310]). Die materiellen und finanziellen aufwandsverursachenden Faktoren des Vorbereitungsgrades stehen dabei im Vordergrund des Interesses[311]).

Der Faktorverbrauch für die Bereitstellung des allgemeinen Vorbereitungsgrades eines numerisch gesteuerten Fertigungssystems ist unabhängig von der Art und Weise seiner Inanpruch-

---

[306]) Vgl. zu diesen Merkmalen und ihrer Ausnutzung OPITZ, H., ROHS, H.: Die Ausnutzung von Werkzeugmaschinen, a.a.O., S. 493ff.

[307]) Die „Nichtausnutzung der qualitativen Kapazität wirkt sich kostenmäßig ähnlich aus wie die Nichtausnutzung der quantitativen Kapazität". GUTENBERG, E.: Die Produktion, a.a.O., S. 77.

[308]) Vgl. KERN, W.: Die Messung industrieller Fertigungskapazitaten ..., a.a.O., S. 58.

[309]) Vgl. RIEBEL, P.: Die Elastizitat des Betriebes, a.a.O., S. 98.

[310]) Vgl. hierzu S. 176f. dieser Arbeit.

[311]) Vgl. zum zeitlichen Aspekt des Vorbereitungsgrades bei Investitionsüberlegungen ELLINGER, T.: Die Marktperiode ..., a.a.O., S. 592ff.

nahme, d.h. er verursacht absolut fixe Kosten[312]). Die Faktorverbräuche für den speziellen Vorbereitungsgrad umfassen die Werte, die zur Anpassung des Fertigungssystems an wechselnde Fertigungsaufgaben, benötigt werden. Ein Wechsel kann durch veränderte Fertigungsaufgaben, unabhängig von der Anzahl der wiederholten Auflegung dieser Aufgabe, und durch die Bearbeitung verschiedener Lose[313]) beeinflußt werden. Der spezielle Vorbereitungsgrad läßt sich demnach in einen aufgaben- und losfixen Teil[314]) analog zur Unterteilung der Kostengliederung[315]), in Vorbereitungskosten und Auftragswiederholkosten unterteilen.

Die Kosten für den allgemeinen Vorbereitungsgrad hängen z.B. von den Zinskosten auf das eingesetzte Kapital, der wirtschaftlichen Nutzungsdauer des Vorbereitungsgrades, den Raumkosten, gewissen Personalkosten und den Wartungs- und Instandhaltungskosten ab[316]).

Der spezielle Vorbereitungsgrad wird dann durch die Zusatzausrüstungen (hierunter sollen alle Faktoren fallen, die bei den Vorbereitungskosten angeführt wurden) und die „Einrichtungen"[317]) determiniert, die zur Bewältigung eines Wechsels der Fertigungsaufgabe anfallen. Ein Teil des speziellen Vorbereitungsgrades (z.B. Steuerungsprogramm) kann bei wiederholter Auflegung einer Fertigungsaufgabe wieder genutzt werden, so daß er für eine Fertigungsaufgabe nur einmal anfällt[318]).

Für die Bereitstellung der Kapazität eines numerisch gesteuerten Fertigungssystems ergibt sich somit folgende Gleichung:

$$K_{ges} = K_{allg} + K_{spez}$$

312) „Kosten, die die Aufrechterhaltung einer bestimmten Betriebsbereitschaft verursacht, sind fixe Kosten. Sie sind von der Inanspruchnahme der betrieblichen Anlage unabhängig und entstehen ohne Rücksicht auf die Art und Weise, in der sich ein Unternehmen an Beschäftigungsschwankungen anpaßt". GUTENBERG, E.: Die Produktion, a.a.O., S. 348.

313) Das an dieser Stelle gebräuchlichere Wort „Serie" soll hier aus Gründen der terminologischen Klarheit nicht Verwendung finden. Ein Los kann neben gleichen Teilen auch aus einer Teilefamilie mit ablaufgleichen Werkstücken bestehen.

314) So auch ROPOHL, G.: Flexible Fertigungssysteme, a.a.O., S. 79.

315) Vgl. S. 229 dieser Arbeit.

316) Vgl. GUTENBERG, E.: Die Produktion, a.a.O., S. 348.

317) Unter Einrichtung soll hier ein Zustand verstanden werden, der einen bestimmten Ausgangszustand des Fertigungssystems herstellt, d.h. die Einrichtung umfaßt die Arbeiten, die durch Einstellen bzw. Umstellen des Fertigungssystems für eine neue Fertigungsaufgabe anfallen. Dabei werden die Zeit zur Erstellung der Einrichtung und die Höhe der Kosten der Einrichtung von der Reihenfolge und der Schwierigkeit der Fertigungsaufgabe selbst abhängen. Vgl. zum Begriff ELLINGER, T.: Ablaufplanung, a.a.O., S. 34.

318) Der spezielle Vorbereitungsgrad, wie er z.B. im Steuerlochstreifen gespeichert ist, unterliegt vor allem der Abnutzung durch technischen Fortschritt. Durch verbesserte Schneidstoffe kann z.B. eine höhere Schnittgeschwindigkeit möglich werden, das Programm sollte dann neu geschrieben werden.

K_{ges} = Gesamtkosten für die Kapazitätseinheit numerisch gesteuerter Fertigungssysteme (DM/Periode)

K_{allg} = Kosten für den allgemeinen Vorbereitungsgrad

K_{allg} = f (Kapitaleinsatz und der Nutzungsdauer)

K_{spez} = Kosten für den speziellen Vorbereitungsgrad

K_{spez} = $K_{aufgabenfix} + K_{losfix}$

$K_{aufgabenfix}$ = Vorbereitungskosten

K_{losfix} = Auftragswiederholkosten

a = Anzahl der Fertigungsaufgaben pro Periode

S = Gesamtzahl der Lose pro Periode

Die Elemente der Gleichung und ihr Zusammenhang werden in folgender Abb. 24[319]) zusammengefaßt.

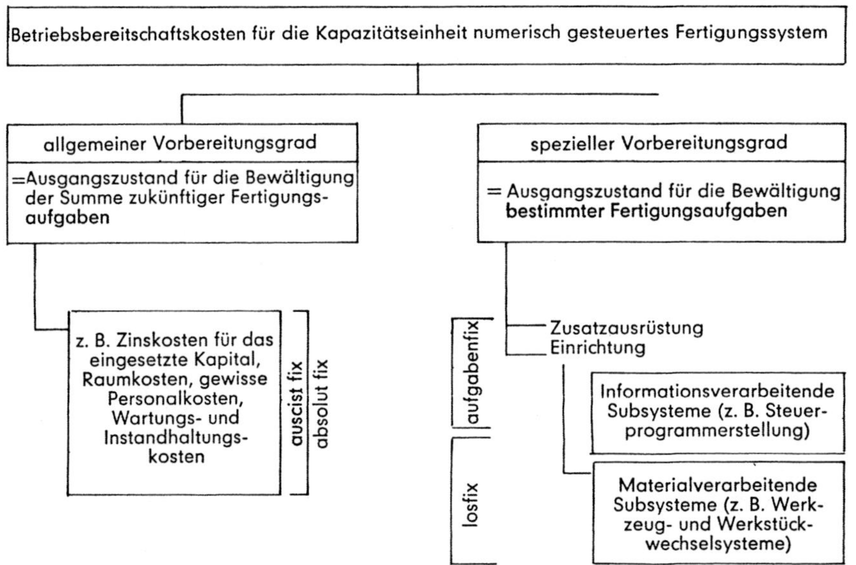

Abbildung 24
Aufwand für die Kapazitätseinheit numerisch gesteuerter Fertigungssysteme[320])

Die Anzahl, Häufigkeit und Schwierigkeit der zu vollziehenden Wechsel stellt die Variable dar, von der die Höhe der absolut-, los- und aufgabenfixen Kosten abhängt. Das Verhältnis dieser Kostenteile untereinander, in Verbindung mit den organisatorischen Randbedingun-

---

[319]) Vgl. zur Einteilung ELLINGER, T.: Industrielle Einzelfertigung und Vorbereitungsgrad, a.a.O.; zur Darstellung vgl. auch ROPOHL, G.: Flexible Fertigungssysteme, a.a.O., S. 79.

[320]) Mit der Kennzeichnung des Fertigungssystems als Kapazitätseinheit soll deutlich gemacht werden, daß nur ein Fertigungssystem als Ganzes eine Leistung im vollen Umfang erbringen kann. Vgl. zum Begriff SCHNEIDER, D.: Investition und Finanzierung, a.a.O., S. 262f.

gen, bestimmt die Höhe der Umstellkosten je Wechsel. Hohe Umstellkosten begrenzen aber eine technisch mögliche Anpassungsfähigkeit.

Wegen der Komplexität der Einflußgrößen und der Streubreite der zu schätzenden Parameter kann es sich bei der Festlegung dieser Größen für ein konkretes Fertigungssystem nur um eine subjektive Schätzung der Angemessenheit der Anpassungspotentiale handeln, zumal dadurch auch entscheidend die variablen bzw. zeitproportionalen Kosten beeinflußt werden. Tendenzielle Aussagen über die Höhe der einzelnen Kostenkomponenten lassen sich durch die Betrachtung der Extremwerte der industriellen Wechselproduktion, der industriellen Einzelfertigung und der Großserien- bzw. Massenfertigung gewinnen.

Bei der industriellen Einzelfertigung, die im Extrem mit dauernden Wechseln konfrontiert wird, kann als Ziel die Minimierung der Umstellkosten unterstellt werden. Um dieses Ziel zu erreichen, sollte der allgemeine Vorbereitungsgrad eines Fertigungssystems so ausgestaltet sein, daß die zusätzlichen Kosten für die Anpassung des Systems minimal sind. Dies müßte dazu führen, daß das materialverarbeitende System eine Vielzahl technisch-qualitativer Eigenschaften enthält[321].

Diese Aussage deutet auf eine diametrale Tendenz zu Schmalenbachs am damaligen Stand der Technik getroffene Aussage, daß „in der Regel eine technisch weniger vollkommene Anlage für den (Sorten-) wechsel günstig" ist[322].

Beim anderen Extrem der industriellen Wechselfertigung, z.B. der Großserienfertigung, steht als Ziel der kostenoptimale Fertigungsvollzug im Vordergrund, d.h. die Minimierung der variablen bzw. zeitproportionalen Kosten durch Reduzierung der Bearbeitungszeiten. Die Kosten für eine möglichst genaue Anpassung des Systems an die Fertigungsaufgabe werden hier tendenziell höher sein als bei der Einzelfertigung.

Die differenzierte Betrachtung der fixen Kosten eines Fertigungssystems liefert die ersten Anhaltspunkte für die Dimensionierung eines jederzeit realisierbaren Eignungspotentials. Die relative Höhe der einzelnen Fixkostenblöcke erlaubt darüberhinaus eine fundierte Abschätzung der Alternativen in Abhängigkeit von den zu erwartenden Fertigungsaufgaben. Um aber Aussagen über die technische Güte des zusätzlichen zu installierenden Eignungspotentials zu gewinnen, sind die durch diese fixen Kosten beeinflußten proportionalen oder variablen Kosten in die Betrachtung einzubeziehen. Der gesamte Fixkostenblock für die Kapazitätseinheit numerisch gesteuerter Fertigungssysteme läßt sich bei einer angenommenen Entschei-

---

[321] Vgl. z.B. numerisch gesteuerte Bearbeitungszentren, die in jedem Fall höhere absolut-fixe Kosten verursachen. Gerade dieser Fall trifft in der Regel bei numerisch gesteuerten Fertigungssystemen zu. Da die losfixen Kosten z.T. in den der Fertigung vorgelagerten Bereichen anfallen, sind die Auftragswiederholkosten im Verhältnis zu konventionellen Alternativen (z.B. nocken- oder kurvengesteuerten Systemen) erheblich niedriger. Die Größe der Lose und die Anzahl der Wiederholungen ist somit bei numerisch gesteuerten Fertigungssystemen weniger entscheidend als bei konventionellen Systemen. Die Anpassung der Fertigungssysteme an die erforderliche Produktionsmenge und -art wird dadurch um so leichter.

[322] SCHMALENBACH, E.: Kostenrechnung und Preispolitik, 7. Aufl., Koln-Opladen 1956, S. 125.

dung für eine Alternative als unabhängige Variable in beeinflussende Kosten und in beein-
flußte (bearbeitungszeitabhängige) Kosten je Produktionseinheit [323]) teilen.

Für einen bestimmten Bereich, der entscheidend von der gewählten Systemkonfiguration abhängt, kann von einer peripheren Substitution [324]) von beeinflußten durch beeinflussende
Kosten ausgegangen werden [325]). Diese Beziehung ist Voraussetzung für jede Rationalisierungsinvestition und braucht nicht gesondert bewiesen zu werden. Produktionstechnisch bedeutet dies, daß sich die „Relation zwischen den produktiven Faktoren verschiebt" [326]), d.h.
die Fertigung wird von einem Prozeß auf den anderen verlagert. Ziel der Überlegungen ist es
nun, ein Maß zu finden, um die Vorteilhaftigkeit des Übergangs von einer bestimmten Systemkonfiguration zu einer anderen beurteilen zu können [327]). Hierzu wird von Haussmann [328]) vorgeschlagen, das Ausmaß der Erfolgsänderung einer Investition in Beziehung
zum Aufwand für die Investition, gemessen in Kosten, zu setzen und dieses Maß als Wirkungsgrad der Investition (e) zu bezeichnen.

$$e = \frac{\text{Erfolg einer Investition}}{\text{Aufwand für die Investition}}$$

$$e = \frac{\text{Änderung der beeinflußbaren Kosten}}{\text{Änderung der beeinflussenden Kosten}}$$

Bezeichnet man die beeinflußbaren Kosten eines Systems mit F_1 und die beeinflussenden Kosten mit J_1, die Kosten des zu vergleichenden Systems mit F_2 und J_2, so ergibt sich

$$e = \frac{F_1 / F_2}{J_2 / J_1}$$

Bei der von Haussmann vorgenommenen Auswertung von Wirtschaftlichkeitsuntersuchun-
gen der Praxis lag dieser Wert in 90% aller Fälle zwischen 0,4 und 2,5.

$$0,4 \leqslant e \leqslant 2,5$$

---

[323]) Vgl. zu diesem Ansatz HAUSSMANN, U.: Zur Auswahl kostenoptimaler Fertigungsverfahren durch
kritisches Beurteilen und gezieltes Planen von Rationalisierungsinvestitionen, Diss. Braunschweig, 1970,
S. 17ff. Die beeinflussenden Kosten beinhalten alle Kosten, die zur Rationalisierung erhöht werden müssen, die beeinflußten Kosten sind dann die Kostenbestandteile, die dadurch verringert werden (vgl. ebenda, S. 76). Generell läßt sich sagen, daß die beeinflussenden Kosten alle Kostenelemente umfassen, die zur
Vorbereitung einer Effizienzsteigerung anfallen.
[324]) Vgl. zum Begriff GUTENBERG, E.: Die Produktion, a.a.O., S. 312.
[325]) Wird eine Handlungsalternative gewählt, bei der keine Subsysteme baukastenartig hinzugefügt werden können, ist eine „periphere Substitution" nicht möglich. Hier kann nur die Wahl eines anderen Fertigungssystems die Verhältnisse zwischen beeinflussenden und beeinflußbaren Kosten ändern; es erfolgt
auch hier eine quantitative Anpassung.
[326]) GUTENBERG, E.: Die Produktion, a.a.O., S. 396.
[327]) Wir haben bereits ausgeführt, daß in jedem Fertigungssystem ein ganz bestimmtes Fertigungsverfahren verwirklicht ist.
[328]) Vgl. HAUSSMANN, U.: Zur Auswahl kostenoptimaler Fertigungsverfahren ..., a.a.O., S. 51.

Je größer der Wert e ist, um so vorteilhafter wäre demnach eine Alternative. Der geometrische Mittelwert der ausgewerteten Stichprobe lag bei $\bar{e}_G = 0{,}9954$, für besonders vorteilhafte Investitionen bei $\bar{e}_G = 1{,}55$ [329]). Die Werte F und J hängen von der gewählten Alternative ab, das Maß kann demnach als ein Indikator für die technische Effizienz der einzelnen Systemkonfigurationen angesehen werden.

Folgt man diesem Ansatz [330]) hätte der Entscheidungsträger eine untere Grenze, etwa

$$e \text{ grenz} \geq 0{,}5$$

vorzugeben und alle Alternativen, die diese Bedingung erfüllen, nicht aus dem zulässigen Lösungsraum zu eliminieren oder durch Hinzufügen oder Weglassen von Subsystemen der Restriktion anzupassen.

Haussmann stellt bei seinen Untersuchungen weiter fest, daß der Wirkungsgrad einer Investition abnimmt, je höher die Mehrinvestition wird (Abb. 25 [331])).

J_2 / J_1	e_G
0,63 ... 1,0	2,640
1,0 ... 1,6	1,627
1,6 ... 2,5	0,945
2,5 ... 4,0	0,826
4,0 ... 6,5	0,760
6,5 ... 10,0	0,438
10,0 ... 16,0	0,453

Abbildung 25
Abhängigkeit des mittleren Wirkungsgrades von der Mehrinvestition

Da bei numerisch gesteuerten Fertigungssystemen mit einer Steigerung des Kapitalaufwandes bis zum fünffachen gegenüber konventionellen Alternativen zu rechnen ist [332]), erscheint eine eingehende Analyse des Wirkungsgrades sinnvoll. Schon bei einem Verhältnis von $F_2 / J_1 > 2{,}5$ liegt der mittelbare Wirkungsgrad unter 1. Bei Alternativen mit diesen Kennzahlen muß überproportional mehr Kapital aufgewendet werden, um die fertigungszeitabhängigen Kosten zu reduzieren. Auch an diesen Zahlen zeigt sich, daß eine Rechtfertigung für den Einsatz numerisch gesteuerter Fertigungssysteme nicht allein auf Kostenreduzierung beruhen kann.

[329]) Vgl. HAUSSMANN, U.: ebenda, S. 57.

[330]) Stehen mehrere alternative Systemkonfigurationen mit alternativen Bearbeitungsarten zur Bewertung an, schlägt Haussmann einen speziellen Ansatz vor (vgl. HAUSSMANN, U.: Zur Auswahl kostenoptimaler Fertigungsverfahren..., S. 51ff.). Dieser umfaßt den oben gekennzeichneten Ansatz als Spezialfall. Wegen der Vielzahl der zu dieser Modellvorstellung fuhrenden Annahme (z.B. hinsichtlich des Kostenverlaufes; Substitutionalität (zwischen J und F) und der Schwierigkeiten bei der Ermittlung dazu erforderlicher unternehmensspezifischer Großen sei auf eine Wiedergabe verzichtet, zumal der zusätzliche Informationswert gering erscheint.

[331]) HAUSSMANN, U.: ebenda, S. 58.

[332]) Vgl. HEROLD, H.H., MASSBERG, W., STUTE: G.: Die numerische Steuerung..., a.a.O., S. 286.

Das Eignungspotential für die Anpassung an Datenänderungen muß ebenfalls berücksichtigt werden. Bei Änderung der Fertigungsaufgabe ist beim Einsatz eines qualitativ elastischen, aber teuren Fertigungssystems auf zwei Effekte hinzuweisen: In dem Bereich, in dem die Umstellung eines Systems sinnvoll ist, ergeben sich geringere Umstellkosten; gleichzeitig erweitert sich der Bereich für eine vorteilhafte Anpassung[333]).

Bei kleinen Investitionen $J_2 / J_1 \leqslant 1{,}6$ beträgt der mittlere Wirkungsgrad $\bar{e}_G = 1{,}73$[334]), er ist also besonders günstig. Dieser Indikator weist insbesondere auf die Verbesserung bestehender Fertigungssysteme durch Hinzufügen von kleineren Subsystemen (z.B. Werkzeugwechsel-, Werkstückwechselsysteme, Späneförderer) hin. Auf jeden Fall aber werden bei der Ermittlung der zulässigen Handlungsalternativen auch solche Systeme in die Alternativsuche einzubeziehen sein, die durch kapazitätserweiternde Subsysteme in der Lage sind, die Fertigungsaufgabe zu lösen.

Durch die Ermittlung eines Wirkungsgrades der einzelnen Alternativen im Vergleich zu einer anderen Alternative (tatsächliche oder fiktive) wird der Entscheidungsträger in die Lage versetzt, die Einsparung an fertigungszeitabhängigen Kosten in Abhängigkeit von den einzelnen Systemkonfigurationen zu ermitteln und den daraus resultierenden Kapitalaufwand zu beurteilen. Der Wirkungsgrad ist demnach ein weiterer Indikator für die Dimensionierung des zusätzlich zu installierenden Eignungspotentials numerisch gesteuerter Fertigungssysteme in Abhängigkeit von erwarteten Änderungen der Fertigungsaufgabe.

Liegen nun subjektive Erwartungen (z.B. durch Expertenschätzungen) über die Datenänderungen der Fertigungsaufgabe vor, kann eine ordinale Beurteilung (Alternative A_1 besser A_2 usw.) der Alternativen vorgenommen werden. Diese ist nur mit dem Blick auf das gesamte Produktionspotential sinnvoll durchzuführen. Der gesamte Betriebsmittelbestand sollte sich aus Fertigungssystemen mit hohen Zielerreichungsgraden bei veränderlichen Zukunftslagen und anderen Fertigungssystemen zusammensetzen, deren Vorzug in einer höheren Zielerfüllung bei konstanten Zukunftslagen liegt. Die Ermittlung eines geeigneten Mischungsverhältnisses ist wiederum nur durch Expertenschätzung möglich.

Die Anpassung und Umstellung eines Fertigungssystems benötigt Zeit. Hieraus erwächst die Notwendigkeit, die zeitliche Elastizität mit in die Überlegungen zur Feststellung der Fertigungstechnischen Entsprechung einzubeziehen[335]). Erst die Beachtung der Zeitkomponente gestattet eine nähere Kennzeichnung der Beziehung zwischen Umstellungszeit, Umstellungskosten und Kapitaleinsatz. Tendenziell kann davon ausgegangen werden, daß ein höherer Kapitaleinsatz bei der Grundausstattung numerisch gesteuerter Fertigungssysteme und für die Bereitstellung von Subsystemen für Wechselvorgänge die Umstellungszeitspanne verringert. Im Regelfall gilt auch: Je schneller eine Umstellung in gewissen Grenzen erfolgen soll, desto höher sind die Umstellungskosten und der Kapitaleinsatz. Beide Tendenzen werden stark vom Ausmaß und von der Richtung der erwarteten Änderung beeinflußt. Anders als bei der quantitativen und qualitativen Elastizität sind Angaben über die zeitliche Elastizität

---

[333]) Vgl. zu diesem Effekten MASSE, P.: Investitionskriterien, a.a.O., S. 452.
[334]) Vgl. HAUSSMANN, U.: Zur Auswahl kostenoptimaler Fertigungsverfahren ..., S. 59.
[335]) Vgl. RIEBEL, P.: Die Elastizität des Betriebes, a.a.O., S. 96 ff.

kaum sinnvoll vorzugeben. Festzustellen ist lediglich ein Druck auf die Verkürzung von Umstellungszeiten[336]. Bei numerisch gesteuerten Fertigungssystemen kann im allgemeinen davon ausgegangen werden, daß sie dieser Forderung eher entsprechen als konventionell automatisierte Systeme.

Die zur Feststellung der Zweckeignung durchgeführte Analyse der Merkmale hat zur Formulierung einer Reihe von quantifizierbaren Restriktionen geführt, die den zulässigen Lösungsraum für alternative Fertigungssysteme einengten. Durch die Diskussion der qualitativen Komponenten konnte eine eingehendere Betrachtung der Einflußfaktoren auf die qualitative Kapazität und Elastizität erreicht werden. Nach Durchführung dieser Analyse kann davon ausgegangen werden, daß die verbleibenden alternativen Fertigungssysteme das vorgegebene bzw. ermittelte Sachziel in vorgegebenen Grenzen erfüllen. Eine Prüfung der weiteren Merkmale der integrativen Eignung wird den zulässigen Handlungsraum weiter einengen und die Gebrauchstauglichkeit[337] der Systeme feststellen.

4.322 Einsetzbarkeit

Ein Fertigungssystem ist ein einsetzbarer Produktionsfaktor, wenn es zweckgeeignet, vorhanden, verfügbar und übertragbar ist[338]. Vorhanden ist ein Fertigungssystem dann, wenn es real existiert und sich im Wirkungsbereich der Unternehmung befindet[339]. Wenn darüberhinaus keine rechtlichen und faktischen Sachverhalte den Einsatz des Systems behindern, ist es verfügbar[340]. Da Fertigungssysteme Marktgüter sind, ist die wirtschaftliche Übertragbarkeit immer gewährleistet.

Aus der Forderung nach Vorhandensein und Verfügbarkeit eines Investitionsobjektes ergeben sich die Beschaffungsbedingungen[341] als weitere Einflußfaktoren der Eignung. Diese beziehen sich vorwiegend auf die Lieferfristen, die Hilfestellung des Herstellers bei der Einführung neuer Fertigungssysteme[342], die Ausbildung der Mitarbeiter[343] und die Serviceleistun-

---

[336] Vgl. zu den Gründen Kap. 4.346 dieser Arbeit.

[337] Die Gebrauchstauglichkeit eines Systems bestimmt sich aus seiner Eignung für einen speziellen Verwendungszweck. (Vgl. DIN 66050, Juni 1966). Die Gebrauchstauglichkeit kann nicht mit dem Gebrauchswert gleichgesetzt werden, da dieser ökonomische Größen mit berücksichtigt.

[338] Vgl. KOSIOL, E.: Die Unternehmung als wirtschaftliches Aktionszentrum, a.a.O., S. 106.

[339] Vgl. ebenda, S. 104.

[340] Vgl. ebenda, S. 105.

[341] Vgl. hierzu z.B. MEIER, R.: Planung, Kontrolle und Organisation des Investitionsentscheides, a.a.O., S. 35ff.

[342] Vgl. hierzu die Angaben von zwolf Herstellerfirmen, in N.N.: NC-Ausbildung-Informieren, werben, ausbilden, in: Produktion, März 1972, S. 64—67.

[343] Die Ausbildung der Mitarbeiter, insbesondere der Programmierer und Bedienungsleute, wird entweder von Vereinen (z.B. EXAPT-Verein), von technischen Hoch- und Fachschulen, vor allem aber von den Unternehmen selbst durchgeführt. (Z. B. für Drehmaschinen durch die VDF-Schule e.V.). Vgl. dazu auch GOSSDZIEWSKI, H.: Beratung und Unterstützung — die Software im Werkzeugmaschinenverkauf, in: TZfpM, 63. Jg. (1969), H. 6, S. 339—341.

gen, die in der Anlaufphase auch Softwarehilfen und Werkzeugbereitstellung[344]) umfassen. Hinzu kommen Faktoren, die sich aus der Verletzungsgefahr von Patent- und Schutzrechten, aus der Formschönheit der Fertigungssysteme und aus der Nachlieferung von Subsystemen[345]) ergeben. Als weitere Faktoren können hier noch das Produkt- und Firmenimage angeführt werden, die einen entscheidenden Einfluß auf die Datenbeurteilung der Entscheidungsträger ausüben können. Muß die Einsetzbarkeit numerisch gesteuerter Fertigungssysteme erst durch Maßnahmen des Anwenders hergestellt werden, so führt das zu einem erhöhten Kapitaleinsatz, der gesondert zu erfassen ist[346]). Eine nominale Messung der Merkmale der Einsetzbarkeit erscheint deshalb ausreichend.

4.323 Kompatibilität

Ein einsetzbares Fertigungssystem ist dann mit dem Produktionspotential einer Unternehmung kompatibel, wenn es zweckgeeignet ist und bestimmten Anforderungen an den Input/Output des Systems und an die Systemeigenschaften genügt[347]).

Die Anforderungen an den In- und Output ergeben sich aus der Zwecksetzung des Fertigungssystems und wurden bereits in Kapitel 4.321 angedeutet. Die Inputanforderungen hinsichtlich der Energieanschlüsse, Hilfsstoffe, Verwendbarkeit von Werkstoffen und Werkzeugen sowie die Outputanforderungen, z.B. hinsichtlich der Lagerfähigkeit, Nachbearbeitung und Qualitätskontrolle sind nur nominal zu messen. Zweckmäßig wäre, diese Merkmale als Minimalforderungen zu formulieren, da fast jede Alternative durch geeignete technische Maßnahmen vergleichbar gemacht werden kann[348]), die dann wiederum zu höheren Aufwendungen führen.

Schwieriger zu formulieren sind die Systemeigenschaften, die aus dem aktiven, lokalen und temporalen Wirkungszusammenhang[349]) des Fertigungssystems mit dem betrieblichen Umsystem resultieren. Sie umfassen im wesentlichen die technische Nutzungsdauer, die Verfügbarkeit, die Zuverlässigkeit und die Standorteignung.

---

[344]) Die Bereitstellung von Werkzeugsystemen bezieht sich nicht nur auf die Anlaufphase bei neuen Fertigungssystemen. Dieser Dienstleistungszweig hat bei vielen Herstellern numerisch gesteuerter Fertigungssysteme bereits einen beträchtlichen Umsatzanteil und ist in weiterer Expansion begriffen.

[345]) Dieser Aspekt spielt vor allem dann eine Rolle, wenn ein Anwender nach kurzer Zeit ein zweites Aggregat zu kaufen beabsichtigt, und dies in Spezifikation und technischem Aufbau aus Gründen der Instandhaltung, Werkzeugplanung u.ä. gleich sein soll.

[346]) Vgl. Abb. 31, S. 198.

[347]) Kompatibilität wird in dieser Untersuchung weiter gefaßt als dies z.B. in der Systemtechnik geschieht. Kompatibilität bedeutet dort, „daß ein System vergrößert oder verändert werden kann, ohne die Charakteristiken existierender Einheiten ändern zu müssen". (CHESTNUT, H.: Methoden der System-Entwicklung, a.a.O., S. 19).

[348]) Als Beispiel ließe sich hier die Einrichtung einer Prüfeinheit im System anführen, die die Nachbearbeitung des Output reduzieren könnte.

[349]) Vgl. WEGNER, G.: Systemanalyse und Sachmitteleinsatz..., a.a.O., S. 60ff.

Bei der Bestimmung der Einflußgrößen und Anforderungen an die technische Nutzungsdauer geht es vor allem darum sicherzustellen, daß die aus den speziellen Belangen der Unternehmung resultierenden Ansprüche an die Haltbarkeit eines Fertigungssystems berücksichtigt werden. Die wirtschaftliche Nutzungsdauer umfaßt zumindest die technisch mögliche Betriebsphase eines Fertigungssystems und wird in Kap. 4.332 für konkrete Systeme geschätzt. Die technische Nutzungsdauer muß mindestens diese Phase umfassen, kann aber darüberhinausgehen. Im Hinblick auf die erforderlichen Vorbereitungen zum effizienten Betrieb numerisch gesteuerter Fertigungssysteme sind die Ansprüche zu formulieren, die an den Hersteller von Fertigungssystemen zu richten sind.

Angesichts der sprunghaften Entwicklung auf dem Gebiet der Informationstechnologie und der Leistungsfähigkeit technischer Systeme kommt den Weiterentwicklungsmöglichkeiten eines Systems im Bewertungsprozeß eine exponierte Stellung zu. Als wesentliche Merkmale umfaßt die Weiterentwicklung den Entwicklungsstand („Grad der Modernität" [350]), die Ausbau- und Anpassungsfähigkeit (z.B. mit Hilfe eines Baukastensystems) sowie den Einfluß des Anwenders auf die Weiterentwicklung [351]. Alle Komponenten gelten für einzelne Subsysteme (z.B. Programmiersysteme) wie für das gesamte Fertigungssystem. Eine andere als die nominale Messung dieser Größen ist sehr schwierig, zumal sich die Nichterfüllung der Anforderungen erst bei späteren Erweiterungs- bzw. Rationalisierungsinvestitionen bemerkbar machen kann. Die Weiterentwicklungsmöglichkeiten bestimmen demnach die zeitlich-vertikale Eignung [352] des Fertigungssystems im betrieblichen Umsystem.

Die Reparaturfähigkeit und die Ersatzteilbeschaffung sind als weitere Anforderungsfaktoren zu nennen, die auf die technische Nutzungsdauer wirken. Diese Faktoren dürften in der Regel bei technischen Systemen generell erfüllt sein. Lediglich hinsichtlich der Schnelligkeit ihrer Ausführung sind Unterschiede zu erwarten, da neben die Haltbarkeit noch die Fähigkeit tritt, defekte Elemente schnell zu finden und auszuwechseln, so daß die Leerkosten möglichst gering sind. Diese Aspekte wiederum haben entscheidenden Einfluß auf Verfügbarkeit (availability) und Zuverlässigkeit (reliability [353]) numerisch gesteuerter Fertigungssysteme. Fallen innerhalb der Lebensdauer nur geringe Reparaturen und/oder Wartungsarbeiten an, so hat das System eine große Verfügbarkeit. Die Verfügbarkeit ist u.a. somit über die Einsatzzeit des Systems meßbar [354]. Als Maß hierfür wird in der Kostenwirksamkeitsanalyse folgende kardinal meßbare Größe vorgeschlagen [355]:

---

[350] Vgl. zum Begriff GUTENBERG, E.: Die Produktion, a.a.O., S. 71.

[351] Hier sind auch Risikogesichtspunkte zu berücksichtigen. Umstellungen von einem System auf ein anderes sind häufig mit höheren Aufwendungen verbunden als die Höherentwicklung innerhalb ein und desselben Systems.

[352] Die Begriffsbildung erfolgt in Anlehnung an den von Jacob geprägten Begriff der zeitlich-vertikalen Interdependenz. Vgl. JACOB, H.: Investitionsplanung und Investitionsentscheidung ..., a.a.O., S. 24ff.

[353] Vgl. zu den Begriffen SEILER, K.: Introduction to Systems Cost-Effectiveness, a.a.O., S. 46 und 54.

[354] Die Verfügbarkeit läßt sich auch als Wahrscheinlichkeit dafür bestimmen, daß ein System zu einem zufällig gewählten Zeitpunkt in der Lage ist, die ihm zugewiesene Funktion durchzuführen (pointwise availability).

[355] Vgl. SEILER, K.: Introduction to Systems Cost-Effectiveness, a.a.O., S. 46.

$$A = \frac{T_F}{T_F + T_A} \; , \; 0 \leqslant A \leqslant 1$$

A = Verfügbarkeit (availability)

T_F= durchschnittliche Zeitspanne zwischen zwei Ausfällen

T_A= durchschnittliche Ausfallzeit je Reparatur oder Wartung.

Ist das Fertigungssystem nicht einsatzbereit, so nimmt A den Wert Null an, werden die Reparaturen und Wartungen außerhalb der geplanten Betriebszeit vollzogen, geht A gegen 1. Die Größen T_F und T_A sind durch empirische Daten oder durch Simulation und Modellversuche feststellbar.

Die Zuverlässigkeit (reliability) wird überall dort zu einer wichtigen Systemeigenschaft, wo der Ausfall eines Subsystems oder des gesamten Systems Folgewirkungen im Umsystem hervorruft [356] (z.B. bei der Verkettung von Aggregaten), das System also sehr komplex ist, und die Ausfallkosten sehr hoch sind [357]. Diese Wirkungen werden durch die fortschreitende Automation noch erhöht, da die Ausfallwahrscheinlichkeit des Gesamtsystems multiplikativ mit jedem hinzugefügten Element wächst [358]. Unter der Zuverlässigkeit von technischen Systemen (R) wird die Wahrscheinlichkeit verstanden, mit der das Fertigungssystem eine bestimmte Nutzungszeit ohne Ausfallzeit erreicht [359]. Die Zuverlässigkeit läßt sich ähnlich wie die Verfügbarkeit empirisch bestimmen [360]. Zuverlässigkeit R eines Subsystems:

$$R = 1 - \frac{P}{100}$$

P = mittlerer Ausfallwert in % nach festgelegter Nutzungszeit.

Die Gesamtzuverlässigkeit eines Fertigungssystems ergibt sich aus der Multiplikation der Zuverlässigkeit aller in Reihe geschalteter Subsysteme:

$$R_{ges.} = R_1 \cdot R_2 \cdot \ldots \cdot R_n$$

[356] Vgl. z.B. MÄNNEL, W.: Wirtschaftlichere Fertigung durch Verhütung von Anlagenausfällen, in: ZwF, 64. Jg. (1969), S. 92ff.

[357] Vgl. MAYER, J.: Die Zuverlässigkeit von Systemen, in: Technische Rundschau (1973), Nr. 31, S. 25—31.

[358] Dabei wird unterstellt, daß die Ausfallzeiten der Subsysteme voneinander unabhängig sind und zur Funktionsfähigkeit des Fertigungssystems stets alle Subsysteme notwendig sind. Vgl. z.B. STORMER, H.: Mathematische Theorie der Zuverlässigkeit, Einführung und Anwendungen, München 1970, S. 90 f.

[359] Vgl. SEILER, K.: ebenda, S. 54.

[360] Vgl. zur empirischen Bestimmung der Zuverlässigkeit MUFF, E.: Bestimmung der technischen Zuverlässigkeit aus Umfragen, in: IO, 39. Jg. (1970), Nr. 2, S. 77. Zu der Erfassung von Ausfallwahrscheinlichkeiten bei numerisch gesteuerten Fertigungssystemen, insbesondere NC-Maschinen vgl. HEROLD, H.H., MASSBERG, W., STUTE, G.: Die numerische Steuerung ... ,a.a.O., S. 263ff.; EWALD, R.: Die Zuverlässigkeit von Steuerungen, in: Elektro-Technik, 53. Jg. (1971), Nr. 9, S. 12—15; KUBEIN, J., GOTTSCHALK, F.: Zuverlässigkeitsrechnungen an numerisch gesteuerten Werkzeugmaschinen, in: Fertigungstechnik und Betrieb, 22. Jg. (1972), Nr. 5, S. 277—281; FREUDHOFER, F.: Der Einfluß organisatorischer und wirtschaftlicher Kenngrößen ... , a.a.O., S. 57ff.

Die Zuverlässigkeit ist in den Grenzen 0 < R < 1 kardinal meßbar. Als wesentliche Einflußgrößen auf die Zuverlässigkeit der Systeme sind der „Abnutzungsgrad" und der „Zustand an
Betriebsfähigkeit" zu nennen [361].

Die Ausprägung der Merkmale „Verfügbarkeit" und „Zuverlässigkeit" wirken sich auf die
Merkmale der Zweckeignung von Fertigungssystemen aus. Werden keine Aufwendungen
zum Anlagenerhalt getroffen, so geben diese Indikatoren den allmählichen Leistungsabbau
der Systeme wieder [362]. Dieser Aspekt muß bei den Überlegungen zur wirtschaftlichen Nutzungsdauer Beachtung finden. Unabhängig davon sind aber für konkrete Systeme Grenzwerte zu formulieren, die zu Anforderungen an die technische Nutzungsdauer der Subsysteme und des Gesamtsystems führen.

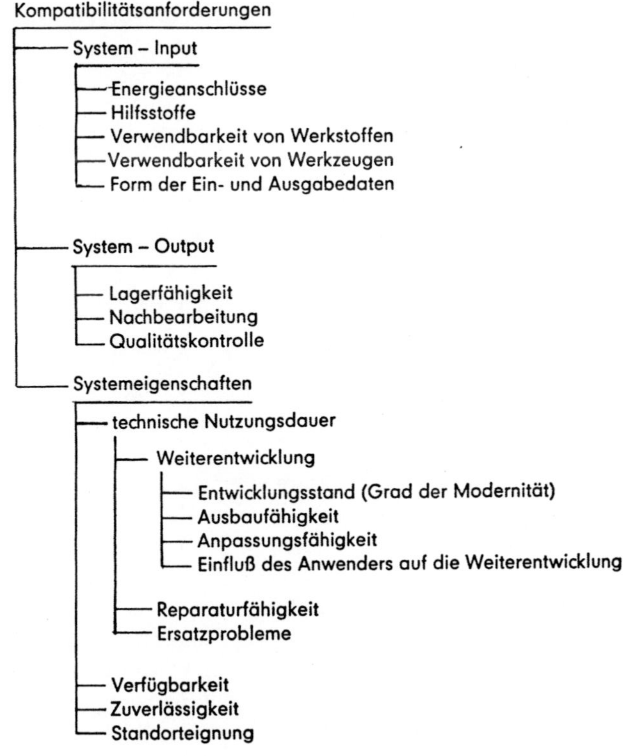

Abbildung 26
Schematische Darstellung der Kompatibilitätsanforderungen

[361]) Vgl. zu den Begriffen GUTENBERG, E.: Die Produktion, a.a.O., S. 71ff.
[362]) Mit den betriebswirtschaftlichen Fragen zur Verschleißbeseitigung und Verschleißhemmung hat sich
Männel eingehend befaßt. Vgl. MÄNNEL, W.: Wirtschaftlichkeitsfragen der Anlagenerhaltung, Wiesbaden 1968.

Da die räumliche Zuordnungsstruktur der Subsysteme zu einem Fertigungssystem und die Einordnung des Fertigungssystems in das Produktionssystem in gewissen Grenzen beeinflußbar sind, ergeben sich daraus weitere Anforderungen an die Standorteignung der Systeme[363]). Als Beispiel seien hier genannt: der Raumbedarf, das Gewicht und erschütterungsfreie oder klimatisierte Aufstellung der Systeme. Eng verknüpft damit ist die Frage nach geeigneten Anschlußstellen für die Energiezufuhr, die Wasser- und Kühlmittelversorgung, die Materialbeschickung sowie die erforderlichen Lagerkapazitäten für Halbfabrikate und Anschlüsse an die Transporteinrichtungen. Insbesondere die erschütterungsfreie Aufstellung der informationsverarbeitenden Subsysteme, die zum Teil in klimatisierten Räumen erfolgen muß, kann für die Standorteignung eines numerisch gesteuerten Fertigungssystems von großem Gewicht sein.

Der sachliche Zusammenhang der Kompatibilitätsanforderungen ist in Abb. 26 schematisch dargestellt.

4.324 Die Messung und Darstellung der technologischen Eignungskriterien

Ziel der durchgeführten technologischen Eignungsanalyse war es, Kriterien für den Einsatz von numerisch gesteuerten Fertigungssystemen aufzuzeigen, die

1. eine optimale Anpassung der Systeme an die betriebsspezifischen Verhältnisse gewährleisten und

2. in Abhängigkeit davon den Forderungen nach höchstmöglicher technischer Zielerfüllung genügen.

Diese Kriterien fungieren als Lösungsgeneratoren[364]) zur Entwicklung geeigneter Systemkonfigurationen. Bei der Kriterienformulierung haben wir uns auf die wesentlichsten Kriterien beschränkt, eine Erweiterung bzw. Reduktion ist in jedem einzelnen Fall möglich.

Entsprechend dem angestrebten sukzessiven Vorgehen wurden zunächst die Kriterien formuliert. In einem weiteren Schritt wurde die technische Ausgestaltung des Systems zu umschreiben versucht. Darauf folgte nun die Messung der technischen Eigenschaften durch die Zuordnung der Merkmalsausprägungen jeder Handlungsalternative zu den einzelnen Kriterien. Als methodische Regel wird der paarweise Vergleich zugrunde gelegt. Hierbei wird auf die explizite Gewichtung der Beurteilungskriterien verzichtet. Statt dessen wurden Mindestwerte für die definierten Kriterien vorgegeben, die den Lösungsraum beschränken. Je nach Maßgabe

[363]) Vgl. GUTENBERG, E.: Der Stand der wissenschaftlichen Forschung ..., a.a.O., S. 564.
[364]) Vgl. SIMON, H.A.: On the Concept of Organizational Goal, in: Readings in Organization Theory: A Behavioral Approach, hrsg. v. D. EGAN, W.A. HILL, Boston 1967, S. 62.

der Kriterien muß entschieden werden, welche der beiden Handlungsalternativen der anderen vorzuziehen ist (ordinaler Vergleich)[365]. Je nachdem, ob nominale, ordinale oder kardinale Urteile abgegeben werden, können diese entweder zu einer entsprechenden Gruppierung der Handlungsalternativen benutzt werden und insofern der Ermittlung von Mittel-Prioritäten dienen. Die Merkmalsausprägungen der technologischen Eignungskomponenten lassen sich in Matrixform (vgl. Abb. 27[366]) in ordinalen und kardinalen Wertprofilen (vgl. Abb. 28[367]) oder Polarkoordinaten (vgl. Abb. 29[368]) erfassen und übersichtlich darstellen. Die beiden letztgenannten Darstellungsformen gestatten darüberhinaus auch eine Berücksichtigung von Mindest- und Höchstanforderungen. Sie sind besonders zur Ermittlung von technisch zulässigen Alternativen geeignet. Erst wenn alle zur Auswahl stehenden Alternativen hinsichtlich der technologischen Restriktionen getestet wurden, erscheint es zweckmäßig, die soziale und ökonomische Eignungsprüfung durchzuführen. Die Bestimmung der dazu erforderlichen Daten wird in den nächsten Abschnitten erläutert. Auf der ökonomischen Ebene können dann weitere Restriktionen hinzutreten (z.B. Höhe des Kapitaleinsatzes), die den Lösungsraum weiter begrenzen.

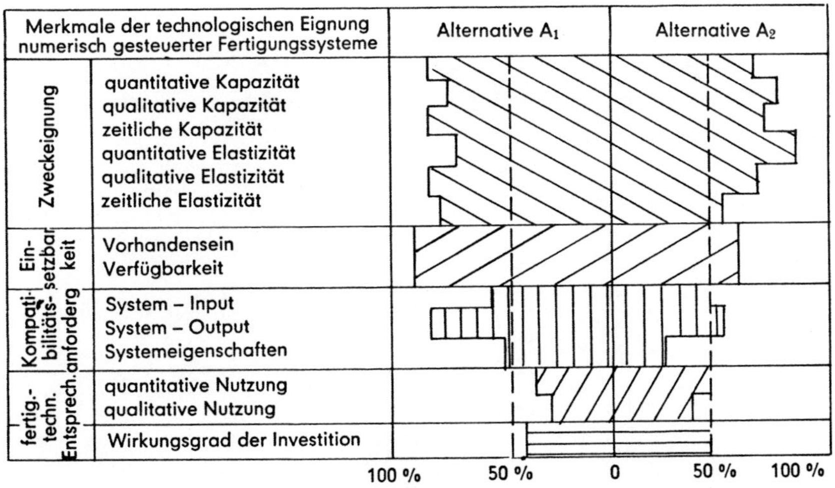

Abbildung 27
Darstellung der Merkmale der technologischen Eignung in kardinalen Wertprofilen
(Meßwerte in Prozent der Zielerfüllungsgrade)

[365] Vgl. zum Vorgehen bei der Ausscheidung ineffizierter und dominierter Alternativen GÄFGEN, G.: Theorie der wirtschaftlichen Entscheidung, a.a.O., S. 205ff.

[366] In Anlehnung an GÄFGEN, G.: ebenda, S. 114f.

[367] In Anlehnung an ZANGEMEISTER, C.: Nutzwertanalyse in der Systemtechnik, a.a.O., S. 74.

[368] In Anlehnung an GÄFGEN, G.: Theorie der wirtschaftlichen Entscheidung, a.a.O., S. 118.

Technische Eignungskriterien	Zweckeignung						Einsetzbarkeit		Kompatibilitätsanforderungen			fertigungstechnische Entsprechung		
	quantitative Kapazität	qualitative Kapazität	zeitliche Kapazität	qualitative Elastizität	quantitative Elastizität	zeitliche Elastizität	Vorhandensein	Verfügbarkeit	System – Input	System – Output	Systemeigenschaften	quantitative Nutzung	qualitative Nutzung	Wirkungsgrad der Investition
Maßstab	Stck/ h	10^{-1} mm	h (Nutzungszeit)	(Anzahl d. Verwendungsm.)	von bis Stck	(Zeitspanne je Wechsel)	nominal	nominal	nominal	nominal	nominal (kardinal)	%	% (nominal)	$\geq 0,5$
Alternativen A_1 A_2 . . . A_n														

Abbildung 28
Darstellung der Merkmale der technologischen Eignung in Matrixform

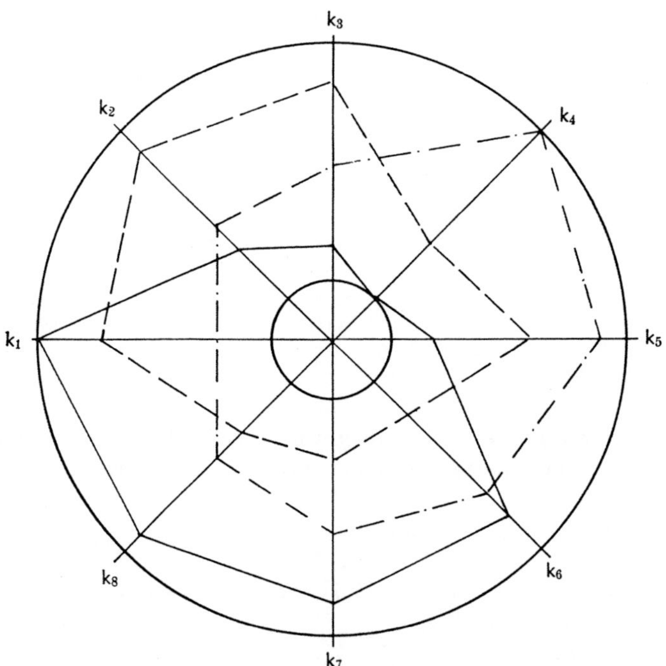

Abbildung 29
Darstellung der Merkmale der technologischen Eignung in ordinalen Wertprofilen

Die Gestaltung zweckmäßiger Systemalternativen kann nicht als ein einmalig zu durchlaufender Planungsprozeß angesehen werden, der mit der Formulierung der Kriterien beginnt und mit der Ermittlung des technisch zulässigen Lösungsraumes abschließt. Vielmehr ist dieser Vorgang als ein durchlaufender Planungsprozeß zu sehen. So kann es z.B. nach dem Durchlaufen eines Planungsprozesses, bei dem keine zulässige Alternative ermittelt wurde, sinnvoll sein, die Mindestanforderungen zu reduzieren oder die Fertigungsaufgabe neu zu definieren.

4.33 Daten zur Feststellung der sozialen Eignung

Da es sich auch in der näheren Zukunft bei numerisch gesteuerten Fertigungssystemen um „Mensch-Maschine-Systeme" handeln wird und der Faktor Mensch im Produktionsprozeß sich nicht beliebig anpassen läßt, sind die von diesem Faktor an das Fertigungssystem zu stellenden Anforderungen getrennt in der sozialen Eignung zu erfassen.

In Kapitel 2.23 haben wir die Anforderungen des numerisch gesteuerten Fertigungssystems an die Qualität des Faktors Arbeit herausgearbeitet. Diese Veränderungen schlagen sich in den betriebswirtschaftlichen Daten nieder. Hier gilt es nun zu zeigen, welche Eigenschaften ein numerisch gesteuertes Fertigungssystem aufweisen muß, damit es im Zusammenwirken mit dem qualitativ geeigneten Faktor Arbeit optimal eingesetzt werden kann [369]. Im wesentlichen handelt es sich dabei um die objektiven Bedingungen der menschlichen Arbeit [370]. Es sind zwei Gruppen von Problemen zu unterscheiden: Die erste Gruppe umfaßt die bereits weitgehend durch gesetzliche Normen festgelegten Bestimmungen über die Umgebungseinflüsse [371]), die zu Schäden des Menschen und der außerbetrieblichen Umgebung führen können. Die Faktoren der Bedienbarkeit des Fertigungssystems — im engeren Sinne die menschengerechte Gestaltung des Arbeitsplatzes [372]) — bilden die zweite Gruppe. Hierzu zählen die vom Bedienungsmann auszuführenden Verrichtungen wie z.B. Einstellung der Vorrichtungen, Werkzeuge und Werkstücke, die Beschickung, Auslösung und Kontrolle des Produktionsprozesses. Ebenso sind hier die Anforderungen an das Personal für die Instandhaltung und die Programmierung anzuführen, die zur Aufrechterhaltung der Betriebsbereitschaft notwendig sind. Die Aufwendungen für die Ausbildung dieser Personengruppen sind gesondert zu erfassen. Hier ist nur die Erfüllung einer Mindestqualifikation erforderlich.

Eine einfache und eindeutige Bedienbarkeit stellt geringere Anforderungen an die geistige und körperliche Leistung des Menschen. Bedienungsmängel führen zum Teil zu Verzögerungen und damit zur Minderung des Nutzungsgrades eines Systems. Die aus der Limitierung der

---

[369]) Pfeiffer spricht hier von der Eignung eines Aggregates zur Integration in das Personalsystem. Vgl. PFEIFFER, W.: Absatzpolitik ..., a.a.O., S. 33ff.

[370]) Vgl. GUTENBERG, E.: Die Produktion, a.a.O., S. 34ff. und KERN, W.: Die Messung industrieller Kapazitäten ..., a.a.O., S. 47—53, der diese Faktoren zu den sachlichen (indirekten) Bestimmungsfaktoren des menschlichen Leistungsvermogens zählt.

[371]) Hier ist z.B. an Staub-, Lärm-, Hitze-, Strahlungs- oder Funkenentwicklung, Erschutterungen und Unfallschutz zu denken.

[372]) Vgl. §§ 90f. Betr.VG.

Umgebungseinflüsse und der Bedienbarkeit resultierenden Restriktionen müssen bereits in der Konzeptionsphase des Fertigungssystems berücksichtigt werden. Von Sonderfällen abgesehen, reicht deshalb bei konkreten Fertigungssystemen nominale Messung (Anforderungen erfüllt/Anforderungen nicht erfüllt) aus.

4.34 Daten zur Feststellung der ökonomischen Eignung

Zur Ermittlung der wertbestimmenden betriebswirtschaftlichen Daten eines numerisch gesteuerten Fertigungssystems müssen drei Datenfelder ausgewertet werden:

(1) absatzwirtschaftliche Daten,

(2) produktionswirtschaftliche Daten und

(3) finanzwirtschaftliche Daten,

wobei die absatzwirtschaftlichen Daten die Einnahmereihen und die produktionswirtschaftlichen Daten die Ausgabereihen des Investitionsobjektes bestimmen. Während der absatzwirtschaftliche Einfluß auf den wertbestimmenden Zahlungsstrom unmittelbar einzusehen ist, verbaut die Interdependenz der produktionstechnischen Einflüsse das Erkennen ihrer direkten Ertrags- und Kostenwirkungen. So kann z.B. die mangelnde Leistungsfähigkeit eines numerisch gesteuerten Fertigungssystems im System selbst ebenso wie in einer mangelnden Produktionsplanung und -steuerung begründet sein; beide Fehler führen zu einer Erhöhung der Kosten und zu einer Verminderung des Ertrages.

Mit der Kenntnis der absatz- und produktionswirtschaftlichen Daten ist auch gleichzeitig ein Teil der finanzwirtschaftlichen Daten determiniert; hinzukommen müssen noch die Kapitalbeschaffungsmöglichkeiten. Aus der Gesamtheit dieser Daten sind die mit dem speziellen Investitionsobjekt verbundenen Risiken ableitbar.

Um das Ziel zu erreichen, jedes einzelne alternative numerisch gesteuerte Fertigungssystem bzw. die Subsysteme im Rahmen einer Gesamtbetrachtung zu beurteilen, sind die erforderlichen Daten unter dem Gesichtspunkt einer kalkulatorischen, pagatorischen und auch nutzenorientierten Wirtschaftlichkeitsanalyse zu betrachten. Während bei der kalkulatorischen Wirtschaftlichkeitsanalyse die Begriffe „Aufwand" und „Ertrag" Verwendung finden, orientiert sich die pagatorische Wirtschaftlichkeitsrechnung an den finanzwirtschaftlichen Kategorien „Auszahlung" und „Einzahlung"[373]). Die nutzenorientierte Entscheidungstheorie be-

---

[373]) Vgl. zu den Begriffen Auszahlung und Einzahlung der Investition SCHNEIDER, E.: Wirtschaftlichkeitsrechnung, a.a.O., S. 6. Zur Abgrenzung der Begriffe Aufwand und Ertrag vgl. LÜCKE, W.: Investitionsrechnung auf der Grundlage von Ausgaben oder Kosten?, in: ZfhF (NF), 7. Jg. (1955), S. 310—324. Wie Lücke unter Vernachlässigung der zufließenden Werte und bei Anwendung der Kapitalwertmethode nachweist, führt die Rechnung mit Ausgaben und Kosten zu demselben Ergebnis. Wir wollen deshalb für unsere Untersuchung annehmen, daß eine Transformation von Kosten und Erträgen in Zahlungsströme möglich ist, wenn man Fehler in Kauf nimmt, auf die noch hingewiesen wird.

zieht darüberhinaus auch noch die Präferenzfunktion des Entscheidungsträgers mit ein und erweitert die Betrachtung auch auf nichtmonetäre Ziele.

Um die Schwierigkeiten einer langfristigen Schätzung der Ein- und Auszahlungen zu umgehen, wird vorgeschlagen[374]), von Aufwand und Erträgen (bzw. Kosten und Leistungen) auszugehen. Dies hat den Vorteil, daß Daten der innerbetrieblichen Kosten- und Leistungsrechnung verwendet werden können, die besser planbar und kontrollierbar sind[375]). Eine Periodisierung und Normalisierung des Kostenanfalls — insbesondere bei den hohen Anlaufkosten der numerisch gesteuerten Fertigungssysteme — darf dann nicht vorgenommen werden, um den effektiven Verbrauchszeitpunkten möglichst nahe kommen zu können: Zwischen Einnahmen und Erträgen bzw. Ausgaben und Kosten können sich sowohl **zeitliche** Unterschiede durch das Auseinanderfallen von

— Umsatz und Zahlungsmitteleingang,

— Bestandserhöhung und Zahlungsmitteleingang,

— Kostenentstehung und Ausgabe sowie

— Kostenverrechnung und Ausgabe

als auch **größenmäßige** Unterschiede durch

— Rechnungsabzüge,

— neutrale Einnahmen,

— Lagerfertigung,

— Bewertungsdifferenzen,

— Preisnachlässe der Lieferanten,

— Zusatzkosten und neutrale Ausgaben

ergeben[376]).

Während die zeitlichen Unterschiede beim Anfall von Kosten und Ausgaben nach Lücke[377]) durch die Verrechnung von Zinsen in der Kostenreihe und der daraus folgenden Gleichheit

---

374) Vgl. SCHWARZ, H.: Optimale Investitionsentscheidung, a.a.O., S. 50.

375) Vgl. zur Auswertung der betrieblichen Kosten- und Leistungsrechnung zwecks Gewinnung von Anhaltspunkten für die Investitionsrechnung FRISCHMUTH, G.: Daten als Grundlage ..., a.a.O., S. 226f.

376) Vgl. BRANDT, H.: Investitionspolitik ..., a.a.O., S. 90ff.

377) Vgl. LÜCKE, W.: Investitionsuntersuchungen auf der Grundlage von Ausgaben oder Kosten?, a.a.O., S. 314.

der Gegenwartswerte eine Entscheidung für den Kosten- oder Ausgabenbegriff überflüssig machen, erfordern die größenmäßigen Abweichungen die Verwendung von Kosten und Erträgen für die hier vorzunehmende Investitionsentscheidung. Dabei gilt, daß bei den Aufwendungen bzw. Kosten nur der ausgabewirksame Teil berücksichtigt werden darf und die kalkulatorischen Bestandteile zu eliminieren sind. Wenn gleichzeitig berücksichtigt wird, daß alle zukunftsorientierten Informationen unsicher sind, dürfte es ohne besondere Einbußen an Exaktheit zu vertreten sein, Auszahlungen und Kosten (ohne Abschreibungen und Zinsen) sowie Einzahlungen und Erträge jeweils gleichzusetzen [378]). Selbst der betriebswirtschaftliche Ertragsbegriff bzw. Gewinnbegriff [379]), der nur die monetären Aspekte der Produktion erfaßt, ist bei einer vollständigen Bewertung numerisch gesteuerter Fertigungssysteme nicht ausreichend, sondern durch den umfassenden Begriff Nutzen (vgl. Kapitel 4.411) zu ersetzen. Nutzenaspekte, die nicht oder nur über Hilfsannahmen monetär meßbar sind, wurden schon bei der Behandlung des Entscheidungsfeldes und Zielsystem für numerisch gesteuerte Fertigungssysteme herausgearbeitet (vgl. Kapitel 4.2). Explizite Berücksichtigung finden sie erst bei der Methodendiskussion in Kapitel 4.4 der Untersuchung.

Auf diesen Überlegungen aufbauend, sind nun die einzelnen Größen zu beschreiben, um eine systematische und vollständige Ermittlung der erforderlichen betriebswirtschaftlichen Informationen zu ermöglichen.

Unterscheidet man die entscheidungsrelevanten ökonomischen Größen bei einer Investitionsentscheidung in quantifizierbare und nicht quantifizierbare Faktoren, so ergibt sich daraus auch gleich die Art ihrer Berücksichtigung im Entscheidungskalkül. Hier geht es zunächst um die inhaltliche Kennzeichnung dieser Größen; ihr Einfluß auf die Entscheidungsvorbereitung wird in Kapitel 4.4 unter Beachtung des Zielsystems und der Bewertungsverfahren herausgearbeitet.

Als quantifizierbare Größen sind insbesondere zum Zwecke der Rentabilitäts-, Wirtschaftlichkeits-, Liquiditäts- und Risikoanalyse folgende Faktoren zu ermitteln [380]):

(1) Kapitaleinsatz

(2) Wirtschaftliche Nutzungsdauer

(3) Ertrags- bzw. Nutzenerwartungen, und zwar
    (3.1) Absatzaussichten während der Nutzungsdauer
    (3.2) Preisentwicklung der Absatzgüter während der Nutzungsdauer

(4) Kostenerwartungen, und zwar
    (4.1) Anlagennutzung während der Nutzungsdauer (aufgrund von 3.1)
    (4.2) Preisentwicklung der Kostengüter während der Nutzungsdauer

---

[378]) KERN, W.: Investitionsrechnung, a.a.O., S. 284.

[379]) Vgl. zur mangelnden Präzision des betriebswirtschaftlichen Gewinnbegriffs ENGELS, W.: Betriebswirtschaftliche Bewertungslehre ..., a.a.O., S. 57 und S. 60.

[380]) Vgl. BRANDT, H.: Investitionspolitik ..., a.a.O., S. 134.

(5) Finanzwirtschaftliche Daten (Kapitalverzinsung, Risiko u.ä.).

Diese Faktoren sind in Form von Strömungsgrößen zu ermitteln. Der Zeitpunkt oder Zeitraum für ihre Erfassung ist dabei zweckbezogen zu definieren. So ist z.B. im Bereich der Liquiditätsplanung ein Tag[381]), im Bereich der Investitionsrechnung ein Jahr[382]) eine adäquate Einheit.

Neben den angeführten Größen, die Auskunft über die Kapitalverzinsung oder die Wiedergewinnungszeit eines Investitionsobjektes geben können, sind Informationen heranzuziehen, die sich nicht oder nur mit sehr großen Schwierigkeiten monetär quantifizieren lassen, aber der ökonomischen Ebene angehören und die Eignung eines Investitionsobjektes entscheidend prägen können[383]). Wegen der vielfältigen Erscheinungsformen dieser imponderabilen Faktoren erscheint zu ihrer Erfassung die folgende grobe Systematik anwendbar:

1. Größen, die sich ausschließlich auf die Wirkungen numerisch gesteuerter Fertigungssysteme innerhalb der Unternehmung beziehen.

2. Größen, die das Verhältnis von investitionsobjekt- und unternehmensbezogener Wirkungen zur Umwelt berühren:

a) Die Richtung der Beziehung ist Unternehmung —▶Umwelt.
b) Die Richtung der Beziehung ist Umwelt —▶ Unternehmung.

Zu 1.lassen sich beispielhaft folgende Größen anführen:

— Wirkungen auf die Qualität der Erzeugnisse,

— Auswirkungen auf das Betriebsklima und das Bedienungspersonal,

— Verlagerung der Fertigungsverantwortung

— Ausnutzung geschaffener oder zu schaffender organisatorischer Regelungen (z.B. Datenbank oder Systematisierung bei Werkzeugen, Vorrichtungen u.ä.).

[381]) Vgl. LÜCKE, W.: Die Liquidität im Entscheidungsmodell, in: Gegenwartsfragen der Unternehmensführung, Festschrift zum 65. Geburtstag von W. Hasenack (Hrsg. H.J. Engeleiter), Herne-Berlin 1966, S. 323.
[382]) Vgl. GUTENBERG, E.: Der Stand der wissenschaftlichen Forschung ..., a.a.O., S. 557 ff.; SCHNEIDER, E.: Wirtschaftlichkeitsberechnung, a.a.O., S. 99ff.
[383]) Die Bedeutung dieser Faktoren stellt auch Schneider heraus, wenn er betont: „Ebenso wichtig für die Beurteilung des Unterschiedes zwischen zwei oder mehreren Investitionen sind die für die Investitionen charakteristischen Faktoren, die keinen quantitativen Charakter besitzen und deshalb monetär nicht ausgedruckt werden konnen". SCHNEIDER, E.: Wirtschaftlichkeitsrechnung, a.a.O., S. 139. Gutenberg spricht davon, „daß alle Investitionsentscheidungen auf diesem merkwurdigen Neben- und Ineinander von Rechenbarem und Nichtrechenbarem beruhen." GUTENBERG, E.: Untersuchungen uber Investitionsentscheidungen ..., a.a.O., S. 215.

Zu 2.a) läßt sich beispielsweise anführen:

— die Werbewirksamkeit des numerisch gesteuerten Fertigungssystems zur Gewinnung neuer Kunden (z.B. durch die Möglichkeit, sehr komplizierte Teile schnell zu fertigen oder durch die Prestigewirkungen beim Einsatz neuer Technologien) und

— die Verbesserung des Verhältnisses zu den jetzigen Kunden durch Erhöhung der Lieferbereitschaft.

Zu 2.b) sind vor allem die Beziehungen zwischen Hersteller und Anwender des numerisch gesteuerten Fertigungssystems von Bedeutung. Diese schlagen sich z.B. nieder

— in den Service- und Kundendienstleistungen (Ersatzteil- und Zubehörbeschaffung),

— in der Möglichkeit zur Mitarbeiterschulung, und z.T.

— in angebotenen und weiterzuentwickelnden Software sowie

— in den Dienstleistungen bei der Einführung und dem Betrieb dieser Systeme oder

— in Hoffnung auf Gegengeschäfte mit dem Hersteller.

Nicht alle diese Einflußgrößen werden positive wirtschaftliche Wirkungen zeitigen, wichtig erscheint aber das Erkennen und subjektive Abschätzen der Ausprägungen dieser imponderabiler Faktoren bei der Entscheidungsvorbereitung.

4.341 Kapitaleinsatz

In der Literatur wird davon ausgegangen, daß der Kapitaleinsatz[384] für Investitionsobjekte, die den Kapazitäts- und Leistungsanforderungen genügen, durch Richtwerte, Listenpreise oder Angebote der Hersteller hinreichend genau feststellbar ist. Diese Aussage trifft auch grob für die erstmalige Installation eines einfachen Fertigungssystems zu. Für Entscheidungen über Subsysteme und Anpassungsinvestitionen im Planungszeitraum sowie komplexere Fertigungssysteme, deren Investition sich über einen längeren Zeitraum erstreckt, ist eine differenziertere Betrachtung unumgänglich, die die Bedeutung des Kapitaleinsatzes für Investitions- und Finanzierungsfragen[385] angemessen berücksichtigt.

Das Problem bei der Ermittlung des Kapitaleinsatzes liegt wegen der zeitlichen Nähe zum Entscheidungszeitpunkt weniger in der Unsicherheit als vielmehr darin, daß einerseits die unterschiedlichen Anlagen ihre Kapazität der Unternehmung verschieden lang zur Verfügung stellen, und daß andererseits die Kapazität einiger Subsysteme auch von anderen Investitions-

---

[384]) Vgl. BLOHM, H., LÜDER, K.: Investition, a.a.O., S. 72f.
[385]) Vgl. z.B. SCHWARZ, H.: Optimale Investitionsentscheidungen a.a.O., S. 49.

objekten beansprucht wird, bzw. diese beansprucht[386]). Während das zeitliche Abgrenzungs-
problem (z.B. die wiederholte Investition eines Subsystems innerhalb des gewählten Pla-
nungszeitraums) nach finanzmathematischen Regeln gelöst werden kann[387]), treten objektbe-
zogene Unsicherheitsprobleme auf.

Unterteilt man den Kapitaleinsatz in die Bestandteile Systembeschaffungsausgaben, Vorbe-
reitungs- und Aufstellungsausgaben, Kapitaleinsatz für den Anlauf der Produktion sowie
Kapitalfreisetzung im Umsystem[388]), so ist insbesondere eine exakte Bestimmung der letzten
Größe, bei numerisch gesteuerten Fertigungssystemen wegen ihrer technischen Neuheit,
äußerst schwierig. Berücksichtigt man, daß z.B. für den organisatorischen Aufwand zur Einführung einfacher Fertigungssysteme (Bohr- und Fräsmaschinen) ein Arbeitsaufwand von
etwa 10 Mann-Monaten[389]) beansprucht wird, der Zeitraum von Beginn der Projektuntersu-
chung bis zur Inbetriebnahme 6 bis 15 Monate beträgt und für die Anpassung der Unternehmung an zur Zeit realisierbare DNC-Systeme sogar ein Zeitraum von 10 Jahren[390]) beansprucht wird, so wird deutlich, wie schwierig eine periodengerechte[391]) Erfassung und Schätzung dieser Daten ist.

Das oben aufgezeigte Problem ist eng verknüpft mit den Fragen der objektgerechten kapazi-
tätsmäßigen Zurechnung des Kapitaleinsatzes. Einerseits werden z.B. Subsysteme des Materialtransformationsprozesses bestimmte Investitionen im informationsverarbeitenden Bereich nach sich ziehen[392]), andererseits wird wegen der mangelnden Teilbarkeit der informationsverarbeitenden Subsysteme eine volle Nutzung erst dann erfolgen können, wenn genügend materialverarbeitende Fertigungssysteme installiert sind[393]). Hinzu kommt der bereits
erwähnte Effekt, der darin besteht, daß durch effiziente Gestaltung der Organisation und den

---

[386]) Vgl. hierzu auch FRISCHMUTH, G.: Daten als Grundlage ..., a.a.O., S. 139.

[387]) Jacob schlägt zur Verhinderung einer Benachteiligung relativ langlebiger Investitionen vor, nur jenen
Teil des Kapitaleinsatzes einzusetzen, der im Planungszeitraum des Investitionsvergleiches zu Aufwand
wird. Vgl. JACOB, H.: Investitionsplanung und Investitionsentscheidung..., a.a.O., S. 31.

[388]) Vgl. MITTHOF, F.: Systemgerechte Berechnung der Kostensätze und Kapitalbindung, in: Steuerungstechnik, 2. Jg. (1969), Nr. 5, S. 192—195.

[389]) Vgl. HEROLD, H.H., MASSBERG, W., STUTE, G.: Die numerische Steuerung ..., a.a.O., S. 287.

[390]) Vgl. SIMON, W.: NC-Maschinen und Betriebsorganisation, in: Produktivitätsverbesserungen ...,
a.a.O., S. 36f.

[391]) Jonas schlägt z.B. eine quartalsmäßige Erfassung vor. Vgl. JONAS, H.: Investitionsrechnung, Berlin
1964, S. 49 und 52.

[392]) Solange keine vollautomatischen DNC-Systeme zum Einsatz kommen, kann nicht mit einer festen
Verknüpfung der horizontal interdependenten Subsysteme der Informations- und Materialverarbeitung
gerechnet werden. Darüberhinaus hängt diese Verknüpfung entscheidend von den Fertigungsaufgaben
ab.

[393]) Dieses Problem wird insbesondere beim Übergang von einem Programmiersystem zu einem anderen
entscheidend. Die Anbieter von Programmierplätzen und Rechenanlagen versuchen deshalb, ein ganzes
Spektrum von Alternativen mit möglichst geringen Kapazitätssprüngen anzubieten. Vgl. auch die Ausführung auf S. 166f. dieser Arbeit.

Aufbau eines allgemeinenVorbereitungsgrades sowohl die bisher installierten als auch spätere Investitionsobjekte partizipieren [394]).

Eine verursachungsgerechte Erfassung des Kapitaleinsatzes für die Umorganisation der Funktionsbereiche der Unternehmung und der Mitarbeiterausbildung würde zu einer Benachteiligung technisch zukunftsweisender Investitionsobjekte zugunsten konventioneller Lösungen führen. Der technische Fortschritt würde gehemmt, die erforderliche Anpassung der Unternehmung müßte dann in größeren Sprüngen erfolgen, was zu ökonomisch bedenklichen Folgen für die einzelne Unternehmung führen kann. Zur exakten Bestimmung des zurechenbaren Kapitaleinsatzes ist die Kenntnis der zukünftigen Investitionsvorhaben und deren kapazitätsmäßige Beanspruchung organisatorischer Strukturen erforderlich. Da diese Kenntnisse nicht hinreichend genau zu erlangen sind, bleibt die Möglichkeit, auf eine Aufteilung des Kapitaleinsatzes zu verzichten oder diese Position durch grobe Schätzungen von Experten anteilig für eine Kapazitätseinheit „Fertigungssystem" zu schätzen.

Beanspruchen numerisch gesteuerte Fertigungssysteme bereits vorhandene Vermögensgegenstände ganz oder teilweise, so müssen ihre Opportunitätskosten, d.h. ihr Wert in der besten alternativen Verwendung, dem Kapitaleinsatz hinzugerechnet werden.

Insgesamt wird der Kapitaleinsatz in seiner Höhe im wesentlichen von den im Kapitel 4.32 beschriebenen Eignungsanforderungen abhängig sein, wobei generell folgender Zusammenhang besteht: Je mehr Sonderwünsche hinsichtlich der Anpassungsfähigkeit eines Fertigungssystems geäußert werden, desto höher wird der Kapitalbedarf [395]). Umgekehrt läßt sich nachweisen: Je geringer die in dem Fertigungssystem installierten Arbeitsmöglichkeiten sind, desto größer wird das Risiko, daß die Anlage durch Bedarfsverschiebungen nicht mehr genutzt werden kann. Für numerisch gesteuerte Fertigungssysteme ergibt sich unabhängig davon in jedem Fall ein erhöhter Kapitaleinsatz gegenüber konventionellen Fertigungssystemen. Im allgemeinen kann mit einem 1,1 bis 5fachen Aufwand gerechnet werden [396]).

Bei der Bestimmung der Höhe des Kapitaleinsatzes für Fertigungssysteme ist auf eine gegenläufige Tendenz hinzuweisen, die sich aus der abnehmenden Steigerung der Produktivität bei hoher Integration und Automatisierung numerisch gesteuerter Fertigungssysteme ergibt (vgl. Abb. 30 [397]).

---

[394]) Dieser Effekt beruht auf einem Wesensmerkmal organisatorischer Strukturen, das darin liegt, daß sie „Systeme zur Erfullung von Daueraufgaben" sind. Vgl. GROCHLA, E.: Automation und Organisation, a.a.O., S. 73.

[395]) Simon schildert diesen Sachverhalt z.B. fur das Subsystem Maschinensteuerung: „Je mehr manuelle Eingriffsmoglichkeiten des Bedienungsmannes beim Transformationsprozeß zugelassen werden, desto teurer wird die Steuerung". Hier liegt im Grunde ein Optimalproblem vor, das wegen der dabei auftretenden imponderabilen Faktoren nur durch subjektive Erfahrung mit den betrieblichen Gegebenheiten gelöst werden kann. Vgl. SIMON, W.: Analyse der Kostenstrukturen von NC-Maschinen, in: Produktivitatsverbesserungen ..., a.a.O., S. 133ff.

[396]) Vgl. HEROLD, H.H., MASSBERG, W., STUTE, G.: Die numerische Steuerung ..., a.a.O., S. 286.

[397]) Siehe auch OPITZ, H.: Technische und wirtschaftliche Aspekte der Automatisierung, a.a.O., S. 7ff.

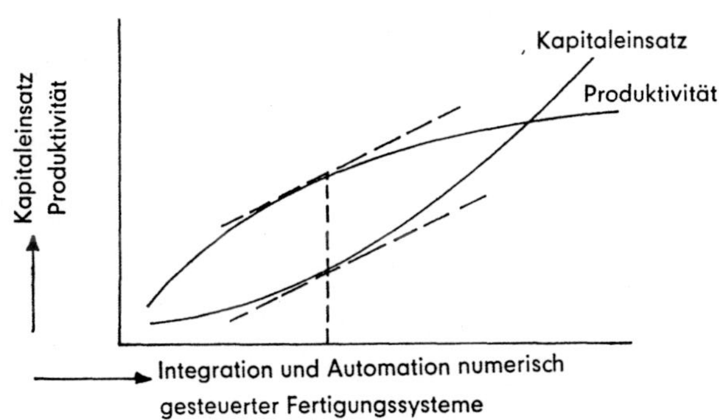

Abbildung 30
Beziehung zwischen Kapitaleinsatz, Produktivität, Integration und Automation
numerisch gesteuerter Fertigungssysteme

Während von einem niedrigen Integrations- und Automatisierungsgrad zunächst die größten Produktivitätsreserven ausgeschöpft werden, wird von einem gewissen Punkt an (theoretisch bestimmbar durch den gleichen Anstieg der Kurve) das Austauschverhältnis der Größen Kapitaleinsatz und Produktivität [398]) negativ. Eine weitere Steigerung der Produktivität ist nur mit progressiv steigendem Kapitaleinsatz möglich.

Aus dieser grundsätzlichen Beziehung lassen sich für die Investitionsentscheidung Überlegungen ableiten, die insbesondere bei der Generierung von alternativen numerisch gesteuerten Fertigungssystemen und ihrem stufenweisen Ausbau zu integrierten und vollautomatisierten Systemen beachtet werden müssen. Nur so lassen sich die für bestimmte Fertigungsaufgaben relativ besten Alternativen ermitteln. Da die Beziehung zwischen der Höhe des Kapitaleinsatzes und der Produktivität wegen der verschiedenartigsten Einflüsse in praktischen Fällen nicht hinreichend genau zu ermitteln ist, ist auch hier nur eine subjektive Abschätzung der Tendenz möglich.

In Analogie zu der in Kapitel 2.2 vorgenommenen Unterteilung numerisch gesteuerter Fertigungssysteme in informationsverarbeitende und materialverarbeitende Subsysteme sind die vorher aufgeführten Bestimmungsfaktoren des Kapitaleinsatzes in Abb. 31 systematisch zusammengefaßt.

4.342 Wirtschaftliche Nutzungsdauer

Um die Vorteilhaftigkeit einer Investition beurteilen zu können, sind ihre Wertströme über die wirtschaftlich nutzbare Zeitspanne der Lebensdauer des Investitionsobjektes zu bestimmen. Einnahmen und Ausgaben bzw. Erträge und Kosten sind in einer Wirtschaftlichkeitsanalyse gegenüberzustellen. Außerdem ist die Zeitspanne zu bestimmen, in der die Verwen-

---

[398]) Vgl. zum Begriff S. 56 dieser Arbeit.

	Subsysteme 1 … b												Summe
	Datenverarbeitungsanlage	Ein- und Ausgabengeräte, Simulatoren u. ä.	Externe Speicher (Datenbank)	Software (Programmiersprache)	Subsysteme zur Programmierung (z. B. Programmierplatz)	Maschinensystem	Maschinensteuerung	Werkzeugwechselsystem	Werkstückwechselsystem	Adaptive Control System	Transportsystem	Lagersystem	
1. Standardausrüstung 2. Allgemeinzubehör 3. Spezialzubehör 4. Sondereinrichtungen 5. Ersatzteile													
6. Systembeschaffungsausgaben aus 1–5													
7. Beschaffungsnebenkosten 8. Fundamente, Befestigungen 9. Energieanschluß 10. Sonderwerksanlagen 11. Anlieferung 12. Aufstellung 13. Projektierungskosten 14. Vorfinanzierung													
15. Vorbereitungs- u. Aufstellungsausgaben 7–14													
16. Personalausbildung 17. Versuchsarbeiten 18. Erprobung 19. Anlaufmehrausgaben 20. Ausgaben für die organisatorische Anpassung der funktionalen Subsysteme 21. Umlaufvermögensveränderungen 22. zukünftige Reparaturen													
23. Anlaufausgaben 16–22													
24. Brutto-Kapitaleinsatz 6 + 15 + 23													
25. Liquidationserlös zu ersetzender Anlagen u. anderer objektbezogener Kapitalfreisetzungen 26. Vermiedene Ausgaben für Reparaturen zu ersetzender Anlagen 27. Investitionszulage des Fiskus und sonstige Zuschüsse													
28. Netto–Kapitaleinsatz für die Kapazitätseinheit numerisch gesteuertes Fertigungssystem 24 - 25 - 26 - 27													

Abbildung 31
Ermittlungsschema für den Kapitaleinsatz numerisch gesteuerter Fertigungssysteme

dung des Investitionsobjektes sich „als beste Alternativlösung für den Unternehmer lohnt"[399]). Die wirtschaftliche Nutzungsdauer einer Realinvestition wird damit zu einer entscheidenden Bestimmungsgröße für ihre Vorteilhaftigkeit. Jede Investitionsentscheidung erfordert daher ihre vorherige Bestimmung[400]). Zu diesem Zweck müssen die Einflußfaktoren analysiert und ihre Wirkungen abgeschätzt werden. Ausgangspunkt hierzu bilden empirische Erfahrungen und Indikatoren, die eine Veränderung von Einflußgrößen in der Zukunft anzeigen. Nur ihre umfassende Betrachtung erlaubt Aussagen über die Länge der wirtschaftlichen Nutzungsdauer.

Als wesentliche Einflußfaktoren auf die wirtschaftliche Nutzungsdauer von Fertigungssystemen lassen sich mit Schneider die Abschreibungsursachen von Realinvestitionen anführen[401]):

(1) Verschleiß

(2) Technischer Fortschritt

(3) Wirtschaftliche Überholung.

Eine Prognose dieser Faktoren ist wegen grundsätzlicher Schwierigkeiten, die in der Unsicherheit zukunftsbezogener Daten begründet sind[402]), und der technischen Neuheit numerisch gesteuerter Fertigungssysteme sehr schwierig. In der Praxis stützt man sich vorwiegend auf Angaben der Hersteller und auf Erfahrungswerte von Anwendern[403]). Wegen des Interessenstandpunktes der Hersteller und der geringen Häufigkeit und Dauer der Erfahrungen von Anwendern sind die Größen aber eine zu schwache Basis, um eine für die Investitionsentscheidung hinreichend genaue Schätzung der wirtschaftlichen Nutzungsdauer vornehmen zu können. In jedem Fall muß der potentielle Anwender von numerisch gesteuerten Fertigungssystemen sich zusätzliche Kenntnisse über die grundsätzlichen Wirkungen der Einflußfaktoren bei diesen Systemen verschaffen. Zu diesem Zweck sind die Abschreibungsursachen näher zu betrachten und ihre Wirkungen auf die Wertströme zu kennzeichnen.

Die Wirkung der Einflußfaktoren auf die einzelnen Komponenten der Wertströme hängt von der Art des Investitionsobjektes ab. Bei numerisch gesteuerten Fertigungssystemen handelt es sich um Rationalisierungsinvestitionen, die aufgrund der höheren Produktivität der Systeme in der Regel auch eine Kapazitätserweiterung bewirkt. Die Einbeziehung der „Leistungser-

---

[399]) SCHNEIDER, D.: Die wirtschaftliche Nutzungsdauer..., a.a.O., S. 40.

[400]) Vgl. zur Ermittlung der Nutzungsdauer für Investitionsentscheidungen auch SCHWARZ, H.: Optimale Investitionsentscheidungen, a.a.O., S. 165ff.

[401]) Vgl. SCHNEIDER, D.: ebenda, S. 33—35.

[402]) Vgl. hierzu SCHNEIDER, D.: Die wirtschaftliche Nutzungsdauer ..., a.a.O., S. 79ff und S. 118ff.

[403]) Bei numerisch gesteuerten Fertigungssystemen zur spanabhebenden Fertigung wird die wirtschaftliche Nutzungsdauer von Herstellern und Anwendern mit 6 bis 10 Jahren angegeben. Vgl. z.B. N.N.: Numerisch gesteuerte Maschinen bei Pittler, Firmenschrift Pittler, Sept. 1969; MITTHOF, E.: Die numerisch gesteuerte Fertigung, in: Technische Rundschau (1971), Nr. 39, S. 6f.

gebnisse (Anzahl der erzeugten und abgesetzten Erzeugnisse mal Preis)" [404]) sowie verschleiß-
abhängige und verschleißunabhängige Kosten bzw. Ausgaben ist deshalb in jedem Fall erforderlich [405]).

Die Verschleißursachen wirken sich in zwei Richtungen aus:

a) Verminderung der Leistung und

b) Erhöhung der Instandhaltungs- und Wartungskosten.

Eine Leistungsverminderung macht sich insbesondere bei der quantitativen (z.B. durch stö-
rungsbedingte Ausfälle) und qualitativen Kapazität (z.B. durch Qualitätsverschlechterungen)
bemerkbar. Beide Größen sind für numerisch gesteuerte Fertigungssysteme schwer abschätz-
bar, da hier das Zusammenwirken aller Subsysteme zum Leistungsergebnis führt und jedes
Subsystem eine unterschiedliche Fehlerhäufigkeit aufweist [406]).

Obwohl die Instandhaltungs-, Wartungs- und Reparaturkosten in der Regel für die einzelnen
Subsysteme recht gut geschätzt werden können, bedingt ihre Abhängigkeit von der jeweiligen
Fertigungsaufgabe und dem Beschäftigungsgrad bei numerisch gesteuerten Fertigungssystemen eine zusätzliche Unsicherheit. Schneider schlägt deshalb vor, diese Kosten in einen planmäßigen und einen außerplanmäßigen Teil zu untergliedern [407]). Die planmäßigen Anlagen-
unterhaltungskosten enthalten alle Elemente, die bei der Investitionsrechnung berücksichtigt
werden. Die außerplanmäßigen Kosten werden zur Beurteilung des optimalen Ersatzzeit-
punktes während der Laufzeit der Fertigungssysteme herangezogen [408]). Sie umfassen Reparaturkosten und Aufwendungen, die eine Verbesserung der Leistungsfähigkeit und damit
eine Anpassung an den technischen Fortschritt erlauben.

Der technische Fortschritt macht sich bei numerisch gesteuerten Fertigungssystemen in einer
Leistungssteigerung bemerkbar und führt zu einer Verbesserung des Input/Output-Verhält-
nisses (der Produktivität). Hinzu kommen Vorteile der Bedienung, des Material- und Ener-
gieverbrauchs, des Platzbedarfs und ähnliche Faktoren. Diese Vorteile werden in der Regel
durch einen höheren Kapitaleinsatz erkauft. Im allgemeinen wirkt sich der technische Fortschritt bei den mechanischen Teilen des Fertigungssystems nur sehr langsam aus. Bei der digi-
talen Steuerung und insbesondere bei den Subsystemen, die eine Automatisierung des Informationsflusses bewirken, muß mit einer ähnlichen Entwicklung wie bei elektronischen Daten-

---

[404]) SCHNEIDER, D.: ebenda, S. 83.
[405]) Vgl. SCHNEIDER, D.: ebenda, S. 83.
[406]) Vgl. hierzu HEROLD, H.H., MASSBERG, W., STUTE, G.: Die numerische Steuerung ..., a.a.O.,
S. 268.
[407]) Vgl. SCHNEIDER, D.: Investition und Finanzierung, a.a.O., S. 271. Gliederungskriterium ist hier
offensichtlich die Art der Kostenberücksichtigung bei der Investitionsentscheidung.
[408]) Fragen, die das Sonderproblem der Ermittlung des optimalen Zeitpunktes von Reparaturen oder In-
standhaltungs- und Ersatzprobleme behandeln, werden hier nicht weiter berührt. Vgl. hierzu z.B. PRIE-
WASSER, E.: Betriebliche Investitionsentscheidungen, Berlin-New York 1972, S. 109ff.

verarbeitungsanlagen gerechnet werden: Von EDV-Generation zu EDV-Generation werden sich sprunghafte Verbesserungen ergeben.

Obwohl bereits Prognosemodelle für die Verbreitung von numerisch gesteuerten Fertigungssystemen mit verschiedenen Automatisierungsgraden entwickelt wurden[409], lassen sich daraus keine quantitativen Angaben über den Einfluß des technischen Fortschritts auf die Nutzungsdauer herleiten[410]. Für die Prognose der Kosten und Erträge schlägt Schneider[411] vor, einen Posten „Gewinnentgang wegen Nichtverwendens der jeweils besten Ersatzanlage" in die Rechnung einzubeziehen, wenn ein besseres Fertigungssystem auf dem Markt erscheint.

Verschleiß und technischer Fortschritt wirken auf einen Produktivitätsverlust hin, der schematisch in Abb. 32[412]) dargestellt ist.

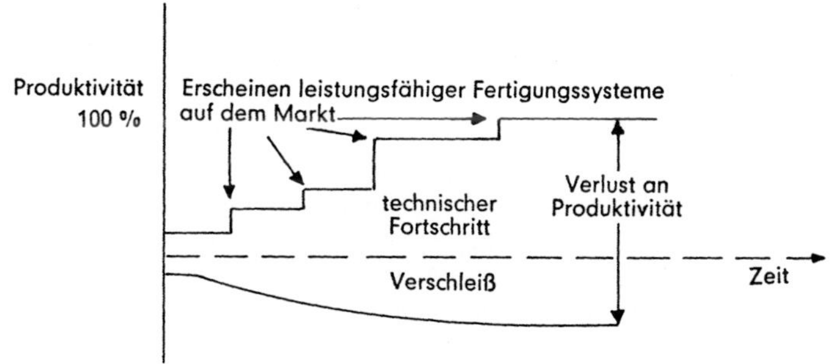

Abbildung 32
Die Entwicklung der Produktivität über die Zeit in Abhängigkeit vom technischen Fortschritt und Verschleiß

Eine weitere Schwierigkeit bei der Ermittlung der Nutzungsdauer wird durch den Faktor „wirtschaftliche Überholung" hervorgerufen. Hier sind nicht nur die Unsicherheiten des zukünftigen Fertigungsprogrammes zu berücksichtigen, die aus Bedarfsverschiebungen resultieren, sondern auch die Werkstoff- und Werkzeugverbesserungen sowie die möglichen Preis-

---

[409] Vgl. BRÖDNER, P., HAMKE, F.: Automatisierung und Arbeitsplatzstrukturen, a.a.O., S. 153ff.

[410] Auch aus den Überlegungen zu einer allgemeinen Theorie des technischen Fortschritts lassen sich z.Zt. noch keine praktisch verwertbaren Erkenntnisse ziehen. Vgl. PFEIFFER, W.: Allgemeine Theorie der technischen Entwicklung als Grundlage einer Planung und Prognose des Fortschritts, Göttingen 1971.

[411] Vgl. SCHNEIDER, D.: Investition und Finanzierung, a.a.O., S. 272.

[412] In Anlehnung an LINDCROTH, L.S.: Economic Justification for Numerical Control, in: Automation (Cleveland), Nov. 1962, S. 62.

veränderungen[413]) für substituierbare Produktionsfaktoren (z.B. Löhne[414]). Wegen der Auslegung numerisch gesteuerter Fertigungssysteme für wechselnde Fertigungsaufgaben wird die Komponente der wirtschaftlichen Überholung nicht so stark ins Gewicht fallen wie bei vergleichbaren konventionellen Systemen.

Der Einfluß dieser drei Faktoren auf die wirtschaftliche Nutzungsdauer läßt sich nur im konkreten Fall befriedigend abschätzen. Da zudem in der Fachliteratur keine empirischen Aussagen über die wirtschaftliche Nutzungsdauer gemacht werden und auch vom VDMA empirische Daten nicht zu erhalten sind, muß der Entscheidungsträger versuchen, die wirtschaftliche Nutzungsdauer alternativer numerisch gesteuerter Fertigungssysteme aufgrund betriebsindividueller Eigenarten mit Hilfe der technischen Nutzungsdauer zu schätzen oder zu berechnen[415]).

Eng verbunden mit der Schätzung der Nutzungsdauer numerisch gesteuerter Fertigungssysteme ist die Ermittlung der Restwerte am Ende des Lebenszyklus[416]). Anhaltspunkte für ihre Ermittlung ergeben sich auf dem Markt für gebrauchte Objekte und aus der Anlagenkartei. Der Restwert muß für die Einzelanalyse von numerisch gesteuerten Fertigungssystemen betriebsindividuell geschätzt werden[417]). Aufgrund der großen Elastizität numerisch gesteuerter Fertigungssysteme kann davon ausgegangen werden, daß der Kreis der potentiellen Abnehmer für gebrauchte numerisch gesteuerte Fertigungssysteme höher ist als bei vergleichbaren konventionellen Maschinen[418]) und der Restwert sich kaum aus Vergangenheitswerten ableiten läßt. Diese „zeitlich-vertikale Flexibilität"[419]) numerisch gesteuerter Fertigungssysteme ist der wirksamste Faktor, der die wirtschaftliche Lebensdauer verlängert und das Risiko des Kapitaleinsatzes vermindert.

[413]) Vgl. SCHNEIDER, D.: Die wirtschaftliche Nutzungsdauer ..., a.a.O., S. 109ff.

[414]) Vgl. insbesondere zu diesem auch für den Einsatz numerisch gesteuerter Fertigungssysteme wichtigen Punkt SCHNEIDER, D.: Innerbetriebliche Anpassung an Lohnerhöhungen, a.a.O., S. 67ff.

[415]) Dieses Vorgehen wird z.B. von Schwarz für die praktikabelste Lösung gehalten. Vgl. SCHWARZ, H.: Optimale Investitionsentscheidungen, a.a.O., S. 167ff. Die Schätzung der technischen Nutzungsdauer dürfte dabei ein lösbares Problem darstellen. Der Konstrukteur technischer Systeme muß bei der Auslegung der einzelnen Elemente bestimmte Auflagen berücksichtigen, die die technische Lebensdauer betreffen. Eine Abschätzung des in dem System enthaltenen technischen Gesamtnutzungsvorrats ist deshalb auch unter Beachtung der Abhängigkeit des technischen Gesamtnutzenvorrates von der Intensität der betrieblichen Inanspruchnahme möglich.

[416]) Die Berücksichtigung des Restwertes bei Investitionsüberlegungen ist in der Literatur strittig. Vgl. BRANDT, H.: Investitionspolitik ..., a.a.O., S. 58ff.; FRISCHMUTH, G.: Daten als Grundlage ..., a.a.O., S. 140—145.

[417]) Vgl. SCHNEIDER, D.: Investition und Finanzierung, a.a.O., S. 267.

[418]) Dieser Umstand hat erheblichen Einfluß auf die Abbaufähigkeit der durch numerisch gesteuerte Fertigungssysteme hervorgerufenen hohen fixen Kosten. Vgl. S. 215ff. dieser Arbeit.

[419]) Vgl. zum Begriff JACOB, H.: Investitionsplanung und Investitionsentscheidung ..., a.a.O., S. 103.

4.343 Ertragserwartungen

Die Erträge von Investitionsobjekten lassen sich generell aus den absatzwirtschaftlichen Daten der betreffenden Unternehmung ermitteln[420]. Sie ergeben sich aus den zukünftigen Verkaufserlösen der Produkte, die sich ihrerseits aus den Absatzmengen und den Preisen zusammensetzen.

Bereits bei der technischen Erarbeitung der Systemkonzeption des Investitionsobjektes mußten wir die Mengenkomponente der Erträge durch eine Marktanalyse schätzen. Die Ertragsermittlung für einzelne numerisch gesteuerte Fertigungssysteme erfordert die Bewertung des Outputs mit Preisen, die nur unter der Voraussetzung ermittelt werden können, daß das Investitionsobjekt „marktbewertungsfähige Leistungen"[421] erbringt. Dies trifft bei numerisch gesteuerten Fertigungssystemen zum Teil zu. Die Schätzung der Preise direkt am Markt absetzbarer Outputeinheiten und von Werkstücken, die zwar erst in ein marktfähiges Produkt eingehen, aber durch Fremdleistung am Markt beziehbar sind[422], läßt sich ohne Schwierigkeiten durchführen.

Im allgemeinen aber werden von numerisch gesteuerten Fertigungssystemen im Leistungsverbund der Unternehmung Werkstücke hergestellt, die in Endprodukte eingehen, bei denen der Beitrag des Werkstücks zum Marktertrag nicht feststellbar ist. Aus diesem Grunde und wegen der bereits dargestellten Interdependenzen ergibt sich, daß eine Ertragszurechnung für einzelne numerisch gesteuerte Fertigungssysteme, wenn überhaupt, nur über Hilfskriterien erfolgen kann. Eine zweckmäßige und auch praktikable Möglichkeit Ertragsveränderungen zu ermitteln, ergibt sich aus einer Grenzbetrachtung[423], die Investition und Nichtinvestition gegenüberstellt. Im Prinzip werden dabei die Opportunitätskosten eines Verzichts auf die Investition als Bezugsgröße für die Ermittlung der Ertragsveränderungen herangezogen.

In Anlehnung an Schneider[424] läßt sich zur Beantwortung der Frage: „Wie verändern sich die Erträge, wenn die Investition getätigt wird?", folgendes Schema verwenden:

---

[420] Vgl. zum Vorgehen FRISCHMUTH, G.: ebenda, S. 215ff.

[421] Vgl. FRISCHMUTH, G.: Daten als Grundlage ..., a.a.O., S. 215.

[422] Verzichtet die Unternehmung auf Eigenherstellung eines Werkstückes, so muß sie dafür einen Preis entrichten. Die Differenz zwischen Preis und den Kosten, die die Eigenherstellung verursacht, kann bei Vollbeschäftigung dem Investitionsobjekt als Ertrag zugerechnet werden.

[423] Die Anwendung der Grenzüberlegung setzt voraus, daß ein kausaler Zusammenhang zwischen dem Investitionsobjekt und den Erträgen besteht, d.h. daß z.B. Investitionen im Verwaltungsbereich mit dieser Überlegung nicht zu Ergebnissen führen. Die Kausalität kann aber bei numerisch gesteuerten Fertigungssystemen unterstellt werden.

[424] Vgl. SCHNEIDER, D.: Investition und Finanzierung a.a.O., S. 265. Diese Grenzüberlegung ist identisch mit dem Ansatz des Opportunitätskostengedankens, der für unternehmerische Entscheidungen sehr bedeutungsvoll ist. Vgl. z.B. MÜNSTERMANN, H.: Bedeutung von Opportunitätskosten für unternehmerische Entscheidungen, in: ZfB, 36. Jg. (1966), 1. Ergänzungsheft, S. 18ff.

(1) + Erträge der Unternehmung nach Vornahme der Investition
(2) — Erträge der Unternehmung ohne Vornahme der Investition

---

(3) = Roherträge
(4) — zusätzlicher Aufwand bzw. Kosten aufgrund dieser Investition in anderen Produktionsstufen

---

(5) = Leistungserträge der Investition
(6) — Aufwand bzw. Kosten für die Investition in der betreffenden Produktionsstufe

---

(7) = Ertragsüberschuß (Periodenüberschuß)
(8) — gewinnabhängige Zwangsaufwendungen (Steuer u.ä.)

(9) = verbleibender Ertragsüberschuß
(10) + Restwert

Die Ermittlung der Erträge nach diesem Schema muß für jede Periode der Nutzungsdauer des Investitionsobjektes durchgeführt werden, wobei noch als Punkt (10) für jede Periode der Restwert des Investitionsobjektes zu bestimmen ist[425]. Zur Berechnung der Aufwendungen (Punkt 4 und 6) sind die Überlegungen bei der Kostenermittlung zu berücksichtigen. Sehr nachteilig für die Genauigkeit und den Schätzaufwand ist dabei die Verknüpfung numerisch gesteuerter Fertigungssysteme mit den vor- und nachgelagerten Produktionsstufen. Ein numerisch gesteuertes Fertigungssystem kann z.B. mehrere konventionelle Aggregate ersetzen oder aufgrund seiner besonderen Fähigkeiten komplizierte und schwer zu bearbeitende Werkstücke kostengünstig bearbeiten. Es vermag eine Umbelegung der Werkstücke im gesamten übrigen Produktionsapparat zu induzieren. Das kann zur Folge haben, daß bei den konventionellen Aggregaten Leerkosten wegen nichtgenutzter qualitativer oder auch quantitativer Kapazität entstehen. Diese Kosten sind schwer quantifizierbar, da zu ihrer Ermittlung eine neue Zuordnung der Arbeitsgänge auf die gesamtverfügbare Betriebsmittelkonfiguration nach Durchführung des neuen Investitionsobjektes erforderlich wird.

In diesem Punkt werden auch die Grenzen dieser Vorgehensweise deutlich: Bei der Investition von Subsystemen (z.B. Programmierplätzen) numerisch gesteuerter Fertigungssysteme, deren Vorteil erst voll zur Geltung kommen, wenn genügend gleichartige Aggregate im Einsatz sind, müssen fiktive Größen eingesetzt werden. Außerdem muß das betriebliche Informationssystem in der Lage sein, sehr detaillierte Angaben über die Aufwands- bzw. Ertragsveränderungen zu machen. Daraus folgt, daß die Grenzüberlegung genauer und leichter für numerisch gesteuerte Fertigungssysteme als Ganzes durchzuführen ist. Die Grenzbetrachtung erscheint uns vor allem dann angebracht, wenn über alternative numerisch gesteuerte Fertigungssysteme für den Einsatz in der Großserienfertigung (Prototypen, Spitzenbedarf und Ersatzteile) und für die Datenträgerherstellung bei konventionell automatisierten Aggregaten (z.B. Kurvenscheiben und Schablonen) entschieden werden soll.

---

[425] Für numerisch gesteuerte Fertigungssysteme werden die wesentlichsten Bestimmungsfaktoren bei der Restwertermittlung in Kapitel 4.346, S. 215ff. behandelt.

Allgemein bleibt festzuhalten, daß sich nicht alle Erträge numerisch gesteuerter Fertigungssysteme durch Grenzüberlegungen ermitteln lassen. Hier sind vor allem die immateriellen Erträge zu nennen, die sich in einem höheren Problemlösungspotential der Mitarbeiter niederschlagen. Außerdem ergeben sich Schwierigkeiten bei der Ermittlung der

— Erträge, die aus der höheren Anpassungsfähigkeit der Systeme herrühren,

— Ertragssteigerungen, die durch intensitätsmäßige Anpassung insbesondere bei Engpässen und Systemausfällen zu erzielen sind,

— Ertragssteigerungen, die durch Verlagerung komplizierterer Werkstücke von konventionellen Systemen auf numerisch gesteuerte Fertigungssysteme induziert werden.

Sind die Erträge und Aufwendungen durch die Grenzüberlegungen schätzbar, so spricht man von vollständigen Zahlungsreihen und analog dazu von einem „vollständig bewertbaren Investitionsobjekt"[426]. Wie wir bereits oben gesehen haben, kann diese Grenzüberlegung nicht in allen Fällen sinnvoll zur Anwendung kommen. Die numerisch gesteuerten Fertigungssysteme müssen dann auf der Basis von unvollständigen Zahlungsströmen beurteilt werden. Die unvollständigen Zahlungsreihen lassen sich in Zahlungsreihen unterteilen, bei denen die Ertragsreihe entweder zeitlich unvollständig, sachlich unvollständig oder überhaupt nicht vorhanden ist. Von einer zeitlich und sachlich begrenzten Ertragsreihe kann z.B. dann gesprochen werden, wenn die Fertigungssysteme in der „industriellen Einzelfertigung" zum Einsatz kommen. Hier kann nur in den seltensten Fällen eine hinreichend genaue Prognose über längere Zeiträume erstellt werden[427]. Dagegen lassen sich in diesem Falle die Leistungssteigerungen bzw. Aufwands- oder Kosteneinsparungen ermitteln.

Die Beschränkungen der Investitionsbeurteilung auf die Aufwendungen bzw. Kosten kann aus zwei Gründen erfolgen:

a) die Ertragszurechnung wird nicht für nötig befunden, da die Erträge gleich sind (zu beachten bei Ersatzinvestitionen und z.T. auch bei Rationalisierungsinvestitionen), und

b) eine Ertragszurechnung ist nicht möglich.

In beiden Fällen wird die Vorteilhaftigkeit über die ganze Nutzungsdauer der Alternativen ohne Abschätzung der Marktwirkungen angenommen. Die Vorteile numerisch gesteuerter Fertigungssysteme, die insbesondere in einer effizienten Marktanpassung zum Ausdruck kommen, werden nicht berücksichtigt. Daraus ergibt sich für alle Kalküle, die nur Ausgaben bzw. Kosten berücksichtigen, daß sie nicht geeignet sind, Entscheidungen über die Durchfüh-

---

[426] Vgl. SCHNEIDER, D.: Investition und Finanzierung, a.a.O., S. 267.

[427] Die Berechnung der Pay-off-Periode kann hier als wichtiges Kriterium zu den Rentabilitätsüberlegungen hinzutreten.

rung oder Unterlassung einer Investition vorzubereiten. Dagegen ermöglichen solche Kalküle Auswahlentscheidungen zwischen ertragsmäßig gleichwertigen Alternativen[428].

4.344 Kosten

Um zu prognostizieren, wann und in welcher Höhe Kosten für numerisch gesteuerte Fertigungssysteme anfallen, ist der Block der Kosten aufzulösen und in Abhängigkeit von den relevanten Einflußgrößen zu betrachten. Den geschilderten Abgrenzungskriterien — Ausgabenbezogenheit der Kosten, verursachungsgerechte Ermittlung, Erfassung zusätzlicher, durch das Investitionsobjekt verursachter Kosten — ist dabei besondere Beachtung zu schenken.

Zunächst sei angenommen, daß jeglicher durch numerisch gesteuerte Fertigungssysteme verursachter Aufwand in Geldgrößen gemessen werden kann. Über die gesamte Nutzungsdauer hinweg benötigt oder verbraucht ein Fertigungssystem knappe produktive Faktoren und Leistungen. Bewertet man diese mit ihren Preisen — einschließlich bestimmter Steuern und Abgaben — so ergeben sich die Kosten des Fertigungssystems[429]. Die Kosten des Fertigungssystems sind so weit zu fassen, daß alle Faktoren, die durch die Investition berührt werden, als Aufwand zu erfassen sind. Neutraler Aufwand wird nicht berücksichtigt, d.h. nur der kostengleiche Aufwand wird erfaßt[430].

Um die Kosten analysieren zu können, ist festzustellen, „wo" und „wann" Kosten für die Bereitstellung und den Betrieb von Fertigungssystemen anfallen. Zur Beantwortung dieser Fragen gehen wir von den zu bewältigenden Fertigungsaufgaben sowie von der Struktur des Entscheidungsfeldes numerisch gesteuerter Fertigungssysteme aus und interpretieren inhaltlich folgende Merkmale des gewählten Kostenbegriffes:

— Faktoren und Leistungsverbrauch,

— Leistungsbezogenheit und

— Bewertung.

Zur Lösung dieser Aufgabe soll ein Weg beschritten werden, der durch Isolierung relevanter Einflußgrößen Aufschluß über konkrete Ursache-Wirkungsbeziehungen gibt. Offensichtlich

[428] Eine Ausdehnung der Ertragsüberlegungen auf die nutzenmäßige Erfassung auch nichtmonetärer Zielwirkungen erscheint unerläßlich. Diese Nutzenschätzung soll zunächst unterbleiben und später Berücksichtigung finden.
[429] Dieser Definition liegt der wertmäßige Kostenbegriff zugrunde, wie er von Gutenberg und Kosiol gebraucht wird. Vgl. GUTENBERG, E.: Die Produktion, a.a.O., S. 338; KOSIOL, E.: Kostenrechnung und Kalkulation, Berlin 1969, S. 20ff.
[430] Die Zusatzkosten (kalkulatorische Kosten z.B. Unternehmerlohn und Zinsen auf Eigenkapital) sind damit ausgeklammert.

schafft hier die im Kapitel 2.2 vorgenommene Systemanalyse die gewünschte Verbindung: Die Fertigungsaufgabe, die technischen und organisatorischen Subsysteme, die Fertigungsstruktur und das spezifische Einsatzverhältnis der Produktionsfaktoren sind die entscheidenden Determinanten einer umfassenden Kostenanalyse[431]).

4.3441 Analyse der Kosten

Der Faktor- und Leistungsverbrauch produktiver Faktoren zur Erzielung der integrativen Eignung eines Fertigungssystems für die Bewältigung einer Fertigungsaufgabe wird entscheidend durch die Komplexität und den Neuheitsgrad des Systems selbst bestimmt. Weitere entscheidende Bestimmungsfaktoren sind die Anforderungen des Systems an das betriebliche Umsystem und der technisch-organisatorische Stand dieses betrieblichen Umsystems. Im Kapitel 4.32 konnten die Anforderungen aufgezeigt werden, die vom Fertigungssystem zu erfüllen sind. Die Aufwendungen für alternative Fertigungssysteme, die diese Anforderungen erfüllen, wurden im Kapitaleinsatz erfaßt. Die Aufwendungen, die durch die Anforderungen der geeigneten Fertigungssysteme an die Unternehmung verursacht werden, sind ebenfalls im Kapitaleinsatz enthalten. Hier müssen die Aufwendungen bzw. Kosten ermittelt werden, die während der Betriebsphase des Systems (der Nutzungsdauer) anfallen.

Der Faktor- und Leistungsverbrauch, der während der Betriebsphase anfällt, läßt sich über die Input-Faktoren (vgl. Abb. 2), Personal (K^P), Material (K^M), Information (K^I), die laufenden Leistungen und induzierten Kosten in das betriebliche Umsystem (K^{ind}) und durch die sonstigen Kosten (K^{son}) erfassen. Eine exemplarische Aufzählung der einzelnen Elemente dieser Kosten wird in Abb. 33 vorgenommen.

Da der Faktor- und Leistungsverbrauch nicht gleichmäßig über die Nutzungsdauer eines Fertigungssystems anfällt, scheint eine periodische Erfassung von Vorteil.

Als Betriebskosten ergeben sich dann:

$$K^B = \sum_{n=1}^{N} \sum_{i=1}^{I} K_{ni}^{BP} \quad \text{Personalkosten}$$

[431]) Ein Versuch, Kostenanalysen losgelöst von den Fertigungsaufgaben (Teilespektrum), von der Fertigungsorganisation und von einzelnen Systemtypen für verschiedene Automatisierungsstufen bei numerisch gesteuerten Fertigungssystemen durchzuführen, wurde von Simon unternommen. Vgl. SIMON, W.: Beitrag zu einer Systemtheorie, a.a.O., S. 65ff. Dabei wurde ausgehend von der Systembetrachtungsweise, jeder Bearbeitungsabschnitt, den ein Auftrag beim Durchlauf durch das System passiert, als Kostenstelle aufgefaßt und durch Verrechnungssätze bewertet. Die Verrechnungssätze verhalten sich dabei proportional zur Durchlaufzeit jeder Bearbeitungsstelle. Diese Annahme ist problematisch, da die Verrechnungssätze nicht nur von Automatisierungsstufen, sondern auch von anderen Parametern (z.B. von der Kapitalbindung je Bearbeitungsschritt und von der Organisationsform der Arbeitsvorbereitung) abhängen. Bisher konnten bei diesem Vorgehen noch keine befriedigenden Aussagen für einzelne Automatisierungsstufen gemacht werden.

$$+ \sum_{n=1}^{N} \sum_{i=1}^{I} K_{ni}^{BM} \quad \text{Materialkosten}$$

$$+ \sum_{n=1}^{N} \sum_{i=1}^{I} K_{ni}^{BI} \quad \text{Informationskosten}$$

$$+ \sum_{n=1}^{N} \sum_{i=1}^{I} K_{ni}^{Bind} \quad \text{induzierte Kosten}$$

$$+ \sum_{n=1}^{N} \sum_{i=1}^{I} K_{ni}^{Bson} \quad \text{sonstige Kosten}$$

n = Anzahl der Planperioden z.B. 1 Jahr der Betriebsphase für $n = 1 \ldots N$
i = Anzahl der Aufgaben in der Betriebsphase für $i = 1 \ldots I$

Für alle Kostenbestandteile gilt, daß nur die zusätzlichen Kosten zu erfassen sind, die durch das Investitionsobjekt verursacht werden. Ein Fertigungssystem, das dem betrieblichen Umsystem besonders gut angepaßt ist und einen großen Teil des vorhandenen Potentials nutzen kann bzw. zu Freisetzungseffekten führt[432]), wird als Alternative besonders günstig abschneiden.

1. Personal	2. Material	3. Informationsk	4. Laufende Leistungen u. ind. K.	5. Sonstige Kosten
1.1 Bedienungs-personal 1 2 Programmierer 1 3 Instandhal-tungspersonal 1.4 Ausbilder 1 5 Fuhrungs- u Kontroll-Personal 1.6 Personalauf-wendungen fur die Organisa-tionsanalyse	2.1 Betriebs-stoffe (z. B. Formblätter, Lochstreifen) 2 2 Hilfsstoffe (z. B. Schmier- u. Kühlmittel) 2.3 Testmaterial 2.4 Schadens-kosten (z. B. durch Aus-schuß) 2 5 Werkzeuge u Vorrichtungen	3.1 Einsatzfak-toren zur Er-zeugung der Informationen in den funk-tionalen Sub-systemen der Unternehmung 3.2 Preis oder Gebühren für Fremdinforma-tionen zum Be-trieb des Fer-tigungssystems	4.1 Energiekosten 4.2 Ersatzteile 4 3 Raumkosten . . . 4. Induzierte Kosten (so-genannte „Spill-over effects", z. B. im Konstruk-tionsbereich, Qualitatskon-trolle, Lager-system, Frei-setzung von Material u. Betriebsmittel) Transport-kosten	5 1 Gebühren 5.2 Steuern 5.3 Versicherung 5 4 Verwaltungs-kosten 5 5 Änderungs-kosten

Abbildung 33
Elemente der Betriebskosten

---

[432]) Hier lassen sich z.B. Personalverschiebungen vom Ausfuhrungs- in den Planungsbereich, Transport-moglichkeiten, Vorleistungen anderer Subsysteme anfuhren.

Die Erfassungs- und Verrechnungsart der Kosten wird stark von der organisatorischen Ausgestaltung und Prognosefähigkeit des betrieblichen Rechnungssystems beeinflußt. Während
die Erfassung der Kosten, die im direkten Zusammenhang mit dem Einsatz des Fertigungssystems stehen, ohne zusätzlichen Aufwand oder durch Grenzbetrachtungen erfaßbar ist, stößt
die Erfassung der indirekt bewirkten Kosten im betrieblichen Umsystem auf Schwierigkeiten.
Diese, z.B. in den Bereich Vertrieb, Verwaltung, Forschung und Entwicklung sowie Konstruktion induzierten Kostenveränderungen sind bei vorhandener Interdependenz des Produktionsvollzuges dem einzelnen Fertigungssystem kaum verursachungsgerecht zuzurechnen.
Werden diese Kosten bei Alternativen mit unterschiedlichen Kostenwirkungen vernachlässigt, kann es zu Fehlentscheidungen kommen. Aus pragmatischen Gründen wird deshalb[433]
vorgeschlagen, das theoretisch richtige Grenzprinzip durch überschlägige Schätzung oder
durch Verrechnung dieser Kosten mittels geeigneter Schlüsselgrößen, analog dem Vorgehen
bei der Kalkulation, zu ersetzen. Dieser Argumentation kann unter theoretischen Aspekten
nicht gefolgt werden. Durch die Konzipierung eines geeigneten Kostenermittlungsmodells
und die Isolierung relevanter Kosteneinflußgrößen soll versucht werden, systematische Fehler
möglichst klein zu halten.

4.3442 Ermittlung der Kosten

Die im vorigen Abschnitt aufgeführten Kostenüberlegungen zeigten, wo und wann Kosten
anfallen. Die Ermittlung der Höhe der Kosten setzt die Konzeption eines geeignet strukturierten Ermittlungsmodelles[434] voraus, das die Besonderheiten der Kostenelemente und ihre
wechselseitigen Beziehungen berücksichtigt und neben der Analyse- auch Rechen- und Pro-
gnoseoperationen zuläßt. Ein Kostenermittlungsmodell in Matrixform, das diese Anforderungen erfüllt, wurde in der Literatur zur Cost-Effectiveness-Analysis[435] entwickelt. Das
Kostenermittlungsmodell für das Entscheidungsfeld numerisch gesteuerter Fertigungssysteme ist in Abb. 34 dargestellt. Senkrecht sind die Elemente bzw. Aufgaben angeführt, die in
der Betriebsphase zu Aufwendungen bzw. Kosten führen. Die Faktor- und Leistungsver-
bräuche sind waagerecht aufgetragen. Die Höhe der Kosten kann durch waagerechte oder

---

[433] Vgl. JONAS, H.: Investitionsrechnung, a.a.O., S. 69ff.

[434] Der Begriff Ermittlungsmodell wird in der Literatur nicht einheitlich bestimmt. (Vgl. ALBACH, H.:
Das Verhältnis der Wirtschaftswissenschaft zur Praxis, a.a.O., S. 205—209; GROCHLA: E.: Modelle als
Instrumente der Unternehmensführung, in: ZfbF (NF), 21. Jg. (1969), S. 386ff.; KOSIOL, E.: Modellanalyse ..., a.a.O., S. 323. Hier sprechen wir von Ermittlungsmodellen, wenn ein Tatbestand innerhalb
angegebener Randbedingungen modellgerecht erfaßt werden kann. Ist zusätzlich noch eine Entscheidungsmaxime zur Auswahl eines Elementes aus dem Lösungsraum gegeben, sprechen wir von einem
Entscheidungsmodell.

[435] Vgl. HEUSTON, M.C., OGAWA, G.: Observations on the Theoretical Basis of Cost-Effectiveness,
in: Operations Research, Vol. 14 (1966), S. 248ff.; SEILER: K.: Introduction to Systems Cost-Effective-
ness, a.a.O., S. 23ff., insbesondere S. 24 und S. 36; McCULLOGH, J.D.: Estimating Systems Cost, in:
Cost-Effectiveness Analysis, hrsg. v. T.A. GOLDMAN, 4. Aufl., New York-Washinton-London 1971,
S. 69—90; SIMON, P.: Ableitung eines Kostenmodells zukunftiger technischer Systeme mit Hilfe von
Prognoseverfahren, in: Zeitschrift für Operations-Research, B. 16 (1972), S. B 57—B 65.

	Faktoren und Leistungsverbräuche					Summe
	Personalkosten	Materialkosten	Informationskosten	Leistungen und induzierte Kosten	Sonstige Kosten	
Planperioden	1 … N.	1 … N.	1 … N.	1 … N.	1 … N.	1 … N.

Kostenelemente bzw. Aufgaben
 	
1. Programmierung
2. Materialbestände
  2.1 Halbzeuge
  2.2 Fertigteile
3. Wartung u. Instandhaltung
4. Raum
5. Energie
6. Werkzeuge
7. Vorrichtungen
8. Ausschuß / Nacharbeit
9. Qualitätskontrolle
10. Transport
11. Montagenacharbeit
. . .
						$\sum\limits_{n=1}^{N} K_n^{BPrg.}$

Summe der Betriebskostenarten	$\sum\limits_{n=1}^{N}\sum\limits_{i=1}^{I} K_{ni}^{BP}$	$\sum\limits_{n}\sum\limits_{i} K_{ni}^{BM}$	$\sum\limits_{n}\sum\limits_{i} K_{ni}^{BI}$	$\sum\limits_{n}\sum\limits_{i} K_{ni}^{Bind.}$	$\sum\limits_{n}\sum\limits_{i} K_{ni}^{Bson.}$	
Gesamtbetriebskosten je numerisch gesteuertes Fertigungssystem						K^B

Der linke Randtext der Tabelle: **Betriebsphase**

Abbildung 34
Kostenerfassungsmodell für numerisch gesteuerte Fertigungssysteme

senkrechte Addition entsprechend den angegebenen Gleichungen ermittelt werden. Durch Diskontierung der zu verschiedenen Zeitpunkten anfallenden Kosten lassen sich die Kosten zum Entscheidungszeitpunkt bestimmen. Die periodengerechte Erfassung der Kosten ergibt bereits Anhaltspunkte über einige ökonomische Größen (z.B. für die Liquiditätsplanung). Unmittelbar sichtbar werden z. B. die Vorteile/Nachteile eines in der Anschaffung teuren, im Betrieb aber billigen Systems oder umgekehrt, die Nachteile/Vorteile eines billig beschaffbaren, im Betrieb aber aufwendigen Fertigungssystems. Die daraus zu gewinnenden Vorstellungen über die Verteilung und Zusammensetzung der Kosten sind Voraussetzungen zur Bestimmung der Risiken eines Fertigungssystems.

Die einzelnen Felder können mit geschätzten oder aufgrund historischer Systemverwirklichungen prognostizierten Daten ausgefüllt werden[436]). Das Kostenerfassungsmodell ist einerseits so elastisch zu handhaben, daß es praktischen Problemstellungen durch Reduktion oder Erweiterung der Elemente angepaßt werden kann, andererseits bleibt aber die Vergleichbarkeit der Ergebnisse gewahrt. Dadurch sind allgemeingültigere Aussagen über die Kostenwirkungen unterschiedlicher Systeme möglich, wenn eine hinreichend große Stichprobe praktischer Fallstudien vorliegt. Das Modell läßt sich manuell und bei einer großen Anzahl von Systemelementen, Aufgaben, Alternativen und Faktor- und Leistungsverbräuchen auch über eine DV-Anlage auswerten.

4.3443 Prognose der Kosten

Eine wesentliche Aufgabe der Kostenanalyse besteht in der Prognose der Kosten für technisch neue, zukünftige Systeme. In der Literatur zur Cost-Effectiveness-Analysis [437]) wurden vor allem für Waffensysteme Kostenschätzgleichungen (Cost-Estimating Relationsships; CER's) zur Bestimmung der Systemkosten in Abhängigkeit von technischen Faktoren (z.B. Leistungen, Gewicht und geometrische Daten) erstellt [438]). Für numerisch gesteuerte Fertigungssysteme finden sich hierüber keine Angaben. Da in den Kostenschätzgleichungen nur

---

[436]) Ein empirisch belegter Ansatz (Datenerhebung bei 350 Unternehmen in den USA und Kanada) zur Ausfüllung der Summenfelder jeder Zeile des Kostenermittlungsmodells findet sich bei STEFFY, W., SMITH, D.N., SOUTER, D.: Economic Guidelines for Justifying Capital Purchases..., a.a.O., S. 107ff. Die dort ermittelten Kostendifferenzen zwischen konventionellen und numerisch gesteuerten Fertigungssystemen dürften für deutsche Verhältnisse nur begrenzt aussagefähig sein.

[437]) Zur Literatur hierüber siehe z.B. RUDWICK, B.H.: Systems Analysis for Effective Planning, a.a.O., S. 461f.

[438]) Praktische Beispiele für die Konzeption von Kostenschätzgleichungen findet sich bei FRANKE, R.: Ein Richtkostenmodell auf der Grundlage von Matrizen für Zwecke der Planung, Kontrolle und Kalkulation (dargestellt am Beispiel eines Siemens-Martin-Stahlwerks), Diss. Aachen 1970; KOELLE, D.E.: Statisch-Analytische Kostenmodelle für die Entwicklung und Fertigung von Raumfahrgeraten, Diss. München 1971; SCHNEE, J.: Research and Technological Change in Ethical Phamazentical Industrie, Diss. University of Pensylvana 1970). Ihre Aufstellung und Anwendung fur alle Arten von technischen Erzeugnissen wurde schon von Kesselring empfohlen. Vgl. KESSELRING, F.: Technische Kompositionslehre, a.a.O., S. 183ff.

die Systemkosten bestimmt werden und ihre Ermittlung unter restriktiven Annahmen [439]) und mit großem Aufwand erfolgt, soll diesem Ansatz hier nicht gefolgt werden. Durch Isolierung geeigneter Kosteneinflußgrößen soll vielmehr eine modellgestützte Prognose der Betriebskosten angestrebt werden.

In der betriebswirtschaftlichen Literatur [440]) finden sich zahlreiche Untersuchungen, die dem Problemkreis der Kostenanalyse und der Ermittlung von Kosteneinflußgrößen gewidmet sind. Eine analoge Anwendung z.B. der von Gutenberg vorgeschlagenen Hauptkosteneinflußgrößen scheint problematisch, da Gutenberg einen anderen Abstraktionsgrad wählt, wenn er vom gesamten Unternehmen ausgeht. Außerdem erscheinen die einzelnen Größen einer isolierten Betrachtung für Fertigungssysteme nicht zugänglich. In dem hier vorgeschlagenen entscheidungsorientierten Ansatz stehen Dispositionsgesichtspunkte im Vordergrund. Den daraus resultierenden Gestaltungsaspekt mit dem Ziel der Kostenwirtschaftlichkeit haben insbesondere Pack [441]) und Heinen [442]) in ihrem System der Kosteneinflußfaktoren Beachtung geschenkt; eine sinngemäße Anwendung ihrer Erkenntnisse scheint möglich.

Eine Isolierung einzelner Kosteneinflußfaktoren läßt sich nur in Verbindung mit der gewählten sukzessiven Vorgehensweise durchführen. Die mengenmäßige Effizienz des materiellen und informellen Transformationsprozesses von Input- und Outputfaktoren wurde anhand der **Fertigungsaufgabe** bestimmt. Sie stellt die **erste Hauptkosteneinflußgröße** dar. Die repräsentative Fertigungsaufgabe umfaßt die Art, Menge, Reihenfolge und zeitliche Verteilung der aus dem potentiellen Fertigungsprogramm resultierenden Aufgaben für Fertigungssysteme. Die Veränderung einer dieser Komponenten führt zu unterschiedlichen System- und Betriebskosten. Die Wirkungsmöglichkeiten aller anderen Kosteneinflußgrößen werden dadurch begrenzt. Insbesondere wird über die Anforderungen aus der Fertigungsaufgabe die Grobstruktur eines Fertigungssystems festgelegt. Dem Entscheidungsträger verbleibt zur Gestaltung eines Fertigungssystems aber noch ein so großer Entscheidungsspielraum, daß es gerechtfertigt erscheint, die **Systemanordnung als zweite Hauptkosteneinflußgröße** zu bezeichnen. Die Systemanordnung umfaßt die konstruktiven Merkmale der Fertigungssysteme. Die Größe und der Spezialisierungsgrad [443]) des Fertigungssystems sowie die Automation und Integration des Aufgabenvollzuges innerhalb eines Fertigungssystems beeinflussen die variablen Stückkosten eines Werkstückes entscheidend. Darüber hinaus werden hierdurch die Integrationskosten beim Betrieb eines Systems, die Betriebskosten, die Reparatur- und Wartungskosten sowie das Ausmaß der qualitativen Nutzung geprägt, wodurch die Höhe der Leerkosten mitbestimmt wird.

Als **dritte Hauptkosteneinflußgröße** lassen sich die **Determinanten des informellen und materiellen Transformationsprozesses** anführen. Die Determinanten ergeben sich aus den Kompo-

---

[439]) Vgl. z.B. SIMON: P.: Ableitung eines Kostenmodells ..., a.a.O., S. B 63f.

[440]) Vgl. z.B. SCHMALENBACH, E.: Kostenrechnung und Preispolitik, a.a.O., S. 41ff.; GUTENBERG, E.: Die Produktion, a.a.O., S. 344ff.; HEINEN, E.: Betriebswirtschaftliche Kostenlehre, a.a.O., S. 368ff. und S. 495ff.; PACK, L.: Die Elastizität der Kosten, a.a.O., S. 61ff.

[441]) Vgl. PACK, L.: Die Elastizität der Kosten, a.a.O., S. 61.

[442]) Vgl. HEINEN, E.: Betriebswirtschaftliche Kostenlehre, a.a.O., S. 481ff.

[443]) Vgl. zu diesem Aspekt HEINEN, E.: ebenda, S. 385ff.

nenten der quantitativen Nutzung[444]), Umfang und Art der Aktivitätsverteilung zwischen Mensch und technischem Hilfsmittel, soweit diese noch nicht durch die Systemanordnung und die Fertigungsaufgabe bestimmt werden. So hängt z.B. die Intensität, mit der ein Transformationsprozeß betrieben werden kann, einmal von der Qualität der Inputfaktoren (z.B. fehlerhafte oder unvollständige Informationen) ab, zum anderen ist sie frei disponierbar. Es ist z.B. eine Frage der Zielvorgabe, ob mit einer zeit- oder kostenoptimalen Schnittgeschwindigkeit gearbeitet werden soll. Für einen Systemvergleich muß sichergestellt sein, daß die Intensität der Bearbeitung gleich ist.

Kostenwirkungen resultieren auch aus der dispositionsbedingten Zeit für die Außerbetriebnahme und aus der Ruhezeit (z.B. Ein-Schicht- oder Zwei-Schicht-Betrieb, Arbeit an Feiertagen und in der Urlaubszeit) eines Fertigungssystems. Umfang und Art der Aktivitätsverteilung zwischen Mensch und technischem Hilfsmittel bestimmen den Anteil der einzelnen Kostenarten im Transformationsprozeß. Sie liefern darüber hinaus auch Hinweise für die Prognose der Kosten. Wenn Lohnkosten überwiegen, sind z.B. Lernvorgänge zu beachten[445]).

Die genannten drei Hauptkosteneinflußgrößen umfassen die Variablen des Entscheidungsträgers zur Beeinflussung des Mengengerüstes der Kosten. Als **vierte Hauptkosteneinflußgröße** müssen die **Faktorpreise** Berücksichtigung finden. Die Festsetzung der Faktorpreise muß problemadäquat erfolgen, d.h. die Gestaltung und Bewertung alternativer Fertigungssysteme berücksichtigen[446]). Als Faktorpreis kann deshalb der Marktpreis bzw. der Wiederbeschaffungswert angesetzt werden. Dieses Prinzip gilt aber nicht unumschränkt, denn es ist denkbar, daß die Entwicklung bzw. Verwendung eines numerisch gesteuerten Fertigungssystems den Einsatz knapper personeller oder materieller Faktoren erfordert, die anderen betrieblichen Aufgaben entzogen werden müssen, und die Wertansätze dafür durch den Anschaffungspreis nur unvollkommen wiedergegeben werden. Statt des Marktpreises können deshalb auch Opportunitäts- bzw. Verrechnungspreise angesetzt werden[447]).

Zur Gewinnung von Prognosewerten sind zusätzlich volkswirtschaftliche, bevölkerungsspezifische und technische Entwicklungstrends zu beachten. So könnten z.B. laufende Tarifverhandlungen, konjunkturelle Entwicklungen und Arbeitsmarktdaten eine Substitution menschlicher Arbeitskraft durch Subsysteme signalisieren. Eine gesonderte Berücksichtigung der Marktpreise für die informationsvorbereitenden und materialverarbeitenden Subsysteme scheint angebracht, da sich aufgrund der technischen Entwicklung unterschiedliche Tendenzen abzeichnen. So erfolgt z.B. bei den DV-Anlagen eine sprunghafte technische und leistungsmäßige Verbesserung mit z.T. sinkenden Preisen, während sich die mechanischen Ma-

---

[444]) Vgl. Kapitel 4.32131, S. 168ff.

[445]) Vgl. zu den Kostenveränderungen durch Lernvorgänge. COENENBERG, A.G., FRESE, E.: Lerntheorie und Rechnungswesen, in: HWR, hrs. E. KOSIOL, Stuttgart 1970, Sp. 1031—1043.

[446]) Vgl. hierzu HEINEN, E.: Betriebswirtschaftliche Kostenlehre, a.a.O., S. 309ff.; ENGELS, W.: Betriebswirtschaftliche Bewertungslehre ..., a.a.O., S. 166ff.; KAUFFMANN, A.: Kosten- und Investitionstheorie als betriebswirtschaftliche Ansätze zur Lösung des Allokationsproblems, Diss. München 1970, S. 36ff.

[447]) Vgl. zur Ermittlung ENGELS, W.: ebenda, S. 147 f.

schinensysteme aufgrund physikalischer Gesetzmäßigkeiten nur langsamer weiterentwickeln und die Preise tendenziell steigen.

Zusammenfassend läßt sich festhalten: Zur Ermittlung der Wirkungen von Kosteneinflußgrößen sind empirische Beobachtungen historischer Systemverwirklichungen unter Zuhilfenahme technischer und ökonomischer Entwicklungstrends erforderlich. Die Wirkungen der Kosteneinflußgrößen 1 bis 3 führen generell zu Veränderungen der Kostenelemente bzw. Aufgaben. Sie können im Kostenermittlungsmodell zeilenweise für jeden Faktor- und Leistungsverbrauch erfaßt werden. Die Wirkungen der Faktorpreise als vierte Hauptkosteneinflußgröße sind im Kostenermittlungsmodell spaltenweise abzubilden. Durch Variation dieser Größen erscheint eine genauere Prognose der Kosten möglich. Eine Erfassung und Prognose der Kosten anhand der hier vorgeschlagenen Systematik kann eine überbetriebliche Vergleichbarkeit der Kosten ermöglichen. Alle Kostenbestandteile, die für die verschiedenen Zwecke (z.B. Verfahrensvergleiche, Maschinenbelegung, Rentabilitätsrechnung) benötigt werden, sind darin enthalten. Die Schwierigkeiten bei der Kostenermittlung in den einzelnen Unternehmen [448]) können gemildert und der Genauigkeitsgrad der Daten erhöht werden.

4.345 Finanzwirtschaftliche Daten

Mit der Schätzung technischer Daten, Erträge und Kosten von Fertigungssystemen liegen auch die finanziellen Anforderungen fest. Die durch das Fertigungssystem ausgelösten Zahlungsströme müssen mit den anderen betrieblichen Zahlungsströmen in Einklang gebracht werden.

Als Besonderheit muß der hohe Kapitalbedarf numerisch gesteuerter Fertigungssysteme Beachtung finden. Die damit zusammenhängenden Finanzierungsprobleme unterscheiden sich grundsätzlich kaum von den Problemen anderer Realinvestitionen mit ähnlichem Kapitalbedarf. Dagegen sind Unterschiede in der Risikoabschätzung möglich, was wiederum Auswirkungen auf die Finanzierungsquellen hat. Die Finanzierung über Leasing-Gesellschaften ist z.B. bei numerisch gesteuerten Fertigungssystemen sehr häufig anzutreffen. Die erhöhte Liquiditätsanpassung durch den hohen Kapitalbedarf kann nur zum geringen Teil durch Verringerung des Umlaufkapitals gemildert werden, indem z.B. die Durchlaufzeit der Produkte gekürzt und die Lose verkleinert werden.

Da diese Untersuchung auf die Auswahl technisch und ökonomisch geeigneter Fertigungssysteme gerichtet ist, lassen sich für den Finanzierungsbereich Annahmen machen, die als Nebenbedingungen den Lösungsraum begrenzen. Wir gehen davon aus, daß der Unternehmung ein bestimmtes Kapitalbudget je Periode für Realinvestitionen zur Verfügung steht, um die alternative Investitionsobjekte konkurrieren. Um bestimmte Partialmodelle für den Vergleich der relativen Vorteile anwenden zu können, sind Annahmen über die Höhe des Kalku-

---

448) Die Befragung zeigte, daß das Rechnungswesen vor allem kleiner und mittlerer Unternehmen nicht in der Lage war, die geforderten Daten in der gewünschten Form zu liefern. Ähnliche Erfahrungen machte auch BRANDENBERGER, H.: Die Wirtschaftlichkeit der NC-Maschinen, Bern-Stuttgart 1969, S. 11.

lationszinsfußes [449]) erforderlich. Unter Einbeziehung verschiedener Risikozuschläge können für den Kalkulationszinsfuß konkrete Vorschläge oder bei verschiedenen Verfahren mit Annahmen operiert werden [450]).

4.346 Risikoaspekte

Die Erfassung und Auswertung markt-, produktions- und finanzwirtschaftlicher Daten verfolgte das Ziel, alle Daten zu ermitteln, die erforderlich sind, wenn die gesetzten Ziele durch numerisch gesteuerte Fertigungssysteme erreicht werden sollen. Eines der schwierigsten Probleme ist dabei das Antizipieren zukünftiger Konsequenzen, die sich aus den Zielerreichungsentscheidungen ergeben. Der Entscheidungsträger muß Vorstellungen über die Sicherheit bzw. Unsicherheit zukünftiger Daten entwickeln und diese in das Kalkül miteinbeziehen. In der Literatur [451]) wurden eine Reihe von Verfahren zur Risikoabschätzung entwickelt, auf die hier nicht eingegangen werden soll, da numerisch gesteuerte Fertigungssysteme keine verfahrensmäßig abweichende Kalkülform erfordern. Die hier vorzunehmenden Risikobetrachtungen [452]) dienen speziell der Ermittlung zukünftiger Wertströme numerisch gesteuerter Fertigungssysteme und zur Überprüfung des Investitionsobjektes nach den Sicherheitsvorstellungen der Entscheidungsträger. Eine deskriptive Analyse der einzelnen Risikofaktoren numerisch gesteuerter Fertigungssysteme soll hierüber Aufschluß geben. Zunächst ist eine nähere Betrachtung des Marktrisikos und des technischen Risikos erforderlich [453]).

Im Marktrisiko kommen vor allem Einflüsse des Wettbewerbs, der Lieferanten und Abnehmer auf die Absatzmengen, Qualitäten und Preise der bereitzustellenden Produkte zum Ausdruck. Das technische Risiko zeigt sich z.B. in den Auswirkungen des numerisch gesteuerten Fertigungssystems auf die Kosten, die Durchlaufzeiten und Qualität der Produkte. Sind diese beiden Risikoarten bekannt, läßt sich auch das finanzielle Risiko näher umreißen.

Das Marktrisiko wirkt in der Regel auf Einnahmen und Ausgaben. Erhöhungen der Ausgaben durch Veränderung der Preise der Vorprodukte, Werkstoffe und Werkzeuge sowie Veränderungen der Einnahmen-Ausgabenrelation durch Bedarfsverschiebung gehören ebenso zum Marktrisiko, wie die Preisbildung auf den Faktormärkten (z.B. auf dem Arbeitsmarkt). Diese Faktoren müssen daher detailliert analysiert werden. Im Hinblick auf die Preisentwick-

---

[449]) Bei der Beschaffung numerisch gesteuerter Fertigungssysteme scheint die Annahme realistischer, daß diese Investition mit Fremdkapital finanziert wird. Der Zinssatz könnte bei nicht nur kurzfristiger Betrachtung in die Rechnung einbezogen werden.

[450]) Vgl. S. 239 dieser Arbeit, Fußnote 535.

[451]) Vgl. z.B. ALBACH, H.: Wirtschaftlichkeitsrechnung ..., a.a.O.; SCHNEIDER, D.: Investition und Finanzierung, a.a.O., S. 70ff.; TEICHMANN, H.: Die Investitionsentscheidung bei Unsicherheit, a.a.O.

[452]) Unter Risiko soll hier mit Wittmann die „Gefahr einer falschen Entscheidung" verstanden werden (WITTMANN, W.: Unternehmung und unvollkommene Information, a.a.O., S. 189).

[453]) Eine Aufstellung der bei einer Investitionsentscheidung einzugehenden „wirtschaftlichen Risiken" findet sich bei JONAS, H.: Zur Methode der Rentabilitätsrechnung beim Investitionsvergleich, in: ZfB, 31. Jg. (1961), S. 6ff.

lung bei Werkzeugen sind numerisch gesteuerter Fertigungssysteme günstiger als vergleich-
bare konventionelle Systeme zu beurteilen, da sie mit weniger und standardisierten Werkzeugen auskommen. Bei den Vorprodukten und Werkstoffen läßt sich im allgemeinen kein Unterschied zu konventionellen Alternativen feststellen, obwohl auch hier von einem tendenziel-
len Vorteil für numerisch gesteuerte Fertigungssysteme gesprochen werden kann, da eher die
Möglichkeit besteht, die Vorprodukte und Werkstoffe durch qualitativ andere Inputfaktoren
zu substituieren.

Ein Vorteil numerisch gesteuerter Fertigungssysteme ist auch die schnelle und kostengünstige
Umstellung auf neue oder andersartig geformte Produkte. Die Verkürzung der Material- und
Informationsdurchlaufzeiten und die Möglichkeit zur intensitätsmäßigen Anpassung setzen
den Anwender von numerisch gesteuerten Fertigungssystemen darüber hinaus in die Lage,
kurzfristig auf Marktänderungen zu reagieren. Dieser Aspekt macht sich insbesondere bei der
Befriedigung individueller Kundenwünsche in terminlicher Hinsicht [454], bei der Ersatzteilfertigung [455], bei Wiederholaufträgen, Neuentwicklungen [456] und Änderungswünschen [457] an
laufenden Produkten positiv bemerkbar. Alle diese Faktoren ermöglichen darüber hinaus
einen Preisgestaltungsspielraum [458], der das marktwirtschaftliche Risiko für numerisch gesteuerte Fertigungssysteme weiter mildert.

Diese Aussage hat nur dann uneingeschränkte Gültigkeit, wenn genügend andere Produkte
vorhanden sind, die die Kapazität numerisch gesteuerter Fertigungssysteme voll ausnutzen.
Ist dies nicht möglich, so tritt das Problem der fixen Kosten auf, wenn auch in schwächerer
Form als bei konventionell automatisierten Systemen. Aufgrund der Zweckeignung numerisch gesteuerter Fertigungssysteme für unterschiedliche Fertigungsaufgaben ergibt sich häufiger die Möglichkeit, eine Fixkostenumlastung [459] vorzunehmen. Daraus resultiert eine tendenzielle Reduktion des Investitionsrisikos mit positiven Wirkungen auf alle Betriebsmittel,

---

[454] Vgl. STEHLE, P.: Eine Methode zur Wirtschaftlichkeitsrechnung ... a.a.O., S. 22.

[455] Die erhöhte Lieferbereitschaft im Hinblick auf den Kundenservice hat oft eine entscheidende Bedeutung für das Neugeschäft bei numerisch gesteuerten Fertigungssystemen. Vgl. BISCHOFF, W.D.: Zur
Wirtschaftlichkeit numerisch gesteuerter Werkzeugmaschinen, in: Neue Betriebswirtschaft, 21. Jg.
(1968), H. 6, S. 16.

[456] Insbesondere die Erprobungs- und Testphase (z.B. in der Automobilindustrie) bei Produktions-
neuentwicklungen kann durch numerisch gesteuerte Fertigungssysteme entscheidend beeinflußt werden.

[457] Hier macht sich der hohe und vielseitig einsetzbare „allgemeine Vorbereitungsgrad" bei Beginn der
Fertigung stark bemerkbar, da sich die Anpassung meistens auf die Neuerstellung eines Steuerprogram-
mes bezieht, und die langwierige und schwierige Herstellung von Lehren, Vorrichtungen und anderen
Hilfsmitteln entfällt.

[458] Vgl. PETERMANN, W., SADOWY, M.: Zur Wirtschaftlichkeit der Fertigung auf Bearbeitungszentren, in: TZfpM, 63. Jg. (1969), H. 4, S. 205.

[459] Unter Umlastung der fixen Kosten versteht man die „Verwendung fixkostenverursachender Faktoren
aus dem stillzulegenden oder einzuschrankenden Bereich des bisherigen Produktes A zur Erhöhung der
Kapazitaten in den bisher bereits voll beschaftigten Bereich der Produkte B und C". SÜVERKRÜP, F.:
Die Abbaufahigkeit fixer Kosten, a.a.O., S. 93.

die in horizontaler und vertikaler Verbindung mit dem numerisch gesteuerten Fertigungssystem stehen [460]).

Neben den aus der Bereitstellung des Fertigungssystems resultierenden produktionswirtschaftlichen Risikoaspekten, die bereits zur Schätzung der Nutzungsdauer herangezogen wurden, sind auch Ablaufrisiken zu berücksichtigen, die in Mängeln der einzelnen Subsysteme bzw. ihrer Kombination begründet sind. Die Ablaufrisiken, soweit sie durch technische Störungen von Subsystemen bzw. Inputfaktoren ausgelöst wurden, versucht man durch vorbeugende Wartung und systematische Überprüfung von Werkstoffen, Werkzeugen und Informationsträgern einzugrenzen. Organisatorische Störungen, die über eine geringere qualitative und quantitative Nutzung auf die Werkströme numerisch gesteuerter Fertigungssysteme wirken, lassen sich nur langfristig durch die Schaffung geeigneter Organisationsstrukturen vermeiden.

Eine quantitative Risikoanalyse [461]) muß neben den oben angeführten Risikoarten auch die Einflüsse des technischen Fortschritts berücksichtigen. Insbesondere durch den schnellen technischen Wandel auf dem Gebiet der elektronischen Datenverarbeitungsanlagen werden die Leistung und der Preis von Subsystemen zur Steuerung und Programmierung von Fertigungssystemen stark beeinflußt. Hier zeigt sich, daß numerisch gesteuerte Fertigungssysteme ein erhöhtes Risiko beinhalten.

Sind die einzelnen markt- und produktionswirtschaftlichen Risikoarten näherungsweise quantifizierbar, so ist auch ihr Einfluß auf das finanzwirtschaftliche Risiko feststellbar. Insgesamt läßt sich eine Schätzung des finanzwirtschaftlichen Risikos aber nur für das gesamte Unternehmen durchführen. In der Praxis werden häufig die einzelnen Risiken aufgrund von betriebsindividuellen Erfahrungen geschätzt [462]) und auf ein bestimmtes Maß einzugrenzen versucht. Sind die Faktoren nicht quantifizierbar, genügt in einer ersten Annäherung auch eine umfassende Zusammenstellung möglicher Risikofaktoren, die zumindest das Problembewußtsein bei späteren Investitionsentscheidungen fördern könnte.

Da jede Risikoart anderen Einflüssen unterliegt und darüber hinaus auch verschiedene Wirkungen auf die Wertströme ausübt, scheint eine zusammenfassende Beurteilung nur auf Basis eines Entscheidungsmodells ratsam.

[460]) Vgl. RIEBEL, P.: Industrielle Erzeugungsverfahren in betriebswirtschaftlicher Sicht, Wiesbaden 1962, S. f.; SCHWARZ, H.: Auswirkungen des technischen Fortschritts in der Fertigung auf die Kalkulation, in: ZwF, 54. Jg. (1959), S. 1ff.; SIMON, W.: Einführung und Zusammenfassung: Leitfaden zur Investierung von NC-Maschinen, in: Produktivitätsverbesserungen ..., a.a.O., S. 11ff.
[461]) Vgl. zur Methode HERTZ, D.B.: Risk Analysis in Capital Investment, in: HBR, Bd. 42 (1964), H. 1, S. 96—106; und zur praktischen Anwendung MÜLLER-MERBACH, H.: Risikoanalyse, in: Management-Enzyklopadie, Bd. 5, Munchen 1971, S. 176—183; DIRUF, G.: Die quantitative Risikoanalyse. Ein OR-Verfahren zur Beurteilung von Investitionsprojekten, in: ZfB, 42. Jg. (1972), S. 803—820.
[462]) Vgl. z.B. ALBACH: H.: Wirtschaftlichkeitsrechnung ..., a.a.O., S. 126.

4.35 Zusammenfassende Darstellung der integrativen Eignungsdeterminanten

Ausgangspunkt der Eignungsanalyse waren die systemtheoretischen Merkmale (S. 33f) und die Systemeigenschaften (S. 41 ff.) numerisch gesteuerter Fertigungssysteme. Ziel der Eignungsanalyse wäre es, die Zielerreichung einzelner alternativer Fertigungssysteme im Aufgabenverbund der Unternehmung zu ermitteln.

Numerisch gesteuerte Fertigungssysteme können nur dann einen Beitrag zur Zielerreichung leisten, wenn sie zur Integration in die betriebliche Umwelt geeignet sind. Ist dies nicht der Fall, muß das betriebliche Umsystem der Handlungsalternative angepaßt werden. Es mußten operationale Indikatoren erarbeitet werden, die als Maßstäbe zur Beurteilung der Eignung eines Fertigungssystems dienen konnten. Zur Eignungsanalyse wurden technologische, soziale und ökonomische Eignungsfaktoren herangezogen. Unter dem Gesichtspunkt der Fertigungssystemgestaltung und -auswahl sind die Eignungsfaktoren zu einem übergeordneten Auswahlkriterium zusammenzufassen, das es erlaubt, die Fähigkeit der alternativen Fertigungssysteme zur Zielerfüllung zu messen. Ein solches Kriterium stellt die „integrative Eignung"[463]) dar.

Die integrative Eignung beinhaltet den Teil der Beschränkung, die von alternativen Fertigungssystemen zu erfüllen sind[464]). Sie ist in jedem angeführten Eignungsmerkmal implizit enthalten und deshalb als übergreifendes Eignungsprinzip zu betrachten. Das logische Zusammenwirken der Merkmale ist in Abb. 35 dargestellt.

Die Höhe der integrativen Eignung kann durch den Grad der technischen und/oder ökonomischen Zielerreichung gemessen werden. Bei Investitionskalkülen geschieht dies meist über ökonomische Erfolgsziele[465]). Ein Großteil der Merkmale der integrativen Eignung wird dabei als imponderabile Faktoren betrachtet. Diese Betrachtung setzt voraus, daß eine Bewertung der Investitionsalternativen an dem Kriterium „geeignet/ungeeignet", also eine Ja/Nein-Entscheidung über die Fähigkeit der Objekte, zur Zielerfüllung beizutragen, möglich ist. Diese Entscheidung kann offensichtlich nur dann unabhängig von einer Annahme über ein bestimmtes Investitionsprogramm getroffen werden, wenn keine Alternative die Durchführung einer anderen Alternative ausschließt oder voraussetzt. Die Entscheidung über die integrative Eignung der Alternative setzt die Entscheidung über die Kombination der Alternativen voraus, wenn eine technische Interdependenz vorliegt. Es läßt sich deshalb allgemein feststellen, daß bei technischen Interdependenzen eine Auswahlentscheidung nur durch simultane Bewertung und Kombination von Handlungsalternativen erfolgen kann[466]). Ob-

---

[463]) Vgl. WEGNER, G.: Systemanalyse und Sachmitteleinsatz in der Betriebsorganisation, a.a.O., S. 83.

[464]) Die integrative Eignung wird nur in Ausnahmefällen von Alternativen in allen Merkmalen erfüllt (Beispiel: Sonderanfertigung eines Fertigungssystems).

[465]) Nur Nutzwertanalysen und Cost-Effectiveness-Analysen erlauben eine Messung der integrativen Eignung an den dargestellten Unterzielen. Vgl. hierzu die Ausführungen in Kapitel 4.442.

[466]) Vgl. z.B. den in Kapitel 4.431 dargestellten Ansatz von JACOB, H.: Investitionsplanung und Investitionsentscheidung ..., a.a.O. und ALBACH, H.: Investitionsentscheidungen im Mehrproduktunternehmen, a.a.O.,

wohl diese Aussage vom theoretischen Standpunkt keine Einschränkung zuläßt, ergeben sich bei ihrer praktischen Handhabung Hindernisse. Aus dieser Überlegung und der Annahme heraus, daß auch angesichts der Unsicherheit der Daten befriedigende Lösungen in einem sukzessiven Entscheidungsprozeß ermittelt werden können, setzen wir voraus, daß diese Ja/Nein Entscheidung mit hinreichender Genauigkeit gefällt werden kann.

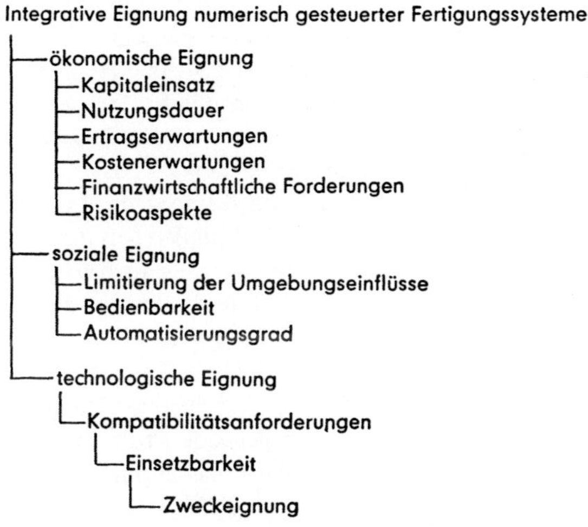

Abbildung 35
Schematische Darstellung des Zusammenhangs zwischen technologischen,
sozialen und ökonomischen Eignungsfaktoren sowie der integrativen
Eignung numerisch gesteuerter Fertigungssysteme

Zur Aufbereitung und Verarbeitung der in diesem Kapitel behandelten Daten sollen die in der Literatur behandelten Bewertungsverfahren herangezogen werden. Angesichts der aufgezeigten Komplexität des Entscheidungsfeldes ist zu prüfen, für welche Entscheidungssituation die verschiedenen Kalkülformen geeignet sind, um den Zielerreichungsgrad von Alternativen bei ranghöheren Zielen des Zielsystems zu ermitteln.

4.4 Die Aufbereitung der Daten in Modellen

4.41 Vorbemerkungen

Im Verlauf der Untersuchung konnte gezeigt werden, daß Investitionsentscheidungen eng mit technischen, organisatorischen und sozialen Tatbeständen verbunden sind. Diese Tatbestände bestimmen und begrenzen die mengenmäßige Ergiebigkeit der Handlungsalternativen. Erst durch die Bewertung der Handlungsalternativen nach vorgegebenen Zielen kann aus der

Menge der zulässigen Handlungsalternativen die geeignete ausgewählt werden [467]). Im Gegensatz zu einem großen Teil der betriebswirtschaftlichen Literatur [468]), die im Bewertungsvorgang eine Zuordnung von Geldeinheiten zu einem Objekt sieht, soll hier in Anlehnung an Gäfgen [469]) der Bewertungsvorgang als Handlungsanweisung verstanden werden, der es erlaubt, die zur Auswahl stehenden Handlungsalternativen nach ihrer Wirtschaftlichkeit zur Zielerfüllung zu ordnen [470]).

Die Durchführung des Bewertungsvorganges setzt voraus, daß die Entscheidungssituation durch das Entscheidungsziel, durch Zweck-Mittel-Beziehungen und durch Verhaltensmöglichkeiten des Entscheidungsträgers gekennzeichnet ist. Die in diesen Größen enthaltenen Primärinformationen sind in einem strukturierten Informationsverarbeitungsprozeß zu Sekundärinformationen für die Entscheidungsvorbereitung zu transformieren [471]). „Erst die dadurch zu gewinnenden alternativen Informationen dienen als Basis für die zu fällenden Investitionsentscheidungen. Sie zu geweinnen ist ... die Aufgabe der Investitionsrechnung" [472]). Hierzu wurden in der Literatur [473]) eine Vielfalt von Modellen bereitgestellt, die aus der Totalinterdependenz der Wirklichkeit übersehbare und abgegrenzte Teilzusammenhänge ausgliedern, um in einer zukunftsorientierten Input-Output-Rechnung die Vorteilhaftigkeit der Handlungsalternativen beurteilen und begründen zu können.

Es kann nicht Ziel dieser Untersuchung sein, die Entscheidungsmodelle umfassend theoretisch zu erläutern, vielmehr sollen sie für die vorliegende Problemstellung zweckmäßig benutzt werden. Wenn mathematische Entscheidungsmodelle angewendet werden, ist es sinnvoll, den realen Sachverhalt in einem abstrakten Begriffssystem zu beschreiben, das als Abbild der Entscheidungssituation dient. Diese Beschreibung haben wir in den vorangegangenen Abschnitten in Anlehnung an das Begriffssystem der statischen Entscheidungstheorie vorgenommen. Zur mathematischen Erfassung des Sachproblems soll nun zunächst der formale Zusammenhang der Begriffe diskutiert und die Rolle der Modellansätze skizziert werden.

[467]) So auch ENGELS, W.: Betriebswirtschaftliche Bewertungslehre..., a.a.O., S. 26.

[468]) Vgl. z.B. KLOIDT, H.: Grundsätzliches zum Messen und Bewerten in der Betriebswirtschaft, a.a.O., S. 299 und S. 301; ENGELS, W.: ebenda, S. 23.

[469]) Vgl. GÄFGEN, G.: Theorie der wirtschaftlichen Entscheidung, a.a.O., S. 102 und S. 105f.

[470]) Diese Definition steht in Übereinstimmung mit der normativ-rationalen Betrachtungsweise der Betriebswirtschaftlehre. Vgl. HEINEN, E.: Zum Wissenschaftsprogramm einer entscheidungsorientierten Betriebswirtschaftslehre, a.a.O., S. 215f. Die Auswahl von Systemen nach dem Zielerfüllungsgrad überdeckt auch viele Entscheidungsfälle der Praxis. Sind z.B. die vom Entscheidungstrager vorgegebenen minimalen Zielerfüllungsgrade so hoch angesetzt, daß aus der Menge der Alternativen nur eine in der Lage ist, diese Forderung zu erfüllen, so ist ein weiterer Alternativenvergleich hinfällig. Die Rentabilität des eingesetzten Kapitals sollte bestimmt werden, um die Investitionsentscheidung ökonomisch zu begründen. Auch hier handelt es sich dem Sinne nach um einen Alternativenvergleich, da die alternative Verwendung des Kapitals geprüft wird.

[471]) Bei der Informationsverarbeitung ändert sich der semantische Gehalt der Information. So werden z.B. die betriebswirtschaftlichen Daten Gewinn und Kapital zu einem zielentsprechenden Kriterium (z.B. Rentabilität) verknupft.

[472]) KERN, W.: Investitionsrechnung, a.a.O., S.20.

[473]) Vgl. die Literaturangaben in Kapitel 4.42 und 4.43.

4.411 Formale Darstellung des Entscheidungsproblems

Ausgehend vom allgemeinen Grundmodell[474] der statischen Entscheidungstheorie, dessen Struktur auch auf die hier zu behandelnde Entscheidungssituation übertragbar ist, läßt sich — zunächst unter Ausklammerung von Zielkonflikten — das Problem wie folgt darstellen: Gegeben sei eine Menge X von Investitionsobjekten (Subsysteme oder Fertigungssysteme). Die Menge aller Investitionsalternativen, die sich aus n Objekten zusammenstellen lassen[475], ist gegeben durch

$$x = \{x_1,...,x_n, \quad x_i = \{^0_1, \text{ für alle } i = 1, ..., n\}$$

Jeder Investitionsalternative $x \in X$ läßt sich eine Nutzengröße[476] n_i sowie eine Ausgabengröße c_i zuordnen. Die Menge aller n möglichen Objektkombinationen läßt sich also eindeutig abbilden auf die Menge aller Nutzenkoeffizienten $N = \{n_i, \text{ für } i = 1, ..., n\}$

(I)
$$x \longrightarrow N$$

und auf die Menge aller Ausgaben- oder Kostenkoeffizienten
$$C = \{c_i, \text{ für } i = 1, ...,n\}$$

(II)
$$X \longrightarrow C$$

Die möglichen Objektkombinationen lassen sich in eine Teilmenge A und in eine Teilmenge B aufteilen. A enthält alle Kombinationen, deren zugeordnete Ausgabenkoeffizienten kleiner oder gleich dem Mittelfonds der Unternehmung sind, B enthält alle übrigen Objektkombinationen, wobei gilt:

$$A \cup B = X \text{ und}$$
$$A \cap B = \emptyset$$

Das Entscheidungsproblem besteht nun darin, eine solche Menge $x \in A$ zu finden, für die der Wert der Funktion I ein Maximum (oder alternativ die Funktion II ein Minimum) bzw. ein bestimmtes Anspruchsniveau erreicht.

---

[474] Vgl. DINKELBACH, W.: Entscheidungsmodelle ,in: HWO, hrsg. v. E. Grochla, Stuttgart 1969, Sp. 485ff.; derselbe: Sensitivitätsanalysen und parametrische Programmierung, a.a.O., S. 8ff.; MENGES, G.: Grundmodelle wirtschaftlicher Entscheidungen, Köln-Opladen 1969, S. 96ff.; SCHNEEWEISS, H.: Das Grundmodell der Entscheidungstheorie, in: Statistische Hefte (NF), 7. Jg. (1966), S. 125—137; HENN, R.: Über die Struktur mikroökonomischer Entscheidungssituationen, in: ZfB, 34. Jg. (1964), S. 508—515; HANSSMANN, F.: Mathematisierung der Informations- und Entscheidungsprozesse in der Unternehmung, in: Die informierte Unternehmung, hrsg, v. H. Rühle v. Lilienstern, Berlin 1972, S. 47—53.

[475] Die theoretische Anzahl der Kombinationsmöglichkeiten von n Objekten und r Investitionsmöglichkeiten zusammenzustellen ist $\binom{n}{r}$. In der Realität wird diese Zahl weitgehend durch technische Determinanten begrenzt.

[476] Der Nutzen einer Alternative soll hier als ihr Beitrag zur Zielerfüllung definiert werden. Im ähnlichen Sinne spricht Terborgh von „operating advantage" (zit. nach TRECHSEL, F.: Investitionsplanung ..., a.a.O., S. 26). Allgemein stellt der Nutzwert einen subjektiven, „durch die Tauglichkeit zur Bedurfnisbe-

Die Schwierigkeiten bestehen nun in einer operationalen Definition des Entscheidungskriteriums Nutzen sowie in einer Konkretisierung der Zuordnungsvorschriften, die das Abbildungssystem ausfüllen, das durch die Funktionen I und II beschrieben wird.

Eine für das Entscheidungsfeld numerisch gesteuerter Fertigungssysteme operationale Definition der Entscheidungskriterien konnte im Abschnitt 4.2 erarbeitet werden. Inhalt der folgenden Ausführungen (Kap. 4.3) war es, Zuordnungsvorschriften zu formulieren, die einen Kausalzusammenhang zwischen den Zielen des Entscheidungsträgers und den Konsequenzen aus den Handlungsalternativen und Umweltbedingungen aufzeigen. Zur Erfassung dieser Sachverhalte stellt die Wissenschaft Entscheidungsmodelle bereit, die eine Zielfunktion, Definitionsgliederung und Erklärungsfunktion besitzen[477]).

Die Zielfunktion enthält die verfolgten Ziele als Zielvariable und gibt den Maßstab für die Zielerreichung an. Die Konsequenzen der Handlungsalternativen werden in der Erklärungsfunktion durch die funktionale Beziehung zwischen den Instrumentvariablen (unabhängige Variable, z.B. bestimmte Systemkonfigurationen) und den Erwartungsvariablen aufgezeigt. Die Definitionsgleichungen schließlich verknüpfen die Zielvariablen mit den Erwartungsvariablen. Durch das Hinzufügen von Nichtnegativitäts- und Ganzzahligkeitsbedingungen sind ökonomisch unsinnige Lösungen des Investitionsentscheidungsproblems auszuschließen. Die Lösung eines derartigen Modells ergibt eine zweckmäßige Handlungsregel zur Realisierung der vorgegebenen Ziele.

---

friedigung bestimmte Werte eines Gutes" dar. (ZANGEMEISTER, C.: Nutzwertanalyse in der Systemtechnik, a.a.O., S. 45). Diesem Konzept zufolge wird der Nutzwert einer Alternative grundsätzlich durch die Bestimmung von Zielerreichungsgraden und durch subjektive Gewichtung bestimmt. Gäfgen spricht in diesem Zusammenhang davon, daß ein „psychisches Kontinuum Nutzen" existiert; dabei wird die auf dem Kontinuum höher liegende Alternative jeder niedriger liegenden vorgezogen". Die Alternative mit dem höchsten Wert (hier Zielerreichungsgrad) ist dann die bestgeeigneteste Lösung. (Vgl. GÄFGEN, G.: Theorie der wirtschaftlichen Entscheidung, a.a.O., S. 266). Zu dem Ergebnis, daß der Nutzen (individuell als subjektive Nutzenvorstellung oder objektiv als Rentabilitätskriterium) als gemeinsames Ziel sowohl praktischer als auch theoretischer Investitionsüberlegungen angesehen werden kann, gelangt auch Störrle (vgl. STÖRRLE, W.: Der Markzins in der unternehmerischen Investitionsentscheidung, Berlin 1970, S. 83). Die hier vorgenommene Nutzendefinition stimmt mit der Nutzendefinition von Kaufentscheidungen durch Vershofen überein. (Vgl. VERSHOFEN, W.: Die Marktentnahme als Kernstück der Wirtschaftsforschung, Berlin-Köln 1959, S. 87ff.) Je nachdem, welcher Investitionskalkül bei der Entscheidungsvorbereitung zur Anwendung kommt, wird der stofflich-technische, der wirtschaftliche oder der zusätzliche Nutzen berücksichtigt. Der stofflich-technische Nutzen ergibt sich aus der Brauchbarkeit des Investitionsobjektes für den ihm zugedachten Zweck. Der wirtschaftliche Nutzen, der aufgrund der stofflich-technischen Beschaffenheit eines Investitionsobjektes zu erwarten ist, ergibt sich aus dem Kapitaleinsatz, den laufenden Kosten sowie den Ertragen. Der zusätzliche Nutzen liegt in der sozialen und persönlichen Sphare, also im außerökonomischen bzw. im monetär nicht quantifizierbaren Bereich, begründet. Überlegungen zum volkswirtschaftlichen Nutzenbegriff können hier nicht zur Anwendung kommen, da sie für die zu behandelnde Entscheidungssituation nicht operationalisierbar erscheinen.

[477]) Vgl. HEINEN, E.: Grundlagen betriebswirtschaftlicher Entscheidungen, a.a.O., S. 52ff.; SCHNEIDER, D.: Investitionen und Finanzierung, a.a.O., S. 24ff.

Die mathematische Abbildung des hier dargestellten Grundmodells der Entscheidungstheorie wird bei der Mehrzahl investitionstheoretischer Modelle (Kalküle oder Algorithmen)[478] angestrebt. Sie kann deshalb als Basis für die Erörterung und die Bestimmung des Beitrages dieser Modelle zur Entscheidungsfindung dienen. Neben diesen mathematisch-formalen Ansprüchen sind weitere entscheidungsträger- und entscheidungsfeldbedingte Forderungen zu berücksichtigen.

4.412 Anforderungen an die Modellansätze und ihr Beitrag zur Entscheidungsfindung

Auch in der Praxis besteht Einigkeit darüber, daß zur Beurteilung der Zweckmäßigkeit und Vorteilhaftigkeit numerisch gesteuerter Fertigungssysteme modellgestützte Wirtschaftlichkeitsrechnungen durchgeführt werden sollten[479]. Diese Feststellung sagt aber noch nichts über die Güte und Aussagefähigkeit der angewandten Investitionsrechnungen. Bis auf wenige Ausnahmen bedienen sich die Praktiker zur Begründung einer Investitionsentscheidung der Kostenvergleichsrechnung, ohne ihre systematischen Fehler und ihre Aussagefähigkeit für betriebliche Entscheidungssituation explizit anzuführen. Dieser Situation kann nicht durch die Entwicklung neuer Modellrechnungen begegnet werden, die die Form von „Rezepten" haben. Nur durch die Herausarbeitung der Erfordernisse und Regeln, die zeigen, inwieweit die Entscheidungsfindung anhand eines Modells die reale Entscheidungssituation trifft, können die Entscheidungsprobleme mit adäquaten Instrumenten einer Lösung nähergebracht werden.

Bevor eine Modellauswahl zur Vorbereitung oder Investitionsentscheidung vorgenommen werden kann, muß gesagt werden, nach welchen Kriterien diese Auswahl erfolgen soll[480]. Um die erwünschten Modelleigenschaften zu beurteilen, sollen modellbedingte Kriterien die die Forderung nach Isomorphie zwischen Problemstruktur und Modellstruktur umfassen, und problembedingte Kriterien, die die Brauchbarkeit der Modelle in bestimmten Auswahlsituationen kennzeichnen, herangezogen werden[481]. Während bei der ersten Kriteriengruppe die Frage interessiert, ob die Modelle aufgrund ihrer Modellstruktur und der Erfaßbarkeit des Entscheidungsfeldes richtige Ergebnisse erwarten lassen, interessiert bei der zweiten Kriteriengruppe, ob die Ergebnisse der Modelle den praktischen Anforderungen hinsichtlich Realisierbarkeit und Planungsaufwand entsprechen.

---

[478] „ Ein rechnerisches oder mathematisches Modell wird in Verbindung mit den Vorschriften zu seiner rechnerischen oder mathematischen Losung, dem sog. Algorithmus, bei rein formaler Betrachtung als Kalkül angesprochen". KERN, W.: Investitionsrechnung, a.a.O., S. 37.

[479] Bei einer Befragung wurde eine diesbezügliche Frage einhellig bejaht. Die gleiche Feststellung machte auch FREUDHOFER, F.: Der Einfluß organisatorischer und wirtschaftlicher Kenngrößen..., a.a.O., S. 168ff.

[480] Ein Kriterienkatalog wurde z.B. von Baugut und Gas entwickelt. Vgl. BAUGUT, G.: Modelle zur Auswahl von Datenverarbeitungsanlagen, Koln-Braunsfeld 1973 ,S. 108ff.; GAS: B.: Wirtschaftlichkeitsrechnung bei inmateriellen Investitionen, a.a.O., S. 146ff.

[481] Vgl. hierzu auch die in Kapitel 2.3 angeführten Kriterien.

Ein wichtiges Kriterium zur praktisch — wertenden Beurteilung der Modelle ist dabei die Art und Menge der im Modell erfaßbaren Entscheidungsvariablen. Im einzelnen sind dies die aus den Merkmalen des numerisch gesteuerten Fertigungssystems abgeleiteten technischen, sozialen, organisatorischen und ökonomischen Bewertungsdimensionen sowie das System der Zielvorschriften. Die Erfassung der Mehrdimensionalität der Daten und der bei einer Investitionsentscheidung verfolgten Ziele[482] in ihrer Interdependenz und in ihrem zeitlichen Bezug ist die wichtigste Voraussetzung zur Isomorphiefähigkeit der Modelle. Die Isomorphiefähigkeit ist zu bejahen, wenn das Modell in der Lage ist, die wesentlichen Komponenten in einer speziellen Entscheidungssituation nach Nutzen- und Aufwands- bzw. Kostenfaktoren zu ordnen und gegenüberzustellen. Die Gegenüberstellung der Faktoren zur Aufstellung einer Reihenfolge der Alternativen muß nach dem Rationalprinzip erfolgen.

Neben diesen vorwiegend theoretischen Kriterien zur Bestimmung der „Problemlösungskapazität" der Modelle legt die Praxis bei ihrer Anwendung z.T. andere Maßstäbe an. Auf Kosten der Bestimmtheit und Güte des Ergebnisses erhalten Gesichtspunkte wie Möglichkeiten zur Standardisierung, Zuverlässigkeit, Vorhandensein eines einfachen Lösungsverfahrens und Schnelligkeit bei der Transformation von Aussagen größeres Gewicht.

Zwischen den theoretischen und praktischen Kriteriengruppen besteht oft ein Widerspruch: Je realitätsnaher ein Modell ist, um so fragwürdiger ist die praktische Realisierbarkeit[483]. Es ist also auch hier durch ein subjektives Urteil ein Kompromiß zu schließen. Im Bewußtsein dieser Antinomie sind im folgenden auch solche Modelle in Betracht zu ziehen, die eine große praktische Bedeutung, aber nur eine geringere Aussagefähigkeit besitzen[484]. Bei der Behandlung der Modelle steht deshalb weniger die Vorgehensweise der einzelnen Ansätze im Vordergrund als vielmehr ihre Fähigkeit, das skizzierte Entscheidungsfeld numerisch gesteuerter Fertigungssysteme in seinen Eigenarten zu erfassen und den daraus resultierenden Beitrag zur Entscheidung herauszuarbeiten.

Bei der bisherigen Diskussion der Entscheidungsphasen sind wir davon ausgegangen, daß die Aufgaben entsprechend dem in Kap. 4.2 erarbeiteten Zielsystem die einzelnen Zielkomponenten aufeinander aufbauen und deshalb nacheinander angestrebt werden können. Wir haben dabei eine Kompatibilität der Ziele von der Ebene der integrativen Eignung bis zu den originären Orientierungsmaßstäben der Unternehmung als gegeben angenommen. Bis zu diesem Punkt im Entscheidungsprozeß wurde nur eine partielle Ordnung der Alternativen mit dem

---

[482] Die Entscheidungen über Investitionen werden wegen ihrer zentralen Bedeutung immer aufgrund des gesamten unternehmerischen Zielsystems zu treffen sein. Sie können nie Entscheidungen eigener Art mit spezifischen Zielfunktionen sein. Dieser Punkt wird z.B. von Albach zur Kritik an einfachen Investitionsrechnungen genommen. Er versucht zwar, die Interdependenz zwischen Unternehmenspolitik und Investitionsentscheidungen mit Hilfe eines simultanen Gleichungssystems zu berücksichtigen, die Zielfunktionen bleibt aber auch in seinem Ansatz die Maximierung des Kapitalwertes. Vgl. ALBACH, H.: Investition und Liquidität, a.a.O., S. 75ff. und S. 305ff.

[483] Ähnlich auch BLOHM, H., LÜDER, K.: Investition, a.a.O., S. 49.

[484] Auch Modelle, die nur wenige Zusammenhänge berücksichtigen, sind zur Entscheidungsvorbereitung besser geeignet als gefuhlsmäßige Erwartungen.

Ziel angestrebt, die nicht zulässigen und die Alternativen, die von einer anderen eindeutig dominiert werden, aus der Betrachtung auszuschließen. Aussagen über das Gewicht der einzelnen Zielerreichungsgrade d.h. die Bestimmung ihres Beitrages zur Oberzielerreichung, wurden noch nicht vorgenommen. Dieser Aspekt hängt von der Einschätzung ihrer Bedeutung durch den Entscheidungsträger in ganz konkreten Situationen, aber auch von der technischen Erfüllbarkeit der Zielkomponenten durch einzelne Alternativen ab. Ziele, die aus technischen Gründen zur Zeit nicht erreichbar erscheinen, werden kaum in das entscheidungsrelevante Zielsystem aufgenommen.

Durch die Angabe einer Rangordnung der Ziele entsprechend ihrer Bedeutung haben wir den ersten Schritt zur Bewertung getan. Die Rangordnung der Zielkomponenten erfolgte so, daß die Zielkomponente, die vor allen anderen erfüllt sein muß, den niedrigsten Rangwert, das weniger wichtige Ziel einen höheren Rangwert usw. erhält. Dieser Ordnung haben wir bei numerisch gesteuerten Fertigungssystemen durch die Zielhierarchie innerhalb der integrativen Eignung[485] und die Angabe von Zielerreichungsgraden Rechnung getragen. Dabei wurde für spezielle Situationen die jeweils maßgebenden Zielkomponenten zusammengefaßt. In einem zweiten Schritt müssen nun mit Hilfe von Modellen Entscheidungsregeln abgeleitet werden, die einerseits eine widerspruchsfreie Rangordnung der Alternativen erlauben und andererseits die beobachteten Verhaltensweisen der Entscheidungsträger berücksichtigen. Den zu behandelnden Modellen fällt damit im Entscheidungsprozeß die Rolle zu, die Zielwirksamkeit der Alternativen auf vorgegebene Oberziele zu ermitteln[486].

Für das spezielle Entscheidungsfeld sollen hier

— die Investitionsrechenmodelle,

— der lineare Optimieransatz und

— die Nutzwertmodelle

geprüft und modifiziert werden.

Bei den Investitionsrechenmodellen erfolgt die Reduzierung auf einen Zielwert[487]. Nebenbedingungen, d.h. in der Rangordnung niedrigere Ziele, werden nicht mit in die Betrachtung einbezogen. Implizit wird das Prinzip der Gewinnmaximierung unterstellt, in das alle Überlegungen der Entscheidungsträger eingehen[488]. Die Beschränkung der Investitionsrechenmodelle auf ein Ziel setzt voraus, daß die aufgezeigten Phasen den Entscheidungsprozeß durchlaufen, zulässige Alternativen ermittelt und deren Konsequenzen in quantifizierbaren Größen

---

485) Vgl. Kap. 4.35, S. 218f.

486) So auch SCHMIDT, R.B., BERTHEL, J.: Unternehmungsinvestitionen, a.a.O., S. 72f.

487) Vgl. KERN, W.: Investitionsrechnung, a.a.O., S. 156 u. S. 196.

488) Zur Kritik an dem Vorhandensein nur einer Zielfunktion und ihrer praktischen Anwendbarkeit vgl. z.B. GÄFGEN, G.: Theorie der wirtschaftlichen Entscheidung, a.a.O., S. 137ff.; HEINEN, E.: Grundlagen betriebswirtschaftlicher Entscheidungen, a.a.O., S. 125ff.

angegeben werden. Das verfolgte Ziel in den Entscheidungsmodellen beinhaltet eine Handlungsanweisung, die es erlaubt, aus der Menge der zulässigen Lösungen die Alternative auszuwählen, die zur Maximierung bzw. Minimierung dieses Kriteriums führt.

Der lineare Optimierungsansatz sucht durch Einführung von Nebenbedingungen (Zielkomponenten mit vorgegebenen Zielerreichungsgraden oder technische Beschränkungen) und durch Angabe einer Zielfunktion mit Extremierungsvorschrift, das Zielsystem des Entscheidungsträgers simultan zu optimieren. Berücksichtigt man aber die Rangfolge der Zielkomponenten, so zeigt sich, daß die wichtigsten Zielkomponenten, die unbedingt erfüllt sein müssen, in die Nebenbedingungen eingehen, und die Zielfunktion ein weniger wichtiges Ziel enthält [489]).

Da auch in den linearen Programmierungsmodellen in der Regel als Zielfunktion Komponenten des Prinzips der Gewinnmaximierung angegeben werden, wird das vom Entscheidungsträger vorgegebene Zielsystem in seiner Rangordnung nur für einen speziellen Fall beachtet. Dies wird besonders deutlich, wenn keine der Alternativen die Nebenbedingungen erfüllt und der Lösungsraum leer ist. Der Entscheidungsträger hat dann aufgrund des Rechenergebnisses keine Anhaltspunkte über die zu realisierenden Handlungsalternativen. Erst die Veränderung der Nebenbedingungen und eine erneute Durchrechnung des Programmes liefern eine Handlungsanweisung, die durch zusätzliche Sensitivitätsüberlegungen modifiziert werden kann.

Im Gegensatz zu den Investitionsrechenmodellen erlaubt der lineare Programmierungsansatz, einen größeren Teil der entscheidungsrelevanten Tatbestände abzubilden und bei der Entscheidung zu berücksichtigen. Der Modellansatz beschränkt sich nicht nur auf die Feststellung der Zielerreichung, sondern bezieht auch vorgelagerte Entscheidungsphasen mit ein. Eine Berücksichtigung des mehrdimensionalen Zielsystems entsprechend der Rangordnung der Zielkomponenten ist nicht möglich. Letztlich muß das Zielsystem des Entscheidungsträgers wieder eindimensional in einer Zielfunktion ausgedrückt werden [490]). Erst durch den subjektiven Vergleich des Ergebnisses mit dem Zielsystem kann der Entscheidungsträger zu einer Rangfolge der Alternativen kommen.

Ein Ansatz, der der Forderung nach Berücksichtigung des mehrdimensionalen Zielsystems der Entscheidungsträger und technischer Nebenbedingungen näherkommt, scheint die in den Ingenieurwissenschaften entwickelte Nutzwertanalyse [491]) zu sein. Die Nutzwertanalyse wird

---

[489]) Vgl. WOLFF, H.: Die Bestimmung der Investitionstätigkeit unter Berücksichtigung mehrwertiger Zielfunktionen der Unternehmer, Meisenheim am Glan 1971, S. 59ff.

[490]) Dieser Kritikpunkt wurde zum Anlaß genommen, neue Verfahren zu konzipieren, die mehrere Zielfunktionen berücksichtigen. Vgl. z.B. DINKELBACH, W.: Unternehmerische Entscheidungen bei mehrfacher Zielsetzung, a.a.O., S. 739ff.; derselbe: Sensitivitatsanalysen und parametrische Programmierung, a.a.O., S. 150ff. Ein neuer Losungsansatz zu diesem Problem findet sich auch bei EVANS, J.P., STEUER, R.E.: A Revized Simplex Method for Linear Multiple Objective Programs, in: Mathematical Programming, Vol. 5 (1973), Nr. 1, S. 54—72.

[491]) Vgl. z.B. KESSELRING, F.: Technische Kompositionslehre, a.a.O., S. 251ff.; CHESTNUT, W.: Methoden der Systementwicklung, a.a.O., S. 17ff.; SKINNERS, S.M.: Techniques of Systems Engineer-

definiert als „Analyse einer Menge komplexer Handlungsalternativen mit dem Zweck, die Elemente dieser Menge entsprechend den Präferenzen des Entscheidungsträgers bezüglich eines multidimensionalen Zielsystems zu ordnen. Die Abbildung dieser Ordnung erfolgt durch die Angabe der Nutzwerte (Gesamtwerte) der Alternativen" [492], wobei eine Maximierung des erwarteten Nutzens gefordert wird [493]. Die Methodik der Nutzwertmodelle erlaubt die Aufstellung lexiografischer Ordnungen [494] der Handlungsalternativen entsprechend dem Zielsystem des Entscheidungsträgers und ihre Zusammenfassung zu einer übergeordneten Nutzenfunktion durch Gewichtung der Zielkomponenten [495].

Nachdem nun die Vorarbeiten zur Ableitung einer zweckrationalen Investitionsentscheidung abgeschlossen sind, ist zu prüfen, wie die Bausteine in den einzelnen Modellen zusammengefaßt werden und welchen Beitrag diese Modellansätze für den quantifizierbaren Teil bestimmter Entscheidungssituationen liefern. Das Ergebnis ergibt die Grundlage für den Vergleich der einzelnen Alternativen untereinander und für die Zielerreichung.

4.42 Investitionsrechenmodelle

Zur Unterscheidung der Investitionsrechenmodelle kann aus der Vielzahl der möglichen Ordnungsmerkmale [496] das Merkmal der Berücksichtigung des zeitlichen Anfalls der Wertkomponenten einer Investition herangezogen werden. Die Gliederung nach diesem Merkmal führt zur Unterscheidung von „statischen" und „dynamischen" Investitionsrechenmodellen [497]. Innerhalb der ersten Gruppe sollen die Kosten-, die Gewinn-, die Rentabilitäts- und die Amortisationsrechnung, in der zweiten Gruppe die Kapitalwertmethode, die Interne-Zinssatz-Methode, die Annuitätenmethode und die Mapi-Methode auf ihre Aussagefähigkeit und Brauchbarkeit zur Begründung von Investitionsentscheidungen über ein numerisch gesteuertes Fertigungssystem geprüft werden. Alle Modelle beschränken sich auf die Messung der Zielwirksamkeit der Alternativen an einem ökonomischen Ziel.

---

ing, a.a.O., S. 3; DATHE, H.M: Moderne Projektplanung in Technik und Wissenschaft. Modelle, Methoden und ihre Anwendung, München 1971, S. 43f.

[492] ZANGEMEISTER, C.: Nutzwertanalyse in der Systemtechnik, a.a.O., S. 45.

[493] Vgl. ebenda S. 44.

[494] Vgl. hierzu SCHNEEWEISS, H.: Bemerkungen zur lexiografischen Ordnung, in: Operations Research Verfahren III, hrsg, v. R. Henn, Meisenheim am Glan 1967, S. 336ff.

[495] In der Regel wird hier das von Churchman, Ackoff und Arnoff entwickelte Verfahren angewandt. Eine Darstellung des Verfahrens erfolgt auf S. 263f. dieser Arbeit.

[496] Vgl. KERN, W.: Investitionsrechnung, a.a.O., S. 36ff.

[497] Vgl. zur Darstellung BLOHM: H., LÜDER, K.: Investition, a.a.O., S. 47ff.; SCHMIDT: R.B., BERTHEL, J.: Unternehmungsinvestitionen, a.a.O., S. 81ff.; BRANDT, H.: Investitionspolitik ..., a.a.O., S. 44ff.

4.421 Statische Investitionsrechenmodelle

Wegen der praktischen Bedeutung der statischen Investitionsrechenmodelle beschränken sich die folgenden Ausführungen nicht auf eine Prämissen- und Anwendungskritik, es wird auch eine grundsätzliche Darstellung der Modelle für das Entscheidungsfeld bei numerisch gesteuerten Fertigungssystemen vorgenommen.

4.4211 Kostenvergleichsrechnung

„Die Kostenvergleichsrechnung stellt die Kosten von zwei oder mehr Investitionsalternativen einander gegenüber, um die kostengünstigste Anlage zu ermitteln" [498]. Als wesentliche Prämissen des Verfahrens sind zu nennen [499]:

1. gleicher Leistungsumfang der Investitionsobjekte (trifft bei Fertigungssystemen nur selten zu, deshalb werden die Kosten je erstellter Leistungseinheit gegenübergestellt [500])),

2. Beschränkung des Betrachtungszeitraumes auf eine repräsentative Periode (Rechnung mit Durchschnittswerten, z.B. durchschnittliche Auslastung und Kosten),

3. die Zusammensetzung der Kosten (Verhältnis von fixen zu variablen Kosten) wird nicht berücksichtigt.

Bei einer Kostenvergleichsrechnung (speziell bei numerisch gesteuerten Fertigungssystemen) müssen alle Kosten einbezogen werden, die bei den vergleichenden Verfahren in unterschiedlicher Höhe anfallen und durch die Entscheidung für eine Alternative beeinflußt werden. Da die Fertigungssysteme, abhängig von dem zu fertigenden Teilespektrum, den gesamten Herstellvorgang von der Konstruktion bis zur Montage beeinflussen können, ist die Berechnung der Herstellkosten nach der Zuschlagskalkulation mit einem Restfertigungsgemeinkostensatz auf der Basis „Maschinenstunde" oder „Fertigungslohn" zu ungenau. Für einen Vergleich von Fertigungssystemen insbesondere einfacher NC-Maschinen mit konventionellen Maschinen sind deshalb alle beeinflußten Kostenanteile aus den Restfertigungsgemeinkosten herauszunehmen und verursachungsgerecht als Sondereinzelkosten zu verrechnen. Um diese Grö-

---

[498] BLOHM, H., LÜDER: K.: ebenda, S. 50.

[499] Vgl. GUTENBERG, E.: Die Produktion, a.a.O., S. 179ff.; BLOHM, H., LÜDER, K.: Investition, a.a.O., S. 57.

[500] Vgl. z.B. HAMKE, F.: Über die Anwendbarkeit neuzeitlicher Investitions-Rechenverfahren bei der Beschaffung von numerisch gesteuerten Werkzeugmaschinen, in: Produktivitätsverbesserungen ..., a.a.O., S. 107. Den Vorgehensweisen sind insofern enge Grenzen gesetzt, da der Schluß von einer Kostensenkung auf eine Erhöhung des Betriebserfolges beim Einsatz numerisch gesteuerter Fertigungssysteme nicht immer zulässig ist. Es hängt davon ab, mit welchen Fertigungsaufgaben ein System belegt ist, und ob bei einer Kapazitätserweiterung die Herstellung einer größeren Zahl von Produkten zu geringeren Stückkosten erfolgt und die größere Menge auch zum gleichen Preise absetzbar ist (vgl. BLOHM, H., LÜDER, K.: ebenda, S. 57).

ßen entsprechend ihren tatsächlichen Werten zu berücksichtigen, wurde in der Literatur[501]) die in Abb. 36 dargestellte Gliederung der Herstellkosten vorgenommen.

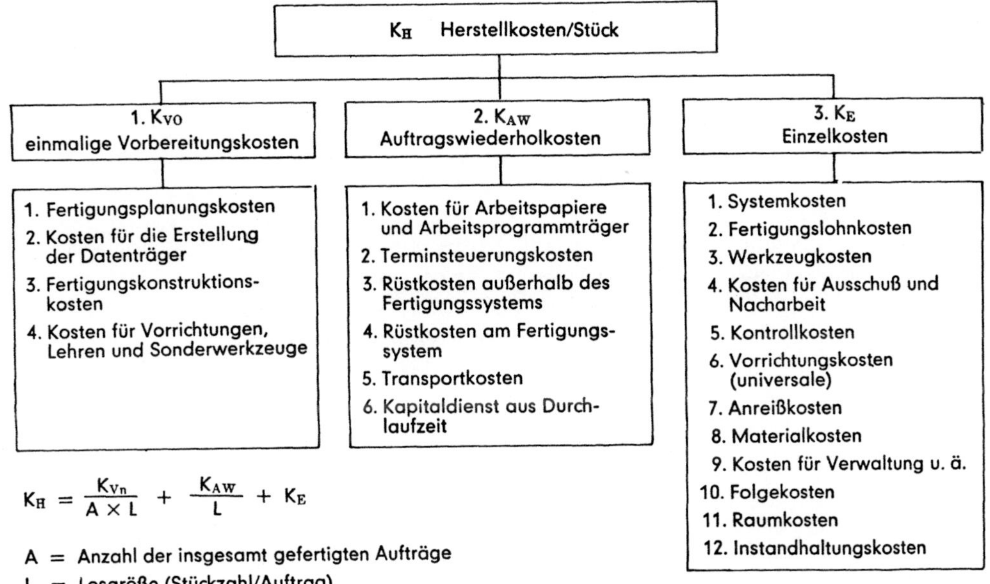

$$K_H = \frac{K_{Vn}}{A \times L} + \frac{K_{AW}}{L} + K_E$$

A = Anzahl der insgesamt gefertigten Aufträge

L = Losgröße (Stückzahl/Auftrag)

Abbildung 36

Gliederung der Herstellkosten bei numerisch gesteuerten Fertigungssystemen
für die Kostenvergleichsrechnung

Die sich zwischen konventioneller und numerisch gesteuerter Fertigung ergebende Herstellkostendifferenz

$$K_H = K_{Hk} - K_{Hn}$$

[501]) Diese Gliederungsgesichtspunkte wurden von KIRCHNER, E.: Technische und betriebswirtschaftliche Grundlagen der Teilefamileinfertigung ..., a.a.O, erstmals hervorgehoben und von anderen Autoren vervollständigt. Vgl. hierzu STEHLE, P.: Eine Methode zur Wirtschaftlichkeitsrechnung ..., a.a.O., S. 81—140; ROHS, H.C.: Grunsätzliches zur Wirtschaftlichkeitsrechnung bei numerisch gesteuerten Werkzeugmaschinen, in: Werkstattstechnik , 59. Jg. (1969), Nr. 10, S. 481—484; SCHULER: H.: Die Wirtschaftlichkeit numerisch gesteuerter Drehmaschinen, in: VDF-Mitteilung, H. 30, S. 54—60; BÄUML, K.: Über die Wirtschaftlichkeit von NC-Maschinen ,in TZfpM, 61. Jg. (1967), H. 9, S. 450—455; FIDRICH, P.: Wirtschaftlichkeitsbetrachtungen für numerisch gesteuerte Werkzeugmaschinen, VDI-Bildungswerk-Lehrgangshandbuch: Numerisch gesteuerte Werkzeugmaschinen, Düsseldorf 1966, Beitrag BW 605; KELLNER, P.: Numerisch gesteuerte Werkzeugmaschinen ..., a.a.O., S. 41ff.

und die „relative Wirtschaftlichkeit" [502])

$$\text{relative Wirtschaftlichkeit} = \frac{\text{Ertrag k}}{\text{Kosten k}} : \frac{\text{Ertrag n}}{\text{Kosten n}}$$

stellen die Kenngrößen für die Beurteilung der wirtschaftlichsten Alternative der zur Auswahl stehenden Alternativen „k" und „n" dar. Aufgrund der Prämisse „gleiche Erträge der verglichenen Investitionsobjekte" (Ertrag k = Ertrag n) ergibt sich:

$$\text{relative Wirtschaftlichkeit} = \frac{\text{Kosten n}}{\text{Kosten k}} \, .$$

Damit kann für eine bestimmte Fertigungsaufgabe das kostenmäßig bestgeeignete Fertigungssystem aus mehreren Fertigungsalternativen bestimmt werden.

Eine Schwierigkeit bei der Berechnung der Vorbereitungs-, Auftragswiederholkosten bringt die Berechnung der optimalen Losgrößen mit sich. Man muß dazu den Jahresbedarf (J) und die voraussichtliche Marktperiode des Werkstückes im Rahmen des Fertigungsprogrammes abschätzen. Erfahrungswerte und vergangenheitsbezogene Richtwerte lassen sich hier sinnvoll verwenden.

Um den Orientierungswert der Kostenvergleichsrechnung richtig abzuschätzen, ist zu beachten, daß diese vergleichende Stückkostenbetrachtung in gewissem Sinne für Standardaufgaben durchgeführt wird. Obwohl dieses Verfahren zum Beispiel auch für die Auswahl von Computern angeführt wird [503]), ist als Schwachstelle vor allem die mangelnde Repräsentanz der Fertigungsaufgabe für die zukünftige Aufgabenstellungen und die Unvorhersehbarkeit zukünftiger, neuer Systemanforderungen anzuführen. Aus den aufgezeigten Prämissen ergibt sich, daß sich der Kostenvergleich auf ein sachlich und zeitlich begrenztes Datenfeld bezieht, d.h. es werden nur die anlagenabhängigen Kosten und von diesen nur die für die Entscheidung relevanten Durchschnittskosten für eine Periode einbezogen. Durch die Verwendung von Durchschnittswerten wird auch das aus schwankenden Leistungsanforderungen resultierende Problem des Verhältnisses der fixen zu den variablen Kosten verdeckt.

Der Kostenvergleich ist zur Ermittlung der Zielwirksamkeit der Alternativen immer dann sinnvoll anwendbar, wenn sich die Systeme in der Leistung nicht unterscheiden, wenn es auf die Leistungsunterschiede nicht ankommt oder eine genau fixierte Leistung verlangt wird. Dies wird in der Regel bei der Auswahl- und Ersatzentscheidung über Subsysteme und bei ganz bestimmten Einsatzgebieten (z.B. für die Informationsträgererstellung bei konventionellen Automaten) numerisch gesteuerter Fertigungssysteme der Fall sein. Mit Hilfe der Ko-

---

[502]) Vgl. STEHLE, P.: Eine Methode zur Wirtschaftlichkeitsrechnung ..., a.a.O., S. 4f.
[503]) Vgl. GROCHLA, E.: Grundprobleme der Wirtschaftlichkeit in automatisierten Datenverarbeitungssystemen, in: Die Wirtschaftlichkeit automatisierter Datenverarbeitungssysteme, hrsg. v. E. Grochla, Wiesbaden 1970, S. 23ff.; ORLICKY, J.A.: Computer Selection, in: Computers and Automation, Vol. 17 (1968), Nr. 9, S. 46ff.

stenvergleichsrechnung kann ferner die Frage geklärt werden, welches der im Betrieb vorhandenen Systeme die geringsten Herstellkosten verursacht, wobei das sich ergebende Resultat als Grundlage für die Belegung der Systeme mit Fertigungsaufgaben anzusehen ist. Hervorzuheben ist, daß bei Fertigungssystemen, denen aufgrund ihrer Stellung im Produktionsprozeß keine Erträge zugeordnet werden können, die Kostenvergleichsrechnung die einzig mögliche Methode darstellt, um das geeignetste System zu bestimmen [504]).

Der Beschränkung auf nur wenige Entscheidungssituationen stehen die geringen Aufwendungen für Datenermittlung und Rechenaufwand gegenüber, so daß die Kostenvergleichsrechnung von der praktischen Brauchbarkeit her keine Einschränkung erfährt.

4.4212 Gewinnvergleichsrechnung

Muß die Prämisse konstanter Erlöse fallengelassen werden, und ist darüber hinaus der Einfluß der Investition auf den Gewinn durch Grenzbetrachtungen meßbar, so kann die Gewinnvergleichsrechnung [505]) für die Entscheidung über eine Investition herangezogen werden. Auswahlkriterium ist der betriebswirtschaftlich-kalkulatorische Gewinn. Unter Beachtung der Prämissen [506]) läßt sich die Gewinnvergleichsrechnung bei der Entscheidungsvorbereitung für numerisch gesteuerte Fertigungssysteme z.B. sinnvoll beim Einsatz in der Massenfertigung anwenden. Das Entscheidungsproblem läßt sich insofern adäquat lösen, als der entscheidende Faktor, nämlich die Verringerung der Nutzungsverluste starr verketteter Maschinen, durch ein numerisch gesteuertes Fertigungssystem explizit berücksichtigt wird.

Die Gewinnvergleichsrechnung ist insbesondere anwendbar, wenn die Kapitaleinsätze der Alternativen ungefähr gleich sind. Ist dies nicht der Fall, so ist die Rentabilitätsrechnung geeigneter [507]).

4.4213 Rentabilitätsrechnung

Die Rentabilitätsrechnung oder Renditemethode betrachtet das Verhältnis zwischen dem durchschnittlich zu erwartenden Jahresgewinn einer Investition und dem investierten Kapital. Mit Hilfe der Rentabilitätsrechnung soll die durchschnittliche jährliche Verzinsung eines Investitionsobjektes ermittelt werden. Die allgemeine Formel für die Rentabilitätsziffer [508]) oder die „Rate of Return on Investment" lautet:

[504]) Vgl. KILGER, W.: Optimale Verfahrenswahl bei gegebenen Kapazitäten, in: Produktionstheorie und Produktionsplanung, Karl Hax zum 65. Geburtstag (Hrsg. A. Moxter, D. Schneider, W. Wittmann), Köln-Opladen 1966, S. 161.

[505]) Vgl. z. B. BRANDT, H.: Investitionspolitik. .., a.a.O., S. 33—35; SCHMIDT, R.B., BERTHEL, J.: Unternehmungsinvestitionen, a.a.O., S. 82f; KERN, W.: Investitionsrechnung, a.a.O., S. 125ff.

[506]) Vgl. dazu die Prämissen der Kostenvergleichsrechnung und die Probleme der Gewinn- bzw. Ertragsdefinition und Ertragsermittlung in Kap. 4.343.

[507]) Vgl. KERN, W.: Investitionsrechnung, a.a.O., S. 127.

[508]) Vgl. KERN, W.: Rentabilitätsanalyse, in: ZfhF (NF), 12. Jg. (1960), H. 1, S. 17ff.

$$\text{absolute Rentabilität} = \frac{\text{Gewinn}}{\text{Kapital}} \times 100 \ (\%)$$

Da bei einer Investition das rentabelste Fertigungssystem ausgewählt werden soll, dem Fertigungssystem jedoch ein Gewinn meist nicht zugeordnet werden kann, empfiehlt es sich, die Investition nach ihrer relativen Rentabilität zu beurteilen [509] .

$$\text{Die relative Rentabilität} = \frac{\text{zusätzlicher Gewinn}}{\text{zusätzlicher Kapitaleinsatz}} \times 100 \ (\%)$$

gibt also die Verzinsung des zusätzlichen Kapitalaufwandes einer Investition an.

Da Gewinn = Ertrag — Kosten ist, ergibt sich der zusätzliche Gewinn aus (Ertrag k — Kosten k) — (Ertrag n — Kosten n).

Bei der Annahme „Ertrag k = Ertrag n" brauchen nur die Einsparungen der Kosten ermittelt werden, um den zusätzlichen Gewinn zu erhalten. Somit ergibt sich:

$$\text{relative Rentabilität} = \frac{\text{Kosten n — Kosten k}}{\text{zusätzlicher Kapitaleinsatz}}$$

Hierbei wird gleiche Betriebsmittelproduktivität bei beiden Alternativen vorausgesetzt [510].

Da es sich bei numerisch gesteuerten Fertigungssystemen in der Regel um Erweiterungs- und Rationalisierungsinvestitionen oder um eine Kombination von beiden handelt, sollen diese beiden Investitionsarten gesondert betrachtet werden. Bei einer Erweiterungsinvestition wird die Ausweitung der Kapazität angestrebt. Der zusätzliche Gewinn kann nicht mehr bei gleichbleibenden Erträgen ermittelt werden, da ein neues Produktionsprogramm gefertigt und die bisherige Produktionsmenge vergrößert wird. Im Investitionsvergleich werden nun neue Fertigungssysteme unterschiedlicher Automatisierung und Mengenleistung gegenübergestellt. Als Vergleichsgrundlage dient das Produktionsprogramm der leistungsfähigeren Maschinen, wobei auch beim Einsatz der leistungsschwächeren Maschine die Fertigungsaufgaben in den Vergleich mit einbezogen werden müssen, die weiter auf den vorhandenen Maschinen gefertigt werden [511].

Um die durch die unterschiedliche Mengenleistungen veränderten Erträge zu berücksichtigen, wird bei numerisch gesteuerten Fertigungssystemen vorgeschlagen,die zusätzlich ausgebrachten Mengen mit der Differenz der Herstellkosten zu bewerten [512]. Eine Umschichtung der Teilebelegung, bedingt durch leistungsfähigere numerisch gesteuerte Fertigungssysteme,

---

[509] Vgl. STEHLE, P.: Eine Methode zur Wirtschaftlichkeitsrechnung ..., a.a.O., S. 7.
[510] Vgl. zu dieser und zu den übrigen Prämissen BLOHM, H., LÜDER: K.: Investition, a.a.O., S. 62—66; BRANDT, H.: Investitionspolitik..., a.a.O., S. 35—39.
[511] Vgl. HAMKE, F.: Über die Anwendbarkeit... ,a.a.O., S. 117.
[512] Vgl. STEHLE, P.: Eine Methode zur Wirtschaftlichkeitsrechnung ..., a.a.O., S. 55.

bleibt hier unberücksichtigt. Es wird die relative Rentabilität des leistungsfähigeren Systems berechnet.

Bei der Rationalisierungsinvestition werden eine oder mehrere alte Anlagen durch leistungsfähigere ersetzt. Um den Investitionsvergleich speziell bei numerisch gesteuerten Fertigungssystemen durchführen zu können, wird als Bezugsgrundlage die geplante Fertigungsaufgabe auf dem Fertigungssystem gewählt, das durch Stückkosten- oder Zeitvergleich ermittelt worden ist. Es werden also die bei der Anschaffung eines numerisch gesteuerten Fertigungssystems entstandenen Kosten mit den Kosten bei der Produktion der Fertigungsaufgaben auf konventionellen Maschinen in einer Periode verglichen. Dabei wird die relative Rentabilität des zusätzlich eingesetzten Kapitals ermittelt. Die Zweckmäßigkeit einer Investition wird danach beurteilt, ob der errechnete Prozentsatz nicht niedriger ist als die geforderte Mindestrentabilität.

Der zusätzliche Kapitaleinsatz ergibt sich aus der Differenz der Kapitaleinsätze für die alternativen Anlagen. Der zusätzliche Gewinn wird durch die Kostendifferenz beider Verfahren bestimmt. Dabei ist zu berücksichtigen, daß eine eventuelle Umlegung der Fertigungsaufgaben zu einer geringeren Kapazitätsauslastung und damit zu einer Kostenerhöhung des bestehenden Produktionspotentials führen kann.

Da die numerisch gesteuerten Fertigungssysteme ihrem Einsatzbereich nach hochautomatisierte Universalmaschinen sind, müßte man für die Investitionsrechnung alle auf der jeweiligen Anlage zu fertigenden Werkstücke entsprechend ihrer Belegungszeit berücksichtigen. Wegen des damit verbundenen hohen Rechenaufwandes schlägt Stehle[513]) vor, das Werkstückspektrum in Gruppen mit ähnlichem Kostenverhalten zu gliedern und für jede Gruppe die kostenbestimmenden Faktoren mit Hilfe eines repräsentativen Werkstücks, also einer Standardaufgabe, zu ermitteln und über die Belegungszeit der einzelnen Gruppen die relative Rentabilität der Maschine zu berechnen.

Insgesamt unterliegt die Rentabilitätsrechnung den gleichen Anwendungseinschränkungen wie die Kosten- und Gewinnvergleichsrechnung. Zusätzlich zu diesen Anwendungsbeschränkungen versucht sie, der Knappheit der Finanzierungsmittel durch die Wahl der Kapitalverzinsung als Auswahlkriterium Rechnung zu tragen. Wegen der Begrenzung des Datenfeldes kann ihr Beitrag zur Abstimmung zwischen Investitions- und Finanzbereich nur als eine grobe Näherungslösung betrachtet werden.

4.4214 Amortisationsrechnung

Die Amortisationsrechnung[514]) (Kapitalflußrechnung, pay-back- oder pay-off-Methode) ermittelt den Zeitpunkt, in dem die Ausgaben für ein Investitionsobjekt infolge der erzielten

---

[513]) Vgl. STEHLE, P.: ebenda, S. 57f.
[514]) Vgl. BLOHM, H., LÜDER, K.: Investition, a.a.O., S. 58—62; BRANDT, H.: Investitionspolitik..., a.a.O., S. 39—43; KERN, W.: Investitionsrechnung, a.a.O., S. 129ff.

jährlichen Überschüsse wieder in die Unternehmung zurückgeflossen sind. Dabei berechnet sich der Überschuß aus der Differenz der jährlichen Einnahmen und Ausgaben des Investitionsobjektes. Oft wird jedoch der Rückfluß durch den Cash-Flow, d.h. die Summe aus dem jährlichen Gewinn und den jährlichen Abschreibungen, angenähert [515].

Der Wiedergewinnungszeitpunkt m ergibt sich, wenn folgende Gleichung erfüllt ist[516]):

$$I_0 = \sum_{t=1}^{m} (G_t + A_t)$$

wobei I_0 = Kapitaleinsatz

G_t = Gewinn im Jahr t und

A_t = Abschreibungen im Jahr t bedeuten.

Als zusätzlicher Indikator — z.B. neben der Rentabilitätsrechnung — kommt der Amortisationszeit insbesondere bei Rationalisierungsinvestitionen besondere Bedeutung zu. Die Amortisationszeit liefert einen Anhaltspunkt für den Erfolg einer Investitionsalternative und dem Risikodenken des Investors[517]. Darüber hinaus sind die Daten für den kürzeren Amortisationszeitraum genauer zu schätzen als für die gesamte Nutzungsdauer numerisch gesteuerter Fertigungssysteme.

Neben der begrenzten Aussagefähigkeit der Amortisationszeit aufgrund der Prämissen kann die Anwendung der Amortisationsrechnung bei Erweiterungsinvestitionen sogar zu falschen Entscheidungen führen, da durch Festsetzung einer gewünschten kurzen Amortisationszeit der Ersatz der alten Maschine hinausgeschoben wird und der Unternehmer durch Nichtverwendung der wirtschaftlichsten Alternative einen Verlust erleidet[518].

Die Bestimmung der Ist-Amortisationszeit und ihr Vergleich mit einer vertretbaren Rückflußfrist des eingesetzten Kapitals kann als zusätzliche Information für Investitionsentscheidungen über numerisch gesteuerte Fertigungssysteme aus den oben angeführten Gründen nur eine geringe Aussagefähigkeit haben. Die hier ermittelte statische Amortisationszeit hat aber gegenüber der dynamischen Amortisationszeit (bei dieser wird die Verzinsung mit berücksichtigt) als Risikomaßstab den Vorteil, daß subjektive Einflüsse, die aus der Wahl des Kalkulationszinssatzes resultieren, nicht in die Rechnung eingehen[519].

Neben der Abschätzung des Risikos des Kapitaleinsatzes ergeben sich aus der Amortisationsrechnung Anhaltspunkte für die Beurteilung der Investitionsvorhaben ausgehenden Einflüsse

---

[515] Statt mit Gewinn und Abschreibungen zu rechnen wird auch vorgeschlagen, gleich mit Nettoerträgen = Ertrag — laufende Aufwendungen zu rechnen. Beide Rechnungen führen zu dem gleichen Wertansatz. Vgl. NIEMAYER, G.: ebenda, S. 71.

[516] BLOHM, H., LÜDER, K.: Investition, a.a.O., S. 58.

[517] Vgl. z.B. SCHNEIDER, D.: Investition und Finanzierung, a.a.O., S. 294f.

[518] Vgl. ebenda, S. 295.

[519] Vgl. BLOHM, H., LÜDER, K.: Investition, a.a.O., S. 89.

auf die zukünftige Liquidität [520]). Will sich der Investor dem Liquiditätsrisiko gegenüber absichern, so ist zu bedenken, daß dies nur im Rahmen einer vollständigen, die Gesamtunternehmung umfassenden Finanzplanung ausreichend und zuverlässig möglich ist. „Trotzdem bleibt es sinnvoll, auch die einzelnen Investitionsvorhaben in sich vom Liquiditätsrisiko her zu beurteilen. Von zwei im übrigen gleich vorteilhaften Vorhaben ist immer dasjenige vorzuziehen, das ein kleineres Liquiditätsrisiko" [521]) trägt, das sich also durch eine kürzere Amortisationsdauer auszeichnet. Diesem Gesichtspunkt ist in Anbetracht der Kapitalintensität numerisch gesteuerter Fertigungssysteme erhöhte Aufmerksamkeit zu schenken.

Obwohl die Amortisationsrechnung als alleiniger Beurteilungsmaßstab der Investition in der Literatur [522]) weitgehend abgelehnt wird, scheint sie aufgrund ihres Entscheidungskriteriums und der geringen Ansprüche an Daten und Rechnungsmethoden in der Praxis überwiegend angewandt zu werden [523]). Als zusätzliche Information zur Abwägung des bereits aufgezeigten Konflikts zwischen Sicherheitsstreben und Rentabilitätsmaximierung wird die Amortisationsrechnung allgemein empfohlen.

4.4215 Rechnerprogramme zur Investitionsrechnung

Die Anwendung eines Rechenprogrammes empfiehlt sich, um den hohen Planungsaufwand zu reduzieren und die Vielzahl der aufgezeigten Parameter und Randbedingungen auswerten zu können, die aus allen durch den Einsatz von numerisch gesteuerten Fertigungssystemen beeinflußten Unternehmensbereichen stammen. Da Rechenprogramme in der Praxis bereits angewandt werden (unter anderem auch von Werkzeugmaschinenherstellern für die Beratung von Kunden [524])), soll die Methode kurz dargestellt werden.

Rechnerprogramme für die Wirtschaftlichkeitsuntersuchung an numerisch gesteuerten Fertigungssystemen wurden an der RWTH Aachen [525]) in Zusammenarbeit mit der Industrie und Rationalisierungskuratorium der Deutschen Wirtschaft e.V. sowie von der Urwick Technology Management Ltd [526]) entwickelt.

Das Rechnerprogramm erstreckt sich sowohl auf den Bereich der Investitionsrechnung mit Hilfe der Rentabilitätsrechnung als auch auf die kostenoptimale Zuordnung der Werkstücke

---

[520]) Vgl. SCHWARZ, H.: Optimale Investitionsentscheidung, a.a.O., S. 88; JONAS, H.H.: Investitionsrechnung, a.a.O., S. 29f.

[521]) MELLEROWICZ, K.: Unternehmenspolitik, a.a.O., S. 448.

[522]) Vgl. zur Kritik z.B. SWOBODA, P.: Die betriebliche Anpassung..., a.a.O., S. 155; SCHWARZ, H.: ebenda, S. 86; FRISCHMUTH, G.: Daten als Grundlage..., a.a.O., S. 161; SCHNEIDER, D.: Investition und Finanzierung, a.a.O., S. 294f.

[523]) Bei ca. 50% der befragten Unternehmen wurde die Amortisationsrechnung angewandt. Diese Zahl wird auch durch die Erhebung von Freudhofer bestätigt. (Vgl. FREUDHOFER, F.: Der Einfluß wirtschaftlicher und organisatorischer Kenngrößen..., a.a.O., S. 198.)

[524]) So z.B. N.N.: Das Wirtschaftlichkeits-Rechenprogramm WIREP: 10/69, Firma Scharmann, Rheydt.

[525]) Vgl. STEHLE, P.: Eine Methode zur Wirtschaftlichkeitsrechnung..., a.a.O.

[526]) Vgl. HUGGINS, E.W., WILLS, R.J.: Verbesserte Verfahren zur Bewertung..., a.a.O., S. 53ff.

zu den Fertigungssystemen. Dazu müssen firmen-, maschinen- und werkstückabhängige Daten erfaßt und dem Rechner eingegeben werden[527]. Die firmenabhängigen Daten umfassen alle Kostensätze und Lohnfaktoren, die für das Unternehmen konstant sind, z.B. Löhne, Zinssätze, Stundensätze usw. Die maschinenabhängigen Daten enthalten Leistungsdaten, Arbeitsbereiche, Steuerungsangaben und Angaben zur Ermittlung des Maschinenstundensatzes, z.B. Anschaffungswert, Abschreibungszeit, Stromverbrauch usw. Die werkstückabhängigen Daten enthalten hauptsächlich die bei der Herstellung der Werkstücke verbrauchten Mengen, Stückzeiten, Rüstzeiten, Zeitbedarf zur Datenspeichererstellung und die zu fertigende Jahresstückzahl. Die werkstückabhängigen Daten brauchen nur für ein typisches Werkstück pro Gruppe mit ähnlichem Kostenverhalten ermittelt werden.

In dem Rechnerprogramm von Huggins und Wills wird das typische Werkstück in einer problemorientierten Programmiersprache geschrieben. Als Ergebnis werden die Standardzeiten und -kosten für alle Teile auf den am besten geeigneten Maschinen zugeordnet und ausgedruckt.

Bei dem von Stehle entwickelten Rechenprogramm[528] werden folgende Aussagen gemacht:

— Bestimmung des wirtschaftlichsten Fertigungssystems (Investitionsrechnung);

— Bestimmung der Werkstücke, die auf numerisch gesteuerten Fertigungssystemen wirtschaftlicher als auf konventionellen Maschinen gefertigt werden können (Verfahrensvergleich);

— Bestimmung der Herstellkosten und -kostenanteile pro Werkstück (Wirtschaftlichkeitskontrolle, Kostenanalyse).

Als Ergebnis erhält man für jedes Fertigungssystem:

1) Die optimale Losgröße (nach Andler) bei entsprechendem Jahresbedarf. Für den Jahresbedarf werden neben dem Istwert noch fiktive Jahresstückzahlen in verschiedenen Stufen angegeben. In Abhängigkeit von der optimalen Losgröße ergeben sich die Kosten.

2) Eine Angabe über die theoretisch möglichen Jahresstückzahlen bei der Fertigung gleicher Werkstücke, die als Maß für die Produktivität dieser Anlage dienen können.

[527] Zur Erfassung dieser Daten wurden spezielle Erfassungsformulare entwickelt, Vgl. EVERSHEIM. W., STEHLE, P.: Planungsmethoden..., a.a.O., Anlage; GÜHRING, H., HOMANN, H.W.: Vereinfachung der Wirtschaftlichkeitsrechnung durch elektronische Datenverarbeitung, in: IA, 92. Jg. (1970), Nr. 24, S. 503—506.

[528] Das beschriebene Rechenprogramm steht der Industrie seit ca. 2 Jahren zu Verfügung..Die Kosten für die Wirtschaftlichkeitsrechnung setzten sich aus den Rechnerkosten und den Kosten für die Datenerfassung zusammen. Das Programm benötigt ca. 12—15 Sekunden Rechenzeit auf dem Großrechner (Stundensatz: 3500 DM). Bei der Datenerfassung kann ein Mann pro Tag die Werte für etwa 10—15 Werkstücke erfassen.

3) Kostenangaben (variable Herstellkosten, Herstellkosten ohne Folgekosten, Folgekosten), die eine detaillierte Aussage über die beeinflußten Kostenbereiche ermöglichen. Ein Vergleich der verschiedenen Fertigungssysteme kommt durch die Bildung der variablen Herstellkosten- und Herstellkostendifferenz zustande.

4) Angaben über das benötigte Kapital; ein Verhältnis des fixen gebundenen Kapitals zu dem Umlaufkapital und die Kapitaldifferenz zwischen beiden Verfahren.

5) Die relative Rentabilität, die die Verzinsung des zusätzlichen Kapitals angibt. Sie wird im Rechenprogramm ermittelt, indem mit Hilfe der Herstellkosten pro Stück die Teile nach ihrem Anteil an der Belegungszeit und der Stückzeit gewichtet werden. Daraus können die Herstellkosten pro Periode ermittelt werden. Die Differenz der Herstellkosten zweier Verfahren wird gebildet und dann zur Kapitaldifferenz dieser Verfahren ins Verhältnis gesetzt.

6) Die Maschinenstundensätze der untersuchten Systeme werden nach der VDI-Richtlinie 3258 ermittelt.

Durch die Verwendung eines Rechners für Investitionsrechnungen konnte auch die horizontale Interdependenz — die Anpassung der neuen an die vorhandenen Produktionsmittel — berücksichtigt werden. Das Rechnerprogramm bietet eine wesentliche Hilfe für rationale Investitionsentscheidungen.

Die Vorteile [529] bei der Anwendung dieser Rechnerprogramme liegen in der Möglichkeit, eine Vielzahl von Alternativen in kurzer Zeit in eine Präferenzordnung zu bringen, Kontrollen mit geringem Aufwand durchzuführen wie auch in der Speicherung von Informationen für Folgeinvestitionen. Der Anwendung von Rechenprogrammen für Investitionsentscheidungen sind jedoch in der Praxis Grenzen gesetzt. Die Hauptprobleme sind zu sehen in der mangelnden Quantifizierbarkeit einiger Daten, in der Begrenzung auf einzelne Datenfelder, in der unterschiedlichen Struktur und in unterschiedlichen Einsatzbereichen der Fertigungssysteme. Diese Probleme begrenzen die Anwendbarkeit der Rechnerprogramme zur Vorbereitung von Teilurteilen.

4.422 Dynamische Investitionsrechenmodelle

Die dynamischen Investitionsrechenmodelle [530] stellen eine Fortentwicklung und Erweiterung der statischen Modelle dar. Ihre Rolle zur Vorbereitung von Investitionsentscheidungen für numerisch gesteuerte Fertigungssysteme konnte bei der empirischen Befragung nicht ermittelt

---

[529] Vgl. zu den Vorteilen von Rechenprogrammen NIEMAYER, G.: Investitionsentscheidungen..., a.a.O., S. 21ff.

[530] Die dynamischen Methoden sind dargestellt bei SCHNEIDER, E.: Wirtschaftlichkeitsrechnung, a.a.O.; SCHMIDT, R.B., BERTHEL, J.: Unternehmungsinvestitionen, a.a.O., S. 89ff.; BLOHM, H., LÜDER, K.: Investition, a.a.O., S. 66—108.

werden, da in keinem der besuchten Unternehmen diese Methoden zur Anwendung kamen, so daß sich die Diskussion auf theoretische Überlegungen beschränken muß.

Investitionsentscheidungen beeinflussen ein Unternehmen über einen längeren Zeitraum, d.h. daß die Entwicklung der Daten eines Investitionsobjektes für mehrere zukünftige Perioden in den Wirtschaftlichkeitskalkül einbezogen werden muß. Die dynamischen Investitionsrechenmodelle gehen davon aus, daß jede Investition durch Ein- und Auszahlungsströme über die Nutzungsdauer eines Investitionsobjektes gekennzeichnet ist. Die unterschiedliche Größe und der zeitliche Anfall dieser Ströme bestimmen die Vorteilhaftigkeit einer Investition im Hinblick auf das eingesetzte Kapital.

Als Entscheidungskriterien zur Beurteilung der Vorteilhaftigkeit einer Investition benutzt die dynamische Investitionsrechnung den Kapitalwert, den internen Zinssatz und die Annuität. Eine Investitionsalternative ist dann vorteilhaft, wenn der Wert ihres Entscheidungskriteriums größer oder gleich Null oder einer vorgegebenen Größe bzw. einer Alternative ist[531]).

Die Zweckmäßigkeit der dynamischen Investitionsrechenmodelle ist am geeignetsten durch eine Gegenüberstellung zu den statischen Modellen zu bestimmen: Der wesentlichste Vorteil dynamischer Investitionsrechenmodelle liegt in der Berücksichtigung der zeitraumbezogenen Wirkungen eines Investitionsobjektes. Dieser Vorteil wird durch eine Reihe zusätzlicher Annahmen über die Finanzierungs- und Reinvestitionsmöglichkeiten sowie durch eine Steigerung des rechnerischen Aufwandes erkauft. Bevor die Frage nach der praktischen Brauchbarkeit wertend beantwortet werden kann, ist zu prüfen, ob die Isomorphie zwischen Modellstruktur und Entscheidungssituation erhöht wurde.

Bei den dynamischen Methoden ist zu beachten, daß sämtliche Ein- und Auszahlungen ihrer Höhe und ihrer zeitlichen Verteilung nach bekannt sein müssen[532]). Die Ein- und Auszahlungen müssen über die gesamte Nutzungsdauer geschätzt werden. Bei der Unsicherheit der Daten und vor allem bei der Erfolgsermittlung einer Alternative bestehen die gleichen Probleme wie bei den statischen Modellen. Hinsichtlich der verwendeten Zielgrößen werden grundsätzlich praktische und theoretische Einwendungen erhoben. Diese beziehen sich auf die Ableitung der Zielgrößen aus dem Totalgewinn der Unternehmung[533]).

Alle Methoden führen nur dann zu einwandfreien Ergebnissen, wenn der Rechnung vollständige Alternativen[534]) zugrundeliegen und der Kalkulationszinsfuß realistisch veranschlagt

---

[531]) Vgl. KERN, W.: Investitionsrechnung, a.a.O., S. 168.

[532]) Als Näherungslösung wird oft die Rechnung mit periodisierten Aufwendungen und Erträgen oder Kosten und Leistungen vorgeschlagen. Vgl. z.B. BRANDT, H.: Investitionspolitik ..., a.a.O., S. 90ff.; SCHWARZ, H.: Optimale Investitionsentscheidungen, a.a.O., S. 50f.; FRISCHMUTH, G.: Daten als Grundlage..., a.a.O., S. 145ff.; SABEL, H.: Die Grundlagen der Wirtschaftlichkeitsrechnung, a.a.O., S. 110.

[533]) Vgl. KERN, W.: Investitionsrechnung, a.a.O., S. 197.

[534]) Vollständige Alternativen liegen vor, wenn die Anlagen bezüglich des Kapitaleinsatzes und der Lebensdauer gleich sind. Vgl. SCHNEIDER, E.: Wirtschaftlichkeitsrechnung, a.a.O., S. 110.

ist[535]). Ist dies nicht der Fall, so müssen bei unterschiedlichem Kapitaleinsatz und unterschiedlicher Lebensdauer der Alternativen[536]) Differenzinvestitionen[537]) oder Supplementinvestitionen[538]) berücksichtigt werden[539]). Bei der Kapitalwertmethode und der Annuitätsmethode werden die Rückflüsse in Höhe des Kalkulationszinsfußes, bei der Methode des internen Zinsfußes mit Hilfe des internen Zinsfußes berechnet. Das ist ein Grund, warum unterschiedliche Ergebnisse bei diesen Methoden entstehen können.

Angesichts des zusätzlichen Informationsbedarfs und der mangelnden Realitätsnähe der Prämissen scheint der Zuwachs an Isomorphie für die praktische Entscheidungsvorbereitung nicht stark ins Gewicht zu fallen. Hinzu kommt der erhöhte Rechenaufwand, weniger bei der Kapitalwert- und Annuitätenmethode[540]) als bei der Internen-Zinssatz-Methode[541]), so daß auch die Praktikabilität nicht von vornherein gegeben ist.

Die dargestellten Modelle wurden in der Literatur[542]) einer umfangreichen Kritik unterzogen, die hier nicht wiederholt werden soll. Unter Berücksichtigung der in Kap. 2.3 und 4.412 auf-

---

[535]) Die Ermittlung des richtigen Kalkulationszinsfußes ist ein offenes Problem. Dies ist in erster Linie auf die verschiedenen Aufgaben zurückzuführen: Der Kalkulationszinsfuß soll die Minderschätzung in der Zukunft liegender Zahlungen ausdrücken, Angaben über die Rendite von Differenz-Investitionen machen, die Finanzierungskosten widerspiegeln und das Risiko berücksichtigen. (Vgl. SABEL, H.: Die Grundlagen..., a.a.O., S. 191.) Darüber hinaus wird der Kalkulationszinsfuß durch die Modellkonstruktion entscheidend beeinflußt. (Vgl. hierzu SCHNEIDER, D.: Ausschüttungsfähiger Gewinn und das Minimum an Selbstfinanzierung, in: ZfbF (NF), 20. Jg. (1968), S. 24.) Werden bestimmte Aspekte außer acht gelassen, sind konkrete Näherungsvorschläge für den Kalkulationszinsfuß zu machen. Vgl. hierzu SCHWARZ, H.: ebenda, S. 51f.; FRISCHMUTH, G.: ebenda, S. 59ff.; FRANKE, G., LAUX ,H.: Die Ermittlung der Kalkulationszinsfüße für investitionstheoretische Partialmodelle, in: ZfbF (NF), 20. Jg. (1970), S. 399—420; MOXTER, A.: Die Bestimmung des Kalkulationszinsfußes bei Investitionsentscheidungen, in: ZFhF (NF), 13. Jg. (1961), S. 186ff.

[536]) Die unterschiedliche Nutzungsdauer von Alternativen kann nicht im Ansatz des Kalkulationszinsfußes berücksichtigt werden. Zur Lösung solcher Aufgaben findet die Annuitatenmethode Anwendung, die selbständig den Alternativenvergleich vervollständigt, und zwar aufgrund der Prämisse, daß auch die Anschlußinvestition wieder Gewinne erzielt, nämlich die gleichen, die die Erstinvestition voraussichtlich erwirtschaftet.

[537]) Vgl. SCHNEIDER, E.: Wirtschaftlichkeitsrechnung, a.a.O., S. 33ff.

[538]) Vgl. HEISTER, M.: Rentabilitätsanalyse.., a.a.O., S. 36ff.

[539]) „Die theoretische Forderung nach Herstellung einer Vollständigkeit der Alternativen über (fiktive) Supplementinvestitionen ist realiter nicht erfüllbar, wenn die Unternehmung keine zusätzlichen Realinvestitionen zu tätigen wünscht" (SCHMIDT, R.B., BERTHEL, J.: Unternehmungsinvestitionen, a.a.O., S. 100).

[540]) Die gesonderte Ermittlung des Diskontierungsfaktors je Periode der Nutzungsdauer kann Tabellenwerten entnommen werden, so daß als Rechenoperationen nur Division und Addition anfallen.

[541]) Hier muß der interne Zinssatz, der in der Bestimmungsgleichung in höherer Potenz auftritt, durch Probieren und Interpolieren ermittelt werden. (Vgl. BLOHM, H., LÜDER, K.: Investition, a.a.O., S. 79ff.) Eine Vereinfachung der Berechnung kann nur durch zusätzliche unrealistische Voraussetzungen herbeigefuhrt werden. Bei Zahlungsreihen, deren Vorzeichen mehrfach wechseln, kommen ökonomisch nicht interpretierbare Losungen heraus. (Vgl. SCHNEIDER, D.: Investition und Finanzierung, a.a.O., S. 215.)

[542]) Vgl. z.B. BLOHM, H., LÜDER, K.: Investition, a.a.O., BRANDT, H.: Investitionspolitik...,

gestellten Anforderungen ist zur Eignung der Modelle für das Entscheidungsfeld numerisch gesteuerter Fertigungssysteme festzustellen: Die Investitionsrechenmodelle stellen „offene" Modelle dar, d.h. sie berücksichtigen nur einen Teil der relevanten Daten des Entscheidungsfeldes [543]). Interdependenzen bleiben weitgehend außer acht. Die Modelle können deshalb insgesamt nur als Näherungslösung für die dargestellten Investitionsentscheidungssituationen herangezogen werden.

Andererseits nehmen die Investitionsmodelle in einem sukzessiv ablaufenden Entscheidungsprozeß die Funktion der Bewertung der ökonomischen Effizienz dieser Systeme wahr. Die technische Effizienz des Investitionsobjektes und die Lösung des Datenproblems [544]) werden vorausgesetzt und als gelöst betrachtet. Wir haben bei der Darstellung des Entscheidungsprozesses Instrumente zusammengestellt, die diesen Forderungen nahekommen. Eine Anwendung der Investitionsrechenverfahren zur Entscheidungsvorbereitung für die aufgezeigten Entscheidungssituationen erscheint uns daher gerechtfertigt.

Vom theoretischen Standpunkt aus läßt sich keine eindeutige Antwort auf die Frage nach der Vorteilhaftigkeit einzelner Modelle geben, da alle Modelle Vor- und Nachteile besitzen, die ihren Anwendungsbereich auf spezielle Entscheidungssituationen einengen. Wenn sich der Entscheidungsträger der Relativität des rechnerischen Ergebnisses der einzelnen Methoden bewußt ist, scheinen die Kapitalwert- und die Annuitätenmethode für die praktische Anwendung zur Ermittlung des ökonomischen Zielbeitrages eines numerisch gesteuerten Fertigungssystems geeignet.

Das Mapi-System, das von Terborgh [545]) speziell für die praktische Anwendung entwickelt wurde und in den USA auch für die Beurteilung von numerisch gesteuerten Fertigungssystemen herangezogen wird [546]), soll als letztes geprüft werden. Bei diesem Verfahren werden alle voraussehbaren, die Wirtschaftlichkeit einer Ersatz- oder Rationalisierungsinvestition beeinflussenden Faktoren berücksichtigt und zwar auch die Unsicherheitsfaktoren, wie technischer Fortschritt, Überalterung und Elastizität.

---

a.a.O.; SCHMIDT, R.B., BERTHEL. J.: Unternehmungsinvestitionen, a.a.O., S. 85—89, S. 96—192 und S. 121—123; KRAUSE, W.: Investitionsrechnung und unternehmerische Entscheidungen, Berlin 1973, S. 67—198; JACOB, H.: Investitionsplanung und Investitionsentscheidung…, a.a.O., S. 11ff.; HAMKE, F.: Über die Anwendbarkeit neuzeitlicher Investitionsrechenverfahren bei der Beschaffung von numerisch gesteuerten Werkzeugmaschinen, in: Produktivitätsverbesserungen…, a.a.O., S. 106ff. SWOBODA, P.: Die betriebliche Anpassung…, a.a.O., S. 194ff; KERN, W.: Investitionsrechnung, a.a.O., S. 156ff., S. 196ff. und S. 256ff.
[543]) Vgl. ALBACH, H.: Investitionsentscheidungen in Mehrproduktenunternehmen, a.a.O., S. 26.
[544]) Zu den Datenanforderungen der vorgestellten Modelle vgl. FRISCHMUTH, G.: Daten als Grundlage…, a.a.O., S. 133ff.
[545]) TERBORGH, G.: Leitfaden der betrieblichen Investitionspolitik, a.a.O.
[546]) Vgl. STEEFY, W., SMITH, D.N., SOUTER, D.: Economic Guidelines for Justifying Capital Purchases…, a.a.O., S. 6.

Dem Grundgedanken nach zielt das Mapi-System darauf ab, die relative Rentabilität eines Investitionsobjektes zu ermitteln. Kernstück des Systems ist die Mapi-Formel[547]), mit deren Hilfe die „Dringlichkeit" der Investition — der durchschnittliche Verfahrensnachteil bei Nichtersatz der alten Anlage im nächsten Jahr — gemessen werden kann[548]). Die Starrheit des Mapi-Systems, das sowohl für die Kapital-Struktur als auch für die Kapitalverzinsung mit „eingefrorenen Werten[549]) arbeitet, verbietet die schematische Anwendung der Methode. Auch die notwendige Abwandlung des Rechenergebnisses (z.B. steigender oder fallender Trend der Anschaffungskosten, voraussehbarer unregelmäßiger Verlauf des technisch-wirtschaftlichen Fortschritts, allgemeiner Preisanstieg, lange Anlaufzeiten, Vorauszahlungen auf den Anschaffungspreis und im Zeitablauf zunehmende Kapazitätsausnutzung[550]) bedingt eine kritische Anwendung.

In seiner jetzigen Konzeption ist das Mapi-System, der Fragestellung der Ausgangsformel entsprechend, vor allem zur Beurteilung von Ersatz- und Rationalisierungsinvestitionen vorgesehen. Den methodisch bedingten Vereinfachungen entsprechend, kommen zur Beurteilung lediglich kleinere Investitionsobjekte in Betracht[551]), obwohl größere Schwankungen der Größen „Eigenkapital zu Gesamtkapital", „Fremdkapitaleinsatz" und „Eigenkapitalrentabilität"[552]) die Ergebnisse nicht wesentlich verändern. Dies nicht zuletzt deswegen, weil es sich hier um ein nur z.T. dynamisches Verfahren handelt[553]).

Die Beurteilung von Investitionen durch Anwendung des Mapi-Systems ist nur in sehr engen Grenzen vorteilhaft, z.B. beim Einsatz von kleineren Subsystemen, Werkzeugsystemen, Programmierplätzen. Für Investitionsentscheidungen über vollständige Fertigungssysteme ist die Methode aufgrund der Einschränkungen nicht empfehlenswert.

Alle dynamischen Investitionsrechnungen haben analytischen Charakter[554]), d.h. sie sind vorwiegend auf die rentabilitätsorientierte Untersuchung einzelner Anlagen abgestellt. Durch diese Vorgehensweise werden vorteilhaft erscheinende Investitionsalternativen ausgewählt und für die Aufnahme in das Investitionsprogramm vorgesehen. Erst bei der endgültigen Ab-

---

[547]) Vgl. TERBORGH, G.: ebenda, S. 99f. und die Darstellung bei BLOHM, H., LÜDER, K.: Investition, a.a.O., S. 84—98 sowie KERN, W.: Investitionsrechnung, a.a.O., S. 243—260.

[548]) In der erweiterten dritten Version der Mapi-Methode heißt es: „In n Jahren zu ersetzen" wobei n als beliebiger Wert in Prozent der Nutzungsdauer (0-100%) auszugeben ist. Zit. nach BLOHM, H., LÜDER, K.: ebenda, S. 92, Fußnote 47.

[549]) Vgl. ALBACH, H.: Investitionspolitik in Theorie und Praxis, in: ZfB, 28. Jg. (1968), S. 780.

[550]) Vgl. TERBORGH, G.: ebenda, S. 185f.

[551]) Vgl. SCHWARZ, H.: Optimale Investitionsentscheidung, a.a.O., S. 71; SCHMIDT, R.B., BERTHEL, J.: Unternehmungsinvestitionen, a.a.O., S. 123.

[552]) Vgl. TERBORGH, G.: Leitfaden der betrieblichen Investitionspolitik, a.a.O., S. 275.

[553]) Das Mapi-System ähnelt der statischen Rentabilitätsrechnung und berücksichtigt lediglich zur Bestimmung des Kapitalverzehrs für das nächste Jahr den Diskontierungsgedanken. Vgl. hierzu SCHWARZ, H.: Optimale Investitionsentscheidung, a.a.O., S. 54.

[554]) Im Gegensatz dazu werden Planungsinstrumente die auf die Erfüllung gesamtbetrieblicher Bedingungen gerichtet sind, als synthetische Methoden bezeichnet. Vgl. ALBACH, H.: Rentabilität und Sicherheit als Kriterien betrieblicher Investitionsentscheidungen, in: ZfB, 30. Jg. (1960), S. 589.

stimmung und Verabschiedung des Investitionsprogrammes erlangen Finanzierungs- insbesondere Liquiditätsgesichtspunkte eine entscheidende Bedeutung. Das Investitionsprogramm braucht hierbei in seiner Zusammensetzung nicht optimal zu sein.

Die Anwendung der Kapitalwertmethode zur isolierten Bewertung von numerisch gesteuerten Fertigungssystemen führt nur dann zu richtigen Lösungen, wenn vollständige Alternativen vorliegen und der Kapitalzinsfuß realistisch geschätzt wird. Interdependente Investitionen müssen deshalb auf den Fall einer einzigen Gesamtinvestition reduziert werden, was insbesondere bei numerisch gesteuerten Fertigungssystemen auf große Schwierigkeiten stößt. Allein diese Forderung verhindert die uneingeschränkte Anwendung der Kapitalwertmethode sowie der Internen-Zinssatz-Methode für die Beurteilung von numerisch gesteuerten Fertigungssystemen.

Für die praktische Anwendung der Annuitätenmethode wird in der Literatur angeführt

— die Formulierung zeitlich vollständiger Alternativen wird durch die Kriterienwahl (Jahreswerte) erleichtert [555];

— die Periodengrößen der Annuitätenmethode entsprechen eher dem betriebswirtschaftlichen Denken als Kapitalwerte [556]; und

— die Ermittlung „kritischer Werte", d.h. ein Wert, bei dem ein System zweckmäßig oder gegenüber einem anderen vorteilhaft ist, wird durch die Annuitätenmethode erleichtert [557].

Diese Punkte sprechen für die praktische Anwendung der Methode, insbesondere für „Vergleiche von Investitionsobjekten mit unterschiedlicher Nutzungsdauer" [558].

4.43 Lineare Optimierungsmodelle

Als ein entscheidender Mangel der Investitionsrechenmodelle ist die Nichtberücksichtigung bestehender Interdependenzen der Investitionsobjekte untereinander und zu den vorhandenen Produktionseinrichtungen sowie zu den anderen betrieblichen Bereichen hervorzuheben. Im Kalkül unberücksichtigt bleiben auch Interdependenzen, die durch die zeitlich nacheinander angeschafften Investitionsobjekte entstehen. Dieser Umstand und die mangelnde Berücksichtigung von Wirkungsrestriktionen schmälern den Aussagewert dieser Verfahren zur Vorbe-

---

[555] Dies geschieht durch die zusätzliche Annahme, daß die Kapitalwerte der Differenzinvestitionen, die aus der unterschiedlich langen Lebensdauer von Systemen resultieren, zum Kalkulationszinsfuß angelegt werden. Vgl. JACOB, H.: Investitionsplanung und Investitionsentscheidung..., a.a.O., S. 15.

[556] Vgl. SCHNEIDER, E.: Wirtschaftlichkeitsrechnung, a.a.O., S. 26; SWOBODA: P.: Die betriebliche Anpassung..., a.a.O., S. 145.

[557] Vgl. NOACK, H.: Der Aufbau eines elektronischen Datenverarbeitungssystems.., a.a.O., S. 169f.

[558] KERN, W.: Investitionsrechnung, a.a.O., S. 183.

reitung der Investitionsentscheidungen in so großem Maße, daß die Anwendung exakter, diesen Sachverhalt explizit berücksichtigende Bewertungsverfahren eine wichtige Forderung ist.

Die Methoden der linearen Programmierung ermöglichen, Entscheidungsmodelle zu entwerfen, die eine gedankliche und rechnerische Durchdringung dieser komplexen Entscheidungssituation erlauben und zu einer simultanen Lösung der Investitions- und Produktionsentscheidungen führen können [559]. Die Entscheidungsmodelle stellen auf eine kalkülsprachlich (mathematisch) formulierte Fassung des in Kap. 4.411 dargestellten Entscheidungsproblems ab. Ziel unserer Überlegungen soll es sein, zu prüfen, ob die mannigfaltigen technischen, sozialen, organisatorischen und ökonomischen Einflüsse auf Investitionsentscheidungen bei numerisch gesteuerten Fertigungssystemen in einem linearen Programmierungsmodell einzufangen sind und ob eine problemadäquate Bewertung dieser Systeme innerhalb der Investitionsprogramme erfolgen kann.

4.431 Beurteilung simultaner Entscheidungsmodelle

Der kombinatorische Prozeß bei der Auswahl einer optimalen Betriebsmittelausstattung kann mit Hilfe eines mathematischen Kalküls nur dann sinnvoll gelöst werden, wenn dieses Kalkül alle Informationen verarbeitet, die für die Zielsetzung des Entscheidungsträgers relevant sind. Dazu gehören nicht nur die Eigenschaften des Investitionsobjektes, die auf den Gewinn einwirken, sondern auch ihre Eignung, integrierter Bestandteil einer bestimmten technisch—organisatorischen Funktionsfolge zu sein. Die Abbildung dieses Tatbestandes wird durch eine Vielzahl von Modellen versucht, deren außerordentliche Vielfalt zu einer Abgrenzung der Modelle zwingt, die in diesem Zusammenhang zu analysieren sind.

Zur simultanen Bestimmung der betrieblichen Aktivitäten zeichnen sich Modelltypen mit zwei verschiedenen Schwerpunkten ab: Die kapitaltheoretischen Modelltypen richten ihr Interesse auf die Abhängigkeiten zwischen Investitions- und Finanzplanung, während die produktionstheoretischen Ansätze eine sinnvolle Bestimmung von Produktions- und Investitionsplanung anstreben [560]. Die Nebenbedingungen beinhalten dann den jeweils dritten Planungsbereich [561]. Im Hinblick auf das Entscheidungsfeld numerisch gesteuerter Fertigungssysteme ist die Analyse auf solche Modelle zu beschränken, die dem Interdependenzenproblem hinreichend Beachtung schenken und sich auf die Betrachtung technischer Alternativen beziehen.

---

[559] Vgl. z.B. ALBACH, H.: Lineare Programmierung als Hilfsmittel betriebswirtschaftlicher Investitionsplanung, in: ZfgF(NF), 12. Jg. (1960), S. 526—549.; HAX, H.: Investitions- und Finanzplanung mit Hilfe der linearen Programmierung, a.a.O., S. 430ff.; SWOBODA, P.: Die Ermittlung optimaler Investitionsentscheidungen durch Methoden des Operations Research, in: ZfB, 31. Jg. (1961), S. 96ff.; JACOB, H.: Investitionsplanung und Investitionsentscheidung..., a.a.O.

[560] Zur Unterscheidung produktions- und kapitaltheoretischer (oder finanzwirtschaftlicher) Modelle vgl. SEELBACH, H.: Planungsmodelle in der Investitionsrechnung, Wurzburg-Wien 1967, S. 9ff. und S. 23ff.; SCHNEIDER, D.: Investition und Finanzierung, a.a.O., S. 394ff. und S. 574ff.

[561] Vgl. SCHWEIM, J.: Integrierte Unternehmensplanung, a.a.O., S. 32.

Technologisch bedingte Zuordnungen lassen sich mit Hilfe linearer Ungleichungen innerhalb kapitaltheoretischer Investitionsmodelle ohne Schwierigkeiten lösen [562]. Sollen die Gewinnträger oder Investitionsobjekte als Entscheidungskriterium beibehalten werden, so ist ihr Einfluß durch die Formulierung einer entsprechenden Zielfunktion im Modell abzubilden. In kapitaltheoretischen Modellen geschieht dies durch die Summenbildung objektspezifischer Gewinnbeiträge [563]. Dadurch läßt sich das Interdependenzenproblem nur näherungsweise und für einen begrenzten Produktionstyp lösen [564]. Außerdem erhöht sich gleichzeitig der Aufwand bei der Datenaufbereitung und bei der Durchführung der Rechnung.

Ein Problem, das aufgrund der Eignung numerisch gesteuerter Fertigungssysteme für die industrielle Wechselproduktion in den Vordergrund tritt, ist die Berücksichtigung der wechselseitigen Interdependenz der Systeme und der Investitions- und Produktionsprogrammentscheidungen bei Mehrproduktenunternehmen mit mehrstufiger Fertigung. Hier können dem Investitionsobjekt allenfalls Auszahlungen, aber keine Einzahlungen zugerechnet werden. Dieses Problem ist nur in einem simultanen Investitions- und Produktionsplanungsmodell lösbar, bei dem die Entscheidungsvariablen sowohl Investitionsobjekte wie auch Produktionsmengen der Zwischen- und Fertigprodukte umfassen. Ein diesem Sachverhalt am weitesten Rechnung tragendes Modell wurde von Jacob [565] entwickelt. Das Interdependenzproblem wird von Jacob explizit in der Zielfunktion erfaßt, die im folgenden näher zu analysieren ist. In der Zielfunktion wird der Gewinn als Differenz zwischen Erlösen und Kosten [566] definiert, wobei die Erlöse in Verkaufs- und Liquiditationserlöse und die Kosten in variable Kosten, Fixkosten und Anschaffungskosten (nur soweit sie dem Betrachtungszeitraum zuzurechnen sind) unterteilt werden. Die Zielerreichung ist demnach eine Funktion folgender Variablen:

1) Produktionszeit je Periode, Produkt, Arbeitsgang und Maschine;

2) Anzahl der zu Beginn der Periode q angeschafften und in der Periode q' noch im Einsatz befindlichen Aggregate;

3) Anzahl der je Periode anzuschaffenden Aggregate;

[562] Vgl. z.B. die Abbildungen technischer Interdependenzen im Modell von Weingartner (siehe BLOHM, H., LÜDER, K.: Investition, a.a.O., S. 155).

[563] Die Berucksichtigung okonomischer Interdependenzen wird durch die Annahme einer Linearkombination individueller Nutzenkoeffizienten ausgeschlossen. Es besteht jedoch die Moglichkeit, mit Hilfe linearer Ungleichungen auch wirtschaftliche Interdependenz zu erfassen. (Vgl. hierzu das Beispiel von HAX, H.: Investitions- und Finanzplanung..., a.a.O., S. 437f.) Dieser Ansatz ist nur dann praktikabel, wenn wenige Interdependenzen innerhalb der Menge der zur Auswahl stehenden Objekte bestehen. Im Extremfall ergeben sich bei einer Auswahlmenge von n Objekten 2^n Variablen.

[564] Die Prämisse der Losbarkeit des Zurechnungsproblems schrankt den Anwendungsbereich der Modelle auf einstufige Einproduktunternehmen ein.

[565] Vgl. JACOB, H.: Investitionsplanung und Investitionsentscheidung, a.a.O.; derselbe: Investitionsplanung mit Hilfe der Optimierungsrechnung a.a.O.

[566] Die Zielfunktion wird von Jacob sowohl fur die Gewinnmaximierung wie auch fur die Maximierung des Endwertes der Unternehmung formuliert. Auf die hierin enthaltene Problematik soll in dieser Arbeit nicht naher eingegangen werden, da sie das hier zu diskutierende Problem nicht unmittelbar berührt.

4) Anzahl der je Periode zu verkaufenden Aggregate.

Der Zielbeitrag eines Investitionsobjektes ist dann davon abhängig, wie die mit dieser Investition geschaffenen Kapazitätseinheiten auf die verschiedenen Produktarten aufgeteilt werden, also letztlich von der Gestaltung des Produktionsprogrammes [567].

Durch die Aufspaltung der Ein- und Auszahlungen auf die verschiedenen Bezugsgrößen gelingt es Jacob, das Zuordnungsproblem zu umgehen. Die Investitionsobjekte sind nur Träger der Anschaffungszahlungen und Liquidationserlöse; den Mengeneinheiten der verschiedenen Produkte werden nur die erzielten Absatzpreise und variablen Kosten (Material, Löhne) pro Stück zugeordnet. Die getrennte Zuordnung der Ein- und Auszahlungen macht die Berechnung alternativer Produktionsprogramme möglich, die den finanziellen, kapazitativen und absatzmäßigen Nebenbedingungen genügen.

Um die technischen Interdependenzen zu berücksichtigen, baut das Modell von Jacob auf der Beschreibung des jeweiligen Fertigungsprozesses auf, in den die Investitionsobjekte im Falle ihrer Realisation zu integrieren sind [568]. Das auf Seite 146 dieser Arbeit gekennzeichnete Zuordnungssystem bildet auch in diesem Modell den Rahmen für die Auswahl eines optimalen Investitionsprogrammes.

Da das Modell für mehrstufige Mehrproduktbetriebe ausgestaltet wurde, sind wirtschaftliche Interdependenzen zwischen den Fertigungssystemen verschiedener Fertigungsstufen ausdrücklich erfaßt [569].

Gleichzeitig ermöglicht die Bezugsgrößendifferenzierung in Verbindung mit der Ausdehnung des Planungszeitraumes auf mehrere Perioden die Berücksichtigung zeitlich — vertikaler Nutzenkorrelationen. Konkurrierende oder komplementäre Beziehungen zwischen den Produkten, wie sie z.B. bei der Sortimentgestaltung eine Rolle spielen, können nicht berücksichtigt werden, d.h. die Preise für die Produktionsfaktoren und die erstellten Produkte müssen unverändert bleiben. In dem durch die Nebenbedingungen abgegrenzten Bereich werden vollkommen elastische Märkte unterstellt [570].

Aufgrund der Annahme linearer Produktionsfunktionen und konstanter Fertigungsintensitäten wird unterstellt, daß sich die Unternehmung ausschließlich quantitativ-zeitlich Beschäftigungsschwankungen anpaßt. Auch die Marktinterdependenz, d.h. die Abhängigkeit der Nutzenstiftung der Aggregate vom Marktverhalten der auf ihnen hergestellten Produkte, bleibt

---

[567] Indem Jacob das Produktionsprogramm durch die Variable „Produktionszeit je Produkt, Arbeitsgang und Maschine" bestimmt, liefert er mit dem Modell neben dem optimalen Produktions- und Investitionsprogramm gleichzeitig auch den Maschinenbelegungsplan der Unternehmung.
[568] Vgl. hierzu auch die Ausführungen in Kap. 4.321.
[569] Ursächlich für diese Interdependenzen ist die „integrative Interdependenz" zwischen Investitions- und Produktionsprogrammplanung sowie die aus der Unteilbarkeit des Faktors Betriebsmittel resultierenden Disproportionalitäten im Kapazitätsgefuge.
[570] Vgl. zu den hierbei auftretenden Interdependenzen MOXTER, A.: Offene Probleme der Investitions- und Finanzierungstheorie, in: ZfbF (NF), 17. Jg. (1965), S. 6.

unberücksichtigt. Das Modell unterstellt wechselseitige Unabhängigkeit der Absatzmenge der Produkte. Mit der Annahme einer linearen Erlösfunktion werden fallende Preisabsatzfunktionen ausgeschlossen.

Der entscheidende Vorteil des produktionstheoretischen Ansatzes von Jacob liegt in der Umgehung des Zurechnungsproblems der Zahlungen sowie in der Anzahl der berücksichtigten Interdependenzen[571]. Für die Auswahl der Investitionsobjekte ist nicht ihr effektiver Gewinnbeitrag, sondern ihre Auswirkungen auf die Komponenten des Gewinnes, d.h. ihre Kostenverursachung und ihre Leistungsfähigkeit als Entscheidungskriterium relevant.

Sollen die Modellstrukturen dem speziellen Entscheidungsfeld numerisch gesteuerter Fertigungssysteme angepaßt werden, so sind zusätzlich zu den Modellprämissen eine Reihe von entscheidenden Vereinfachungen, Modifikationen und Voraussetzungen zu machen.

1) Werden numerisch gesteuerte Fertigungssysteme zusammen mit anderen Betriebmitteln eingesetzt, so üben sie einen entscheidenden Einfluß auf die fixen und variablen Kosten pro Periode aus. Diese Einflüsse werden explizit im Grundmodell erfaßt. Da aber die Ursache für die Inkaufnahme höherer fixer und geringerer variabler Kosten, nämlich der Zwang zur Anpassung an ein wechselndes Produktionsprogramm, außer Betracht bleibt, wird die Elastizität — ein entscheidender Vorteil numerisch gesteuerter Fertigungssysteme — nicht berücksichtigt. Dies kann dazu führen, daß konventionelle Mehrzweck- bzw. Einzweckfertigungssysteme in einem zu großen Umfang im optimalen Investitionsprogramm enthalten sind. Jacob hat deshalb sein Modell für den Fall unsicherer Absatzmöglichkeiten erweitert. Dies geschieht durch Gewichtung der Bruttogewinne (Erlöse — variable Kosten — fixe Kosten) mit subjektiven Wahrscheinlichkeiten, die den relevanten Absatzsituationen zugeordnet werden. Dabei konzentrieren sich die Überlegungen auf die Mengenkomponente, womit zwar die mengenmäßige Anpassung, nicht aber die in der Mehrzweckeignung begründeten qualitativen Anpassungsmöglichkeiten (z.B. Genauigkeit der Bearbeitung, Schnelligkeit der Durchführung bei Produktionsumstellungen) erfaßt werden[572].

Obwohl die aufgezeigte Modifikation des Jacobschen Modells wegen der Schwierigkeiten bei der Datenermittlung noch wenig praktikabel erscheint, erlaubt die mathematische Analyse einige Aussagen, die bei der ökonomischen Interpretation dieser Probleme im heuristischen Entscheidungsprozeß beachtet werden sollten. Das von Jacob angeführte Beispiel[573] zeigt, daß bei unsicheren Absatzerwartungen „zeitlich - horizontale Flexibilitäten" und bei sicheren Erwartungen und zeitlicher Schwankung der Produktion „zeitlich-vertikale Flexibilitäten" des Produktionsaggregates unter dem Gesichtspunkt der Gewinnmaximierung erforderlich sind. Beide Arten der Flexibilität (Elastizität), die breite

---

[571]) Vgl. zur Kritik an diesem Ansatz SCHWEIM, J.: Integrierte Unternehmungsplanung, a.a.O., S. 54ff.; BLOHM, H., LÜDER, K.: Investition, a.a.O., S. 183f; KERN, W.: Investitionsrechnung, a.a.O., S. 317ff.

[572]) Jacob betont ausdrücklich ‚daß die Leistung der Aggregate nur vom Investitionsprogramm und nicht vom Produktionsprogramm abhangt.

[573]) Vgl. JACOB, H.: Investitionsplanung und Investitionsentscheidung..., a.a.O., S. 73ff.

Zweckeignung und die Möglichkeit, die Aggregate zu günstigen Bedingungen zu veräußern bzw. in anderen Produktionsbereichen einzusetzen, sind bei numerisch gesteuerten Fertigungssystemen gegeben[574]. Als ein wesentlicher Aspekt tritt eine unter Umständen entscheidende Risikobegrenzung durch die numerisch gesteuerten Fertigungssysteme hinzu, wenn man die generell unsicheren Daten und die kurzfristig nicht korrigierbare Investitionsentscheidung[575] berücksichtigt.

2) Eine Beurteilung der Flexibilität eines Investitionsprogramms wäre zur Berücksichtigung der Besonderheiten numerisch gesteuerter Fertigungssysteme dann geeignet, wenn diese Fertigungssysteme a) im Bereich der Großserienfertigung und b) zur Erstellung mechanischer Informationsträger für konventionelle Automaten zum Einsatz kommen. Durch Hinzufügen eines numerisch gesteuerten Fertigungssystems zu Einzweckmaschinen wird das Wechselpotential, das z.B. durch lange Umrüstzeiten und Ausfall eines Systems mit Wirkungen auf die Folgesysteme sehr gering ist, wesentlich erhöht. Die Vorzüge numerisch gesteuerter Fertigungssysteme hinsichtlich der Anpassungsfähigkeit können dabei nur im Zusammenhang mit dem gesamten Produktionspotential erfaßt werden.

Da im Modell aber nur Anpassungsüberlegungen für wechselnde Absatzmengen eingefangen werden, können Flexibilitätssteigerungen vorgenannter Art nicht hinreichend erfaßt werden. Dies wäre nur durch eine weitere Zuordnungsvorschrift in Form einer Nebenbedingung möglich, bei der die Rüstzeiten bzw. Ausweichaggregate erfaßt würden. Diese zusätzlichen Nebenbedingungen würden das Modell zwar realitätsnäher aber auch unübersichtlicher machen. Für die Beurteilung dieses Aspektes numerisch gesteuerter Fertigungssysteme bleibt daher nur die Berücksichtigung im heuristischen Entscheidungsprozeß.

3) Die linearen Programmierungsmodelle bieten formal die Möglichkeit, mehrere Phasen des Investitionsentscheidungsprozesses simultan zu vollziehen. Diese Vorteile lassen sich für numerisch gesteuerte Fertigungssysteme nicht voll ausschöpfen, da für deren Haupteinsatzgebiet — die „industrielle Wechselproduktion" — eine Prognose des Produktionsprogrammes nur mit Hilfe repräsentativer Überlegungen möglich ist. Dieser Umstand verlagert die Datenproblematik auf die Auswahl und Prognose repräsentativer Fertigungsaufgaben für die Planungsperioden. Darüberhinaus ist das Modell nur anwendbar, wenn ihm von außen die Menge der technisch und organisatorisch zulässigen Investitionsalternativen vorgegeben wird. Durch diese Vereinfachung wird den realen Gegebenheiten der Fertigungssysteme im Hinblick auf die möglichen Systemkonfigurationen Rechnung getragen. Das mögliche Investitionsprogramm ist demnach nicht das Ergebnis eines modellinternen Optimierungsprozesses, sondern ist von außen vorgegeben. Hinzu tritt das Problem der alternativ möglichen Verknüpfung von Systemelementen (Subsystemen). Diese Beschränkungen hinsichtlich einer nur bedingten Kompatibilität einzelner Elemente sind nicht berücksichtigt. Dazu müßten zusätzliche Verknüpfungsrestriktionen formuliert werden.

---

[574] Vgl. S. 46ff. und 215ff. dieser Arbeit.
[575] Vgl. zur Modellerweiterung unter diesen Aspekten JACOB, H.: Investitionsplanung und Investitionsentscheidung..., a.a.O., S. 107ff.

4) In der Erkenntnis der Tatsache, daß eine sinnvolle Investitionsplanung nur unter Beachtung von Restriktionen und Interdependenzen möglich ist, sind Finanzierungs, Personal- und Kapazitätsrestriktionen Bestandteile des Modells, wodurch insbesondere die Erfassung horizontaler Interdependenzen möglich wird. Die geforderte Mehrdimensionalität hinsichtlich der quantifizierbaren Nebenbedingungen ist damit gegeben. Nicht erfaßt werden die mehrdimensionalen Zielkomponenten sowie die nicht quantifizierbaren Faktoren. Von den übrigen betrieblichen Aktivitäten, die das Entscheidungsfeld tangieren, z.B. die Arbeitsplanerstellung oder Lagerplanung, wird angenommen, daß sie nach Durchsetzung des Modellergebnisses festgelegt werden oder bereits vorher eindeutig festliegen.

Damit kann folgendes Ergebnis festgehalten werden: Obwohl dieser produktionstheoretische lineare Programmierungsansatz zur simultanen Bestimmung des Investitions- und Produktionsprogramms eine größere Isomorphie als die Investitionsrechnungsmodelle aufweist, ist sein Aussagewert für den speziellen Fall numerisch gesteuerter Fertigungssysteme nicht uneingeschränkt positiv zu beurteilen. Die Vorteile dieser Fertigungssysteme, die sich z.B. in einer Reduzierung der variablen Kosten und Steigerung der fertigungstechnischen Elastizität ausdrücken, und die Nachteile werden im Modell unzureichend erfaßt, so daß diese Aggregate im Investitionsprogramm einer Periode nicht entsprechend vertreten sind. Neben diese konzeptionellen Schwierigkeiten treten das Daten- und Rechenproblem[576]. Für diese Modelle ist unter praxisbezogenen Annahmen diese Restriktion so entscheidend, daß solche Modelle vorerst nur theoretische Konzeptionen zur Erklärung eines sehr komplexen Sachverhaltes bleiben[577]. Auch hier sollte der Grundsatz der Methodensubstitution beachtet werden, demzufolge eine theoretisch weniger geschlossene und weniger bestechende Konzeption einer theoretisch konsistenten vorzuziehen ist, wenn ihre Realisationschance in der Praxis größer ist[578].

Angesichts der aufgezeigten Probleme bleibt zu prüfen, ob nicht auch schon die Abbildung eines Teiles der entscheidungsrelevanten Tatbestände mit Hilfe eines linearen Programmierungsmodells und die Beachtung der Forderung nach einer praktikablen Lösung zu einer Verbesserung der Entscheidungsvorbereitung führen[579].

[576] Vorschläge zur Reduzierung des Planungs- und Rechenaufwandes wurden von Jacob selbst gemacht. Vgl. JACOB, H.: Investitionsplanung mit Hilfe der Optimierungsrechnung ,a.a.O., S. 103f.

[577] Dieser Meinung ist z.B. auch Swoboda, wenn er feststellt, daß die mit der Modellerstellung verfolgten Bestrebungen „nicht so sehr in der Entwicklung eines einsatzfähigen Entscheidungsmodells für die betriebliche Praxis, sondern in der Erstellung eines Beschreibungsmodells für Ausbildungszwecke" lag. (SWOBODA, P.: Die simultane Planung von Rationalisierungs- und Erweiterungsinvestitionen..., a.a.O. S. 163.)

[578] Hier wird ein grundsatzliches Dilemma beim Aufbau von Entscheidungsmodellen sichtbar: „Effizient losbare Modelle sind oft nicht wirklichkeitsnah, wahrend wirklichkeitsnah formulierte Modelle nicht mehr effizient gelost werden können". BLOHM, H., LÜDER, K.: Investition, a.a.O., S. 184.

[579] „It is obvious, that the simpler the measure, the less "complite", "realistic" and "correct" it will be. However, it is usually also true that simpler measures are less expensive (and time-consummig) to use. It may thus be best to use a relatively simple measure after all. Only in a world in which information and analyses are free goods can it be stated categorically that the most realistic and complete method is the best". SHARPE, W.F.: The econimics of Computer, New York-London 1969, S. 296.

4.432 Entscheidungsmodell von Hanssmann und Schober

Die folgenden Untersuchungen beziehen sich auf zwei in der Literatur [580] vorgestellte Entscheidungsmodelle für die Auswahl numerisch gesteuerter Fertigungssysteme. Da beide Modellansätze formale Ähnlichkeiten aufweisen, wird lediglich das umfassendere und praktisch erprobte Modell von Hanssmann und Schober ausführlich untersucht.

4.4321 Entscheidungssituation

Ausgangspunkt ist ein Kapazitätsengpaß eines numerisch gesteuerten Fertigungssystems, auf dem eine Anzahl von Teilen hergestellt werden können. Die Prognose des Bedarfs über den Planungszeitraum ergab, daß eine Erweiterung notwendig wird. Es stellt sich das Problem, diese Erweiterungsinvestition vorzunehmen oder auf alternative, konventionelle Fertigungssyteme auszuweichen, bei denen dann ebenfalls eine Kapazitätserweiterung nötig wäre. Die alternativen Fertigungsmöglichkeiten je Teil konnten durch die Verteilung der Fertigungsaufgaben auf die Menge der Alternativen bestimmt werden. Als Produktionseinheit wurde ein Los fester Größe definiert, das geschlossen und ohne Unterbrechung auf einer Fertigungsalternative zu bearbeiten ist. Gesucht wurde ein kostenoptimaler Investitions- und Produktionsplan. Dabei soll ein Investitionsplan die Termine für die notwendigen Neu- und Ersatzinvestitionen ausweisen und ein Produktionsplan die Aufteilung des Bedarfs auf die Fertigungsalternativen bzw. die Möglichkeit zur Fremdfertigung erfassen.

4.4322 Die Modellstruktur

Da die Fertigungsaufgabe für den Planungszeitraum vorgegeben ist, bleiben als Aktionsparameter nur die Ausgaben bzw. Kosten in der Planperiode übrig. Als Zielfunktion wird deshalb die Minimierung der entscheidungsrelevanten Ausgaben bzw. Kosten für den Planungszeitraum angestrebt.

$$(1) \quad C = \sum_{t=1}^{T} C^t \rightarrow \min$$

C = Gesamtkosten während des Planungszeitraumes

C^t = Kosten je Periode t (z.B. 1 Jahr)

t = 1,..., T = Perioden im Planungszeitraum

Die Kosten je Periode setzen sich aus aggregatfixen, einmalig anfallenden und proportionalen Kosten zusammen.

[580] Vgl. HANSSMANN, F., SCHOBER, F.: Simultane Investitions- und Produktionsplanung in der Teilefertigung, in: Ablaufs- und Planungsforschung, 11. Jg. (1970), H. 2, S. 84—93; SIMON, W. und Mitarbeiter: Optimale Investitionsplanung der Fertigungsmittel, in: Produktionstechnik und Automatisierung, Forschungsbericht für die Jahre 1969—1972, TU-Berlin, Oktober 1972, S. 4—1 — 4—107. Der Modellansatz von Simon und Mitarbeiter ist in eine Phase für die innere Datenverarbeitung und in eine Phase für die äußere Datenverarbeitung unterteilt. Abgesehen davon, daß dadurch nur suboptimale Lö-

Die je Periode anfallenden aggregatfixen Kosten C_1 ergeben sich durch Addition der Kosten für die neuen und alten Systeme:

$$(2) \quad C_1 = C_k \cdot x_k^t + d_k^t \cdot Y_k^t$$

c_k = Periodische mittlere Kosten für das neue System
(z.B. Abschreibungen, fixe Wartungskosten) in DM./Periode

x_k^t = Zahl der neu zu beschaffenden Systeme vom Typ k

d_k^t = Periodische mittlere Kosten für die alten Systeme
(z.B. Verlust: Wiederverkaufswert, fixe Wartungskosten) in DM/Periode

y_k^t = Zahl der eingesetzten Systeme vom Typ k

k = 1,...,K Bezeichnung der Systemtypen

Die einmalig anfallenden Kosten für den Kauf oder die Konstruktion und Herstellung von Werkzeugen und Vorrichtungen, für die Anpassung der Konstruktion und Arbeitsvorbereitung sind von der erstmaligen Durchführung des Transformationsprozesses auf der Alternative (i,j) abhängig.

$$(3) \quad C_2 = g_{ij} \cdot u\,(z_{ij}{}^t)$$

g_{ig} = jährliche mittlere Kosten [DM/Periode]

$g_{ij}{}^t$ = 0, falls Fertigungsalternative (i,j) bereits vor Beginn der Periode verwendet wurde

$z_{ij}{}^t$ = Zahl der Lose, die in Periode t mit Alternative (i,j) gefertigt werden

$u\,(z_{ij}{}^t)$ = logische Variable mit den Werten

$$u\,(z_{ij}{}^t) = \begin{cases} 1 \text{ wenn } z_{ij}{}^t > 0 \text{ oder ein früheres } z_{ij}{}^\tau > 0 \\ 0 \text{ wenn } z_{ij}{}^t = 0 \text{ oder alle früheren } z_{ij}{}^\tau = 0 \end{cases}$$

i = 1,...,N Bezeichnung der Teile

j = 1,..., M Bezeichnung der Fertigungsalternativen

(i,j) = Bezeichnung der Fertigungsalternative j für Teil i

Die proportionalen Kosten setzen sich aus drei Elementen zusammen:

den periodischen Lohnkosten

---

sungen erzielt werden können, ist das Modell durch Prämissen so stark eingegrenzt, daß der Aussagewert dem einer einperiodischen Kostenvergleichsrechnung entspricht, deren Ergebnis nur mit einem höheren Planungsaufwand zu errechnen ist. Das Modell entspricht in seiner Struktur dem Auswahlmodell von Schneidewind für elektronische Datenverarbeitungsanlagen. Vgl. SCHNEIDEWIND, N.F.: Analytic Model for the Design and Selection of Electronic Digital Computing Systems, Diss. University of Southern California 1965.

(4) $\quad C_3 = a_k \cdot \sum\limits_{i,j} T_{ijk} \cdot z_{ij}{}^t$

$\quad a_k$ = Stundenlohn des Bedienungsmannes (DM/Stunde)

$\quad T_{ijk}$ = Fertigungszeit je Los (Stunden/Los);

den periodischen Rüst-, Material-, Energie-, Schrott- und Wartungskosten, die produktionsabhängig anfallen

(5) $\quad C_4 = \sum\limits_{i,j} e_{ijk} \cdot z_{ij}{}^t$

$\quad e_{ijk}$ = proportionale Kosten (außer Lohn) für ein Los (DM/Los)

und den Kosten für die Fremdfertigung

(6) $\quad C_5 = b_i \cdot w_i{}^t$

$\quad b_i$ = Preis pro Los bei Fremdfertigung (DM/Los)

$\quad w_i{}^t$ = Zahl der Lose, die in Periode t an Unterlieferanten vergeben werden.

Durch Addition der Kostenelemente ergeben sich die relevanten Gesamtkosten je Periode t:

$$(7) \quad C^t = \sum\limits_{k} (c_k \cdot x_k{}^t + d_k{}^t \cdot y_k{}^t)$$
$$+ \sum\limits_{i,j} g_{ij} \cdot u(z_{ij}{}^t)$$
$$+ \sum\limits_{k} a_k \cdot \sum\limits_{ij} T_{ijk} \cdot z_{ij}{}^t$$
$$+ \sum\limits_{ijk} e_{ijk} \cdot z_{ij}{}^t$$
$$+ \sum\limits_{i} b_i \cdot w_i{}^t$$

Die in (1) angeführte Zielfunktion ist unter Beachtung folgender Nebenbedingungen zu minimieren:

1) Die Produktion muß dem periodischen Lieferbedarf ($L_i{}^t$) entsprechen

(8) $\quad w_i{}^t + \sum\limits_{j} z_{ij}{}^t = L_i{}^t$

$\quad L_i{}^t$ = Bedarf für Teil i (Anzahl Lose)

2) Der aus der Gesamtbelastung resultierende Kapazitätsbedarf darf die verfügbare (vorhandene + durch entsprechende Investition zur Verfügung gestellte) Kapazität (in Stunden) nicht überschreiten.

$$(9) \quad \sum_{i,j} (R_{ijk} + T_{ijk}) \cdot z_{ij}{}^t \leqslant S_k \cdot (x_k{}^t + y_k{}^t) - T_{ok}{}^t$$

R_{ijk} = Rüstzeit je Los (Stunden/Los)

$T_{ok}{}^t$ = Fertigungszeit je System k für andere festgelegte Fertigungsaufgaben (Stunden/Periode)

3) Logische Beziehungen müssen beachtet werden,

$$(10) \quad y_k{}^t \leqslant y_k 0$$

d.h. die Zahl der verwendeten Systeme y_{kt} kann nicht größer als der Anfangsbestand $y_k{}^0$ sein.

$$(11) \quad x_k{}^t \geqslant x_k{}^{t-1}$$

Die Zahl der neu zu beschaffenden Systeme kann also nur steigen:

$$(12) \quad u(z_{ij}{}^t) \cdot L_i{}^t \geqslant z_{ij}{}^t$$

Damit kann die Variable $u(z_{ij}{}^t)$ als nichtnegative ganzzahlige Größe mit den Werten 0 und 1 betrachtet werden, wobei Gleichung (3) fordert, daß

$$(13) \quad u(z_{ij}{}^t) \geqslant u(z_{ij}{}^{t-1}) \text{ ist.}$$

Ganzzahligkeit und Nichtnegativität wird für alle Variablen des Modells gefordert.

$$(14) \quad x_k{}^t, y_k{}^t, z_{ij}{}^t, w_i{}^t, u(z_{ij}{}^t) = \text{ganzzahlig.}$$

Zur Lösung des Ansatzes [581]) wurden wegen der praktischen Durchführbarkeit und der deterministischen Daten Näherungslösungsverfahren vorgeschlagen:

1) Simplex-Methode und manuelle Rundungsmöglichkeiten und

2) gesonderte Optimierung der zeitlichen Komponenten des Modells mit anschließender Anwendung der Gomory-Methode (Gomory's primaler Cutting-plane-Algorithmus) und manueller Verbindung der statischen Lösungen.

4.4323 Beurteilung des Modellansatzes

Im Gegensatz zu den unter pragmatischen Gesichtspunkten bereits als brauchbar erkannten Beurteilungsverfahren der Kostenvergleichs- und Rentabilitätsrechnung stellt das skizzierte lineare Entscheidungsmodell eine Erweiterung hinsichtlich der isomorphen Abbildung der Entscheidungssituation dar. Obwohl nur die horizontalen Interdependenzen befriedigend, die vertikalen Interdependenzen nur näherungsweise und die wirtschaftlichen Interdependenzen überhaupt nicht berücksichtigt wurden, konnte — wie eine Fallstudie zeigt — die Ent-

---

[581]) Die zur Verfügung stehenden Verfahren der ganzzahligen Programmierung konnten bei den praktisch zu untersuchenden Problemen (147 Variable, 148 Restriktionen) nicht mehr gelöst werden.

scheidungsvorbereitung verbessert werden. Für die praktische Anwendbarkeit sprechen auch die geringen Anforderungen an die Inputdaten, was andererseits unter Isomorphiegesichtspunkten als Nachteil anzusehen ist.

Die Wahl der Kostenminimierung als Zielfunktion sowie die Nichtberücksichtigung finanzieller, organisatorischer und personeller Aspekte als auch die Vorgabe eines statischen Bearbeitungsprofils und alternativer Systemkonfiguration bedeutet, daß die Rechnung einen systematischen Fehler enthält, der den Wert des Modellansatzes für die Entscheidungsvorbereitung auf wenige Entscheidungssituationen einschränkt.

Um beim heutigen Stand der Modellansätze mit angemessenem Aufwand Investitionsalternativen auszuwählen und mit dem Problem der Knappheit des Faktors Kapital abzustimmen, erscheint es notwendig, sich weiterhin der als zweckmäßig erkannten Verfahren zu bedienen, obwohl es theoretisch perfektere Modellansätze gibt. Allerdings müssen dabei die systematischen Fehler beachtet werden. „Die Auffassung, das theoretisch genauere Modell sei dem einfachen auch in der wirtschaftlichen Anwendung überlegen, ist falsch. Diese Überlegenheit wäre erst erwiesen, wenn feststünde, daß durch die theoretische Perfektionierung eine wesentliche Verbesserung der Entscheidung erreicht würde. Ob dies im Bereich der Investitionsentscheidungen der Fall ist, ist zur Zeit noch eine offene Frage" [582].

4.44 Nutzwertmodelle

4.441 Nutzwertanalyse

Eine Darstellung der Probleme, die sich bei der Durchführung der Nutzwertanalyse zur Projektauswahl ergeben sowie der dabei zur Anwendung kommenden Techniken, gibt Zangemeister [583], dem bei der Diskussion des Grundmodells gefolgt werden soll.

Das Grundmodell der Nutzwertanalyse läßt sich grob in 4 Stufen beschreiben. Zunächst werden, ausgehend vom Zielsystem der Organisation, die Zielkriterien ($k = \{k_1, k_2, ..., k_j\}$ j = 1,...,m) analysiert. Diese dienen dann als Maßstab zur Bestimmung des Gesamtnutzens der zu bewertenden Handlungsalternative. In der zweiten Stufe wird untersucht, inwieweit die situationsrelevanten Alternativen ($X = \{x_1, x_2, ..., x_i\}$ i = 1,...,n) diesen Kriterien entsprechen, wobei jede Alternative als Vektor der Zielerträge ($x = \{k_{11}, k_{12}, ..., k_{ij}\}$) beschrieben wird. Die Zielerträge werden in einer Zielertragsmatrix zusammengefaßt. In der nun folgenden dritten Stufe findet die eigentliche Bewertung durch eine präferenzgerechte Ordnung der Alternativen aufgrund ihrer Zielerfüllungsgrade statt. Hier ergeben sich besondere Schwierigkeiten durch

— die Beachtung einer Vielzahl von Zielkriterien,

[582] HAX, H.: Bewertungsproblem bei der Formulierung von Zielfunktionen..., a.a.O., S. 757. Im gleichen Sinn äußert sich auch KERN, W.: Gestaltungsmoglichkeit und Anwendungsbereich betriebswirtschaftlicher Planungsmodelle, a.a.O., S. 178f.
[583] Vgl. ZANGEMEISTER, C.: Nutzwertanalyse in der Systemtechnik, a.a.O., S. 55ff.

— uneinheitliche Maßstäbe und Dimensionen der Zielerfüllungsgrade und

— die unterschiedliche Bedeutung der einzelnen Zielkriterien bei der Entscheidungsfindung.

Angesichts dieser Problemstellung wird vorgeschlagen, daß die je Alternative x_i durchzuführende m-dimensionale Bewertung in m-eindimensionale Bewertungsschritte aufgespalten wird. Auf diesem Wege wird die Matrix der Zielerträge spaltenweise durch eindimensionale Werturteile in eine Matrix von Zielwerten umgeformt, deren Elemente n_{ij} jeweils den ungewogenen Teilnutzen der Alternative bezüglich des Zielkriteriums k_j beschreiben. In einem weiteren Schritt werden die j eindimensionalen Präferenzordnungen zu einer kollektiven, m-dimensionalen Präferenzordnung (N_i) der Alternativen verknüpft. Auf die Darstellung der verschiedenen Methoden[584] und der Entscheidungsregeln zur Wertsynthese[585] kann verzichtet werden, da darüber detaillierte Analysen vorliegen. In der zweiten Stufe der Bewertung kann dann aufgrund der dabei vorliegenden aggregierten Nutzwerte der Alternativen das optimale Projekt mit dem größten Nutzenwert bestimmt werden.

Die Diskussion der Anwendungsproblematik soll von den Prämissen, die das Modell tragen, und von dem in Kap. 2.3 und 4.412 erarbeiteten Anforderungskatalog ausgehen.

Die in der dritten Stufe beschriebene Bewertung ist nutzentheoretisch nur zulässig, wenn die zugrundegelegten Zielkriterien k_j voneinander nutzenunabhängig sind, wenn also jeder Zielertrag k_{ij} für sich allein und nicht erst in Verbindung mit anderen Zielerträgen einen Beitrag zum Nutzwert der Alternative x_i liefert[586]. Im allgemeinen dürfte eine Alternative erst dann einen Nutzen stiften, wenn auch andere Zielkriterien jedenfalls zu einem Mindestmaß erfüllt werden. Die Nutzenabhängigkeit erstreckt sich aber, wie Zangenmeister[587] zeigt, nicht über den gesamten Bereich möglicher Zielerträge, „vielmehr ist es in der Regel so, daß Zielerträge innerhalb bestimmter Sollgrenzen unabhängig voneinander bewertbar sind"[588]. Wird die bedingte Nutzenunabhängigkeit bei der Durchführung der Nutzwertanalyse beachtet[589], so ist die Teilbewertung entscheidungstheoretisch gerechtfertigt.

Bei der Nutzwertanalyse wird weiter unterstellt, daß die Gesamtnutzenfunktion „eine lineare, monoton zunehmende Funktion der Teilnutzen"[590] ist, und daß eine konsistente Präferenzordnung und eine Entscheidungsregel zur Wertsynthese vorhanden ist[591].

---

[584] Vgl. hierzu insbesondere FISHBURN, P.C.: Methods of Estimating Additive Utilities, in: Management Science, Vol. 13, Series A (1967), S. 438ff.

[585] Vgl. ZANGEMEISTER, C.: Nutzwertanalyse in der Systemtechnik, a.a.O., S. 252ff.

[586] Vgl. ZANGEMEISTER, C.: ebenda, S. 77; KRELLE, W.: Präferenz- und Entscheidungstheorie, a.a.O., S. 73f.

[587] Vgl. ZANGEMEISTER, C.: ebenda, S. 77ff.

[588] Vgl. ebenda, S. 79.

[589] Vgl. zur Illustration dieses Problems ein Beispiel Zangenmeisters zur Bewertung der Hard- und Software einer ADVA. Siehe ZANGENMEISTER, C.: Nutzwertanalyse von Projektalternativen Vorlesungsmanuskript TU-Berlin, in: Aufbauseminar Systemtechnik II, Berlin 1970, Teil 5, S. 117.

[590] ZANGEMEISTER, C.: Nutzwertanalyse in der Systemtechnik, a.a.O., S. 85.

[591] Vgl. ebenda, S. 75 und S. 61.

Durch diese Prämissen lassen sich z.B. Fälle, in denen eine Übererfüllung eines Zieles keinen Mehrnutzen erbringt, nicht erfassen. Auch ist der Forderung nach einer konsistenten Präferenzordnung kaum nachzukommen. „Denn die individuelle Wahl eines Bezugspunktes und die Anpassung eines vorgegebenen Urteilschemas an die häufig sehr verschiedenen großen Zielwertdistanzen der einzelnen Wertdimensionen können die theoretisch zu fordernde Gemeinsamkeit in den Zielwertskalen zweifellos nicht gewährleisten" [592]).

Eine weitere Einschränkung der Allgemeingültigkeit ergibt sich dann, wenn die Entscheidungseinheit aus mehreren Personen besteht, da dann bei sämtlichen Entscheidungsträgern eine gemeinsame Bewertungseinheit und ein gemeinsamer Skalenbezugspunkt erforderlich sind.

Ausgehend von diesen Prämissen ist die Eignung der Nutzwertanalyse für die Auswahlentscheidung bei numerisch gesteuerten Fertigungssystemen wie folgt zu beurteilen:

(1) Durch die gesonderte Beachtung des Entscheidungsfeldes und des auf den Entscheidungsträger bezogenen Wertsystems stellt das Modell die Erfassung der nutzbringenden Eigenschaften der Bewertungsobjekte sicher, und es erlaubt durch geeignete Aufspaltung und Strukturierung des eigentlichen Bewertungsprozesses auch deren angemessene Berücksichtigung in der auf den Entscheidungsträger bezogenen Wertsynthese. Die Entscheidungsvorbereitung wird dadurch transparenter und leichter nachvollziehbar, der Entscheidungsaufwand wird demgegenüber erhöht, da mehr Entscheidungen zu treffen sind. Es erfolgt eine Aufspaltung der Gesamtentscheidung in Teilentscheidungen, diese sind z.T. programmierbar. Der erhöhte Entscheidungsaufwand schränkt deshalb die Praktibilität kaum ein.

(2) Der Forderung nach isomorpher, d.h. multidimensionaler Abbildung des Entscheidungsfeldes numerisch gesteuerter Fertigungssysteme kann die Nutzwertanalyse als flexibles Rahmenmodell gerecht werden. Formal wird genau wie bei den Investitions- und linearen Programmierungsmodellen lediglich die Bewertungsphase des Entscheidungsprosesses abgebildet. Die Bewertung bezieht sich auf die Menge der vorher ermittelten Alternativen. Eine Aussage zur optimalen Kombination des Fertigungssystems aus Subsystemen (die Anpassung des Fertigungssystems an die Fertigungsaufgabe) ist nur durch eine Sonderbewertung möglich. Hierzu und zur technisch optimalen Gestaltung der einzelnen Subsysteme sind Nutzwertanalysen ein geeignetes und erprobtes Instrument [593]).

(3) Einen für die praktische Anwendung schwerwiegenden Nachteil stellt die Tatsache dar, daß die unterschiedlichsten Kriterien nicht gegeneinander abgewogen werden, wie es für ein zutreffendes Urteil erforderlich wäre, sondern miteinander vermengt werden. Diese Vorgehensweise kann nur dann zu befriedigenden Ergebnissen führen, wenn die zu beurteilenden Anforderungen aus einem gemeinsamen Ziel oder einem Bündel verträglicher Ziele abgeleitet

---

[592]) Ebenda, S. 283.
[593]) Vgl. z.B. SPUR, G.: Optimierung des Fertigungssystems Werkzeugmaschine, a.a.O., S. 42f.; HERMANN, J.: Beitrag zur optimalen Arbeitsraumgestaltung an numerisch gesteuerten Drehmaschinen, Diss. Berlin 1970.

sind. Das ist z.B. bei der Arbeitsbewertung oder bei technisch optimal zu gestaltenden Subsystemen der Fall.

Insbesondere erscheinen die Kosten als Zielertrag in der Zielertragsmatrix und werden mit anderen Zielerträgen zu einem Nutzwert vereint. Durch diese Vorgehensweise wird das bei Auswahlentscheidungen einzuhaltende Rationalprinzip verletzt. Die nutzbringenden Komponenten werden nicht den aufwandverursachenden Wirkungen gegenübergestellt.

(4) Die Annahme einer linear monoton zunehmenden Funktion der Teilnutzen impliziert, daß der Entscheidungsträger bereit ist, auch für eine vorgegebene Mehrleistung einen um so höheren Kostenbetrag aufzuwenden, je höher die Gesamtkosten des Projektes sind. Der in der Realität anzutreffenden überproportionalen Leistungssteigerung bei gegebener Kostenzunahme wird nicht Rechnung getragen.

Aus den entscheidungstheoretischen Einschränkungen ergibt sich, daß die Nutzwertanalyse in der im Grundmodell beschriebenen Form zur Bewertung numerisch gesteuerter Fertigungssysteme nur sehr begrenzt anwendbar ist und zur Begründung der Auswahlentscheidung als nicht geeignet erscheint. Dies vor allem, weil eine Gegenüberstellung der Nutzen- und Aufwands- bzw. Kostenaspekte nicht erfolgt und damit das Wirtschaftlichkeitsprinzip verletzt wird, so daß ein betriebswirtschaftlich begründetes Entscheidungskriterium fehlt.

4.442 Cost-Effectiveness-Analysen

4.4421 Modelldarstellung

Eine ebenfalls auf dem Nutzwertkonzept basierende Methode zur Bewertung von Alternativen stellt die Cost-Effectiveness-Analysis[594] oder Kosten-Nutzen-Analyse dar. Sie entstammt ebenfalls den Ingenieurwissenschaften und hat ihr Hauptanwendungsgebiet als Methode zur Entscheidungsvorbereitung bei staatlichen Projekten, insbesondere im militärischen Sektor[595]. Besondere Modellvarianten der Cost-Effectiveness-Analyse wurden in der Literatur bereits für die Auswahl von Datenverarbeitungsanlagen entwickelt[596]. Diese Modelle sind dadurch gekennzeichnet, daß sie nur zwei Wertdimensionen, nämlich „Kostengesichtspunkte" und „Technische Punkte" bzw. „Costs" und „Credits" berücksichtigen. Für die Bewertung von Fertigungssystemen wurde dieses Instrument bisher noch nicht speziell formuliert.

---

[594] Dieser Ausdruck kann auch mit „Ausgabenwirksamkeit" oder „Aufwandswirksamkeit" übersetzt werden. Vgl. KNAYER, M.: Kostenwirksamkeit, in: DB, 24. Jg. (1971), H. 10, S. 441. Das Verfahren wird im deutschen Sprachgebiet z.T. als Kostenwirksamkeitsanalyse bezeichnet.
[595] Vgl. hierzu ENGLISH, J.M: Introduction, in: Cost Effectiveness. The Economic Evaluation of Engineered Systems, hrsg. v. J.M. English, New York-London-Sydney-Toronto 1968, S. 1ff.
[596] JOSLIN, E.O.: Computer Election, Reading, Mass. Menlo Park, Cal. London-Don Mills-Ontario 1968; BERESKA, D.: Technik des Vergleichs konkurrierender elektronischer Datenverarbeitungsanlagen (EDVA), in: Das Rationelle Büro, (1966), H. 8, S. 36ff.

„Das Hauptziel von Cost-Effectiveness-Analysen ist im allgemeinen die Bereitstellung der Unterlagen für die Beantwortung der Fragen nach ihrer Wirtschaftlichkeit und der Optimalität einzelner Projekte" [597]).

Zur Beantwortung dieser Fragen werden die Kosten der Alternativen ihrem Nutzen gegenübergestellt, wobei die Wirkungen durch technische Leistungen in einer einzigen Leistungsziffer oder als aggregierte, dimensionslose Zahl ausgedrückt werden können. Die dabei durchzuführenden Schritte zeigt die folgende Abbildung 37 [598]).

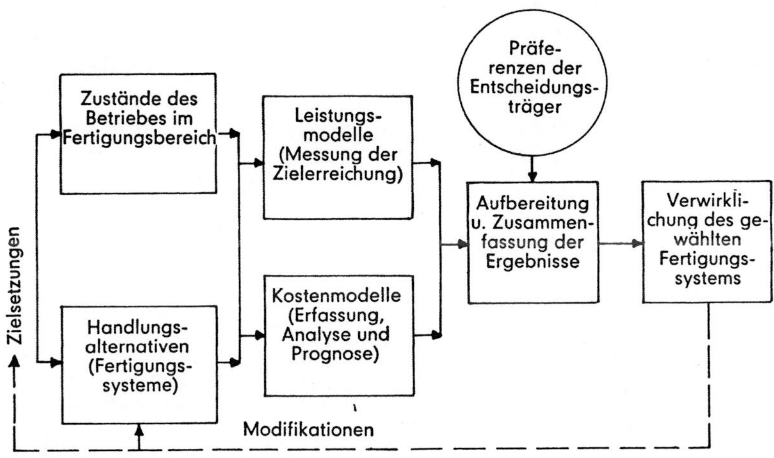

Abbildung 37
Systematik der Vorgehensweise bei Cost-Effectiveness-Analysen

In ihrer Eigenschaft als Ordnungsschema für die mit rationalen Investitionsentscheidungen zusammenhängenden Probleme ist die Cost-Effectiveness-Analyse ein leeres Gerüst, dessen Wert allein in der Zweckmäßigkeit seiner Form liegt. Die Prüfung der Zweckmäßigkeit sowie die Ausfüllung der formalen Lösungsschritte wird Ziel der folgenden Überlegungen sein.

Die Cost-Effectiveness-Analyse setzt genau wie die Nutzwertanalyse die Kenntnis des angestrebten Zielsystems, der relevanten Alternativen, der Zustände des Produktionspotentials und der Fertigungsaufgaben voraus. Bei der Messung der entscheidungsrelevanten Eigenschaften der Alternativen in Form eines Kosten- bzw. Leistungsmodells ergeben sich gegenüber der Nutzwertanalyse Vorteile. Neben den Kosten im Sinne eines negativen Teilnutzens lassen sich technische Zielübererfüllungen und Zieluntererfüllungen bei einem vorgegebenen Anspruchsniveau ermitteln. Dieses Anspruchsniveau kann, wie in Kap. 4.32 gezeigt wurde,

[597]) KOHLAS, J., LANDTWING, R.: Planung mittels Kosten-Nutzen-Analyse, in: Die Unternehmung, 21. Jg. (1967) S. 225.
[598]) In Anlehnung an KOHLAS, J,, LANDTWING, R.: Planung mittels Kosten-Nutzen-Analysen, a.a.O., S. 227.

als Minimal- oder Maximalforderung definiert werden. Durch die Festlegung von Leistungsgrenzen und Kostenobergrenzen wird der Lösungsraum für zulässige Alternativen begrenzt. Durch die Definition von verschiedenen Leistungsgrenzen innerhalb des Zielsystems kann ein gleicher Grundnutzen für alle zulässigen Alternativen ermittelt werden. Die Nutzenbewertung ist dann lediglich auf die Feststellung des Zusatznutzens begrenzt, was den Entscheidungsaufwand und die Problematik der Bestimmung der Zielwertskala erheblich verringert. Durch diese Vorgehensweise können auch Alternativen, die nicht alle Funktionen der Fertigungsaufgabe gleichermaßen befriedigen, ohne Berücksichtigung von Hilfskriterien (wie z.B. Differenzinvestitionen) in die Bewertung einbezogen werden. Die Cost-Effectiveness-Analyse bezieht sich dann auf einen Vergleich von Zielrealisierungen und Verzichten auf Zielerreichungen über einen geforderten Sollzustand hinaus. Die gemeinsame Bezugsgrundlage für Kosten und Nutzwerte ist wiederum das Wertsystem des Entscheidungsträgers.

Da die Kosten direkt als Zielerträge (negativ) in den Gesamtwert eingehen, und nur die Zielerträge der Leistungen zu einem aggregierten Kriterium zusammengefaßt werden, wird die Wertsynthese vereinfacht. Auch lassen sich die durch Zielerfüllungen verursachten Kosten mit Hilfe des Opportunitätskostenprinzips im Kalkül berücksichtigen. Nicht die verfügbaren Faktoren gehen also als Kosten in den Vergleich ein, sondern der in der nächstbesseren alternativen Verwendung mögliche Nutzen.

Aus dem Gesagten wird deutlich, daß die Cost-Effectiveness-Analyse in der Lage ist, den ökonomischen-technischen Überlegungen zur Bewertung des Fertigungssystems Rechnung zu tragen. Zu prüfen bleibt, ob die Forderung nach multidimensionaler Abbildung der Eigenheiten des speziellen Entscheidungsfeldes möglich ist. Die Realisierbarkeit dieser Forderung ist eine Funktion der Qualität des Erfassungsmodells hinsichtlich der Leistungs- und Kostenkomponenten. Die Gestaltung des Kostenmodells, das in Abschnitt 4.334 entwickelt wurde und in der gleichen Form hier zur Anwendung kommen kann, läßt die multidimensionale Abbildung der Eigenheiten des speziellen Entscheidungsfeldes zu. Mangels konkreter Vorbilder von Leistungsmodellen für Fertigungssysteme in der Literatur läßt sich die Frage der Leistungsfähigkeit nicht ohne weitere Untersuchungen beantworten. Formallogische Überlegungen lassen jedoch den Schluß zu, daß, aufbauend auf dem in Kap. 4.2 entworfene Zielsystem, eine mehrdimensionale Leistungsmessung möglich und zweckmäßig ist [599]).

Wegen der Vorteile bei der Entscheidungsvorbereitung zur betriebswirtschaftlich-technischen Bewertung von numerisch gesteuerten Fertigungssystemen soll die Cost-Effectiveness-Analyse im folgenden einer eingehenden Analyse unterzogen werden.

4.4422 Die Struktur der Zielkriterien

Ausgangspunkt der Ermittlung von Zielkriterien zur Messung der Leistungen von Fertigungssystemen ist das in Abschnitt 4.2 entwickelte Zielsystem. Die Auswahl der Zielkriterien stellt

---

[599]) Vgl. z.B. HATRY, H.P.: Measuring the Effectiveness of Nondefense Public Programs, in: Operations Research, Vol. 18 (1970), S. 772ff.

den wichtigsten[600]) und wegen der Vielzahl praktischer und theoretischer Probleme schwierigsten Schritt im Rahmen der Cost-Effectiveness Analyse dar. Um die zielrelevanten Leistungen von alternativen Fertigungssystemen in ihrer Mehrdimensionalität zu erfassen, müssen die Zielkriterien sowohl situationsgerecht als auch modellgerecht sein. „Ein Zielsystem ist situationsgerecht, wenn es vollständig ist, so daß keine wesentlichen Gesichtspunkte bei der Bewertung unberücksichtigt bleiben. Modellgerecht ist ein Zielsystem in diesem Zusammenhang dagegen, wenn die der Bewertung einzeln zugrunde gelegten Ziele so definiert werden, daß die Annahme ihrer bedingten Nutzenunabhängigkeit gerechtfertigt ist"[601]).

Die Auswahl situationsgerechter Zielkriterien kann entweder getrennt für jedes Subsystem[602]) oder umfassend für das gesamte Fertigungssystem erfolgen. Der Zweck dieser Untersuchung verlangt die Formulierung von Zielkriterien für gesamte Fertigungssysteme. Den verschiedenartigen Fertigungssystemen und den daraus resultierenden Eigenschaften kann nur durch eine Zielformulierung Rechnung getragen werden, die sich auf die hauptsächlichen wert- und leistungsbestimmenden Indikatoren beschränkt. Einerseits wird dadurch die Genauigkeit der Beurteilung eingeengt, andererseits aber eine vergleichende Beurteilung verschiedener oder neuartiger, erst in der Konzeptionsphase befindlicher Systeme möglich[603]).

Als Oberziel ist das bestgeeignete Fertigungssystem nach generellen technologischen und sozialen Eignungskriterien anzustreben. Die Erreichung des Oberziels bei den Handlungsalternativen ist nur durch die Messung von unterschiedlichen Zielkriterien möglich. Der Entscheidungsträger wird für die Auswahl dieser Handlungsalternativen nur die Zielkomponenten berücksichtigen, die in bestimmten Zielintervallen nicht zu irgendeinem anderen Ziel streng komplementär sind oder aufeinander aufbauen. Die hierarchische Ordnung der relevanten Zielkriterien für Fertigungssysteme ist in Abb. 38 angegeben.

Jedes Zielkriterium ist, wie bereits ausgeführt, durch bestimmte Merkmale gekennzeichnet. Die Existenz kritischer Werte bei den Zielkriterien rechtfertigt die Annahme der bedingten Nutzenunabhängigkeit für bestimmte Zielintervalle. Diese sind nur in speziellen Entscheidungssituationen zu bestimmen, da die Ausprägung der Zielereichungen bei ein und demselben Fertigungssystem unterschiedlich sein kann, also in einen bestimmten Bereich zu liegen kommt. Dieser Bereich wird einerseits durch die maximale Eignung, andererseits durch die minimale Eignung begrenzt. Die Struktur der Zielkriterien, d.h. die Rangfolge der Ziele, wird ebenfalls einer situationsbedingten Änderung unterliegen. In erster Linie handelt es sich

---

600) „Wichtiger als die Auswahl des richtigen Systems (Projektes) ist es, zunächst die richtigen Ziele zu bestimmen. Denn wählt man falsche Ziele, dann löst man eine irrelevante Problemstellung; wählt man dagegen ein falsches System (auf der Basis richtiger Ziele), so wahlt man letztlich nur ein nicht optimales System". (HALL, A.D.: A Methodology for Systems Engineering, a.a.O., S. 105, zit. nach ZANGEMEISTER, C.: Nutzwertanalysen in der Systemtechnik, a.a.O., S. 89).

601) ZANGEMEISTER: C.: ebenda, S. 90.

602) Vgl. z. B. HERRMANN, J.: Beitrag zur optimalen Arbeitsraumgestaltung an numerisch gesteuerten Drehmaschinen, a.a.O., S. 103ff.

603) Eine detaillierte Beurteilung der Zielerreichung neuartiger Systeme ist allein aus technischen Grunden kaum moglich. Auch besteht bei der Einzelbewertung dieser Systeme bzw. Subsysteme die Gefahr, zwar geeignete, konstruktiv aber eigenwillig gestaltete Subsysteme aus dem Bewertungsprozeß auszuscheiden.

dabei um eine Gewichtsverschiebung bei den einzelnen Komponenten. Einzelne, zunächst für kritisch gehaltene Forderungen müssen an Interesse verlieren, da alle Alternativen sie erfüllen. Andere Forderungen können an Bedeutung gewinnen, weil z.B. der technische Fortschritt eine Leistungsänderung hervorrief. Hinzu kommen noch Änderungen im Zeitablauf, so daß die vorgenommene Beschreibung der Zielkriterien nur eine von vielen Möglichkeiten darstellt.

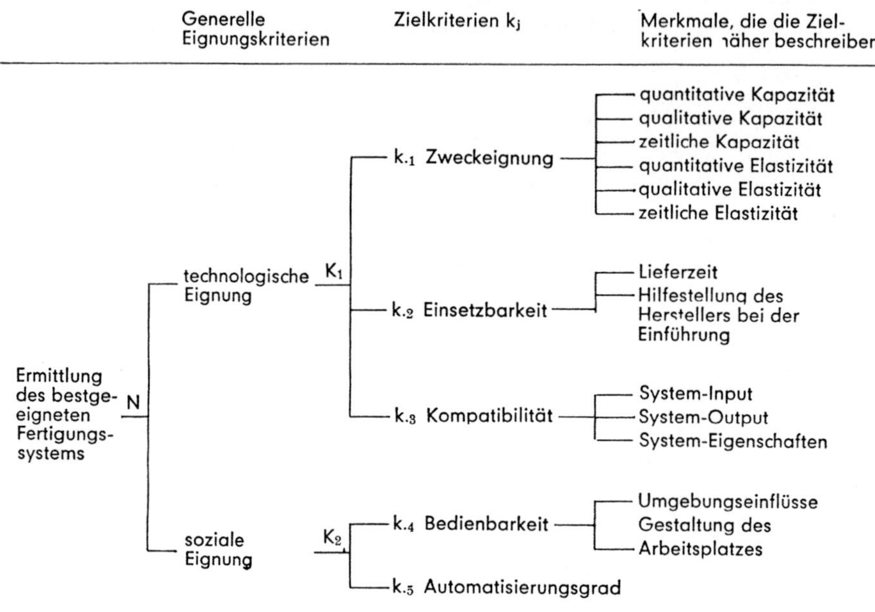

Abbildung 38
Beschreibung der Zielkriterien

4.4423 Die Abbildung der Alternativen durch Zielerreichungsgrade und ihre Bewertung

Die Zielerreichungsgrade stellen die Leistungen, Eignungen und Fähigkeiten des jeweiligen alternativen Fertigungssystems im Hinblick auf die einzelnen Zielkriterien dar. Sie umreißen das Eignungsprofil eines Fertigungssystems, das sowohl verbal (vgl. Kap. 2.2) als auch quantitativ (siehe Abb. 27, 28, 29) formuliert werden kann. Die Cost-Effectiveness Analyse integriert ex definitione diesen Planungsschritt. Alternativen, deren Maßergebnisse bei einem nominal zu messenden Teilziel negativ ausfallen oder bei ordinaler und kardinaler Messung bestimmte Mindestwerte und Höchstwerte unter- oder überschreiten, werden ausgeschieden.

Für die verbleibende Menge der zulässigen Alternativen ist die Bestimmung der relativen Zielerfüllung für alle ordinal und kardinal meßbaren Merkmale durchzuführen. Der jeweiligen Entscheidungssituation entsprechend kann dabei die Messung auf alle oder wenige Zielkriterien (z.B. auf die kardinal meßbare quantitative Kapazität) beschränkt werden.

Die Messung der Zielerreichungsgrade kann dabei getrennt für jedes Ziel oder als Summe der Zielerreichungen einer Alternative erfolgen. Erstgenanntes Verfahren hat den Nachteil, daß es im subjektiven Vermögen des Entscheidungsträgers liegt, aus einer Mehrzahl von Kriterien zu einem zusammenfassenden Gesamturteil zu kommen. Dabei kann es sich aufgrund der begrenzten Fähigkeit des Menschen nur um einen Vergleich mit ordinaler Messung handeln. Es müssen also Methoden diskutiert werden, die eine objektivere Ermittlung der Gesamteignung mit kardinalem Maß erlauben.

Angesichts der Mehrzahl von Zielkriterien kommt es darauf an, ein Kriterium zu finden, dessen Erfüllung das gesamte Zielsystem berücksichtigt und das zugleich eindeutig ist. In der Investitionstheorie benutzt man zu diesem Zweck das Prinzip der Gewinnmaximierung. Zur Reduzierung der Zielkriterien auf einen die Entscheidung determinierenden Zielwert werden in der Literatur verschiedene Vorgehensweisen vorgeschlagen, von denen hier der Ansatz von Seiler, Heuston und Ogawa [604] vorgestellt wird. Außerdem soll die Ermittlung der Eignung durch Nutzenschätzung aller Parameter eingehend überprüft werden.

(1) System Effectiveness Modell

Bei der theoretischen Analyse der Eignung von Systemen wird angenommen, daß die Erfüllung weniger Zielkriterien — insbesondere der kardinal meßbaren Größen — das Eignungsprofil der Alternativen mit einem vertretbaren Isomorphieverlust wiedergeben kann. Von den in Abb. 38 angeführten Zielkriterien sollen hier die Zweckeignung ($k._1$) die Einsetzbarkeit ($k._2$) und die Kompatibilität ($k._3$) als die wesentlichsten angesehen werden. Bei deterministischen Daten ergibt sich zu einem vorgegebenen Zeitpunkt dann die technologische und bei Vernachlässigung der sozialen Eignung auch die Gesamteignung des Fertigungssystems in Form einer Nutzengröße (N) durch Multiplikation der Zielkriterien:

$$N = k._1 \cdot k._2 \cdot k._3$$
$$0 \leqslant N \leqslant 1$$

Die Zielkriterien $k._1$, $k._2$ und $k._3$ können als Prozentsatz eines vorgegebenen Zielerreichungsgrades definiert werden. Die Eignung eines Fertigungssystems wird in diesem Ansatz durch eine dimensionslose Zahl ausgedrückt. Als entscheidende Prämisse wird bei der multiplikativen Verknüpfung der Zielkriterien ihre Gleichgewichtigkeit bei der Entscheidung zu beachten sein [605].

Eine Annäherung dieses Ansatzes an die Investitionsrechenmodelle ist dann möglich, wenn die technologische Eignung indirekt am monetären Erfolg der Aufgabenerfüllung eines Fertigungssystems gemessen wird. Für diese Interpretation der Eignung finden sich bereits prak-

---

[604] Vgl. SEILER, K.: Introduction to Systems Cost Effectiveness, a.a.O., S. 45ff.; HEUSTON, M.C., OGAWA, G.: Oberservations on the Theoretical Basis of Cost Effectiveness, a.a.O., S. 253ff.
[605] Vgl. hierzu und zu den weiteren Prämissen der Multiplikationsregel zur Wertsynthese ZANGEMEISTER, C.: Nutzwertanalyse in der Systemtechnik, a.a.O., S. 277ff. und S. 284.

tische Maßstäbe[606]), wobei die negativen Erfolgskomponenten im Kostenmodell zu erfassen sind. Bei diesem Vorgehen sind wieder die gleichen Prämissen zu beachten, die bereits bei den Investitionsrechenmodellen angeführt wurden.

Bei Entscheidungssituationen, in denen eine Reduzierung der Eignungsbestimmung auf wenige Zielkriterien zu nicht vertretbaren Isomorphieverlusten führt, muß ein aus allen Merkmalen aggregiertes Eignungsmaß gebildet werden. Die Zusammenfassung heterogener Zielkriterien ist nur durch eine subjektive Nutzenmessung möglich.

(2) Nutzenmessung[607]

Aufgrund der begrenzten kognitiven Fähigkeiten des Entscheidungsträgers ist die Aufstellung einer Rangfolge der Alternativen nur duch eine Folge von Teilbewertungen möglich. Um die in verschiedenen Dimensionen gemessenen Zielerträge k_{ij} zusammenfassen zu können, bedarf es der Umrechnung auf eine gemeinsame Maßeinheit. Dies geschieht durch subjektive, eindimensionale Werturteile, die jedem Zielertrag k_{ij} einen Zielwert n_{ij} zuordnen. Die Zielkriterien sind dann entsprechend ihrer Bedeutung im Bewertungsprozeß zu gewichten, um schließlich zu einem Maß für die Gesamtwirksamkeit[608]) zusammengefaßt zu werden[609]).

Als übergeordnetes Maß für den Vergleich unterschiedlicher Zielkriterien dient auch bei Churchmann u.a. die Vorstellung einer Gesamtnutzenfunktion, in der alle divergierenden Ziele berücksichtigt werden. Die Nutzenschätzung ist nur durch die Einbeziehung des Entscheidungsträgers in den Bewertungsprozeß möglich. An den Entscheidungsträger werden in Abhängigkeit von den einzelnen Verfahren zur Aufstellung einer Nutzenfunktion[610]) verschiedene Anforderungen gestellt. Die zwei wichtigsten Voraussetzungen sind[611])

— Konsistenz (d. h. die Urteilsperson darf ihre Nutzenmaßstäbe während des Bewertungsvorganges nicht ändern) und

— Transitivität (d. h. die Wertordnung des Entscheidungsträgers muß in sich widerspruchsfrei sein),

---

[606]) Beispiele: Operating effectiveness, experted profit, cumulate profit, percent of investment u.ä. vgl. KAZANOWSKI, A.D.: Some Cost-Effectiveness Evaluation Criteria, a.a.O., S. 261f.; JOSLIN, F.O.: Computer Selection, a.a.O., S. 128ff.

[607]) Vgl. CHURCHMANN, C.W., ACKOFF, R.L., ARNOFF, E.L.: Operations Research. Eine Einführung in die Unternehmensrechnung, Wien-München 1961, S. 116ff.; ZANGEMEISTER, C.: Nutzwertanalyse in der Systemtechnik, a.a.O., S. 69ff.; TURBAN, E., METERSKY, M.L.: Utility Theory Applied to Multivariable System Effectiveness Evaluation, in: Management Science, Vol. 17 (1971), Nr. 12, S. B-817- B-828.

[608]) Vgl. zum Begriff CHURCHMANN, G.W., ACKOFF, R.L.; ARNOFF, E.L.: Operations Research, a.a.O., S. 116f.

[609]) Über die Aussagefahigkeit eines zusammengefaßten Wirksamkeitsmaßes herrschen in der Literatur divergierende Meinungen. Zur Diskussion dieser Problematik bei der Cost-Effectiveness-Analyse vgl. LIFSON, M.W.: Value Theory, in: Cost-Effectiveness, a.a.O., S. 93f.

[610]) Vgl. zu den Verfahren FISHBURN, P.C.: Methods of Estimating Additive Utilities, a.a.O., S. 435ff.

[611]) Vgl. GÁFGEN, G.: Theorie der wirtschaftlichen Entscheidung, a.a.O., S. 271f.

Da diese Voraussetzungen selten erfüllt sind, wenn mehrere Zieldimensionen vorliegen, sind standardisierte Meßinstrumente[612]) zweckmäßig, die eine Nutzenschätzung unabhängig von Ort und Zeit und eine Beseitigung von Intransitivitäten vor der Bewertung erlauben. Die dazu erforderlichen Nutzenfunktionen können empirisch ermittelt oder normativ vorgegeben werden[613]), wobei die normativen Nutzenfunktionen weniger aufwendig und leichter programmierbar sind.

Für Cost-Effectiveness-Analysen werden mathematisch formulierte Nutzenfunktionen vorgeschlagen[614]), die auch die Unsicherheiten der Daten mitberücksichtigen. Pfanzagl[615]) hat für die kardinale Nutzenmessung als Bildungsgesetz solcher Funktionen die Beziehung

$$n_j = A \cdot B^{kj} + C$$

ermittelt.

n_j = Nutzenmaß für j = 1,2,...,m
k_j = Meßergebnis

Die drei unbekannten Parameter A, B und C lassen sich hinreichend durch die Nutzenbestimmung für wenige, beliebig gewählte Ausprägungen der Zielkriteriendimensionen bestimmen. Nach diesem Bildungsgesetz ermittelte Nutzenfunktionen lassen sich in tabellarischer oder graphischer Form zur Zuordnung von kardinalen Nutzenziffern zu den Meßwerten der jeweiligen Zielkriterien benutzen. Die Konsistenz der Messung ist damit sichergestellt.

Jedes den Nutzwert beeinflussende Kriterium ist von unterschiedlicher Wichtigkeit für den Entscheidungsträger im Bewertungsprozeß. Es ist gemäß seiner Bedeutung zu gewichten. Als Methoden kommen der Paarvergleich, Punktbewertung, Erstellen von Rangordnungen[616]) und der sukzessive Vergleich nach Churchmann u.a.[617]) zur Anwendung. Obwohl die erstgenannten Verfahren leichter anwendbar sind, wird in der Literatur[618]) vorwiegend die Me-

---

612) Vgl. CHURCHMANN, G.W.: Why Measure?, in: Measurement. Definition and Theories, hrsg. v.C.W. Churchmann, und P. Ratoosh, New York-London 1959, S. 88f.

613) Vgl ZANGEMEISTER, C.: Nutzwertanalyse in der Systemtechnik, a.a.O., S. 216ff. Zu den Möglichkeiten und den Problemen der Bestimmung von präferenzgerechten Nutzenfunktionen aufgrund von Befragungen der Entscheidungsträger vgl. TURBAN, E., METERSKY, M.L.: Utility Theory..., a.a.O., S. B-824ff.; GÄFGEN, G.: Zur Theorie kollektiver Entscheidungen in der Wirtschaft, in: Jahrbücher für Nationalökonomie und Statistik, Bd. 173 (1961), S. 1—49.

614) Vgl. LIFSON, M.W.: Value Theory, a.a.O., S. 99f.

615) Vgl. PFANZAGL, J.: A General Theory of Measurement. Applications to Utility, in: Naval Logistics Research Quarterly, 6. Jg. (1959), S. 283ff.

616) Vgl. zur Beschreibung dieser Methoden ECKENRODE, R.T.: Weighting Multiple Criteria, in: Management Science, Vol. 12, Series A (1965), S. 181ff.

617) Vgl. CHURCHMANN, C.W., ACKOFF, R.L.: An Approximate Measure of Value, in: Operation Research, Vol. 2 (1954), S. 172—180.

618) Vgl. z.B. ZANGEMEISTER, C.: Nutzwertanalyse in der Systemtechnik, a.a.O., S. 209ff.; STREBEL, H.: Zur Gewichtung von Urteilskriterien..., a.a.O., S. 121ff.

thode des sukzessiven Vergleichs zur Gewichtung von Teilzielen empfohlen. Sie erfordert die folgenden Schritte:

1) Die zu berücksichtigenden Kriterien sind nach ihrer relativen Wichtigkeit in eine Rangordnung zu bringen.

2) Dem am meisten vorgezogenen Kriterium wird das Gewicht $g_1 = 1$, den verbleibenden Gewichtungsfaktoren $2,...,m$ die Größe $0<g_j<1$ entsprechend ihrem relativen Wert für den Entscheidungsträger zugeordnet.

3) Im nun folgenden Auswahlprozeß ist zu unterscheiden, ob das wichtigste Kriterium von gleicher, größerer oder geringerer Bedeutung für die Gesamtwirksamkeit des Systems als die Summe der Kriterien $2,...,m$ ist.

$$g_1 \lessgtr g_2 + g_3 + ... + g_m = \sum_{j=2}^{m} g_j$$

Dieses Verfahren wird schrittweise für die nächstgewichtigsten Kriterien fortgesetzt.

$$g_2 \lessgtr \sum_{j=3}^{m} g_j \quad ; \quad g_3 \lessgtr \sum_{j=4}^{m} g_j$$

4) Die in Schritt 2 zugeordneten Zahlen werden in Schritt 3 bis zur Dimension $m-1$ auf Konsistenz geprüft bzw. gebracht.

5) Als letzter Schritt werden die Gewichte g_j durch Σg_j dividiert und damit normiert, so daß gilt

$$\sum g_j = 1$$

Die Zusammenfassung der gewichteten Teilziele zu einem Gesamtwirkungsmaß soll nach der für diese Probleme zur Anwendung vorgeschlagenen Nutzenadditionsregel erfolgen[619]. Für die Gesamtwirksamkeit[620] (N_i) von Alternative X_i ergibt sich dann die kardinale Größe

$$N_i = \sum_{j=1}^{m} g_j \cdot n_{ij}$$

Die dargestellten Verfahren zur Beurteilung der Meßergebnisse einzelner Zielkriterien zeigen, daß die Wirksamkeitsmessung oder Nutzenmessung den praktischen und theoretischen Belangen des jeweiligen Entscheidungsprozesses angepaßt werden kann. Je nach den Bedingun-

---

[619]) Vgl. GÄFGEN, G.: Theorie der wirtschaftlichen Entscheidung, a.a.O., S. 455f., KRELLE, W.: Präferenz und Entscheidungstheorie, a.a.O., S. 90; ZANGEMEISTER, C.: Nutzwertanalyse in der Systemtechnik, a.a.O., S. 281ff.
[620]) Die ermittelte Gesamtwirksamkeit ist identisch mit dem Gesamtnutzen des Systems für den Entscheidungsträger. Vgl. CHURCHMANN, C.W., ACKOFF, R.L., ARNOFF, E.L.: Operations Research, a.a.O., S. 114.

gen des Bewertungsprozesses, der zur Verfügung stehenden Zeit und der Bedeutung der Alternative kann die Analyse nur einige Zielkriterien materieller und nominaler Ausprägung oder die vollständige Abbildung aller Komponenten umfassen. Die modellgestützte Wirksamkeitsmessung ist somit ein Verfahren, das der Forderung nach isomorpher Abbildung der technischen und sozialen Eignungsdeterminanten von numerisch gesteuerten Fertigungssystemen hinreichend entspricht.

4.4424 Die modellgestützte Auswahl

Die Auswahl von Investitionsalternativen mittels der Cost-Effectiveness-Analyse erfolgt durch Gegenüberstellung der aufwandverursachenden und nutzbringenden Faktoren. Die Ausprägungen dieser Faktoren liegen als Zielwerte und Kosten vor. Durch die Auswahlentscheidung ist diejenige Alternative zu bestimmen, die unter der Menge der zulässigen die effizienteste ist[621]). Effizient ist eine Alternative dann, wenn durch paarweise Kosten- (C_{ij}) und Nutzenvergleiche (N_{ij}) festgestellt wurde, daß Alternative X_{ij} der Alternative X_{nm} vorzuziehen ist, wenn

$$C_{ij} \leqslant C_{nm} \text{ und}$$
$$N_{ij} \geqslant N_{nm}$$

gilt[622]).

Für den Fall, daß die Kosten der zu vergleichenden Alternativen gleich sind, ist die Alternative mit dem maximalen Nutzwert die geeignetste. Ist der Nutzwert der Alternativen gleich, ist die Alternative mit den minimalen Kosten zu wählen. Die Abb. 39[623]) illustriert die geschilderten Fallunterscheidungen.

Im Regelfall werden sowohl die Kosten als auch die Nutzwerte bei den einzelnen Alternativen unterschiedlich sein. Um dann die effizienten Alternativen in eine Rangreihe zu bringen, wird in der Literatur[624]) die Bildung eines Quotienten aus Kosten und Nutzwerten als

[621]) Auf die analytische Bestimmung von effizienten Lösungen bei mehreren Zielkriterien geht insbesondere Dinkelbach ein. (Vgl. DINKELBACH, W.: Sensitivitätsanalysen und parametrische Programmierung, a.a.O., S. 22ff. und S. 153ff.). Die dort gegebene Definition von effizienten Lösungen: „Eine Lösung $\hat{x} \in X$ heißt funktional effizient bezüglich X, wenn kein $x \in X$ existiert, so daß eine Komponente von $(z_1 (x)..., z_k (x))$ größer und alle übrigen größer oder gleich den entsprechenden Komponenten von $(z_1 (x), ..., z_k (x))$ sind." (vgl. ebenda, S. 23) ist auch auf das hier zu behandelnde Auswahlproblem anwendbar. Den Bemühungen Dinkelbachs zur analytischen Lösung des Problems, soll im Rahmen der Cost-Effectiveness-Analyse wegen der mangelnden Praktikabilität des Ansatzes nicht gefolgt werden, vielmehr bemühen wir uns um ein sukzessives Näherungsverfahren zur Wertsynthese.
[622]) Vgl. KOHLAS, J., LANDTWING, R.: Planung mittels Kosten-Nutzenanalysen, a.a.O., S. 231f.
[623]) In Anlehnung an SEILER, K.: Introduction to Systems Cost-Effectiveness, a.a.O., S. 74.
[624]) Vgl. HEUSTON, M.C., OGAWA, G.: Observations on the Theoretical Basis of Cost-Effectiveness, a.a.O., S. 74ff.

$$\text{Kostennutzungsgrad} \quad = \frac{\text{Kosten}}{\text{Nutzwert}} \leqslant 1$$

$$\text{oder als Nutzungswert} \quad = \frac{\text{Nutzwert (Output)}}{\text{Kosten (Input)}}$$

empfohlen.

Dieser Quotient ergibt sich als kardinale Größe, da sowohl die Kosten als auch der Nutzwert als kardinale Größe vorliegen.

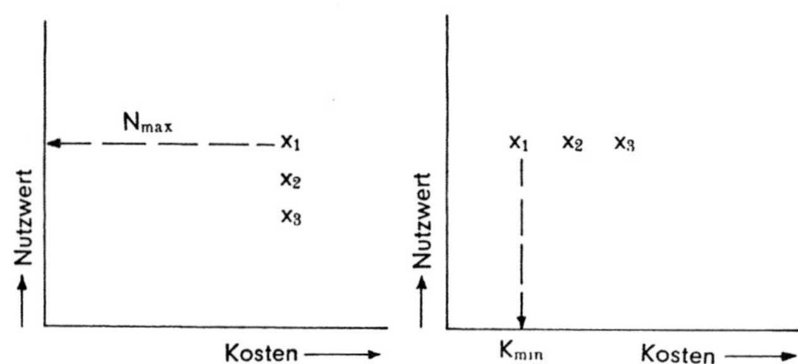

Abbildung 39
Cost-Effectiveness-Diagramm

Eine Ermittlung der Rangreihe der Alternativen allein nach dem Entscheidungskriterium Nutzungsgrad kann zu Fehlentscheidungen führen, da einige Alternativen zu kostspielig sind oder zu wenig Nutzen erbringen. Der zulässige Auswahlbereich kann durch die Budgetstruktur („fixed budget approach") oder durch bestimmte Minderleistungen („fixed effectiveness approach") begrenzt sein.

Um nicht zuviele Alternativen aus dem Bewertungsprozeß auszuscheiden und den Informationsstand voll auszuschöpfen, sind die Grenzen zu Beginn des Bewertungsprozesses nicht als starr, sondern eher als Richtlinie zu betrachten. Insbesondere durch technisch mögliche Modifikation der Alternativen kann nämlich eine Kosten- und Nutzwertveränderung herbeigeführt werden, die erst durch den jetzt erreichten Informationsstand gewürdigt werden können. Alternativen, die in einem so definierten zulässigen Bereich liegen, können nun nach dem Kriterium Nutzungsgrad oder durch individuelle Präferenzen des Entscheidungsträgers in eine Rangreihe gebracht werden.

Wird zur Bestimmung der Rangordnung der Alternativen der Nutzungsgrad zugrundegelegt und auf das in Abb. 40 [625]) angeführte Beispiel angewandt, können die Alternativen, anstei-

[625]) In Anlehnung an SEILER, K.: Introduction to Systems Cost-Effectiveness, a.a.O., S. 75.

gend nach der Größe des vom Fahrstrahl 0 X_i und der Ordinate gebildeten Winkels oder absteigend mit der Höhe des Nutzungsgrades, bestimmt werden.

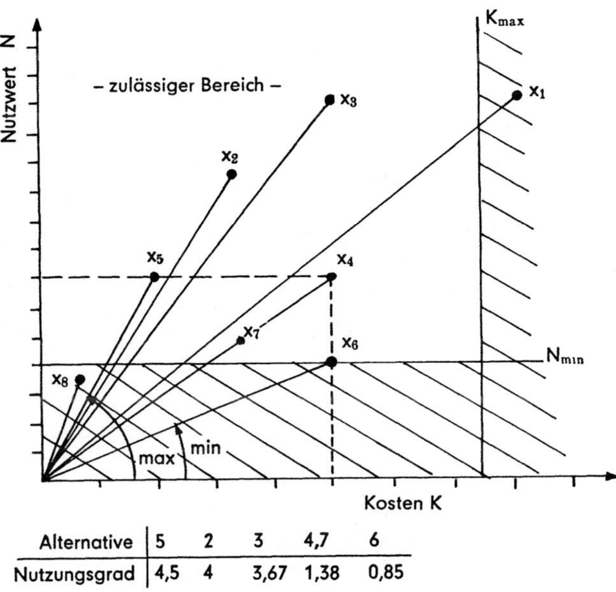

Alternative	5	2	3	4,7	6
Nutzungsgrad	4,5	4	3,67	1,38	0,85

Abbildung 40
Cost-Effectiveness-Diagramm mit zulässigem Bereich

Aus der Darstellung wird ersichtlich, daß die Alternativen X_5, X_2 und X_3 die Alternativen X_7, X_4 und X_6 dominieren. Da nun die Alternativen X_5, X_2 und X_3 mit den vorgeschlagenen Kriterien $C_{ij} \leqslant C_{nm}$ und $N_{ij} \geqslant N_{nm}$ nicht in eine eindeutige Rangreihe zu bringen sind, bedarf es eines zusätzlichen Werturteils des Entscheidungsträgers, um aus den effizienten Alternativen X_5, X_2 und X_3 die geeignetste zu bestimmen. Die Auswahl der geeignetsten Alternative anhand der Maximierung des Quotienten aus Nutzwert und Kosten erscheint problematisch [626]. Das Problem der Bewertung der effizienten Alternativen wird dadurch nicht gelöst [627].

---

[626] Kohlas und Landtwing illustrieren dies anhand des folgenden Beispiels: „Mit einem Velo von 200 Franken kann ein Transportunternehmen 50kg transportieren, mit einem Lastwagen zu 100000 Franken 5 Tonnen. Im ersten Fall kann pro Franken 1/4kg transportiert werden, im zweiten Fall nur 1/20 kg". KOHLAS, J., LANDTWING, R.: Planung mittels Kosten-Nutzen-Analyse, a.a.O., S. 233.

[627] Vgl. hierzu HAX, H.: Bewertungsprobleme bei der Formulierung von Zielfunktionen für Entscheidungsmodelle, a.a.O., S. 757.

Um die Entscheidung zwischen den effizienten Alternativen mit einem ökonomischen Kriterium begründen zu können, wird z.B. zur Bewertung von DV-Anlagen von Joslin[628]) und Bereska[629]) ein Verfahren zur Umrechnung der Nutzwerte in Geldeinheiten vorgeschlagen, das auch hier zur Anwendung kommen kann. Zu diesem Zweck sind die über ein bestimmtes Anforderungsniveau hinausgehenden Wirkungen vom Entscheidungsträger mit Punkten zu bewerten, wobei für jeden Punkt der „Monatskostenwert anzusetzen (ist), welchen man unter den vorliegenden Umständen des Soll-Arbeitsablaufs (bei numerisch gesteuerten Fertigungssystemen die Standardaufgaben) zu zahlen bereit wäre, um in den Genuß der einen oder anderen Arbeitsmöglichkeit oder Leistung zu kommen"[630]). Da allen im zulässigen Bereich liegenden Alternativen der gleiche Grundnutzen zugemessen wird, braucht nur der Mehr- oder Mindernutzen einer Alternative mit Hilfe der Opportunitätskosten bewertet werden. Entscheidungskriterium ist dann die minimale Differenz zwischen Kosten und nominal bewerteten Nutzwerten.

Gerade die letzte Überlegung legt einen Analogieschluß zur Annuitätenmethode (vgl. Kap. 4.42) nahe. Steht einem periodisch-monetär ausdrückbaren Nutzwert (Ne) ein Aufwand bzw. die Kosten (Ce) gegenüber, so ist die Annuitätenmethode anwendbar. Ein derart definierter Quotient $\frac{Ne}{Ce}$ führt damit zu dem gleichen Beurteilungsmaßstab für die absolute und relative Wirtschaftlichkeit der Alternativen wie die Annuitätenmethode.

Die nach den erläuterten Verfahren ermittelte Rangfolge der Investitionsalternativen gilt nur für den Fall der hier unterstellten sicheren Daten. Nun sind die Daten in realen Entscheidungssituationen meist unsicher und unvollkommen. Es ist daher erforderlich, die Empfindlichkeit der Lösung durch Variation der Daten zu testen, um so zu besseren Informationen über die effizienteste Lösung zu kommen. Insbesondere die Unvollkommenheit der Informationen über die Nutzwerte und Kosten einzelner Varianten von Alternativen erfordert eine wiederholte Abbildung der Alternativen im Leistungs- und Kostenmodell (vgl. Abb. 37). Da am Markt eine breite Palette von Fertigungssystemen und von Subsystemen mit einer Vielzahl unterschiedlicher Leistungsvarianten angeboten wird und Modifikationen am Fertigungssystem zu Veränderungen im Kosten- und Leistungsmodell führen, müßte das geänderte Fertigungssystem als neue, zusätzlich zu beurteilende Alternative in den Handlungsraum aufgenommen werden, was den Analyseaufwand erhöhen würde. Es erscheint daher sinnvoll, den Auswahlprozeß für technische Standardausführungen der Alternativen bis zur Erstellung des Cost-Effectiveness-Diagramms voranzutreiben, die zusätzlichen Überlegungen aber auf die zulässigen Alternativen mit absolut hohem Nutzungsgrad zu konzentrieren (vgl. Alternative 8 in Abb. 40)[631]). Mit Hilfe einer derart gesteuerten Gewinnung von Informationen über das Verhalten der Fertigungssysteme ist es möglich, mit geringem Aufwand ein Sy-

---

[628]) Vgl. JOSLIN, E.O.: Computer Selection ,a.a.O.,

[629]) Vgl. BERESKA, D.: Technik des Vergleiches konkurrierender elektronischer Datenverarbeitungsanlagen (EDVA), a.a.O.

[630]) BERESKA, D.: ebenda, S. 39 und 40.

[631]) Vgl. KASANOWSKI, A.D.: A Standardized Approach to Cost-Effectiveness Evaluations, in: Cost-Effectiveness, a.a.O., S. 135ff., SEILER, K.: Introduction to Systems Cost-Effectiveness, a.a.O., S. 96.

stem zu bestimmen, das der jeweiligen Fertigungsaufgabe optimal angepaßt ist. Dieses Vorgehen zeigt auch, welche Daten besonders sorgfältig zu ermitteln und zu beobachten sind.

Das beschriebene Vorgehen im Bewertungsprozeß macht deutlich, daß einerseits subjektive Größen bei der Entscheidung von Bedeutung sind und mit in das Ergebnis eingehen; andererseits werden diese Einflüsse im Modell sichtbar und können so einer rationalen Analyse unterworfen werden. Obwohl bei der Cost-Effectiveness-Analyse mehr Kriterien und Parameter als bei herkömmlichen Bewertungsverfahren berücksichtigt werden, sind vor allem die in der Analysephase anfallenden nicht quantifizierbaren Informationen[632]) gesondert zu erfassen und dem Entscheidungsträger vorzulegen[633]).

4.4425 Beurteilung der Cost-Effectiveness-Analyse

Nachdem nachgewiesen werden konnte, daß ein Kostenmodell (vgl. Abb. 34) die aufwandverursachenden und mit Hilfe von Zielkriterien (vgl. Abb. 38) die nutzbringenden Faktoren des Entscheidungsfeldes numerisch gesteuerter Fertigungssysteme im Rahmen der Cost-Effectiveness-Analyse erfassen kann, ist die Fähigkeit des Modellansatzes zur Auswahlentscheidung zu bejahen. Der Forderung nach multidimensionaler Abbildung des Entscheidungsfeldes ist aber nur durch einen hohen analytischen Aufwand nachzukommen, der durch die Kriterien Operationalität und Praktikabilität begrenzt wird. Empirische Ergebnisse zu dieser Frage liegen nicht vor. Es kann jedoch unterstellt werden, daß dieser Aufwand für wichtige und teure numerisch gesteuerte Fertigungssysteme in Kauf genommen werden kann, um Fehlinvestitionen zu vermeiden. Außerdem erlaubt die Elastizität des Modells eine entsprechende Anpassung des Aufwandes an die jeweilige Entscheidungssituation.

Durch die Gegenüberstellung von Nutzwerten und Kosten wird die Einhaltung des Rationalprinzips modellintern sichergestellt. Hervorzuheben ist, daß die Cost-Effectiveness-Analyse die Zweckrationalität auch dort gewährt, wo nicht monetär meßbare Zielkriterien heranzuziehen sind.

Der Modellansatz umfaßt gegenüber den vorher diskutierten Investitionsrechenmodellen eine größere Zahl von Struktur- und Prozeßelementen des Investitionsentscheidungsprozesses. Durch die Diskussion der expliziten und impliziten Annahmen konnte die Leistungsfähigkeit der Cost-Effectiveness-Analyse für den Bereich von numerisch gesteuerten Fertigungssystemen bestätigt werden. Obwohl damit die quantitative Leistung des Modells sichtbar wurde, ist auch noch nichts über die Güte der Modellergebnisse gesagt. Diese wird entscheidend durch den jeweiligen Entscheidungsträger bestimmt und entzieht sich somit weitgehend einer objektiven Beurteilung. Lassen sich jedoch die Nutzenschätzungen in Nutzenfunktionen standardisieren, so kann durch die Kontrollierbarkeit sämtlicher einfliessender Wertdimensionen Sicherheit und Transparenz der Modellergebnisse erreicht werden, die auch eine qualitative Interpretation des Modellergebnisses erlauben.

[632]) Vgl. QUADE, E.S.: Cost-Effectiveness: Some Trends in Analysis, in: Cost-Effectiveness, a.a.O., S. 246.
[633]) Vgl. KASANOWSKI, A.D.: ebenda, S. 132ff.

Die theoretische Geschlossenheit des Ansatzes darf nicht über eine Anzahl einschränkender Bedingungen bzw. Voraussetzungen hinwegtäuschen, die einer praktischen Anwendung entgegenstehen. Im wesentlichen sind dies die Schwierigkeiten bei der Bestimmung der für die Beurteilung relevanten und quantifizierbaren Merkmale und die Annahmen über die Urteilskraft der Entscheidungsträger. Sind diese Voraussetzungen mit hinreichender Genauigkeit in konkreten Entscheidungssituationen sicherzustellen, ist mit Cost-Effectiveness-Analysen, unter Einbeziehung subjektiver Verhaltensweisen der Entscheidungsträger eine Steigerung der Beurteilungsgenauigkeit möglich.

Zu prüfen bleibt die Frage nach der Zweckmäßigkeit und Praktikabilität einer relativ aufwendigen Bewertungssystematik. Diese Frage ist nur im Zusammenhang mit dem zu beurteilenden Investitionsobjekt zu beantworten. Der Neuheitsgrad numerisch gesteuerter Fertigungssysteme, die hohe und langfristige Kapitalbildung und die geringe Zahl von Wiederholungen der Investition in einer Unternehmung sprechen für die Anwendung der Cost-Effectiveness-Analyse.

4.5 Die Entscheidung für eine Alternative als Ergebnis der informationsverarbeitenden Kernphasen

4.51 Der Entschluß

Das zu Beginn dieser Untersuchung gesteckte Ziel, das Zusammenwirken der verschiedenen Entscheidungsdeterminanten im Investitionsentscheidungsprozeß für numerisch gesteuerte Fertigungssysteme zu erhellen, konnte durch eine umfassende Informationssuche und eine daran anschließende gedankliche Ordnung der gewonnenen Informationen erreicht werden.

Ausgangspunkt der Überlegungen bildete die Hypothese, daß die systematische Suche nach „Primärinformationen" und ihre Transformation in „Sekundärinformationen"[634] mit Hilfe von Modellen nur in einem sukzessiv ablaufenden Entscheidungsprozeß möglich ist. Der eingeschlagene methodische Weg geht von der Erkenntnis aus, daß die verschiedenen Möglichkeiten der Problemerfassung, -strukturierung und -auswertung nur durch ein zielgerechtes, gestaltendes Eingreifen des Entscheidungsträgers auf ein spezielles Entscheidungsfeld zu theoretisch aussagekräftigen und praktisch verwertbaren Ergebnissen führen.

Im Gegensatz zur Behandlung der Auswahlentscheidung in der investitionstheoretischen Literatur, in der ein Zielkriterium mit Extremierungsvorschrift zur Entscheidungsfindung herangezogen wird, sind in einem sukzessiv ablaufenden Entscheidungsprozeß eine Anzahl von Vorentscheidungen zu fällen. Diese betreffen die Art und Menge sowie die Wahl der Verarbeitungsarten der Informationen und die Beurteilung der Konsequenzen von Alternativen zur unternehmerischen Zielerfüllung. Um die Gesamtheit der Entscheidungsdeterminanten zu er-

---

[634] Vgl. zu den Begriffen „Primarinformationen" (Primär-Alternativ-Informationen) und „Sekundärinformationen" (Sekundar-Alternativ-Informationen) LOITLSBERGER, E.: Zum Informationsbegriff und zur Frage der Auswahlkriterien von Informationsprozessen, a.a.O., S. 132ff.

kennen, mußte sowohl der ökonomische Aspekt, der die Beschaffung und die ökonomischen Konsequenzen der Fertigungssysteme betrifft, als auch der Aspekt der integrativen Eignung einbezogen werden. Die Notwendigkeit dieser Vorgehensweise wurde darin erkannt, daß die Berücksichtigung von Beschränkungen des Lösungsraumes durch die Angabe von imponderabilen Faktoren und die alleinige Ausrichtung der Entscheidung an ökonomischen Zielkriterien nicht der Forderung nach Zweckrationalität noch dem praktischen Vorgehen entsprechen.

Um in dem nicht-analytischen, sukzessiven Problemlösungsprozeß die monetär-quantifizierbaren Daten zu verdichten, muß im Anschluß an die Feststellung der integrativen Eignung für eine Alternativenmenge die Ermittlung der dazu erforderlichen Daten erfolgen. Diese sind in einem Modell zur Ermittlung der Zielwirksamkeit zu verarbeiten. Neben Vorschlägen für die entscheidungsfeld- und entscheidungssituationsgerechte Abgrenzung der Daten und für die Auswahl geeigneter Modelle konnte die sachliche Verbundenheit mehrerer Entscheidungen deutlich gemacht und die Vorarbeiten für die Bestimmung der effizienten Alternativen abgeschlossen werden.

Die Leerstellen des Problemlösungsprozesses wurden durch Hypothesen, die aus der Erfahrung der Entscheidungsträger stammen, zu vervollständigen versucht. Die dabei anfallende Aufgabe und die Abstimmung der einzelnen Ergebnisse des Informationsverarbeitungsprozesses sowie deren Umformung zu einer abgewogenen Gesamtdarstellung können innerhalb des Investitionsausschusses (vgl. Kap. 3.222) gelöst werden[635]. Die Auswahl einer Alternative ist dann durch einen verantwortungsbewußten, wertenden Entschluß im Rahmen der Gesamtbetrachtung durch die Unternehmensleitung möglich[636]. Der Entschluß richtet sich nach individuellen Zielvorstellungen der Entscheidungsträger und nach der subjektiven Beurteilung der mit Unsicherheit behafteten zukünftigen Entscheidungskonsequenzen[637]. Antworten zu den Bestimmungsfaktoren der Willensbildung, die in einem Entschluß münden, kann eine betriebswirtschaftlich-technologische Forschung ebensowenig geben, wie den eigentlichen Entschluß für eine bestimmte Alternative zweifelsfrei vorzeichnen. Sie leistet lediglich einen Beitrag zur logischen Fundierung einer zweckrationalen Investitionsentscheidung, die den empirischen Gegebenheiten Rechnung trägt.

Mit dem Entschluß zur Realisierung einer Alternative sind eine Vielzahl von Einzelentscheidungsaufgaben wie z.B. Entscheidungen über den Zeitpunkt zur Durchführung, über Finanzfragen und über organisatorische Maßnahmen gekoppelt. Diese Fragen berühren nicht nur

---

[635] So auch SCHWARZ, H.: Rationelle Vorbereitung der Entscheidung über größere Investitionsvorschläge, a.a.O., S. 104.

[636] Nach Rosenstock stellt der Entschluß für eine Alternative den „Kulminationspunkt" des Entscheidungsprozesses dar. Vgl. ROSENSTOCK, H.A.: Die Entscheidung im Unternehmensgeschehen, a.a.O., S. 12.

[637] Subjektive Momemte wie die Erfahrungen, Vorstellungen, Erwartungen, persönliche Fähigkeiten, Ziele und Interessen der Entscheidungsträger spielen hier eine entscheidende Rolle, vgl. z.B. STAERKLE, R.: Der Entscheidungsprozeß in der Unternehmensorganisation, a.a.O., S. 23.

das einzelne Investitionsobjekt, sondern auch dessen Rolle in der gesamtbetrieblichen Investitionsplanung[638].

Da erst die Verwirklichung eines Entschlusses und dessen nachträglicher Vergleich mit den erwarteten Wirkungen einer Alternative Aussagen über die Qualität der Entscheidungen ermöglicht, sind die Realisations- und Kontrollphasen einer gesonderten Betrachtung zu unterziehen.

4.52 Vorüberlegungen zur Realisations- und Kontrollphase

Die Realisationsphase umfaßt alle Maßnahmen, die zur Durchsetzung der Entscheidung durchzuführen sind. Um einen Eindruck von der Breite und der Komplexität der Probleme zu geben, denen sich der Entscheidungsträger bei der Realisierung von numerisch gesteuerten Fertigungssystemen gegenübergestellt sieht, ist diese Phase von einzelnen Aspekten her zu beleuchten. Neben dem schon diskutierten Einflußfaktor Organisation interessieren hier besonders die Koordinations- und Kommunikationsaspekte. Die Analyse dieser Aspekte wird durch ihre Interdependenz erschwert.

Anpassungshandlungen der beschriebenen Art (vgl. Kap. 2.23) lassen sich grob danach ordnen, ob es sich um eine erstmalige oder wiederholte Adaption numerisch gesteuerter Fertigungssysteme in einem Unternehmen handelt. Angesichts der technischen Neuheit numerisch gesteuerter Fertigungssysteme und ihrer vielschichtigen Wirkungen wird das Gelingen der Einführung davon abhängen, ob die betroffenen Mitarbeiter so motiviert sind, daß sie neben den reinen Ausführungsfunktionen auch Entscheidungs- und Beratungsaufgaben wahrnehmen können. Neben den abgeleiteten Entscheidungen über Mittel und Wege der Einführung eines Systems sind Zeit- und zum Teil unvorhergesehene Sachprobleme zu lösen. Als Basis für die abgeleiteten Entscheidungen und für die Zeitplanung der einzelnen Aktivitäten[639] können auch die Unterlagen herangezogen werden, auf denen die Alternativenermittlung basiert. Durch schriftliche Fixierung aller Arbeiten und ihre Koordination in einem Netzplan[640] kommt es zu einer Formulierung des Handlungsablaufs. Die Netzplantechnik eignet sich im besonderen Maße zur Planung und Kontrolle der Realisationsphase, um die zusammenhängenden Aktivitäten zu koordinieren[641].

[638] Vgl. hierzu z.B. ALBACH, H.: Investition und Liquiditat, a.a.O., S. 65ff.; MEIER, R.E.: Planung, Kontrolle und Organisation des Investitonsentscheides, a.a.O., S. 82ff.

[639] Eine Beschreibung der vorbereitenden Aktivitaten bis zur Inbetriebnahme findet sich bei Mayer. MAYER, R.: Die Problematik des Einsatzes numerisch gesteuerter Werkzeugmaschinen..., a.a.O., S. 50ff.

[640] Ein bereits in der Praxis bewahrter Netzplan (mit entsprechenden Arbeitsanweisungen bzw. Arbeitsblättern) zur Einführung von NC-Maschinen wurde vom Ausschuß fur wirtschaftliche Fertigung e.V. (AWF) publiziert. (Vgl. AWF (Hrsg.): Ablaufplan zur Einfuhrung von NC-Maschinen, AWF — Schriftreihe „Arbeitsvorbereitung", Berlin 1971.)

[641] Nach Angaben von Herstellerfirmen umfaßt der Zeitraum vom Lieferzeitpunkt bis zur Eingliederung des numerisch gesteuerten Fertigungssystems in den Produktionsprozeß ca. 2—6 Monate. Vgl. N.N.: NC-Ausbildung—Informieren, werben, ausbilden, a.a.O., S. 66f.

Die Trennung von Entscheidungsvorbereitung und -durchführung bedingt hierfür einen Kommunikationsprozeß, der allein durch zweckgerechte Unterweisung der ausführenden Instanzen (Investitionsplanungsstelle — Arbeitsvorbereitung — Meister — Bedienungsleute) kaum zu lösen ist. Beobachtungen in der Praxis zeigen, daß der Prozeß der Einführung durch Improvisation, durch kompetenzüberschreitende Entscheidungen und durch Informationswege gekennzeichnet ist, die von der formalen Organisation abweichen. Da diese Vorgänge stark vom einzelnen Fall[642] abhängen und auch in der Literatur zur Unternehmensführung nur allgemeine Verfahrensregeln zu finden sind, läßt sich festhalten, daß mangelnde Motivation oder nur geringe Identifizierung der Mitarbeiter mit dem neuen technischen System in der Regel Probleme verursacht, die sich in einer längeren Einführungszeit und einer mangelnden Nutzung der Kapazität sowie der Elastizität niederschlagen[643]. Informationsveranstaltungen, die der Wahrscheinlichkeit solcher Mängel abhelfen sollten, werden für die Mitarbeiter nur in Großbetrieben durchgeführt.

Der Koordinationsaufwand zwischen den einzelnen betrieblichen Instanzen (z.B. Programmierbüro und der Fertigung) wird nicht nur von der gewählten Strategie bei der Systemgestaltung[644], sondern auch vom Wert des Investitionsobjektes und seiner Stellung in der gesamten Produktionsstruktur bestimmt. Der Wert des Objektes drückt sich bei Mindernutzung in seinen hohen Leerkosten aus, so daß erhöhte Aufwendungen zur Vorbereitung der Fertigung sowie zur Abwendung von Störungen notwendig werden. Numerisch gesteuerte Fertigungssysteme werden häufig zur Produktion komplizierter Teile eingesetzt, eine kurzfristige Produktionsumlegung auf andere Systeme ist kaum ohne großen Mehraufwand möglich. Wie Informationen aus der Praxis zeigen, führen beide Aspekte in der Einführungsphase des Systems zu spezifischen Kommunikations- und Koordinationsstrukturen, die nicht der formalen Organisation entsprechen. Diese äußern sich in einem permanenten Informationsaustausch der beteiligten Mitarbeiter zur Lösung bestimmter Problemstellungen. Mit zunehmender Einsatzzeit des Fertigungssystems und wachsenden Erfahrungen der Mitarbeiter sowie durch Veränderungen im Bestand an numerisch gesteuerten Fertigungssystemen verändern sich die auf informellen Wegen und durch kurzfristige Entscheidungen entstandenen Strukturen intensitätsmäßig, in ihrer Form aber kaum. Die zeitliche Stabilität „fallweiser Regelungen"[645] aus der Einführungsphase kann nachträglichen Veränderungen zur Erhöhung der Effizienz entgegenwirken. Eine Ausrichtung an einer Gesamtkonzeption der Koordinationsmechanismen und der Kommunikationswege mit einer laufenden Kontrolle in der Einführungsphase des Fertigungssystems kann die schwierigen Anpassungshandlungen erleichtern und vor allem zukünftige Aktivitäten besser steuern.

Neben diesen technischen und zeitlichen Projektkontrollen tritt eine Investitionskontrolle, die sich auf einen Vergleich der Planungsannahmen (Daten und Ziele) und der Ist-Werte zu bestimmten Zeitpunkten bezieht. Die Langfristigkeit der Investitionsentscheidung bedingt

---

[642] Dabei scheint der Führungsstil eine dominierende Variable zu sein.
[643] Diese Mängel können sich schon aus dem erhöhten Koordinationsaufwand zwischen Programmierer und Maschinenbediener sowie diesen und der Werkzeugvoreinstellung, der Instandhaltung u.a. ergeben.
[644] Vgl. S. 42ff. dieser Arbeit.
[645] Vgl. zum Begriff GUTENBERG, E.: Die Produktion, a.a.O., S. 237f.

eine frühzeitige Überprüfung von Planabweichungen mit dem Ziel, deren Ursachen zu ermitteln. Sie hat damit im wesentlichen drei Zwecksetzungen[646]:

— Verbesserung zukünftiger Investitionen durch Vermeidung von Fehlern (Verhaltensbeeinflussung und Impuls für Lernvorgänge),

— Verminderung von Manipulationsmöglichkeiten bei der Planung und Realisation (Beurteilungsfunktion) und

— Verminderung bzw. Limitierung unerwünschter Auswirkungen des Projektes durch nachträgliche Korrektur (Verhütungsfunktion).

Formalisierte Kontrollverfahren, die die genannten Zwecke erfüllen, wurden nur in Großunternehmen angetroffen. In kleinen und mittleren Unternehmen wurden Kontrollen auf Bereiche beschränkt, die sich als Schwachstellen erwiesen. Überlegungen, die auch die Motive und die Wahl des Zeitpunktes der Investition miteinbezogen, waren in der Praxis nicht festzustellen. Zur Behebung dieser Mängel sind die in der Literatur[647] ausgiebig diskutierten Argumente für eine systematische Investitionskontrolle anzuführen. Im Hinblick auf die Vielzahl imponderabiler und subjektiver Faktoren im Investitionsentscheidungsprozeß spielt die Investitionsprojektkontrolle eine wichtige Rolle, um die Entscheidung auf eine rationale Basis zu stellen. Ihre Vernachlässigung in der Praxis verhindert eine Verbesserung der Informationsbasis zur Klärung theoretisch erkannter Zusammenhänge in einem sukzessiv ablaufenden Investitionsentscheidungsprozeß.

---

[646] Vgl. BLOHM, H., LÜDER, K.: Investition, a.a.O., S. 15.
[647] Vgl. z.B. die Ergebnisse von LÜDER, K.: Investitionskontrolle, a.a.O., S. 177—180.

5. Zusammenfassung und Ergebnis

Voraussetzung zur technisch-ökonomischen Gestaltung und Bewertung von numerisch gesteuerten Fertigungssystemen ist eine gründliche Kennzeichnung des Untersuchungsgegenstandes und der Instrumente zur Entscheidungsfindung. Die Untersuchung hat ergeben, daß die damit zusammenhängenden theoretischen und praktischen Fragen nur in einem umfassenden entscheidungsorientierten Ansatz einer Lösung zugeführt werden können.

Die Einbeziehung technologischer Überlegungen erlaubte, die wesentlichen entscheidungsrelevanten Merkmale numerisch gesteuerter Fertigungssysteme herauszuarbeiten und Anhaltspunkte für die Einsatzbereiche sowie Effizienzsteigerungsmöglichkeiten zu finden. Effizienzsteigerungsmöglichkeiten mit Hilfe der numerisch gesteuerten Fertigungssysteme sind einmal möglich durch die Automatisierung des Informationsflusses und zum anderen durch die Befreiung des Faktors menschliche Arbeitsleistung von den materiellen Anpassungswiderständen der Fertigung. Die Automatisierung des Informationsflusses führt zu einer Reduzierung der Auftragszeiten und zu Produktivitätssteigerungen. Die Verlagerung des Anpassungswiderstandes der Fertigung in den immateriellen Bereich der Arbeitsvorbereitung und Konstruktion sowie eine fortschreitende Durchbildung des Informationsflusses in diesem Bereich bewirken den Aufbau eines hohen „allgemeinen Vorbereitungsgrades", der vielseitig nutzbar ist. Beide Aspekte bewirken die Aufrechterhaltung einer hohen fertigungstechnischen Elastizität bei zunehmender Automatisierung des Produktionsprozesses. Daraus ergibt sich, daß numerisch gesteuerte Fertigungssysteme besonders zur Effizienzsteigerung in der industriellen Einzelfertigung, aber auch in der Massenfertigung zur Bewältigung der Anlaufphase, des Spitzenbedarfs und der Ersatzteilfertigung geeignet sind.

Die spezifischen Systemeigenschaften numerisch gesteuerter Fertigungssysteme erlauben einen rationellen Vollzug der Fertigung bei wechselnden Fertigungsaufgaben. Ihr Hauptanwendungsgebiet liegt damit in der „industriellen Wechselproduktion". Im Hinblick auf die Eignung der numerisch gesteuerten Fertigungssysteme ist demzufolge nicht ihrem schematisch-universellen, sondern ihrem selektiven Einsatz der Vorzug zu geben. Numerisch gesteuerte Fertigungssysteme sollten „maßgeschneidert" sein, um den partiellen Fertigungsbedingungen mit einer entsprechend abgestimmten Systemkombination gerecht werden zu können. Vom technischen Standpunkt aus bieten die numerisch gesteuerten Fertigungssysteme hierzu günstige Voraussetzungen, die Probleme liegen in der Entwicklung von Kriterien, die die integrative Eignung der Fertigungssysteme anzeigen.

Da numerisch gesteuerte Fertigungssysteme den Herstellvorgang eines Werkstückes von der Konstruktion bis zur Montage beeinflussen, ist die Erfassung der technisch-organisatorischen Wirkungen ungleich schwieriger als bei konventionellen Betriebsmitteln. Es hat sich gezeigt, daß eine numerisch gesteuerte Fertigung ein viel detaillierteres und systematischeres Durchdenken und Vorbereiten der gesamten Fertigung im technologischen, personellen und organisatorischen Bereich erforderlich macht, als es bisher in der konventionellen Fertigung üblich war. Die produktiven Faktoren müssen in allen betrieblichen Funktionsbereichen den Anforderungen der numerisch gesteuerten Fertigungssysteme angepaßt und in ein sinnvoll abgestimmtes Mensch — Maschine — System eingeordnet werden.

Der wirtschaftliche Erfolg des Einsatzes von numerisch gesteuerten Fertigungssystemen, bei Berücksichtigung aller fertigungswirtschaftlichen Interdependenzen, läßt sich nur durch die globale Einbeziehung aller Auswirkungen des Investitionsvorhabens auf die Gesamtproduktion quantifizieren. Die entscheidenden Determinaten einer umfassenden Wirtschaftlichkeitsanalyse sind:

— die Fertigungsaufgaben,

— die Ausgestaltung der technischen und organisatorischen Subsysteme der Arbeitsvorbereitung und Konstruktion,

— die Fertigungsstruktur und

— das spezifische Einsatzverhältnis der Produktionsfaktoren.

Diese Daten muß ein Investitionsentscheidungskalkül als zukunftsorientierte Input-Output-Rechnung berücksichtigen. Schließlich müssen auch immaterielle, mithin nicht meßbare Vorteile berücksichtigt werden, die sich insbesondere in einer Verbesserung des betrieblichen Informationswesens und bei der optimalen Gestaltung eines Vorbereitungsgrades niederschlagen. Damit wird deutlich, daß Investitionsentscheidungen über numerisch gesteuerte Fertigungssysteme nur dann rational begründet werden können, wenn das Schwergewicht theoretischer und praktischer Untersuchungen von Einzelfragen auf den gesamten Investitionsentscheidungsprozeß verlagert wird.

Um die Kriterien und Aktivitäten zur Auswahl geeigneter Alternativen mit hinreichender Genauigkeit erfassen zu können, sind diese in einem sukzessiv ablaufenden Investitionsentscheidungsprozeß einzufangen. Die einzelnen Phasen des Investitionsprozesses werden einer Einzeluntersuchung unterzogen, welche jeweils die Stufen der Problembeschreibung, der Kennzeichnung der Einflußgrößen und Aktionsparameter sowie die Lösungsmöglichkeiten mit ihrer Beurteilung umfassen. Der dabei eingeschlagene methodische Weg geht von der Erkenntnis aus, daß eine fruchtbare Weiterführung theoretischer Gedankengänge nur durch konkreten Bezug zur praktischen Aufgabenstellung möglich ist. Mit den auf deduktiven und induktiven Wegen gewonnenen Erkenntnissen läßt sich der innere Ordnungszusammenhang vorgefundener Einzelaussagen aufdecken und ihr Beitrag bzw. ihre Funktion im Entscheidungsprozeß fixieren.

Dieser entscheidungsorientierte Ansatz zeichnet sich besonders dadurch aus, daß die technischen, organisatorischen, sozialen und ökonomischen Aspekte in ihrer sachlichen und zeitlichen Verbundenheit erfaßt werden und auch das Verhalten des Entscheidungsträgers in den mit Unsicherheit behafteten Situationen Berücksichtigung findet. Die Formulierung dieser Zusammenhänge in streng mathematischen Funktionen und ihre Vereinigung zu einem Entscheidungsmodell sind immer nur für Teilbereiche praktikabel. Zu diesem Zweck wurden die in der Literatur und in der Praxis vorgefundenen Lösungsansätze in die abstrakte Struktur des Grundmodells der Entscheidungstheorie eingefügt. Insgesamt läßt sich das Beziehungsgefüge der Faktoren dann nur in einem Erklärungsmodell mit nicht-analytischem Charakter abbilden. Dennoch zeigen Untersuchungen für andere betriebliche Entscheidungsaufgaben die große praktische und theoretische Bedeutung dieses Ansatzes, die vor allem in der gedanklichen Durchdringung eines komplexen Entscheidungsproblems liegt.

Aus der Kennzeichnung des Entscheidungsfeldes numerisch gesteuerter Fertigungssysteme ergeben sich die Basisinformationen für die betriebswirtschaftlich-technische Voruntersuchung. Diese umfaßt eine systematische Suche nach Ideen für alternative numerisch gesteuerte Fertigungssysteme sowie eine Selektion von erfolgsversprechenden Handlungsalternativen mit geeigneten Modellen zur Grobauswahl.

Zur Steuerung und Kontrolle der Aktivitäten in den informationsverarbeitenden Kernphasen des Entscheidungsprozesses wurde ein Zielsystem entwickelt. Aus der in der Praxis vorgefundenen Situation und den theoretischen Ansätzen zur Zielbildung konnten operationale Zielkriterien definiert werden, die sowohl Messfunktionen für die Eignung numerisch gesteuerter Fertigungssysteme als auch für die mit den Fertigungssystemen angestrebten unternehmerischen Zielerreichungsgrade wahrnehmen. Mit der Definition eines operationalen Zielsystems ist der erste Schritt zur Begründung zweckrationaler Investitionsentscheidungen getan.

Die Ermittlung und Erfassung der Daten über die Handlungsalternativen und die betrieblichen Zustände sind weitere Voraussetzungen zur Entscheidungsfindung. Gerade die Genauigkeit und Vollständigkeit der Datenerfassung bilden den Schlüssel für fundierte Entscheidungen. Diesem Aspekt wird in der Literatur zunehmend Bedeutung geschenkt. Dennoch bereiten die Probleme für interdependente Realinvestitionen große Schwierigkeiten. Die Datenaufbereitung hängt nicht nur vom Entscheidungsfeld und den zur Anwendung kommenden Entscheidungsmodellen, sondern auch von der Organisationsform und dem Führungsstil im Unternehmen ab. Die systematische Datenerfassung für numerisch gesteuerte Fertigungssysteme in der Praxis steckt noch in den Anfängen, sie wird in vielen Fällen nur auf einzelne Datenfelder begrenzt oder oberflächlich durchgeführt.

Insgesamt haben die Untersuchungen gezeigt, daß die Datenerfassung und -aufbereitung an verschwommenen und unterschiedlichen Auffassungen über die erforderlichen Datenfelder leiden. Zur systematischen Erfassung und theoretischen Durchdringung aller wesentlichen Datenfelder wurde vorgeschlagen,

— die technologische Eignung, mit den Merkmalen Zweckeignung, Einsetzbarkeit und Kompatibilität,

— die soziale Eignung und

— die ökonomische Eignung festzustellen.

Sind bestimmte Merkmalsausprägungen der Eignungsfaktoren bei numerisch gesteuerten Fertigungssystemen anzutreffen, kann als übergreifendes Eignungskriterium die integrative Eignung einer Alternative ermittelt werden. Die Erfassung der Eignungskomponenten stellt eine detailliertere und umfassendere Untersuchung der Kosten- und Leistungsbeziehungen dar als die Annahme von Zahlungsströmen bei den bisher zur Anwendung empfohlenen Investitionsrechenmodellen. Die technischen, personellen und organisatorischen Einflußgrößen auf die ökonomischen Daten können direkt benannt werden. Ihre Wirkungen auf den Produktionsprozeß wurden mengenmäßig erfaßt und können damit als Aktionsparameter in den Investitionsentscheidungsprozeß eingehen. Das Ziel dieser Überlegungen, eine rationale Datenerfassung und -verarbeitung durchzuführen und die Fehler auf ein unvermeidliches Maß, bei größtmöglicher Benutzerfreundlichkeit des Gestaltungs- und Bewertungsvorganges zu reduzieren, konnte erreicht werden.

Die zeitliche und sachliche Begrenzung der Entscheidungssituationen führt zu relativen Optimalentscheidungen mit wechselnden Beschränkungen. Durch die Ausrichtung der Entscheidungen an Komponenten des Zielsystems konnte eine systematische Reduzierung auf Alternativen mit höheren Zielerreichungsgraden näherungsweise erreicht werden.

Für die endgültige Auswahl der geeignetsten unter den für zulässig ermittelten Alternativen wurden Modelle der Investitionstheorie, der linearen Optimierung und der Nutzwertanalysen herangezogen. Die Anwendbarkeit der Modelle wurde mit Hilfe eines auf der Grundlage des Entscheidungsfeldes und des sukzessiven Problemlösungsansatzes erarbeiteten Kriterienkataloges untersucht. Neben einer Überprüfung der Prämissen wurden die Fähigkeit der Modelle zur isomorphen Abbildung des Entscheidungsfeldes und die modellinterne Einhaltung des Rationalprinzips überprüft. Für die praktische Anwendung ist es problematisch, nur Entscheidungsmodelle zu diskutieren, die zwar vom Ansatz her exakt erscheinen, deren Lösung jedoch nicht oder nur mit unvertretbar hohem Planungsaufwand zu ermitteln ist. Aus diesem Grunde fanden die Kriterien der Operationalität und Praktikabilität bei der Modellanalyse besondere Beachtung. Die Klärung der Modellvoraussetzungen und ihre Beiträge zur Entscheidungsfindung für das spezielle Entscheidungsfeld führte bei den angesprochenen Investitionsrechenmodellen und dem linearen Modellansatz zu Vorschlägen für Modellmodifikationen. Bei der Cost-Effectiveness-Analyse mußten die Nutzen- und Kostenmodelle für numerisch gesteuerte Fertigungssysteme erst entwickelt werden. Als Ergebnis der systematischen Einzelanalyse konnten die Grenzen des Einsatzes dieser Entscheidungsmodelle und ihr Beitrag zur Entscheidungsfindung sichtbar gemacht werden.

Die partiellen Entscheidungsmodelle sind notwendige operationale Hilfsmittel, um für abgegrenzte reale Entscheidungssituationen optimale Lösungen zu ermitteln. Ein umfangreiches Entscheidungskalkül muß dagegen alle Daten berücksichtigen, die bei den partiellen Kalkülen wegen ihrer begrenzten formalen Basis als gegeben vorausgesetzt werden müssen. In diesem Sinne ergänzen sich die partiellen Modelle und der in dieser Untersuchung gekennzeichnete sukzessive Investitionsentscheidungsprozeß. Die unvollständigen Entscheidungsvorbereitungen für einzelne Teilaspekte müssen vom Entscheidungsträger durch bewußt wertende Überlegungen zu einem Entschluß, der den willensbildenden Prozeß abschließt, verbunden werden. Die Trennung der entscheidungsfeld- und entscheidungsträgerbedingten Einflußgrößen ist dabei von fundamentaler Bedeutung für zweckrationale Investitionsentscheidungen. Sie läßt die Beziehung zwischen Information, Entscheidung und Organisation deutlich werden und erlaubt eine Grenzziehung zwischen rationalen und irrationalen Teilen der Investitionsentscheidung. Die so gewonnene Transparenz erlaubt, verschwommene Motive über die

Entscheidung für ein Fertigungssystem aufzudecken, bzw. Zweckmäßigkeitserwägungen deutlich werden zu lassen.

Die Trennung von Entscheidungsvorbereitung und -durchführung bedingt eine gesonderte Behandlung der Realisations- und Kontrollphase des Investitionsentscheidungsprozesses. Beobachtungen der Praxis machten deutlich, daß vor allem die sachlichen Anpassungshandlungen und ihre zeitliche Planung stark von den Motiven und Erfahrungen der Mitarbeiter beeinflußt werden. Neben den bereits erwähnten Problemen, die sich bei der zweckgerechten Organisation zur Einführung von numerisch gesteuerten Fertigungssystemen in ein bestehendes Produktionsgefüge ergeben, treten Kommunikations- und Koordinationsprobleme hinzu. Als Ergänzung zu den rein praktischen Betrachtungen in der Fachliteratur zeigten theoretische Überlegungen, welche Einflußgrößen zu beachten sind, um Friktionen in der Realisationsphase zu vermeiden und die in der Kontrollphase gewonnenen Erkenntnisse zur Folgeinvestition zu nutzen.

In dieser Untersuchung wurde versucht, Fragen nach dem zweckgerechten Einsatz numerisch gesteuerter Fertigungssysteme und Fragen nach der Auswahlentscheidung bei der Beschaffung von Fertigungssystemen zu beantworten. Die bisher in der Literatur vorgenommene Trennung des instrumentalen Aspektes der Investitionsentscheidung als Mittelentscheidung vom Zweck des Fertigungssystemeinsatzes führte zu einer starken Divergenz theoretischer Modellüberlegungen und ihrer praktischen Anwendung. Den Blick für die zusammenhängende Betrachtung dieser interdependenten Problemkreise zu schärfen und einen wissenschaftlichen Beitrag zur Lösung zu leisten, war ein zentrales Anliegen dieser Untersuchung.

Literaturverzeichnis

a) Buchveröffentlichungen und Dissertationen

ADAM, A., HELTEN, E., SCHOLL, F.: Kybernetische Modelle und Methoden, Köln-Opladen 1970

ALBACH, H.: Wirtschaftlichkeitsrechnung bei unsicheren Erwartungen, Köln-Opladen 1959

ALBACH, H.: Investition und Liquidität, Wiesbaden 1962

ALEXIS, M., WILSON, C.Z.: Organizational Decision Making, Englewood Cliffs (N.J.) 1967

BALLMANN, W.: Beitrag zur Klärung des betriebswirtschaftlichen Investitionsbegriffes und zur Entwicklung einer Investitionspolitik der Unternehmung, Diss. Mannheim 1954

BAETGE, J.: Betriebswirtschaftliche Systemtheorie, Opladen 1974

BAUGUT, G.: Modelle zur Auswahl von Datenverarbeitungsanlagen, Köln-Braunsfeld 1973

BAUR, W.: Neue Wege der betrieblichen Planung, Berlin-Heidelberg-New York 1967

BEER, S.: Kybernetik und Management, Hamburg 1962

BEHRENDT, W.K.: Leitfaden für die Programmierung numerisch gesteuerter Fertigungen, Stuttgart-Vaihingen 1970

BERTHEL, J.: Informationen und Vorgänge ihre Bearbeitung in der Unternehmung, Berlin 1967

BETRIEBSVERFASSUNGSGESETZ (Betr.VG) vom 15. Januar 1972

BOTTLER, J., HORVARTH, P., KARGL, H.: Methoden der Wirtschaftlichkeitsberechnung für die Datenverarbeitung, München 1972

BIASIO, S.: Entscheidung als Prozeß, Bern-Stuttgart-Wien 1969

BIDLINGMAIER, J.: Unternehmerziele und Unternehmerstrategien, Wiesbaden 1964

BIERFELDER, W.H.: Optimales Informationsverhalten im Entscheidungsprozeß der Unternehmung, Berlin 1968

BIERMANN, H., SMIDT, S.: The Capital Budgeting Decision, Economic Analysis and Financing of Investement Projects, 2. Aufl., New York 1966

BLOECH, J.: Untersuchung der Aussagefähigkeit mathematisch formulierter Investitionsmodelle mit Hilfe einer Fehlrechnung, Diss. Göttingen 1966

BLOHM, H., LÜDER, K.: Investition, 2. Aufl., München 1972

BLUMENTRATH, U.: Investitions- und Finanzplanung mit dem Ziel der Endwertmaximierung, Wiesbaden 1969

BÖHNISCH, W.: Numerische Steuerung, Stuttgart 1966

BÖHRS, H.: Produktivitätsermittlung industrieller Betriebe, München 1970

BOULDING, K.E.: General Systems, Yearbook of the Science for the Advancement of General Systems Theory, Bd. I, Ann Arbor 1956

BRANDENBERGER, H.: Die Wirtschaftlichkeit der NC-Maschinen, Bern-Stuttgart 1969

BRANDT, H.: Investitionspolitik des Industriebetriebes, Wiesbaden 1959

BRESKA, D.: Die Organisation der betrieblichen Datenverarbeitung, München 1967

BRONNER, A.: Vereinfachte Wirtschaftlichkeitsberechnung, Berlin-Köln-Frankfurt 1964

BÜHLMANN, H., LÖFFEL, H., NIEVERGELT, E.: Einführung in die Theorie und Praxis der Entscheidung bei Unsicherheit, Bd. 1 der „Lecture Notes in Operations Research and Mathematical Economies, Hrsg. H. Beckmann und H.P. Künzi, Berlin-Heidelberg-New York 1967

BUSSMANN, K.F.: Das betriebswirtschaftliche Risiko, Meisenheim am Glan 1955

CHESTNUT, H.: Systems Engineering Methods, New York-London 1967

CHESTNUT, H.: Methoden der System-Entwicklung (System Engineering Tods New York 1965), München 1973

CHRISTENSEN, E.: Automation and the Workers, London 1968

CHURCHMAN, C.W.: Einführung in die Systemanalyse, München 1970

CHURCHMAN, C.W.: The System Approach, New York 1968

CHURCHMAN, C.W., ACKOFF, R.L., ARNOFF, E.L.: Operations Research. Eine Einführung in die Unternehmensrechnung, Wien-München 1961

COMWAY, J.O., BRINGMAN, D., DOANE, R.L.: Handbook for Slo - SYN Numerical Control, Bristol 1969

DATHE, H.M.: Moderne Projektplanung in Technik und Wissenschaft. Modelle, Methoden und ihre Anwendung, München 1971

DIENSTBACH, H.: Dynamik der Unternehmungsorganisation, Wiesbaden 1972

DINCMEN, M.: Vergleichende systemtechnische Untersuchung der äußeren Datenverarbeitung für die Fertigung mit NC-Maschinen, Diss. Berlin 1972

DINELBACH, W.: Sensitivitätsanalysen und parametrische Programmierung, Berlin-Heidelberg-New York 1969

DRUCKER, P.F.: Praxis des Management, 5. Aufl., Düsseldorf-Wien 1966

DÜRR, H.: Datenerfassung in der kommerziellen Datenverarbeitung, Berlin-New York 1973

ELLIS, D.O., LUDWIG, F.J.: Systems Philosophy, Englewood Cliffs N.J. 1962

ELLINGER, T.: Ablaufplanung, Stuttgart 1959

ELMAGHRABY, S.E.: The Design of Production Systems, New York-London 1966

ENGELS, W.: Betriebswirtschaftliche Bewertungslehre im Licht der Entscheidungstheorie, Köln-Opladen 1962

EVERSHEIM, W., STEHLE, P.: Planungsmethoden für den wirtschaftlichen Einsatz von Numerikmaschinen, Berlin-Köln-Frankfurt 1968

FLECHTNER, H.J.: Grundbegriffe der Kybernetik. Eine Einführung, Stuttgart 1966

FORRESTER, J.W.: Principles of Systems, 2nd ed., Cambridge/Mass. 1969

FRANKE, R.: Ein Richtkostenmodell auf der Grundlage von Matrizen für Zwecke der Planung, Kontrolle und Kalkulation (dargestellt am Beispiel eines Siemens-Martin-Stahlwerks), Diss. Aachen 1970

FRESE, E.: Kontrolle und Unternehmensführung, Wiesbaden 1968

FREUDHOFER, F.: Der Einfluß organisatorischer und wirtschaftlicher Kenngrößen auf die optimale Nutzung von numerisch gesteuerten Maschinen, Diss. Graz 1973

FRISCHMUTH, G.: Daten als Grundlage für Investitionsentscheidungen, Berlin 1969

GÄFGEN, G.: Theorie der wirtschaftlichen Entscheidung, 2. Aufl., Tübingen 1968

GALLAND, H.: Entwicklung einer werkstückbeschreibenden Systemordnung zur Kostensenkung in der Einzel- und Kleinserienfertigung, Diss. Aachen 1964

GAS, B.: Wirtschaftlichkeitserrechnung bei immateriellen Investitionen, Frankfurt/M-Zürich 1972

GEBHARDT, A.: Numerisch gesteuerte Werkzeugmaschinen — Probleme ihres Einsatzes in der BRD. IFO-Institut für Wirtschaftsforschung, München 1970

GLOERFELD, K.: Die Untersuchung des Zuordnungsproblems von Werkstück, Werkzeug und Werkzeugmaschine am Beispiel des Fertigungsverfahrens Fräsen, Diss. Hannover 1968

GREWE, J.: Störungen im Industriebetrieb, Diss. Darmstadt 1970

GRIEM, H.: Der Prozeß der Unternehmensentscheidung bei unvollkommener Information, Berlin 1968

GROCHLA, E.: Unternehmensorganisation, Reinbeck bei Hamburg 1972

GROCHLA, E.: Automation und Organisation, Wiesbaden 1966

GÜNTHER, H.U., BUSCH, R.: Das Bilden von Rationalisierungsschwerpunkten in Industriebetrieben mit Hilfe der ABC-Analysen. Manuskriptreihe Wirtschaft, Heft 29, Ludwigshafen 1965

GUTENBERG, E.: Untersuchungen über die Investitionsentscheidungen industrieller Unternehmen, Köln-Opladen 1959

GUTENBERG, E.: Grundlagen der Betriebswirtschaftslehre, Bd. I: Die Produktion, 21. Aufl., Berlin-Heidelberg-New York 1975

GUTENBERG, E.: Grundlagen der Betriebswirtschaftslehre Bd. II: Der Absatz, 10. Aufl. Berlin-Heidelberg-New York 1967

GUTENBERG, E.: Grundlagen der Betriebswirtschaftslehre, Bd. III.: Die Finanzen, 3. Aufl. Berlin-Heidelberg-New York 1970

GUTENBERG, E.: Die Unternehmung als Gegenstand betriebswirtschaftlicher Theorie, Berlin-Wien 1929

GUTENBERG, E.: Unternehmensführung, Organisation und Entscheidung, Wiesbaden 1962

HALL, A.D.: A Methodology for Systems Engineering, Princeton, N.J. 1962

HARTNER, G.: Die Determinanten der Investitionsentscheidung und ihre Wertigkeit im Entscheidungsprozeß, Wien 1968

HÄUSLER, J.: Planung als Zukunftsgestaltung, Wiesbaden 1969

HAUSSMANN, U.: Zur Auswahl kostenoptimaler Fertigungsverfahren durch kritisches Beurteilen und gezieltes Planen von Rationalisierungsinvestitionen, Diss. Braunschweig 1970

HAX, H.: Die Koordination von Entscheidungen, Köln-Berlin-Bonn-München 1965

HAX, H.: Investitionstheorie, 2. Aufl., Würzburg-Wien 1972

HAX, H. (Hrsg.): Entscheidung bei unsicheren Erwartungen, Köln-Opladen 1970

HEDERER, G.: Die Motivation von Investitionsentscheidungen in der Unternehmung, Meisenheim am Glan 1971

HEILMANN, H., HEILMANN, W.; REBLEIN, E.: Einsatzplanung für eine Datenverarbeitungsanlage, Stuttgart 1968

HEINEN, E.: Betriebswirtschaftliche Kostenlehre, 3. Aufl., Wiesbaden 1970

HEINEN, E.: Grundlagen betriebswirtschaftlicher Entscheidungen. Das Zielsystem der Unternehmung, 2. Aufl., München 1971

HEINEN, E.: Einführung in die Betriebswirtschaftslehre, 3. Aufl., Wiesbaden 1970

HEINEN, E.: Betriebswirtschaftslehre heute — Die Bedeutung der Entscheidungstheorie für Forschung und Praxis, Wiesbaden o.J.

HEISTER, M.: Rentabilitätsanalyse von Investitionen, Köln-Opladen 1962

HERMANN, J.: Beitrag zur optimalen Arbeitsraumgestaltung an numerisch gesteuerten Drehmaschinen, Diss. Berlin 1970

HEROLD, H.H., MASSBERG, W., STUTE, G.: Die numerische Steuerung in der Fertigungstechnik, Düsseldorf 1971

HIRSCH, B.: Ein System zur Ermittlung von Zerspanungsvorgabewerten insbesondere bei rechnergestützter Programmierung von numerisch gesteuerten Drehmaschinen, Diss. Aachen 1969

JACOB, H.: Investitionsplanung und Investitionsentscheidung mit Hilfe der Linearprogrammierung, 2. Aufl., Wiesbaden 1971

JOHNSON, R.A., KAST, F.E., ROSENZWEIG, J.E.: The Theory and Management of Systems, Second Edition, New York-San Francisco-Toronto-London-Sydney 1967

JONAS, H.: Investitionsrechnung, Berlin 1964

JOSLIN, E.O.: Computer Selection, Reading, Mass. Menlo Park, Cal., London-Don Mills-Ontario 1968

JUNGHANNS, W.: Planung neuer Fertigungssysteme für die Einzel- und Serienfertigung, Diss. Aachen 1971

KAHLE, E.: Betriebswirtschaftliches Problemlösungsverhalten, Wiesbaden 1973

KAUFMANN, A.: Kosten- und Investitionstheorie als betriebswirtschaftliche Ansätze zur Lösung des Allokationsproblems, Diss. München 1970

KELLNER, P.: Numerisch gesteuerte Werkzeugmaschinen und ihre derzeitigen Anwendungsgebiete im Hinblick auf ihre technischen Eigenarten und Wirtschaftlichkeitsbetrachtungen, Diss. Berlin 1971

KERN, W.: Industriebetriebslehre, Stuttgart 1970

KERN, W.: Optimierungsverfahren in der Ablauforganisation — Gestaltungsmöglichkeiten mit Operations Research —, Essen 1967

KERN, W.: Operations Research, 5. Aufl., Stuttgart 1974

KERN, W.: Die Messung industrieller Fertigungskapazitäten und ihre Anwendung, Köln-Opladen 1962

KERN, W.: Investitionsrechnung, Stuttgart 1974.

KESSELRING, F.: Technische Kompositionslehre, Berlin-Göttingen-Heidelberg 1954

KIRSCH, W.: Entscheidungsprozesse, Bd. 1: Verhaltenswissenschaftliche Ansätze der Entscheidungstheorie, Wiesbaden 1970

KIRSCH, W.: Entscheidungsprozesse, Bd. 2: Informationsverarbeitungstheorie des Entscheidungsverhaltens, Wiesbaden 1971

KIRSCH, W.: Entscheidungsprozesse, Bd. 3: Entscheidungen in Organisationen, Wiesbaden 1971

KLAUS, G. (Hrsg.): Wörterbuch der Kybernetik, Bd. 1, und Bd. 2, Frankfurt/M.-Hamburg 1970

KLEIN, H.K.: Heuristische Entscheidungsmodelle, Wiesbaden 1971

KLÜMPER, P.: Die Organisation von Entscheidungsprozessen zum Kauf von Industrieanlagen, Diss. Mannheim 1969

KOCH, H.: Grundlagen der Wirtschaftlichkeitsrechnung, Wiesbaden 1970

KOCH, H.: Betriebliche Planung, Wiesbaden 1961

KOELLE, D.E.: Statisch-Analytische Kostenmodelle für die Entwicklung und Fertigung von Raumfahrgeräten, Diss. Berlin 1971

KOLLER, H.: Simulation und Planspieltechnik, Berechnungsexperimente in der Betriebswirtschaft, Wiesbaden 1969

KORTZFLEISCH, G. v.: Die Grundlagen der Finanzplanung, Berlin 1957

KOSIOL, E.: Die Unternehmung als wirtschaftliches Aktionszentrum, Reinbek b. Hamburg 1966

KOSIOL, E.: Kostenrechnung und Kalkulation, Berlin 1969

KOSIOL, E.: Organisation der Unternehmung, Wiesbaden 1962

KRAUSE, W.: Investitionsrechnung und unternehmerische Entscheidungen, Berlin 1973

KREIKEBAUM, H.: Das Prestigeelement im Investitionsverhalten. Ein Beitrag zur Investitionstheorie, Berlin 1961

KRIEG, W.R.: Probability for Management Decisions, New York 1968

LAUX, H.: Flexible Investitionsplanung, Opladen 1971

LÜCKE, P.: Möglichkeiten beim Einsatz von Prozeßrechnern zur direkten numerischen Steuerung von Werkzeugmaschinen, Diss. Aachen 1970

LÜDER, K.: Investitionskontrolle, Wiesbaden 1969

LÜDER, K.: Das Optimum in der Betriebswirtschaftslehre — Kritische Analyse des Optimumbegriffs und der Bestimmungsmöglichkeiten betriebswirtschaftlicher Optima, Diss. Karlsruhe 1964

LUHMANN: N.: Zweckbegriff und Systemrationalität, Tübingen 1968

MÄNNEL, W.: Wirtschaftlichkeitsfragen der Anlagenerhaltung, Wiesbaden 1968

MANSFIELD, E.: Research and Innovation in the Modern Corporation. The Diffusion of a Manufacturing Innovation, New York 1971

MARCH, J.G., SIMON, H.A.: Organizations, New York usw. 1967

MARKOWITZ, H.M.: Portfolio Selection, New York-London 1959

MASSBERG, W.: Der Einfluß der Vielgestaltigkeit eines Werkstückes auf den wirtschaftlichen Einsatz numerisch gesteuerter Werkzeugmaschinen und maschineller Programmierverfahren, Diss. Aachen 1965

MASSE, P.: Investitionskriterien, Probleme der Investitionsplanung, München 1968

MAYER, R.: Die Problematik des Einsatzes numerisch gesteuerter Werkzeugmaschinen — eine betriebliche Untersuchung, Berlin-Köln-Frankfurt 1970

MAYNTZ, R.: Soziologie der Organisation, Reinbek bei Hamburg 1963

MEFFERT, H.: Betriebswirtschaftliche Kosteninformationen, Wiesbaden 1968

MEIER, R.: Planung, Kontrolle und Organisation des Investitionsentscheides, Diss. Zürich 1970

MELLEROWIECZ, K.: Unternehmenspolitik, Bd. 2, Freiburg i. Breisgau 1963

MELLWIG, W.: Anpassungsfähigkeit und Ungewißheitstheorie, Tübingen 1972

MENGES, G.: Ökonomische Prognose, Köln-Opladen 1967

MENGES, G.: Grundmodelle wirtschaftlicher Entscheidungen, Köln-Opladen 1969

MESAROVIC, M.D. (Hrsg.): Views on General Systems Theory: Proceedings of the Second Systems Symposium at Case Institute of Technology, New York-London-Sydney 1964

MESAROVIC, M.D. (Hrsg.): Systems Theory and Biology. Proceedings of the III. Systems Symposium at Case Institute of Technology, Berlin-Heidelberg-New York 1968

MITROFANOW, S.P.: Wissenschaftliche Grundlagen der Gruppentechnologie, Berlin 1960

MITTHOF, F.: Numerisch gesteuerte Fertigung, 2. Aufl., Mainz 1973

MORSE, H., COX, D.: Numerically controlled machine tools, New York 1965

NADLER, G.: Arbeitsgestaltung - zukunftsbewußt. Entwerfen und entwickeln von Wirksystemen, München 1969

NAUMANN, R.: System einer unternehmerischen Entscheidungstheorie, Diss. Hamburg 1969

NIEMEYER, G.: Investitionsentscheidungen mit Hilfe der elektronischen Datenverarbeitung, Berlin 1970

NIGGEMANN, W.: Optimale Informationsprozesse, in betriebswirtschaftlicher Entscheidungssituation, Wiesbaden 1973

NOACK, H.: Der Aufbau eines elektronischen Datenverarbeitungssystems als rationale Investitionsentscheidung, Berlin 1969

OPITZ, H.: Moderne Produktionstechnik, 2. Aufl., Essen 1970

OPITZ, H.: Werkstückbeschreibendes Klassifizierungssystem, Essen 1965

OPITZ, H.: Technische und wirtschaftliche Aspekte der Automatisierung, Sonderdruck: Arbeitsgemeinschaft für Forschung des Landes NRW, H. 96, Köln-Opladen 1967

OPITZ, H.: Auslegung und Nutzung rechnergesteuerter Fertigungseinrichtungen, Essen 1971

OPITZ, H. u.a.: Systematisierung der Investitionsplanung für Industrieunternehmungen, Forschungsbericht des Landes Nordrhein-Westfalen Nr. 2279, Opladen 1972

OURSIN, T.: Probleme industrieller Investitionsentscheidungen, Schriftreihe des Ifo-Instituts für Wirtschaftsforschung, Nr. 49, Berlin-München 1962

PACK, L.: Die Elastizität der Kosten, Wiesbaden 1966

PACK, L.: Betriebliche Investition, Wiesbaden 1959

PFANZAGL, J.: Die axiomatischen Grundlagen einer allgemeinen Theorie des Messens, Würzburg 1959

PFEIFFER, W.: Absatzpolitik bei Investitionsgütern der Einzelfertigung, Stuttgart 1965

PFEIFFER, W.: Allgemeine Theorie der technischen Entwicklung als Grundlage einer Planung und Prognose des Fortschritts, Göttingen 1971

PIETZSCH, J.: Die Information in der industriellen Unternehmung, Köln-Opladen 1964

POPPER, K.: Die Logik der Forschung, 4. Aufl., Tübingen 1971

PRIEWASSER, E.: Betriebliche Investitionsentscheidungen, Berlin-New York 1972

REFA (Hrsg.): Methodenlehre des Arbeitsstudiums, Teil 2: Datenermittlung, München 1971

RIEBEL, P.: Die Elastizität des Betriebes, Köln-Opladen 1954

RIEBEL, P.: Industrielle Erzeugungsverfahren in betriebswirtschaftlicher Sicht, Wiesbaden 1963

ROPOHL, G.: Flexible Fertigungssysteme, Mainz 1971

ROSENSTOCK, H.: Die Entscheidung im Unternehmensgeschehen, Bern 1963

RUDWICK, B.H.: System Analysis for Effective Planning, Principles and Cases, New York -London-Sydney-Toronto 1969

RÜSBERG, K.H.: Die Praxis des Project Managements, München 1971

SABEL, H.: Die Grundlagen der Wirtschaftlichkeitsrechnung, Berlin 1965

SANDIG, G.: Die Führung des Betriebes — Betriebswirtschaftspolitik, Stuttgart 1953

SEELBACH, H.: Planungsmodelle in der Investitionsrechnung, Würzburg 1967

SEILER, K.: Introduction to Systems Cost-Effectiveness, New York-London-Sydney-Toronto 1969

SERVAN-SCHREIBER, J.J.: Die amerikanische Herausforderung (Le Defi Americain, Paris 1967), Hamburg 1968

SHARPE, W.F.: The Economics of Computer, New York-London 1969

SCHÄFER, E.: Der Industriebetrieb — Betriebswirtschaftslehre der Industrie auf typologischer Grundlage, Bd. 1, Opladen 1971

SCHEER, A.W.: Die industrielle Investitionsentscheidung, Wiesbaden 1969

SCHLEPPEGRELL, J.: Ein System zur Investitionsplanung auf der Grundlage einer Werkstück- und Maschinenklassifizierung, Diss. Aachen 1969

SCHMALENBACH, E.: Kostenrechnung und Preispolitik, 7. Aufl., Köln-Opladen 1956

SCHMIDT, R.B.: Wirtschaftslehre der Unternehmung, Bd. 2: Zielerreichung, Stuttgart 1973

SCHMIDT, R.B., BERTHEL, J.: Unternehmungsinvestitionen, Reinbek bei Hamburg 1970

SCHMIDT-GROHE, J.: Produktinnovation, Wiesbaden 1972.

SCHMIDT-SUDHOFF, U.: Unternehmerische Zielmodelle und die Struktur des Zielsystems — eine Untersuchung zur Theorie des Unternehmerverhaltens, Diss. Köln 1966

SCHNEE, J.: Research and Technological change in the Ethical Phamazentical Industrie, Diss. University of Pensylvana 1970

SCHNEEWEISS, H.: Entscheidungskriterien bei Risiko, Berlin-Heidelberg-New York 1967

SCHNEIDER, D.: Investition und Finanzierung, 3. Aufl., Opladen 1974

SCHNEIDER, D.: Die wirtschaftliche Nutzungsdauer von Anlagegütern als Bestimmungsgrund der Abschreibungen, Köln-Opladen 1961

SCHNEIDER, E.: Wirtschaftlichkeitsrechnung, Theorie der Investition, 8. Aufl., Tübingen-Zürich 1973

SCHNEIDEWIND, N.F.: Analytic Model for the Design and Selection of Electronic Digital Computing Systems, Diss. University of Southern California 1965

SCHÖNHERR, S.: Fertigungsprobleme beliebig gekrümmter Flächen, Investitionsplanung integrierter Automatisierungsvorhaben, Diss. Berlin 1973

SCHRÖDER, H.G.: Projekt-Management. Eine Führungskonzeption für außergewöhnliche Vorhaben, Wiesbaden 1970

SCHRÖTER, H.: Der betriebswirtschaftliche Anteil an der Investitionsplanung, -entscheidung, -durchführung und -überwachung, Diss. Mannheim 1962

SCHULZ-WILD, R., WELTZ, F.: Technischer Wandel im Industriebetrieb, Frankfurt/M. 1973

SCHWARZ, H.: Optimale Investitionsentscheidungen, München 1967

SCHWEIM, J.: Integrierte Unternehmensplanung, Bielefeld 1969

STÄHLIN, W.: Theoretische und technologische Forschung in der Betriebswirtschaftslehre, Stuttgart 1973

STEFFY, W., SMITH, D.N., SOUTER, D.: Economic Guidelines For Justifying Capital Purchases With Numerical Control Emphasis, Ann Arbor 1973.

STEHLE, P.: Eine Methode zur Wirtschaftlichkeitsrechnung unter Berücksichtigung des Einsatzes numerisch gesteuerter Werkzeugmaschinen, Diss. Aachen 1966

STEINBUCH, K.: Automat und Mensch, Berlin-Heidelberg 1965

STEUDE, D.: Maßnahmen zur Erhöhung der Anpassungsfähigkeit kurvengesteuerter Werkzeugmaschinen durch flexible Automatisierung der Informationsträgerstellung, Diss. Berlin 1972

STÖRMER, H.: Mathematische Theorie der Zuverlässigkeit, Einführung und Anwendungen, München 1970.

STÖRRLE, W.: Der Marktzins in der unternehmerischen Investitionsentscheidung, Berlin 1970

STRASSER, H.: Zielbildung und Steuerung der Unternehmung, Wiesbaden 1966

STRATMANN, H.G.: Die Kriterien der Leistungswirksamkeit im Rahmen der Gestaltung betriebswirtschaftlicher Organisationen, Diss. München 1968

STRAUS, H.U.: Möglichkeiten horizontaler Kooperation im Werkzeugmaschinenbau, Diss. Mainz 1967

STUTE, G. (Hrsg.): EXAPT. Möglichkeiten und Anwendung der automatisierten Programmierung für NC-Maschinen, München 1969

TAFEL, F.: Der Entscheidungsprozeß beim Kauf von Investitionsgütern. Möglichkeiten und Grenzen seiner Beeinflussung durch Absatzstrategien der Hersteller, Diss. Erlangen-Nürnberg 1967

TANNENBERG, F.: Automatische Ermittlung des Arbeitsablaufes bei der maschinellen Programmierung numerisch gesteuerter Drehmaschinen, Diss. Berlin 1970

TEICHMANN, H.: Die Investitionsentscheidung bei Unsicherheit, Berlin 1970

TERBORGH, G.: Leitfaden der betrieblichen Investitionspolitik, Wiesbaden 1962

THOME, H.: Der Mensch in der Entscheidung, München 1960

TRECHSEL, F.: Investitionsplanung und Investitionsrechnung, 2. Aufl., Bern-Stuttgart 1973

ULRICH, H.: Die Unternehmung als produktives soziales System, 2. Aufl., Bern-Stuttgart 1970

VERHEYEN, H.: Das Prinzip der Suboptimierung. Ein Beitrag zur betriebswirtschaftlichen Organisationstheorie, Diss. München 1968

VERSHOFEN, W.: Die Marktentnahme als Kernstück der Wirtschaftsforschung, Berlin-Köln 1959

VISCHER, P.: Simultane Produktions- und Absatzplanung, Wiesbaden 1967

WARSEWA, H.R.: Datengesteuerte Produktion, Köln 1971

WEBER, H.J.: Fertigungsverfahren aus betriebswirtschaftlicher Sicht, Diss. Köln 1972

WEBER, M.: Grundriß der Sozialökonomie, III. Abt.: Wirtschaft und Gesellschaft, 4. Auflage Tübingen 1956

WEGNER, G.: Systemanalyse und Sachmitteleinsatz in der Betriebsorganisation, Wiesbaden 1969

WEISKAM, J.: Methoden der Voraussage als Grundlage betrieblicher Planung, Diss. Freiburg i.B. 1963

WIEMANN, H.G.: Untersuchungen zur Frage der optimalen Informationsbeschaffung, Frankfurt/M-Zürich 1973

WIENDAHL, H.P.: Funktionsbetrachtungen technischer Gebilde. Ein Hilfsmittel zur Auftragsabwicklung in der Maschinenbauindustrie, Diss. Aachen 1970

WILLE, H., GEWALD, K., WEBER, H.D.: Netzplantechnik, Bd. I: Zeitplanung, München-Wien 1966

WILSON, F.W. (Hrsg.): Numerical Control in Manufacturing, New York 1963

WILSON, J.G., WILSON, M.E.: Information, Computers and Systems Design, New York 1965

WITTMANN, W.: Unternehmer und unvollkommene Information, Köln-Opladen 1959

WACKER, W.H.: Betriebswirtschaftliche Informationstheorie, Opladen 1971

WOLFF, H.: Die Bestimmung der Investitionstätigkeit unter Berücksichtigung mehrwertiger Zielfunktionen der Unternehmer, Meisenheim am Glan 1971

WOJDA, F.A.: Zeitwirtschaft und wirtschaftliche Teileauswahl für numerisch gesteuerte Werkzeugmaschinen, Berlin-Köln-Frankfurt 1970

WOJDA, F.A.: Eine Methode zur Beurteilung des wirtschaftlichen Einsatzes numerisch gesteuerter Drehmaschinen unter Verwendung neu erstellter Auswahlkriterien und aufbauend auf einer neuen Art der Belegzeitgliederung, Diss. Wien 1968

ZANGENMEISTER, C.: Nutzwertanalyse in der Systemtechnik, 2. Aufl., München 1971

ZIESCHANG, H.O.: Das Opportunitätskostenprinzip — Inhalt, Anwendung und Bedeutung für Entscheidungen über die unternehmerische Handlungsweise, Diss. Münster 1969

ZWICKY, F.: Entdecken, Erfinden, Forschen im morphologischen Weltbild, München usw. 1966

b) Zeitschriftenaufsätze

ALBACH, H.: Lineare Programmierung als Hilfsmittel betrieblicher Investitionsplanung, in ZfhF (NF), 12. Jg. (1960), S. 526—549

ALBACH, H.: Zur Theorie der Unternehmensorganisation, in: ZfhF (NF), 11. Jg. (1959), S. 238—259

ALBACH, H.: Informationsgewinnung durch strukturierte Gruppenbefragung. Die Delpi-Methode, in: ZfB, 40. Jg. (1970), Ergänzungsheft, S. 11—26

ALBACH, H.: Das Verhältnis der Wirtschaftswissenschaft zur Praxis, in: Neue Betriebswirtschaft, 16. Jg. (1963), S. 205—209

ALBACH, H.: Investitionspolitik in Theorie und Praxis, in: ZfB, 28. Jg. (1958), S. 766—783

ALBACH, H.: Rentabilität und Sicherheit als Kriterien betrieblicher Investitionsentscheidungen, in: ZfB, 30. Jg. (1960), S. 583—599

ANSOFF, H.J.: The Firm of the Future, in: HBR, 43. Jg. (1965), Nr. 5, S. 162—178

ARBEITSKREIS HAX, K.: Wesen und Arten unternehmerischer Entscheidungen, in: ZfbF (NF), 16. Jg. (1964), S. 685—715

AUTORENKOLLEKTIV: Lösung von Rationalisierungsaufgaben im Konstruktionsbereich, in: IA, 90. Jg. (1968), Nr. 67, S. 1488—1501

AUTORENKOLLEKTIV: Auswahlkriterien für Fertigungseinrichtungen im Bereich der Kleinserien, in: VDI-Bericht, N3.166, (1971)

AUTORENKOLLEKTIV: Gesichtspunkte zur Optimierung der Schnittbedingungen bei automatisierten Werkzeugmaschinen, in: IA, 90. Jg. (1968), Nr. 76. S. 1705—1709

AUTORENKOLLEKTIV: Konstruktive Gestaltung und Automatisierung der Werkzeugmaschine, in: IA, 90. Jg. (1968), Nr. 67, S. 1508—1519

BAUM, M., ROTHENBURG, R.: Programmierung von NC-Maschinen im Dialog am Bildschirm, in: IA, 95. Jg. (1973), H. 5, S. 57—61

BÄUML, K.: Über die Wirtschaftlichkeit von NC-Maschinen, in: TZfpM, 61. Jg. (1967), H. 9, S. 450—455

BERGMANN, K.: Kosten bei maschineller und halbmaschineller Programmierung von NC-Maschinen, in: TZfpM, 66. Jg. (1972), H. 10, S. 471—475

BERTALANNFFY, L.v.: Zu einer allgemeinen Systemlehre, in: Biologia Generalis, Bd. XIX, (1949), S. 114ff.

BERTHEL, J.: Zur Operationalisierung von Unternehmungs-Zielkonzeptionen, in: ZfB, 43. Jg. (1973), S. 29—58

BESTE, T.: Größere Elastizität durch unternehmerische Planung vom Standpunkt der Wissenschaft, in: ZfhF (NF), 10. Jg. (1958), S. 75—106

BIDLINGMAIER, J.: Zur Zielbildung in Unternehmungsorganisation, in: ZfbF (NF), 19. Jg. (1967), S. 246—256

BIDLINGMAIER, J.: Die Ziele der Unternehmer, in: ZfB, 33. Jg. (1963), S. 409—422

BISCHOFF, W.D.: Zur Wirtschaftlichkeit numerisch gesteuerter Werkzeugmaschinen, in: Neue Betriebswirtschaft, 21. Jg. (1968), H. 6, S. 13—17

BLEICHER, K.: Fuhrungsstil, Fuhrungsformen und Organisationsformen, in: ZfO, 38. Jg. (1969), S. 31—40

BÖLKOW, L.: Finden und Durchführen von Großprojekten der Forschung und Entwicklung, in: ZfbF (NF), 24. Jg. (1972), S. 573—589

BORSCHBERG, E.: Investitionsentscheidungen industrieller Unternehmungen, in: Die Unternehmung, 19.Jg. (1965), H. 4, S. 173—183

BRESKA, D.: Technik des Vergleichs konkurrierender elektronischer Datenverarbeitungsanlagen (EDVA), in: Das Rationelle Büro, (1966), H. 8, S. 36ff.

BREUER, E.: Gespräch mit Kummer Freres SA, Tramelan, in: Technische Rundschau (1969), Nr. 38

BRIGHT, J.: Erhöht die Automatisierung die Anforderungen an das Können?, in: Zeitschrift für fortschrittliche Betriebsführung (1959), H. 1, S. 13—24.

BRÖDNER, P., HAMKE, F.: Automatisierung und Arbeitsplatzstrukturen, in: Mitteilungen des Instituts für Arbeitsmarkt- und Berufsforschung (1969), Nr. 8, S. 604—618 und (1970), Nr. 2, S. 137—172

BRÜMMER, J.: Teilautomatisches Programmieren von numerisch gesteuerten Werkzeugmaschinen, in: Werkstatttechnik, 60. Jg. (1970), H. 3, S. 151—155

BÜCHNER, K.: Das Gesetz der Massenproduktion, in: Zeitschrift für die gesamte Staatswissenschaft, 66. Jg. (1910), H. 3, S. 429—444

BUSSE v. COLBE, W.: Entwicklungstendenzen in der Theorie der Unternehmung, in: ZfB, 34. Jg. (1964), S. 615—627

CHMIELEWICZ, K.: Die Formalstruktur der Entscheidung, in: ZfB, 40. Jg. (1970), S. 239—268

CHURCHMAN, C.W., ACKOFF, R.L.: An Approximate Measure of Value, in: Operations Research, Vol. 2 (1954), S. 172—180

CLAUSSNITZER, R., DINCEMEN, M., LÖFFLER, H., STEINBACH, K.: Investitionsalternativen bei fortschreitender Automatisierung, in: ZwF, 67. Jg. (1972), H. 11, S. 577—582

DÄHNERT, H.: Aufbau und Anwendung von Kriterien zur Berücksichtigung von anwenderspezifischen Erfahrungen, in: TZfpM, 64. Jg. (1970), S. 352—358

DÄHNERT, H.: Die vier Stufen der Programmiertechnik, in: Fertigung, (1970), H. 23, S. 57—63

DEFFUR, J., GOZDZIEWSKI, H.: Rechnergestützte Arbeitszeitbestimmung, in: TZfpM, 63. Jg. (1969), H. 6, S. 342—348

DINKELBACH, W.: Unternehmerische Entscheidungen bei mehrfacher Zielsetzung, in: ZfB, 32. Jg. (1962), S. 739—747

DIRUF, G.: Die quantitative Risikoanalyse. Ein OR-Verfahren zur Beurteilung von Investitionsprojekten, in: ZfB, 42. Jg. (1972), S. 803—820

DRUKARCZYK, G.: Zum Stand der Investitionstheorie bei Sicherheit, in: ZfB, 42. Jg. (1972), S. 803—820

ECKENRODE, R.T.: Weighting Multiple Criteria, in: Management Science, Vol. 12, Series A (1965), S. 180—192

EILON, S.: What is a Decision?, in: Management Science, Vol. 16, (1969), Nr. 4, S. B-172-B-189

EISINGER, J.: Die NC-Fertigung und ihre Auswirkungen auf die Konstruktion, in: Werkstattstechnik, 63. Jg. (1973), S. 137—142

ELLINGER, T.: Industrielle Einzelfertigung und Vorbereitungsgrad, in: ZfhF (NF), 15. Jg. (1963), S. 481—498

ELLINGER, T.: Die Marktperiode in ihrer Bedeutung für die Produktions- und Absatzplanung der Unternehmung, in: ZfhF (NF), 13. Jg. (1961), S. 580—597

ENGELSKIRCHEN, W.H.: Integrierte Informationsverarbeitung und Programmiersprachen in der Fertigung, in: IA, 91. Jg. (1969), Nr. 95, S. 2319—2322

EVANS, J.P., STEUER, R.E.: A Revized Simplex Method for Linear Multiple Objective Programs, in: Mathematical Programming, Vol. 5 (1973), Nr. 1, S. 54—72

EWALD, R.: Die Zuverlässigkeit von Steuerungen, in: Elektro-Technik, 53. Jg. (1971), Nr. 9, S. 12—15

FALK, S.: Voraussetzungen für den Einsatz von numerisch gesteuerten Werkzeugmaschinen — Betriebserfahrung und Wirtschaftlichkeitsbetrachtung, in: IA, 86. Jg. (1964), Nr. 31, S. 547—554

FALK, S.: Werkzeugmaschinen mit numerischen Steuerungen in einem Fertigungsbereich mit mehr als 240000 Fertigungsstunden im Einsatz, in: WuB, 101. Jg. (1968), H. 10, S. 567—573

FEIGENBAUM, D.S.: The Engineering and Management of an Effective System, in: Management Science, Vol. 14 (1968), Nr. 12, S. B-721-B-730

FISHBURN, P.C.: Methods of Estimating Additive Utilities, in: Management Science, Vol. 13, Series A (1967), S. 438—453

FRANK, E. u.a.: Statistische Untersuchungen als Grundlage für die Entwicklung flexibler Fertigungssysteme, in: Werkstattstechnik, 61. Jg. (1971), Teil 1: S. 273ff., Teil 2: S. 394ff.

FRANKE, G., LAUX, H.: Die Ermittlung der Kalkulationszinsfüße für investitionstheoretische Partialmodelle, in: ZfbF (NF), 20. Jg. (1970), S. 399—420

FREUDHOFER, F.: NC-Maschinen — wirtschaftlich eingesetzt, in: IO, 42. Jg. (1973), Nr. 1, S. 13—23

GIERSE, F.J.: Programmgesteuerte Kurvenscheibenfertigung mit Schrittmotoren, in: IA, 88. Jg. (1966), Nr. 14, S. 257—260

GLANTSCHNIG, F.: Flexibilität bei zunehmender Automation in der Fertigung, in: IO, 41. Jg. (1972), Nr. 5, S. 227—235

GOEBEL, H.: Das Bearbeitungszentrum — Möglichkeiten, Einsatzgebiete und Entwicklungstendenzen, in: Sonderdruck aus IA, 89. Jg. (1967), Nr. 73

GOEBEL, H.: Automatisierter Werkzeugwechsel, Grundsätzliches und Beispiele, VDI-Bericht Nr. 89, S. 47—54

GOSSDZIEWSKI, H.: Beratung und Unterstützung — die Software im Werkzeugmaschinenverkauf, in: TZfpM, 63. Jg. (1969), H. 6, S. 339—341

GÖTZ, E.: Numerische Steuerungen — heute, in: Werkstattstechnik, 60. Jg. (1970), Nr. 8, S. 439—445

GROCHLA, E.: Systemtheorie und Organisationstheorie, in: ZfB, 40. Jg. (1970), S. 1—16

GROCHLA, E.: Modelle als Instrumente der Unternehmensführung, in: ZfbF (NF), 21. Jg. (1969), S. 382—397

GÜHRING, H., HOMANN, H.W.: Vereinfachung der Wirtschaftlichkeitsrechnung durch elektronische Datenverarbeitung, in: IA, 92. Jg. (1970), Nr. 24, S. 503—506

GUNSSER, O.: Kleinserienfertigung schwieriger Werkstücke auf numerisch gesteuerten Bearbeitungszentren, in: WuB, 100. Jg. (1967), H. 3, S. 186—190

GUTENBERG, E.: Der Stand der wissenschaftlichen Forschung auf dem Gebiet der betrieblichen Investitionsplanung, in: ZfhF (NF), 6. Jg. (1954), S. 557—574

HAHN, D.: Führung des Systems Unternehmung, in: ZfO, 40. Jg. (1971), H. 4, S. 161—169

HAMMANN, P.: Gewinnmaximierung — Dominantes Ziel oder Zieldominante, in: ZfB, 38. Jg. (1968), S. 257—268

HAMMANN, P.: Entscheidungsmodelle in der betriebswirtschaftlichen Theorie, in: ZfbF (NF), 21. Jg. (1969), S. 457—467

HANCOCKE, H.E., WILLIAMS, T.O.: Aireframe Production Techniques, in: The Cartered Mechanical Engeneer, Dez. 1969, S. 490—497

HANSSMANN, F., SCHOBER, F.: Simultane Investitions- und Produktionsplanung in der Teilefertigung, in: Ablaufs- und Planungsforschung, 11. Jg. (1970), H. 2, S. 84—93

HASENACK, W.: Wesen, Arten und praktische Verwendungsmöglichkeiten betrieblicher Kategorien, in: BFuP, 10. Jg. (1958), S. 3—31

HATRY, H.P.: Measuring the Effectiveness of Nondefense Public Programs, in: Operations Research, Vol. 18 (1970), S. 772ff.

HAX, K.: Planung und Organisation als Instrumente der Unternehmungsführung, in: ZfhF (NF), 11. Jg. (1959), S. 605—615

HAX, H.: Investitions- und Finanzplanung mit Hilfe der linearen Programmierung, in: ZfbF (NF), 16. Jg. (1964), S. 430—446

HAX, H.: Bewertungsprobleme bei der Formulierung von Zielfunktionen für Entscheidungsmodelle, in: ZfbF (NF), 19. Jg. (1967), S. 749—761

HAYNER, G.: Family Programming: New Route to NC Productivity, in: Metalworking Economics, Special Report, Nov. 1969, S. 1—10

HEINEN, E.: Zum Wissenschaftsprogramm der entscheidungsorientierten Betriebswirtschaftslehre, in: ZfB, 39. Jg. (1969), S. 207—220

HEINEN, E.: Zum Begriff und Wesen der betriebswirtschaftlichen Investition, in: BFuP, 9. Jg. (1957), S. 16—31 u. S. 85—98

HENN, R.: Über die Struktur mikroökonomischer Entscheidungssituationen, in: ZfB, 34. Jg. (1964), S. 508—515

HERRMANN,G.: Voraussetzungen für die Anwendung von Industrie-Robotern, in: Werkstattstechnik, 63. Jg. (1973), S. 148—152

HERRMANN, J.: Auswahlkriterien für Fertigungseinrichtungen im Bereich der Kleinserien, in: VDI-Berichte Nr. 166 (1971), S. 11—21

HERTZ, D.B.: Risk Analysis in Capital Investement, in: HBR, Bd. 42 (1964), H.1, S. 96—106

HEUSTON, M.C., OGAWA, G.: Observations on the theoretical Basis of Cost-Effectiveness, in: Operations Research, Vol. 14 (1966), S. 242—267

HIRSCH, D.: Bestimmung optimaler Schnittbedingungen bei der maschinellen Programmierung von NC-Drehmaschinen mit EXAPT 2, in: IA, 90. Jg. (1968), Nr. 24, S. 469—473

HIRSCH, V.: Bewertungsprofile bei der Planung neuer Produkte, in: ZfbF(NF), 20. Jg. (1968), S. 291—303

HÖLKEN, W.: Die Reduzierung von Rüst- und Nebenzeiten an numerisch gesteuerten Maschinen, in: WuB, 101. Jg. (1968), H. 6, S. 329—332

HONKO, J.: Investitionsentscheidungen und ihre Verbindung mit dem Planungs- und Kontrollprozeß, in: ZfB, 37. Jg. (1967), S. 423—436

HUCKS, H.: NC-Bearbeitungszentren und ihre betriebswirtschaftlichen Aspekte, in: IA, 91. Jg. (1969), Nr. 4, S. 689—692 und S. 958—961

HUGGINS, E.W., HILLS, R.J.: Verbesserte Verfahren zur Bewertung der Wirtschaftlichkeit numerisch gesteuerter Werkzeugmaschinen, in: Ingenieur digest, 7. Jg. (1968), H. 10, S. 53—57

ILLETSCHKO, L.L.: Führungsentscheidungen im Unternehmen, in: Wirtschaftlichkeit, (1957), H. 9/10, S. 219ff.

JONAS, H.: Zur Methode der Rentabilitätsrechnung beim Investitionsvergleich, in: ZfB, 31. Jg. (1961), S. 1—11

JÜSTEL, H., RUTH, E.: Wirtschaftliche und organisatorische Gründe für den Einsatz numerischer Steuerungen in den USA, in: Werkstattstechnik, 54. Jg. (1964), H. 11, S. 556—561.

KERN, W.: Kalkulation und Opportunitätskosten, in: ZfB, 35. Jg. (1965), S. 133—147

KERN, W.: Zur Analyse des internationalen Transfers von Technologien — ein Forschungsbericht, in: ZfbF(NF), 25. Jg. (1973), S. 85—98

KERN, W.: Gestaltungsmöglichkeiten und Anwendungsbereich betriebswirtschaftlicher Planungsmodelle, in: ZfhF, (NF), 14. Jg. (1962), S. 167—179

KERN, W.: Rentabilitätsanalyse, in: ZfhF (NF), 12. Jg. (1960), H. 1, S. 17—40

KIENZLE, D.: Genauigkeitsansprüche des Konstrukteurs und ihre Verwirklichung durch die Fertigung, in: IA, 82. Jg. (1960), H. 62, S. 1020ff.

KIPS, P.: Einige Gesichtspunkte zur Praxis mit numerisch gesteuerten Werkzeugmaschinen, in: Klepzig Fachberichte, (1966), Nr. 12, S. 543—548

KIRCHNER, E.: Technische und betriebswirtschaftliche Grundlagen der Teilefamilienfertigung, in: IA, 85. Jg. (1963), H. 37, S. 714—720

KIRCHNER, E.: Kostengünstige Stanzzeiten und ihr Einfluß auf die Kostenminimierung, in: TZfpM, 63. Jg. (1969), H. 10, S. 523—526

KLINGER, K.: Das Schwächebild der Investitionsrechnung, in: DB 17. Jg. (1964), S. 1821—1824

KNAYER, M.: Kostenwirksamkeit, in: DB, 24. Jg. (1971), H. 10, S. 441—443

KNIGHT, K.E.: A Descriptive Model of the Intra-Firm Innovation Process, in: Job, (1967), S. 478—496

KOCH, H.: Die betriebswirtschaftliche Theorie als spezielle Handlungstheorie. Die Problematik der normativen Entscheidungstheorie, in: ZfbF (NF), 26. Jg. (1974), S. 73—95

KOHLAS, J., LANDTWING, R.: Planung mittels Kosten-Nutzen-Analysen, in: Die Unternehmung, 21. Jg. (1967), S. 225—236

KOLLER, H.: Simulation als Methode in der Betriebswirtschaft, in: ZfB, 36. Jg. (1966), S. 95—110

KÖNIG, W.: Informationssystem für Schnittwerte, in: IA, 93. Jg. (1971), Nr. 60, S. 1538ff.

KOSIOL, E.: Betriebswirtschaftslehre und Unternehmensforschung, in: ZfB, 34. Jg. (1964), S. 743—762

KOSIOL, E.: Zur Problematik der Planung in der Unternehmung, in: ZfB, 37. Jg. (1967), S. 77—96

KOSIOL, E.: Modellanalyse als Grundlage unternehmerischer Entscheidungen, in: ZfhF (NF), 13. Jg. (1961), S. 318—334

KOSIOL, E., SZYPERSKI, N., CHMIELEWICZ, K.: Zum Standort der Systemforschung im Rahmen der Wissenschaften, in: ZfbF (NF), 17. Jg. (1965), S. 337—378

KREIKEBAUM, H.: Die Auswirkungen der Einführung numerisch gesteuerter Werkzeugmaschinen auf die Unternehmensorganisation, in: ZfB, 38. Jg. (1968), Ergänzungsheft I, S. 33—44

KUBEIN, J., GOTTSCHALK, E.: Zuverlässigkeitsuntersuchungen an numerisch gesteuerten Werkzeugmaschinen, in: Fertigungstechnik und Betrieb, 22. Jg. (1972), Nr. 5, S. 277—281

KURTH, J.: Nutzwertanalyse als Entscheidungshilfe bei der Analyse von NC-Programmiersystemen, in: ZwF, 67. Jg. (1972), H. 10, S. 509—517

LEAVITT, T., WHISLER, T.L.: Management in the 1980's, in: HBR, Vol. 36 (1958), Nr. 6, S. 41—48

LEAVITT, T.: Innovative Imitation, in: HBR, Vol. 44 (1966), Nr. 5, S. 63—70

LINDBLOM, C.E.: The Science of „Muddling Through", in: Public Adminstration Review, Vol. XIX, 2. Jg. (1959), S. 79ff.

LINDCROTH, L.S.: Economic Justification for Numerical Control, in: Automation (Cleveland), November 1962, S. 62—75

LÜCKE, W.: Probleme der quantitativen Kapazität in der industriellen Erzeugung, in: ZfB, 35. Jg. (1965), S. 354—369

LÜCKE, W.: Investitionsrechnung auf der Grundlage von Ausgaben oder Kosten?, in: ZfhF (NF), 7. Jg. (1955), S. 310—324

LUEG, H., MOLL, W.P.: Maschinenbelegung über EDV. Systematische Zuordnung von Bearbeitungsaufgaben und Bearbeitungsmöglichkeiten, in: Werkzeugmaschine international, 3. Jg. (1973), Nr. 4, S. 55—67

LUEG, H., MOLL, W.P.: Fertigungsbeschreibendes Klassifizierungssystem, in: werkzeugmaschine international, 2. Jg. (1972), Nr. 5, S. 17—22

LUTZ, W., WAGNER, R.: Fertigungsbeschreibende Systemordnung, in: Maschinenmarkt, 74. Jg. (1968), Nr. 1, S 6—14

MÄNNELE, W.: Wirtschaftlichere Fertigung durch Verhütung von Anlageausfällen, in: ZwF, 64. Jg. (1969), S. 92—95 und S. 137—142

MARSCHAK, K.F., NELSON, R.: Flexibility, Uncertainty and Economic Theory, in Metroeconomica, Vol. XIV (1962), S. 42—58

MAYER, J.: Die Zuverlässigkeit von Systemen, in: Technische Rundschau (1973), Nr. 31, S. 25—31

MEFFERT, H.: Zum Problem der betriebswirtschaftlichen Flexibilität, in: ZfB, 39. Jg. (1969), S. 779—800

MILLER, J.G.: Living Systems: Basis Concepts, in: Behavioral Science, Vol. 10 (1965), Nr. 3, S. 193—237

MITTHOF, F.: Systemgerechte Berechnung der Kostensätze und Kapitalbindung, in: Steuerungstechnik, 2. Jg. (1969), Nr. 5, S. 192—195

MITTHOF, E.: Die numerisch gesteuerte Fertigung, in: Technische Rundschau (1971), Nr. 39, S. 6ff.

MOOS, E.v., NÄGEL, T.G.: Wirtschaftliche Werkzeugdisposition, in: IO, 41. Jg. (1972), S. 315-321

MOXTER, A.: Die Bestimmung des Kalkulationszinsfußes bei Investitionsentscheidungen, in: ZfhF (NF), 13. Jg. (1961), S. 186—200

MOXTER, A.: Offene Probleme der Investitions- und Finanzierungstheorie, in: ZfbF(NF) 17. Jg. (1965), S. 1—10

MUFF, E.: Bestimmung der technischen Zuverlässigkeit aus Umfragen, in: JO, 39. Jg. (1970) Nr. 2, S. 77—78

MÜLLER, W.: Technik und Leistungsfähigkeit betriebswirtschaftlicher Simulationsstudien, in: ZfB, 38. Jg. (1968), S. 605—620

MÜLLER—TRAUT, H.: Vergleich von manueller und symbolischer Programmierung numerisch gesteuerter Werkzeugmaschinen, in: Maschinenmarkt, 72. Jg. (1966), Nr. 1, S. 27-35

MÜNSTERMANN, H.: Bedeutung von Opportunitätskosten für unternehmerische Entscheidungen, in: ZfB, 36. Jg. (1966), 1. Ergänzungsheft, S. 18—36

NADLER, G.: An Investigation of Design Methodology, in: Management Science, Vol. 13 (1967), Nr. 10, S. 642—655

NANN, R.: Sonderforschungsbereich 155 Fertigungstechnik, Fertigungstechnik, Forschungsthema: Flexible Fertigungssysteme, in: Universitätsnachrichten, Mitteilungen der Universität Stuttgart, 3. Jg. (1972), H. 11, S.2—4

NEUHOF, B.: Die Präzisierung von Informationen über Ziele zur Steuerung betrieblicher Mittelentscheidungen, in: Neue Betriebswirtschaft, 25. Jg. (1972), S. 13—19

N.N.: Developments in conection with Molins System 24, in: Sonderdruck: Machinery and production engineering, Juni 11th, 1969

N.N.: Fertigungssystem für rotationssymetrische Futterteile, in: WuB, 105. Jg. (1972), H. 4, S. 305—307

N.N.: NC welder speedsproduction, in: Metalworking Production, 113. Jg. (1969), S. 65—66

N.N.: NC-Maschinenproduktion der BRD, in: WuB, 105. Jg. (1972), H.1, S. 14

N.N.: NC — the calculated risk, in: Sonderdruck American Machinist (1970), S. 18—20

N.N.: NC moves into medicum batch production, in: Metalworking Production, 112. Jg. (1968), S. 45—48

N.N.: NC-Ausbildung-Informieren, werben, ausbilden, in: Produktion, März 1972, S. 64—67

OBERHOFF, H.M., PÖLL, G.: Der Arbeitsplatz an NC-Maschinen als Untersuchungsobjekt für psychische Anforderungen, Teil 1, in: TZfpM, 68. Jg. (1974), H. 2, S. 75—78.

OPITZ, A., SIMON, W., SPUR, G., STUTE, G.: Das Programmiersystem EXAPT zur maschinellen Programmierung numerisch gesteuerter Werkzeugmaschinen, in: IA, 85. Jg. (1967), Nr. 15, S. 281—287

OPITZ, H.: Anwendungsbereiche numerisch gesteuerter Werkzeugmaschinen Wirtschaftlichkeitskriterien, in: VDI-Berichte, Reihe 2, (1966), Nr. 14, S. 23

OPITZ, H.: Der Werkzeugmaschinenbau, eine Synthese aus wirtschaftlicher Forschung und praktischer Erfahrung, in: Automatisierung, 11. Jg. (1966), H. 11, S. 18—21

OPITZ, H., BERGER, A., BUDDE, W.: Automatisierung der Einzel- und Kleinserienfertigung, in: VDI-Z, 111. Jg. (1969), Nr. 8, S. 479—489

OPITZ, H., ROHS, H.: Die Ausnutzung von Werkzeugmaschinen, in: Werkstattstechnik, 49. Jg. (1959), H. 9, S. 490—497

ORLICKY, J.A.: Computer Selection, in: Computers and Automation, Vol. 17 (1968), Nr.9, S. 46ff.

PÄTZOLD, A., ZASTROW, F.: Einsatz und Ausbaumöglichkeiten eines DNC-Systems in der industriellen Fertigung, in: ZwF, 68. Jg. (1973), H. 4, S. 171—177

PETERMANN, W., SADOWY, M.: Zur Wirtschaftlichkeit der Fertigung auf Bearbeitungszentren, in: TZfpM, 63. Jg. (1969), H.4, S. 199—205

PFANZAGL, J.: A General Theory of Measurement. Applications to Utility, in: Naval Logistics Research Quarterly, 6. Jg. (1959), S. 283ff.

PFOHL, H.C.: Zur Problematik von Entscheidungsregeln, in: ZfB, 42. Jg. (1972), S. 305—336

POLLAK, W.: Werkstückklassifizierungssysteme — Welche Aufgaben kann es erfüllen?, in: Maschinenmarkt, 74. Jg. (1968), Nr. 45, S. 866—868

POLTISCH, H.W., SIMON, W.: Die Programmierung von Werkzeugmaschinen mit numerischer Datenangabe, in: Werkstattstechnik, 54. Jg. (1964), H. 9, S. 427—432

RETHY, A.: Erfahrungen beim Einsatz von EXAPT 1, in: Sonderdruck aus TZfpM, 61. Jg. (1967), H.10

REUTER, J.: Verfahren zur betrieblichen Entscheidung über den Forschungs- und Entwicklungsaufwand, in: ZfB, 38. Jg. (1968), S. 526—552

ROHS, H.G., AUGUSTESEN, H.C.: Die numerische Steuerung von Werkzeugmaschinen in Deutschland — heute und morgen, in: IA, 89. Jg. (1967), Nr. 73, S. 1594—1599

ROHS, H.G.: Werkzeugsysteme — Hilfsmittel der Automatisierung, in: IA, 92. Jg. (1970), Nr. 41, S. 943

ROHS, H.G.: Grundsätzliches zur Wirtschaftlichkeitsrechnung bei numerisch gesteuerten Werkzeugmaschinen, in: Werkstattstechnik, 59. Jg. (1969), Nr. 10, S. 481—484

ROSENKRANZ, W., KUPLENT, F.: Erfahrungen beim Einsatz numerisch gesteuerter

Maschinen in der Elektro-Industrie bei spanloser und spanender Fertigung, in: WuB, 101. Jg. (1968), H. 10, S. 561—566

SAUERMANN, H., SELTEN, R.: Anspruchsanpassungstheorie der Unternehmung, in: Zeitschrift für die gesamte Staatswissenschaft, Bd. 118, (1962), S. 577—597

SEELBACH, H.A.: Entscheidungskriterien der Wirtschaftlichkeitsrechnung, in: ZfB, 35. Jg. (1965), S. 302—315

SIMON, P.: Ableitung eines Kostenmodells zukünftiger technischer Systeme mit Hilfe von Prognoseverfahren, in :Zeitschrift für Operations Research, Bd. 16 (1972), S. B57—B65

SIMON, W.: Beitrag zur Codierung von Produktionsmitteln und Werkstücken, in: TZfpM, 66. Jg. (1972), H. 8, S. 351—356

SIMON, W.: Datenfluß — Verflechtungsgrad — ein neues Ordnungsprinzip automatischer Werkzeugmaschinen, in: messen, steuern, regeln, 10. Jg. (1967), H. 5, S. 163—166

SIMON, W.: Die Integration von NC-Maschinen und Rechnern in den Fertigungsablauf, in: Numerik, 5. Jg. (1972), H. 2, S. 73—77

SMITH, D.N., MC CAROLL, J.: Gegenwärtige Trends bei der numerischen Steuerung, in: Technika (1969), Nr. 12 (Sonderdruck)

SPUR, G., FELDMANN, K., MATHES, H.: Entwicklungsstand integrierter Fertigungssysteme, in: ZwF, 68. Jg. (1973), H. 5, S. 229—236

SPUR, G., WENTZ, W.: Computergesteuerte NC-Werkzeugmaschinen, in: IO, 41. Jg. (1972), H. 3, S. 135—139

SPUR, G., PÄTZOLD, A., ZASTOROW, F.: Einsatz und Ausbaumöglichkeiten eines DNC-Systems in der industriellen Fertigung, in: ZwF, 68. Jg. (1973), H. 4, S. 171—177

SWOBODA, P.: Die simultane Planung von Rationalisierungs- und Erweiterungsinvestitionen und von Produktionsprogrammen, in: ZfB, 35. Jg. (1965), S. 148—163

SWOBODA, P.: Die Ermittlung optimaler Investitionsentscheidungen durch Methoden des Operations Research, in: ZfB, 31. Jg. (1961) S. 96—103

SZYPERSKI, N.: Das Setzen von Zielen — Primäre Aufgabe der Unternehmensleitung, in: ZfB, 41. Jg. (1971), S. 639—670

SCHARF, P., SCHULZ, E.: Integrierte flexible Fertigungssysteme, in: Werkstattstechnik, 63. Jg. (1973), S. 130—136 und S. 199—206

SCHMIDT, R.B.: Die Delegation der Unternehmerleistung, in: ZfhF (NF), 15. Jg. (1963), S. 65—73

SCHNEEWEISS, H.: Das Grundmodell der Entscheidungstheorie, in: Statistische Hefte (NF), 7. Jg. (1966), S. 125—137

SCHNEEWEISS, H.: Nutzenaxiomatik und Theorie des Messens, in: Statistische Hefte, 4. Jg. (1963), S. 179ff.

SCHNEIDER, D.: Zielvorstellungen und innerbetriebliche Lenkungspreise im privaten und öffentlichen Unternehmen, in: ZfbF (NF), 18. Jg. (1966), S. 260—275

SCHNEIDER, D.: Ausschüttungsfähiger Gewinn und das Minimum an Selbstfinanzierung, in: ZfbF (NF), 20. Jg. (1968), S. 1—19

SCHNEIDER, D.: Flexible Planung als Lösung der Entscheidungsprobleme unter Ungewißheit?, in: ZfbF (NF), 23. Jg. (1971), S. 831—851, ZfbF (NF), 24. Jg. (1972), S. 456—476

SCHNEIDER, D.J.G.: Systemtheoretisch orientierte Betriebswirtschaftslehre? Ein Diskussionsbeitrag, in: ZfB, 44. Jg. (1974), S. 53—57

SCHULER, H.: Die Wirtschaftlichkeit numerisch gesteuerter Drehmaschinen, in: VDF-Mitteilungen, H. 30, S. 54—60

SCHULER, H.: Einsatzbereiche numerisch gesteuerter Werkzeugmaschinen, in: VDI-Berichte Nr. 123 (1968), S. 73—80

SCHWARZ, H.: Auswirkungen des technischen Fortschritts in der Fertigung auf die Kalkulation, in: ZwF, 54. Jg. (1959), S. 1—4

SCHWARZ, H.:Zur Bedeutung und Berücksichtigung nicht oder schwer quantifizierbarer Faktoren im Rahmen des investitionspolitischen Entscheidungsprozesses, in: BFuP, 12. Jg. (1960), H. 12, S. 686—698

SCHWITTER, J.P.: Entscheidungsvorgang und Arbeitsgestaltung, in: Die Unternehmung, 18. Jg. (1966), S. 175—186

STRERKLE, R.: Der Entscheidungsprozeß in der Unternehmungsorganisation, in: Die Unternehmung, 17. Jg. (1963), S. 11—25

STEHLE, P.: Einführung und wirtschaftlicher Einsatz numerisch gesteuerter Werkzeugmaschinen, in: Klepzig Fachberichte, Jan. 1967, S. 29—33

STEINBUCH, K.: Systemanalyse — Versuch einer Abgrenzung, Methoden und Beispiele, in: IBM-Nachrichten, Nr. 182 (1967), S. 446—456

STOCKER, W.: The productions man's guide to numerical control, in: American Machinist, 101. Jg. (1957), Nr. 14, S. 153—154

STOCKER, W.: How to prove the profit in numerical control, in: American Machinist, Special Report, no. 513, Oct. 1961

STÖCKMANN, P.: Technologische Optimierung beim automatischen Programmieren einer numerisch gesteuerten Drehmaschine, in: WuB, 99. Jg. (1966), H. 3, S. 165—175

STÖFERLE, T.: Entwicklungstendenzen beim Bau von numerisch gesteuerten Bohr- und Fräsmaschinen, in: WuB, 101. Jg. (1968), H. 10, S. 574—576

STREBEL, H.: Gewichtung von Urteilskriterien bei mehrdimensionalen Zielsystemen, in: ZfB, 42. Jg. (1972), S. 89—128

STUTE, G.: Die direkte Steuerung von Werkzeugmaschinen durch Digitalrechner, in: IA, 92. Jg. (1970), S. 941

TEICHMANN, H.: Die optimale Komplexion des Entscheidungskalküls, in: ZfhF (FN), 24. Jg. (1972), S. 519—539

THORNEY, R.H., MIDDLE, G.H., CONOLLY, R.: Gruppentechnologie — Ein Weg zur Lösung von Fertigungsproblemen bei der losgebundenen Fertigung, in: IA, 93. Jg. (1971), H. 42, S. 959ff., H. 51, S. 1190ff.

TULLY, H.: Anpassung der Werkzeugmaschine an die automatische Fertigung, in: Werkstattstechnik, 60. Jg. (1970), Nr. 8, S. 415—422

TULLY, H.: Fertigungssteuerung im Werkzeugmaschinenbau, in: Werkstattstechnik, 53. Jg. (1963), Nr. 9, S. 435—442

TULLY, H.: Erfahrungen beim praktischen Einsatz von numerisch gesteuerten Werkzeugmaschinen, in: Maschinenmarkt, 70. Jg. (1965), Nr. 53, S. 19—28

TULLY, H., HERRMANN, J.: Gesichtspunkte für den wirtschaftlichen Einsatz von numerisch gesteuerten Werkzeugmaschinen, in: ZwF, 64. Jg. (1969), H. 6, S. 269—274

TULLY, H., HERRMANN, J.: Möglichkeiten der Automatisierung im Bereich der Einzel- und Kleinserienfertigung, in: WuB, 100. Jg. (1967), H. 8, S. 615—621

TURBAN, E., METERSKY, M.L.: Utility Theory Applied to Multivariable System Effectiveness Evaluation, in: Management Science, Vol. 17 (1971), Nr. 12, S. B-807-B-828

ULRICH, H.: Betrachtungen zur Willensbildung in der Unternehmensorganisation, in: Willensbildung in der Unternehmung, Betriebswirtschaftliche Mitteilungen, Heft 1, 2. Aufl. Bern o.J.

VORMBAUM, H.: Wechselbeziehungen zwischen den fixen Kosten und dem betrieblichen Elastizitätsstreben, in: ZfB, 29. Jg. (1959), S. 191—205

WARD, J.E.: Numerisch gesteuerte Maschinen, in: Werkstattstechnik, 53. Jg. (1963), H. 3, S. 117—122

WARNECKE, A.J., KIRMSE, W., HERRMANN, G.: Voraussetzungen für die Anwendung von Industrie-Robotern, in: Werkstattstechnik 63. Jg. (1973), S. 148—152

WEBER, H.: Die Spannweite des betriebswirtschaftlichen Planungsbegriffes, in: ZfbF (NF), 16. Jg. (1964), S. 716—724

WEBER, H.H.: Zur Berechnung von n und σ bei PERT, in: ZfB, 41. Jg. (1971), S. 623—626

WENZEL, H., GLÖCKNER, W.: Kenngrößen für die Ausnutzung von Fertigungsanlagen, in: Werkstattstechnik, 59. Jg. (1969), H. 4, S. 168—173

WILD, B.: Zur Problematik betriebswirtschaftlicher Entscheidungskriterien, in: BfuP, 21. Jg. (1969), S. 65—75

WILD, J.: Unternehmerische Entscheidungen, Prognosen und Wahrscheinlichkeiten, ZfB, 39. Jg. (1969), 2. Ergänzungsheft, S. 60—89

WILLIAMSON, D.T.N.: Ein neues Fertigungsverfahren, in: TZfpM, 61. Jg. (1967), H. 9, S. 428—439 und 62. Jg. (1968), H. 1, S. 39—43

WITTE, E.: Mikroskopie einer unternehmerischen Entscheidung, in: IBM-Nachrichten (1969), H. 193, S. 490—495

WITTE, E.: Die Organisation komplexer Entscheidungsverläufe — ein Forschungsbericht, in: ZfhF (FN), 20. Jg. (1968), S. 581—599

WITTE, E.: Phasen — Theorien und Organisation komplexer Entscheidungsverläufe, in: ZfhF (FN), 20. Jg. (1968), S. 625—647

WOJDA, F.: Die Organisation der NC-Fertigung im europäischen Unternehmen, in: TzfpM, 64. Jg. (1970), H. 8, S. 396—401

WOJDA, F.: Die Organisation der Einzel- und Serienfertigung im Maschinenbau, in: TzfpM, 65. Jg. (1971), H. 6, S. 305—309

WURL, H.J: Betriebswirtschaftliche Projektanalysen durch Simulation, in: ZfbF (NF), 27. Jg. (1972), S. 362—378

ZIMMERMANN, K.: Die Projektgruppe als Organisationsform zur Lösung komplexer Aufgaben, in: ZfO, 39. Jg. (1970), S. 45—51

c) Beiträge in Sammelwerken

AGTHE, K.: Das Problem der unsicheren Erwartungen bei unternehmerischen Planungen und Entscheidungen, in: Unternehmensplanung, hrsg. v. K. Agthe und E. Schnaufer, Baden-Baden, 1963, S. 82—120

ALBACH, H.: Zur Verbindung von Produktionstheorie und Investitionstheorie, in: Zur Theorie der Unternehmung. Festschrift zum 65. Geburtstag von Erich Gutenberg (Hrsg. H. Koch), Wiesbaden 1962, S. 137—203

ALBACH, H.: Investitionsentscheidungen in Mehrproduktunternehmen, in: Betriebsführung und Operations Research, hrsg. v. A. Angermann, Frankfurt/M. 1963, S. 24—48

ALBACH, H.: Entscheidungsprozeß und Informationsfluß in der Unternehmensorganisation, in: Organisation. TFB-Handbuchreihe, Bd. 1. hrsg. v. K. Agthe und E. Schnaufer, Berlin — Baden-Baden, S. 355—402

ALBACH, H.: Das System der modernen betrieblichen Planung, in: Verteidigungsplanung und Operations Research im Bereich des Bundesministers der Verteidigung, Bonn 1965

ANSOFF, H.J.: Toward a Strategic Theory of the Firm, in: Bussiness Strategy, hrsg. v. H.J. Ansoff, Harmondsworth (England) 1969, S. 11—40

ANSOFF, H.J.: Managerial Problem-Solving, in: Management Science, Planing and Control, hrsg. v. J.F. Blood jr., New York 1969, S. 107—136

BAUMGARTNER, J.S.: Project Management, in: Handbook of Business Administration, hrsg. v. H.B. Maynard, New York usw. 1967, S. 5—70

BERTHEL, J.: Modelle allgemein, in: HWR, hrsg. v. E. Kosiol, Wiesbaden 1970, Sp. 1122—1129

BLOHM, H.: Wege zu einem problemadäquaten Wissenschaftsideal der Organisationslehre, in: Wissenschaftliche Betriebsführung und Betriebswirtschaftslehre, Festschrift zum 75. Geburtstag von O.R. Schnutenhaus (Hrsg. W. Kroeber-Riel und C.W. Meyer), Berlin 1969 S. 27—42

BLÜCHER, K.: Zur Organisation von Entscheidungsprozessen, in: Schriften zur Unternehmensführung Bd. 11, hrsg. v. H. Jacob, Wiesbaden 1970, S. 55—80

BRÖDNER, P.: Betrachtungen zur Erfassung eines Automatisierungsgrades, in: Produktivitätsverbesserungen mit NC-Maschinen und Computern, hrsg. v. W. Simon, München 1969, S. 43—64

CARELL, E.: Produktionsfaktoren, in: Handwörterbuch der Sozialwissenschaften, hrsg. v. E. v. Beckerath, H .Beste u.a., Bd. 8, Stuttgart-Tübingen-Göttingen 1964, S. 571—574

CASTAN, E.: Wirtschaftlichkeit und Wirtschaftlichkeitsrechnung, in: HdB, hrsg. v. H. Seischab und K. Schwantag, 3. Aufl., Stuttgart 1961, Sp. 6366—6379

CHESTNUT, H.: System Engineering from an Industrial Viewpoint, in: Systems Research and Design, Proceedings of the First Systems Symposium at Case Institute of Technology, hrsg. v. P.E. Eckmann, New York-London 1962, S. 289—308

CHURCHMAN, C.W.: Why Measure?, in: Measurement Definition and Theories, hrsg. v. C.W. Churchman u. P. Ratoosh, New York-London 1959. S. 83—94

CONENBERG, A.G., FRESE, E.: Lerntheorie und Rechnungswesen, in: HWR, hrsg. v. E. Kosiol, Stuttgart 1970, Sp. 1031—1043

DINKELBACH, W.: Entscheidungsmodelle, in: HWO, hrsg. v. E. Grochla, Stuttgart 1969, Sp. 485—496

DINKELBACH, W., DÜRR, W.: Effizienzaussagen bei Ersatzprogrammen zum Vektormaximierungsproblem, in: Operations-Research-Verfahren, Bd. XII, Hrsg. Henn, R., Künzi, A.P. und Schubert, H., Meisenheim 1972, S. 69—77

ELLINGER, T.: Industrielle Wechselproduktion, in: Produktivität und Rationalisierung, hrsg. v. Rationalisierungs-Kuratorium der deutschen Wirtschaft e.V., Frankfurt/M. 1971 S. 197—205

ELLINGER, T.: Durchlaufzeit, in: HWO, hrsg. v. E. Grochla, Wiesbaden 1969, S. 459—466

ENGLISH, J.M.: Introduction, in: Cost Effectiveness. The Economic Evaluation of Engineered Systems, hrsg. v. J.M. English, New York-London-Sydney-Toronto 1968, S. 1—10

FERRIS, W.C.: Preparing to use numerical control, in: Numerical control users' handbook, hrsg. v. W.H.P. Leslie, London usw. 1970, S. 1—32

FRANKE, G.: Investitionspolitik, betrieblich, in: HdB, hrsg. v. E. Grochla und W. Wittmann, 4. Aufl., Bd. I/2, Stuttgart 1975, Sp. 1996—2004

FUCHS, H.: Systemtheorie, in: HWO, hrsg. v. E. Grochla, Wiesbaden 1969, Sp. 1618—1630

GÄFGEN, G.: Zur Theorie kollektiver Entscheidungen in der Wirtschaft, in: Jahrbücher für Nationalökonomie und Statistik, Bd. 173 (1961), S. 1—49

GROCHLA, E.: Grundprobleme der Wirtschaftlichkeit in automatisierten Datenverarbeitungssystemen, in: Die Wirtschaftlichkeit automatisierter Datenverarbeitungssysteme, hrsg. v. E. Grochla, Wiesbaden 1970, S. 15—33

GRÜN, O.: Entscheidung, in: HWO, hrsg. v. E. Grochla, Wiesbaden 1969, Sp. 474—484

HAMKE, E.: Über die Anwendbarkeit neuzeitlicher Investitionsrechenverfahren bei der Beschaffung von numerisch gesteuerten Werkzeugmaschinen, in:Produktivitätsverbesserungen mit NC-Maschinen und Computern, hrsg. v. W. Simon, München 1969, S. 103—124

HANSSMANN, F.: Mathematisierung der Informations- und Entscheidungsprozesse in der Unternehmung, in: Die informierte Unternehmung, hrsg. v. H. Rühle v. Lilienstern, Berlin 1972, S. 47—53

HEINEN, E.: Industrielle Investitionsplanung, in: HdB, hrsg. v. H. Seischab und K. Schwantag, 3. Aufl. Stuttgart 1957/58, Bd. II, Sp. 2876—2881

HEINEN, E.: Industriebetriebslehre als Entscheidungslehre, in: Industriebetriebslehre, hrsg. v. E. Heinen, Wiesbaden 1972, S. 25—70

HORMANN, D., JUNGHANNS, W.: Projektierung flexibler Fertigungssysteme, in: Auslegung und Nutzung rechnergesteuerter Fertigungseinrichtungen, hrsg. v. H. Opitz, Essen 1971,S. 84—133

JACOB, H.: Investitionsplanung, in: HdB, hrsg. v. E. Grochla u. W. Wittmann, 4. Aufl., Bd. I/2, Stuttgart 1975, Sp. 1978—1996.

JACOB, H.: Investitionsplanung mit Hilfe der Optimierungsrechnung, in: Optimale Investitionspolitik, Schriften zur Unternehmensführung, Bd. 4, Wiesbaden 1968, S. 93—115

KAPPLER, E.: REHKUGLER, H.: Kapitalwirtschaft, in: Industriebetriebslehre, hrsg. v. E. Heinen, Wiesbaden 1972, S. 579—676

KASENOWSKI, A.D.: Some Cost-Effectiveness Evaluations Criteria, in: Cost Effectiveness. The Economic Evaluation of Engineered Systems, hrsg. v. M.J. English, New York-London-Sydney-Toronto 1968, S. 261—280

KAZANOWSKI, A.D.: A Standardizes Approach to Cost-Effectiveness Evaluations, in: Cost-Effectiveness. The Economic Evaluation of Engineered Systems, hrsg. v. M.J. English, New York-London-Sydney-Toronto 1968, S. 113—150

KIESER, A.: Innovationen, in: HWO, hrsg. v. E. Grochla, Wiesbaden 1969, Sp. 741—750

KILGER, W.: Optimale Verfahrenswahl bei gegebenen Kapazitäten, in: Produktionstheorie und Produktionsplanung, Karl Hax zum 65. Geburtstag (Hrsg. A. Moxter, D. Schneider, W. Wittmann), Köln-Opladen 1966, S. 155—191

KLOIDT, H.: Grundsätzliches zum Messen und Bewerten in der Betriebswirtschaft, in: Organisation und Rechnungswesen, Festschrift für E. Kosiol (Hrsg. E. Grochla), Berlin 1964, S. 283—303

KOCH, H.: Über eine allgemeine Theorie des Handelns, in: Die Theorie der Unternehmung, Festschrift zum 65. Geburtstag von E. Gutenberg (Hrsg. H. Koch), Wiesbaden 1962, S. 368—423

KORTZFLEISCH, G. v.: Heuristische dynamische Verfahren für geschäftspolitische Entscheidungen und veränderlichen Zielsetzungen, in: Entscheidungen bei unsicheren Erwartungen, hrsg. v. H. Hax, Köln-Opladen 1970, S. 203—217

KOSIOL, E. u. Mitarbeiter: Die Organisation von Investitionsentscheidungen, in: Organisation des Entscheidungsprozesses, hrsg. v. E. Kosiol, Berlin 1959, S. 23—105

LEHMANN, H.: Integration, in: HWO, hrsg. v. E. Grochla, Wiesbaden 1969, Sp. 768—774

LIFSON, M.W.: Value Theory, in: Cost-Effectiveness. The Economic Evaluation of Engineered Systems, hrsg. v. J.M. English, New York-London-Sydney-Toronto 1968, S. 79—112

LOITLSBERGER, E.: Zum Informationsbegriff und zur Frage der Auswahlkriterien von Informationsprozessen, in: Empirische Betriebswirtschaftslehre, Festschrift zum 60. Geburtstag von L. Illetschko, (Hrsg. E. Loitlsberger), Wiesbaden 1963, S. 115—135

LÜCKE, W.: Die Liquidität im Entscheidungsmodell, in: Gegenwartsfragen der Unternehmensführung, Festschrift zum 65. Geburtstag von W. Hasenack (Hrsg. H.J. Engeleiter), Herne-Berlin 1966, S. 323—345

MACHOL, R.E.: Methodology of System Engineering, in: System Engineering Handbook, hrsg. v. R.E. Machol, New York 1965, S. 1/3—1/13

MASSBERG, W.: Normen und Richtlinien als Hilfsmittel für Konstruktion, Investition und Einsatz numerisch gesteuerter Werkzeugmaschinen, in: Produktivitätsverbesserungen mit NC-Maschinen und Computern, hrsg. v. W. Simon, München 1969, S. 141—167

MC CULLOGH, J.D.: Estimating Systems Cost, in: Cost-Effectiveness Analysis, hrsg. v. T.A. Goldman, 4. Aufl., New York-Washington-London 1971, S. 69—90

MÜLLER-MERBACH, H.: Risikoanalyse, in: Management-Enzyklopädie, Bd. 5, München 1971, S. 176—183

OPITZ, H.: Fertigungsverfahren als Elastizitätsfaktor, in: Dynamische Betriebswirtschaft, hrsg. v. Deutsche Gesellschaft für Betriebswirtschaft, Berlin 1959, S. 48ff.

QUADE, E.S.: Cost-Effectiveness: Some Trends in Analysis, in: Cost-Effectiveness. The

Economic Evaluation of Engineered Systems, hrsg. v. J.M. English, New York-London-Sydney-Toronto 1968, S. 242—254

RUFFNER, A.: Wirtschaftlichkeit, in: HWR, hrsg. v. E. Kosiol, Stuttgart 1970, Sp. 1921—1928

RÜHLI, E.: Grundzüge einer betriebswirtschaftlichen Entscheidungslehre, in: Beiträge zur Lehre der Unternehmung, Festschrift für K. Käfer, hrsg. v. O. Angehrn u. H.P. Künzi, Stuttgart 1968, S. 271—295

SIMON, H.A.: A Behavioral Model of Rational Choice, in: Model's of Man, hrsg. v. H.A. Simon, New York 1957, S. 241ff.

SIMON, H.A.: On the Concept of Organizational Goal, in: Readings in Organization Theory: A Behavioral Approach, hrsg. v. D. Egan and W.A. Hill, Boston 1967, S. 58—73

SIMON, W.: NC-Maschinen und Betriebsorganisation, in: Produktivitätsverbesserungen mit NC-Maschinen und Computern, hrsg. v. W. Simon, München 1969, S. 21—42

SIMON, W.: Beitrag zu einer Systemtheorie der industriellen Produktion, in: Produktivitätsverbesserungen mit NC-Maschinen und Computern, hrsg. v. W. Simon, München 1969, S. 65—102

SIMON, W.: Analyse der Kostenstrukturen von NC-Maschinen, in: Produktivitätsverbesserungen mit NC-Maschinen und Computern, hrsg. v. W. Simon, München 1969, S. 125—140

SIMON, W.: Einführung und Zusammenfassung: Leitfaden zur Investierung von NC-Maschinen, in: Produktivitätsverbesserungen mit NC-Maschinen und Computern, hrsg. v. W. Simon, München 1969, S. 11—19

SPUR, G., TANNENBERG, F., WUTZO, R.: System „Rechner-Werkzeugmaschinen", Teil 2, in: NC-Maschinen - Datenverarbeitungsanlagen - Maschinelle Programmierung, Stuttgart-Vaihingen 1968, S. 21—28

SZYPERSKI, N.: Abgrenzung und Verknüpfung operationaler, dispositionaler und strategischer Wirtschaftlichkeitsstufen, in: Die Wirtschaftlichkeit automatisierter Datenverarbeitungssysteme, hrsg. v. E. Grochla, Wiesbaden 1971, S. 49—61

SCHNEEWEISS, H.: Bemerkungen zur lexiografischen Ordnung, in: Operations Research Verfahren III, hrsg. v. R. Henn, Meisenheim am Glan 1967, S. 336ff.

SCHNEIDER, D.: Innerbetriebliche Anpassung an Lohnerhöhungen, in: Grundfragen der betrieblichen Personalpolitik, hrsg. v. W. Braun u.a., Wiesbaden 1972, S. 67—85

SCHNEIDER, E.: Produktionstheorie, in: Handwörterbuch der Sozialwissenschaften, hrsg. v. F.v. Beckerath, H. Beste u.a., Bd. 8, Stuttgart-Tübingen-Göttingen 1964, S. 596—610

SCHRÖDER, H.G.: Projekt-Management, in: Management Enzyklopädie, Bd. 4, München 1971, S. 1315—1330

SCHWARZ, H.: Investition, in: HdB, hrsg. v. E. Grochla und W. Wittmann, 4. Aufl., Bd. I/2, Stuttgart 1975, Sp. 1974—1978

SCHWARZ, H.: Rationale Vorbereitung der Entscheidungen über größere Investitionsvorschläge, in: Wirtschaft und Wirtschaftsprüfung, Festschrift zum 60. Geburtstag von H. Rätsch, (hrsg. v. K. Mellerowicz und J. Bankmann), Stuttgart 1966, S. 83—106

STREBEL, H.: Scoring-Methoden als Entscheidungshilfen bei der Wahl von Forschungs-

und Entwicklungsprojekten, in: Rechnungswesen und Betriebswirtschaftsprodukte, Festschrift für G. Krüger, hrsg. v. M. Layer u. H. Strebel, Berlin 1969, S. 251—278

ULRICH, H.: Willensbildung und Willensdurchsetzung, in: HWO, hrsg. v. E. Grochla, Wiesbaden 1969, Sp. 1781—1787

WILSON, C., ALEXIS, M.: Basic Framworks for Decisions, in: The Making of Decisions, hrsg. v. Gore, W.J., Dyson, J.W., London 1964, S. 181ff.

WITTE, E.: Forschung, Werbung und Ausbildung als Investitionen, in: Hamburger Jahrbuch für Wirtschafts- und Gesellschaftspolitik, 7. Jahr, hrsg. v. H.D. Ortlieb, Tübingen 1962, S. 210—226

WITTE, E.: Entscheidungsprozesse, in: HWO, hrsg. v. E. Grochla, Wiesbaden 1969, Sp. 497—506

WITTE, E.: Ablauforganisation, in: HWO, hrsg. v. E. Grochla, Wiesbaden 1969, Sp. 20-30

d) Firmenveröffentlichungen und sonstige selbständige Schriften

AUTORENKOLLEKTIV: Voraussetzungen für die Programmierung numerisch gesteuerter Fertigungsanlagen, in: Berichtsheft zum 12. Aachener Werkzeugmaschinen-Kolloquium, 1965

AUTORENKOLLEKTIV: Produktionstechnik und Automatisierung, Forschungsbericht für die Jahre 1969—72, TU-Berlin, Oktober 1972

AWF 4002: Fragen zur Auswahl numerisch gesteuerter Werkzeugmaschinen, Berlin-Frankfurt/M. o.J.

AWF (Hrsg.): Ablaufplan zur Einführung von NC-Maschinen, AWF-Schriftreihe „Arbeitsvorbereitung", Berlin 1971

BETRIEBSWIRTSCHAFTLICHES INSTITUT DER ETH (Hrsg.): Kriterien für die Wahl von Werkzeugmaschinen, 2. Erfa-Tagung 1972

DIN 8586

DIN 44300

DIN 66025

DIN 66050

FIDRICH, P.: Kosten und Wirtschaftlichkeit des Programmierens, in: VDI-Bildungswerk, Lehrgangshandbuch: Maschinelles Programmieren, Düsseldorf 1966, Beitrag Nr. 13

FIDRICH, P.: Wirtschaftlichkeitsbetrachtungen für numerisch gesteuerte Werkzeugmaschinen, VDI-Bildungswerk, Lehrgangshandbuch: Numerisch gesteuerte Werkzeugmaschinen, Düsseldorf 1966, Beitrag BW 605

FRESE, E.: Die Gestaltung organisatorischer Systeme. Arbeitsbericht 69/1 des Betriebswirtschaftlichen Instituts für Organisation und Automation an der Universität zu Köln, Köln 1969

KUHNERT, W.: Wirtschaftlichkeitsbetrachtungen aus der Sicht des Verbrauchers, in: Tagungsbroschüre, Internationaler Congress für Metallbearbeitung, hrsg. v. Verein Deutscher Werkzeugmaschinenfabriken e.V. (VDW), Frankfurt/M. 1970, S. 19—25

N.N.: Datenerfassung an NC-Maschinen. Eine Betriebsanalyse im Auftrag des Refa, Lübeck 1971

N.N.: IBM-Bulletin Nr. 62, Mai 1969

N.N.: Schwachstellenforschung und Rationalisierungsmaßnahmen im Betrieb, hrsg. v. Ausschuß für wirtschaftliche Fertigung e.V. (AWF), Schriftenreihe „Arbeitsvorbereitung", Heft 2, Frankfurt/M.-Berlin o.J.

N.N.: VDF-NC-Informationen, Nr. 4. o.J.

N.N.: Das Wirtschaftlichkeits-Rechenprogramm WIREP, 10/69, Firma Scharmann, Rheydt

N.N.: Proceedings of the EIA-Symposium on numerical control Systems for machine tools 1957, New York 1958

N.N.: Numerisch gesteuerte Maschinen bei Pittler, Firmenschrift Pittler, Sept. 1969

ROHS, H.G., SCHULER, H., KOSCHNIK, G.: Numerisch gesteuerte Drehmaschinen, technische, organisatorische und wirtschaftliche Probleme, in: Lehrgangsunterlage: NC-Seminar für Führungskräfte, hrsg. v. Gebr. Boehringer GmbH., Göttingen 1972

SHAW, A.F.: A Study on the Effect of the Introduction of Numerical Controlled Machine Tools on Plant Level Issues in Great Britain, Tavistock Institute of Human Relation 1967

SIMON, W.und Mitarbeiter: Optimale Investitionsplanung der Fertigungsmittel, in: Produktionstechnik und Automatisierung, Forschungsbericht für die Jahre 1969—72, TU-Berlin, Oktober 1972, S. 4—107

SPIEGEL-VERLAG (Hrsg.): Entscheidungsprozesse und Informationsverhalten in der Industrie, September 1972

SOHLENIUS, G.: Integrierte Informationsverarbeitung in der industriellen Produktion, in: Tagungsbroschüre, Internationaler Congress für Metallbearbeitung, hrsg. v. VDW, Frankfurt und Hannover 1970, S. 133—137

VDI-Richtlinie 3423: Auslastungsnachweis und Ausfallstatistik numerisch gesteuerter Fertigungsanlagen, Berlin-Köln 1968

VDI-Richtlinie 3005: Organisation der planmäßigen Instandhaltung von Fertigungseinrichtungen, Berlin-Köln o.J.

WARNECKE, H.J.: Werkzeug- und Werkstückhandhabung bei der spanenden und umformenden Fertigung, in: Tagungsbroschüre, Internationaler Congress für Metallbearbeitung 1973, hrsg. v. VDW, Frankfurt-Hannover 1973, S. 51—60

WOJDA, F.: Untersuchung der organisatorischen und wirtschaftlichen Voraussetzungen für den Einsatz von numerisch gesteuerten Werkzeugmaschinen in den USA, Forschungsbericht des Arbeitswissenschaftlichen Institutes der TH-Wien; Fachverband der Maschinen- und Stahl- und Eisenindustrie Österreichs, Wien 1970

ZANGEMEISTER, C.: Nutzwertanalyse von Projektalternativen, Vorlesungsmanuskript TU-Berlin, in: Aufbauseminar Systemtechnik II, Berlin 1970, Teil 5

Sachregister

Band 3

Prof. Dr. Dr. Theodor **Ellinger**, Dr. Horst **Wildemann**

Praktische Fälle zur Produktionssteuerung

In 23 Beiträgen werden die Aktivitäten zur Einführung und zum Betrieb von Produktionsplanungs- und Produktionssteuerungssystemen in den verschiedensten Branchen an praktischen Fallbeispielen aufgezeigt. Durch die Analyse der sachlichen, organisatorischen, personellen und finanziellen Voraussetzungen sowie der Maßnahmen zur Weiterentwicklung realisierter Systeme läßt sich ein aussagefähiges Bild über die Gestaltungsmöglichkeiten der Systeme gewinnen. Die Sichtbarmachung gleichgelagerter Elemente der Produktionsplanung und Produktionssteuerung in den verschiedenen Branchen und deren Einordnung in ein Funktionsgruppenmodell erlaubt die Ausschöpfung weitergehender Rationalisierungsreserven.

Im Wechsel von theoretischer Durchdringung und praktischer Anschauung werden Richtlinien für eine zukunftsorientierte Gestaltung des Produktionsplanungs- und Produktionssteuerungsbereiches aufgezeigt und der Unternehmung Empfehlungen zur Sicherung der Wettbewerbsfähigkeit durch eine flexible, kostengünstige und termingerechte Anpassung der Produktion gegeben.

Aus dem Inhalt: Grundlinien einer überbranchlichen Analyse von Produktionsplanungs- und Produktionssteuerungssystemen – Die kooperative Einführung von Produktionsplanungs- und Produktionssteuerungssystemen bei 12 Unternehmen der Eisen-, Blech- und Metallverarbeitenden Industrie (6 Beiträge) – Betrieb und Anpassung von Produktionsplanungs- und Produktionssteuerungssystemen: Manuelle und mechanisierte Systeme (3 Beiträge); MDT-gestützte Systeme (2 Beiträge); Großrechner-gestützte Systeme (9 Beiträge) – Gruppenwirtschaftliche Aktivierung von Rationalisierungsreserven – Stand und Tendenzen der Weiterentwicklung von EDV-gestützten Produktionsplanungs- und Produktionssteuerungssystemen.

Dr. Th. Gabler-Verlag, Postfach 15 46, 6200 Wiesbaden

Betriebswirtschaftlich-technologische Beiträge zur Theorie und Praxis des Industriebetriebes	Herausgeber: Prof. Dr.-Ing. Dr. rer. pol. Theodor Ellinger Universität zu Köln

Band 4

Dr. Reinhard Haupt

Reihenfolgeplanung im Sondermaschinenbau

Ausgangspunkt des Buches ist die Reihenfolgeplanung bei der Auftragsbearbeitung in der industriellen Produktion. Durch eine Simulation, eine Nachbildung des Fertigungsgeschehens, wie es in der Praxis ablaufen könnte, lassen sich verschiedenste Reihenfolgeregelungen experimentweise erproben. In einem solchen Simulationsmodell wird nun im besonderen den Montageverknüpfungen der Teilefertigung Rechnung getragen. Damit soll die für Montagebedingungen charakteristische Forderung näher untersucht werden, nämlich die nicht nur möglichst rechtzeitige, sondern auch möglichst gleichzeitige Fertigstellung von gemeinsam zu montierenden Teilen. Die „Synchronisation" in der Fertigung dieser Teile stellt eine typische Bemühung innerhalb der Prioritätsregelung im Hinblick auf ein solches Ziel dar.

Zugleich wendet sich diese Arbeit empirisch gedeckten Verhältnissen zu: Das zugrundegelegte Simulationsmodell orientiert sich an repräsentativen Gegebenheiten des Werkzeugmaschinenbaus. Damit stützt sich der Test von synchronisierenden Prioritätsregeln auf plausible Fertigungsbedingungen einer konkreten Branche.

Ein wichtiges Ergebnis dieser Untersuchung über solche bisher faktisch nicht praktizierten Reihenfolgeentscheidungen: In Verbindung mit elementaren, erprobten Prioritätsregeln leistet die Synchronisation eine eindeutige Verbesserung der Fertigungskostensituation.

Aus dem Inhalt: Problemstellungen der Ablaufplanung – Simulationsmodelle für Reihenfolgeentscheidungen in der Literatur – Auftragsstrukturen im Werkzeugmaschinenbau – Beschreibung des Simulationsmodells – Einführung in G PSS/360 und Programmierung des Simulationsmodells – Beschreibung des Simulationsexperiments – Aspekte der Anwendbarkeit und Möglichkeiten der Erweiterung.

Dr. Th. Gabler-Verlag, Postfach 15 46, 6200 Wiesbaden

Betriebswirtschaftlich-technologische Beiträge zur Theorie und Praxis des Industriebetriebes

Herausgeber:
Prof. Dr.-Ing. Dr. rer. pol.
Theodor Ellinger
Universität zu Köln

Aufgabe der Schriftenreihe:

Durch Arbeiten, die sowohl die betriebswirtschaftliche wie auch die technologische Betrachtungsweise berücksichtigen, soll dem realen Geschehen des Industriebetriebes in besonderer Weise Rechnung getragen werden.

In Theorie und Praxis wird in zunehmendem Maße erkannt, daß durch **gleichzeitige Berücksichtigung betriebswirtschaftlicher und technologischer Aspekte** wesentliche Rationalisierungseffekte erzielt werden. Bei einer entscheidungsorientierten Behandlung von Problemen des Industriebetriebes sind die modernen Methoden der Unternehmensplanung heranzuziehen. Deshalb werden in der vorliegenden Reihe auch Arbeiten aus dem Bereich von Operations Research vertreten sein, in denen oft in besonderer Weise betriebswirtschaftliche und technologische Aspekte einander durchdringen.

Bei der Analyse der Produktionsfaktoren wird die Behandlung von Fragen der Humanisierung aus betriebswirtschaftlich-technologischer Sicht zu fundierten Aussagen führen können, deren Bedeutung nicht von der jeweils gegebenen wirtschaftlichen oder politischen Situation abhängt.

Titel der Schriftenreihe:

Band 1: Prof. Dr. Dr. Theodor E l l i n g e r :
Produktinformation und Produktplanung

Band 2: Prof. Dr. Dr. Theodor E l l i n g e r , Dr. Horst W i l d e m a n n :
Planung und Steuerung der Produktion aus betriebswirtschaftlich-technologischer Sicht

Band 3: Prof. Dr. Dr. Theodor E l l i n g e r , Dr. Horst W i l d e m a n n :
Praktische Fälle zur Produktionssteuerung

Band 4: Dr. Reinhard H a u p t :
Reihenfolgeplanung im Sondermaschinenbau

Band 5: Dr. Horst W i l d e m a n n :
Investitionsentscheidungsprozeß für numerisch gesteuerte Fertigungssysteme (NC-Maschinen)

Dr. Th. Gabler-Verlag, Postfach 15 46, 6200 Wiesbaden